新质驱动·产教融合·中望高等职业教育技能进阶系列教材

CAD/CAM 技术应用

（中望3D微课版）

张海英　主　编

张　威　祝水琴　林思煌　副主编

電子工業出版社

Publishing House of Electronics Industry

北京·BEIJING

内 容 简 介

本书是一本详细介绍利用中望 3D 软件进行 CAD 设计和 CAM 加工的应用方法和操作技巧的项目教程，也是一本微课视频教程。全书共 6 个项目，包括中望 3D 软件基础入门和草图绘制、实体造型与编辑、空间曲线与曲面造型、2 轴铣削加工和钻孔、3 轴快速铣削加工和 5 轴铣削加工等。本书的每个重要知识点均配有实例讲解，可以提高读者的动手能力，并加深其对知识点的理解。

本书按照 CAD/CAM 技术应用相关内容进行谋篇布局，通俗易懂，通过实例驱动知识讲解，操作步骤详细，适合大、中专院校师生，公司人员，政府工作人员，管理人员使用，也可作为 CAD/CAM 技术爱好者的参考用书。

图书在版编目（CIP）数据

CAD/CAM 技术应用 : 中望 3D 微课版 / 张海英主编.
北京 : 电子工业出版社, 2024. 6. -- ISBN 978-7-121-48216-8

Ⅰ. TH122

中国国家版本馆 CIP 数据核字第 2024YA7658 号

责任编辑：王　璐
印　　刷：大厂回族自治县聚鑫印刷有限责任公司
装　　订：大厂回族自治县聚鑫印刷有限责任公司
出版发行：电子工业出版社
　　　　　北京市海淀区万寿路 173 信箱　　邮编：100036
开　　本：787×1 092　1/16　印张：17.75　字数：477.1 千字
版　　次：2024 年 6 月第 1 版
印　　次：2024 年 6 月第 1 次印刷
定　　价：59.80 元

凡所购买电子工业出版社图书有缺损问题，请向购买书店调换。若书店售缺，请与本社发行部联系，联系及邮购电话：（010）88254888，88258888。

质量投诉请发邮件至 zlts@phei.com.cn，盗版侵权举报请发邮件至 dbqq@phei.com.cn。

本书咨询联系方式：（010）88254174，wanglu@phei.com.cn。

前言

党的二十大报告提出要实施科教兴国战略，强化现代化建设人才支撑，强调要深化教育领域综合改革，加强教材建设和管理。为了响应党中央的号召，我们在充分进行调研和论证的基础上，精心编写了这本《CAD/CAM 技术应用（中望 3D 微课版）》教材。

中望 3D 软件因其功能强大、易学易用和技术不断创新等特点，成为市场上领先的、主流的国产三维 CAD 解决方案。其应用涉及平面工程制图、三维造型、求逆运算、加工制造、工业标准交互传输、模拟加工过程、电缆布线和电子线路等领域。

本书以由浅入深、循序渐进的方式展开讲解，从三维造型设计到多轴加工，以合理的结构和经典的范例对最基本和实用的功能都进行了详细的介绍，具有极高的实用价值。通过对本书的学习，读者不仅可以掌握中望 3D 软件的基本知识和应用技巧，而且可以掌握一些 CAD/CAM 技术的具体应用方法。

一、本书特点

✓ 循序渐进，由浅入深

本书首先介绍三维 CAD 设计，再介绍 CAM 技术相关知识，两者相辅相成，成为有机整体。

✓ 案例丰富，简单易懂

本书从帮助用户快速掌握 CAD/CAM 技术应用相关知识的角度出发，尽量结合实际应用给出详尽的操作步骤与技巧提示，力求将最常见的方法与技巧全面、细致地介绍给读者，使读者非常容易掌握。

✓ 项目式教学，实操性强

本书把 CAD/CAM 技术应用知识分解并融入一个个实践操作的训练项目，增强了本书的实用性。

✓ 技能与思政教育紧密结合

在讲解 CAD/CAM 技术应用知识的同时，紧密结合思政教育主旋律，从专业知识角度触类旁通引导学生相关思政品质的提升。

二、本书内容

全书共 6 个项目，包括中望 3D 软件包基础入门和草图绘制、实体造型与编辑、空间曲线与曲面造型、2 轴铣削加工和钻孔、3 轴快速铣削加工和 5 轴铣削加工等。本书的每个重要知识点均配有实例讲解，可以提高读者的动手能力，并加深其对知识点的理解。

三、适用读者

本书通过实例驱动知识讲解、图文并茂，融入了作者的实际操作心得，适合大、中专院校师生使用，亦可作为 CAD/CAM 技术爱好者的参考用书。

四、致谢

本书提供了极为丰富的学习配套资源，读者可登录华信教育资源网免费注册后下载配套资源。

本书由宁波职业技术学院的张海英教授任主编，宁波职业技术学院的张威副教授和祝水琴教授及福建省职业技术教育中心的林思煌老师任副主编，河北智略科技有限公司参与了本书编写，广州中望龙腾软件股份有限公司为本书的出版提供了技术支持，在此对他们的付出表示真诚的感谢。

编　者

2024 年 4 月

目录

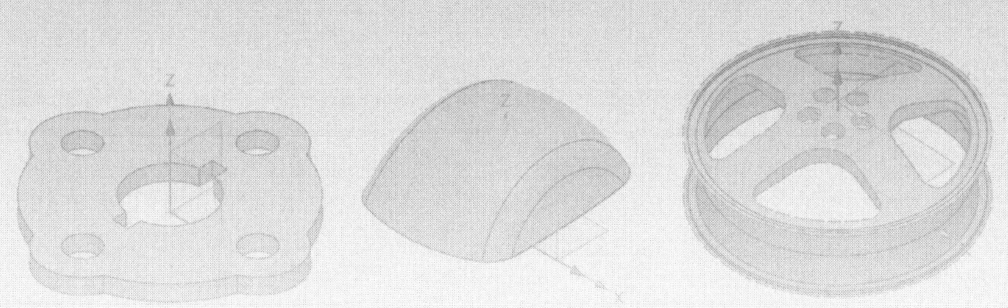

项目一

中望 3D 软件基础入门和草图绘制

项目描述

中望 3D 软件基础入门项目是一个旨在帮助初学者了解和掌握 3D 建模技术的培训课程。通过任务一的学习，学员能够熟练掌握软件的操作界面，了解各个功能区域的作用和布局。

中望 3D 软件（以下简称中望 3D）支持将文件转换为多种格式，包括但不限于 STEP、IGES、DWG、DXF 等。这些功能使中望 3D 能够与其他主流的 3D 和 2D 设计软件进行有效的文件交互和数据共享。对任务二的学习，不仅有助于提高学员个人的设计能力和效率，还对学员进行团队协作、项目管理及跨平台工作有着重要的意义，为进一步深入学习和实际应用打下坚实基础。

在中望 3D 中，草图通常是在 2D 平面上进行的，它们是创建 3D 模型的基础。草图绘制是中望 3D 中最常用的命令之一，通过任务三和任务四的学习，学员能够掌握基本绘图命令的使用及编辑，掌握各种草图绘制的技巧和方法，从而提高设计效率和质量。

中望 3D 的预制文字功能为工程师提供了强大的文字处理能力，使他们能够在复杂的 3D 模型上轻松实现刻字和标记的需求。通过任务五的学习，学员能够轻松掌握该项技能。

任务一 设置用户界面和实体

任务导入

本任务将对图 1-1 所示的方向盘的操作环境及实体进行设置。

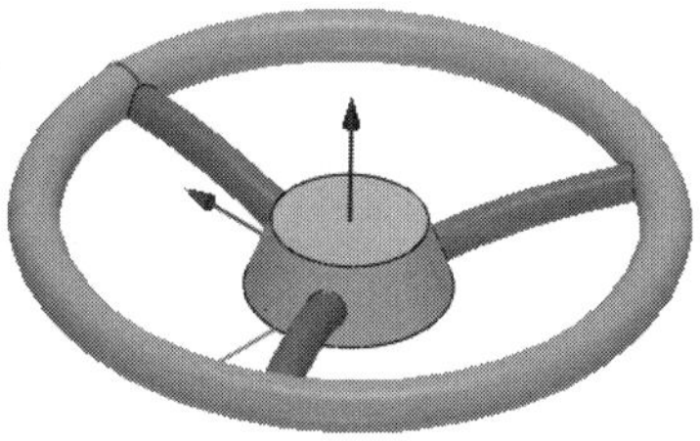

微课视频

图 1-1 方向盘

学习目标

1. 学习零件的打开方式；
2. 掌握实体颜色的修改及“隐藏”命令的使用；
3. 熟悉用户界面样式和背景颜色的设置。

思路分析

本任务的目标首先是设置方向盘的实体颜色，并对绘图区相关图素进行隐藏操作，使图形清晰明了。其次要进行用户界面样式的设置，以及背景颜色的设置。

操作步骤

（1）打开源文件。打开“方向盘”源文件，如图 1-2 所示

（2）修改外圈实体颜色。选中方向盘的外圈实体，单击 DA 工具栏中的“面颜色”按钮 ，系统弹出“标准”对话框，选择颜色为“浅洋红”，如图 1-3 所示。

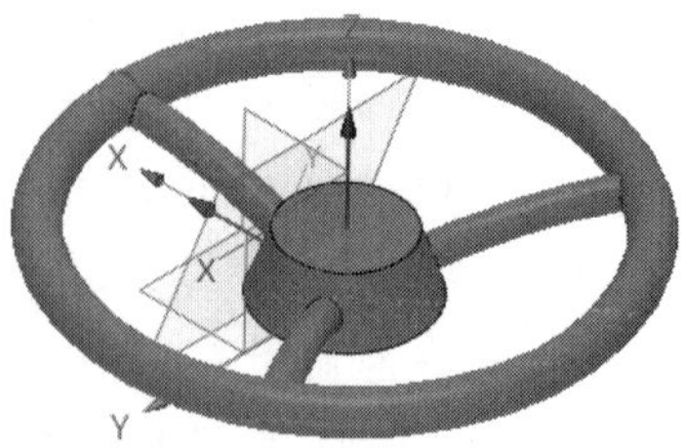

图 1-2 “方向盘”源文件

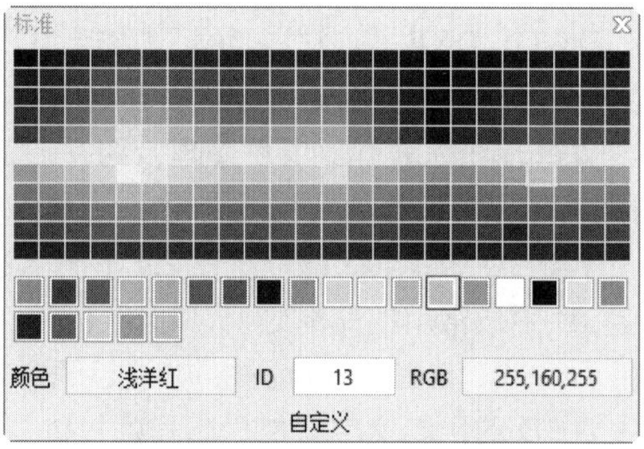

图 1-3 修改外圈实体颜色

（3）修改内圈实体颜色。选中方向盘的内圈实体，单击 DA 工具栏中的“面颜色”按钮 ，系统弹出“标准”对话框，选择颜色为“浅绿色”，结果如图 1-4 所示。

（4）隐藏平面。在“历史”管理器中右击“平面 1”，在弹出的快捷菜单中选择“隐藏”命令，如图 1-5 所示，即可隐藏所选平面。

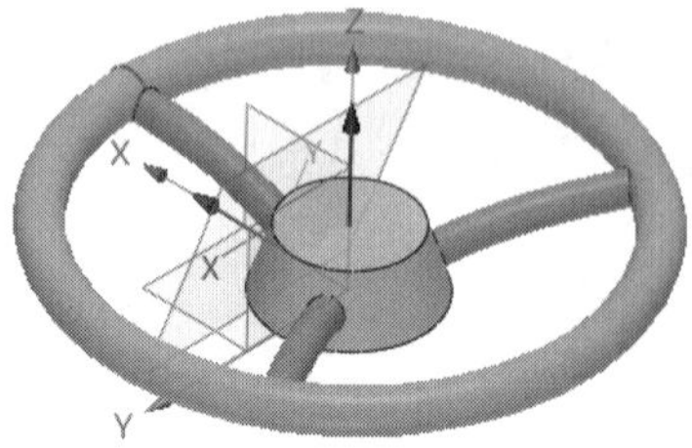

图 1-4 修改颜色后的方向盘

图 1-5 选择“隐藏”命令

（5）隐藏默认 CSYS 基准面。在“历史”管理器中取消勾选“默认 CSYS”复选框，如图 1-6 所示。隐藏默认 CSYS 基准面，结果如图 1-7 所示。

（6）设置界面。在 Ribbon 栏空白位置右击，在弹出的快捷菜单中选择“样式”→“ZW_Blue”样式，如图 1-8 所示。

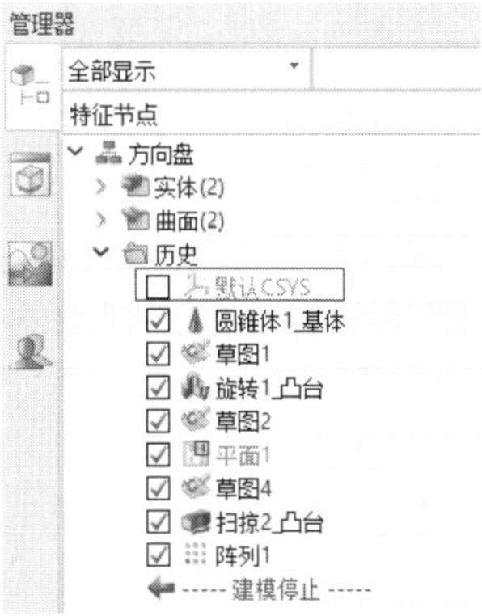

图 1-6　取消勾选“默认 CSYS”复选框

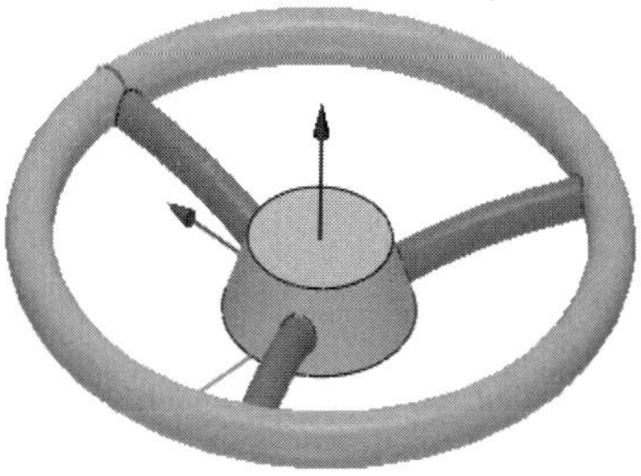

图 1-7　隐藏默认 CSYS 基准面

图 1-8　选择界面样式

（7）单击界面顶部搜索框右侧的“配置”按钮，或者选择“实用工具”菜单中的“配置”命令，系统弹出“配置”对话框，单击“背景色”选项卡，单击“颜色”按钮，在弹出的“标准”对话框中选择白色，如图 1-9 所示。

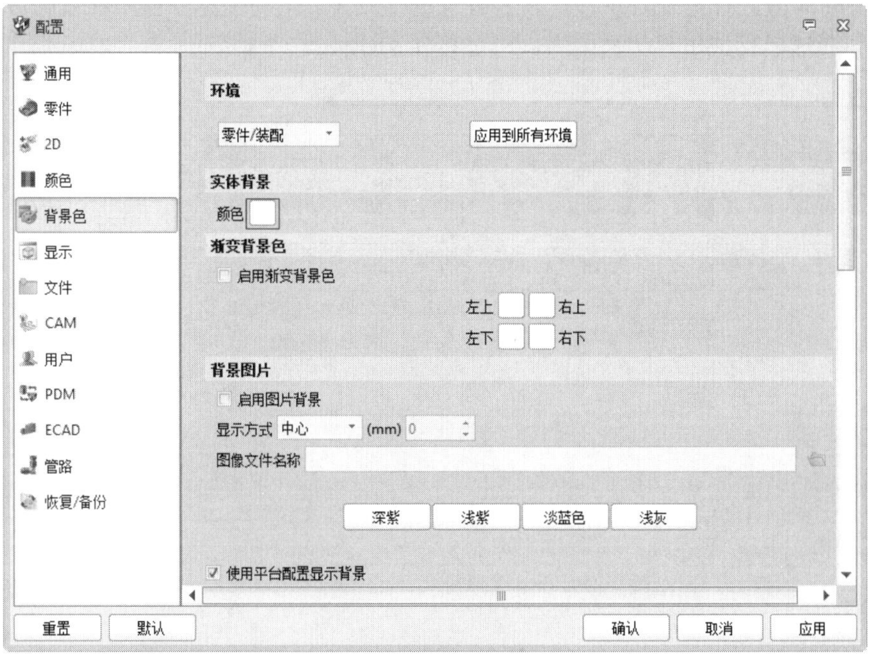

图 1-9　设置背景颜色

（8）单击对话框中的“确认”按钮，设置完成的用户界面如图 1-10 所示。

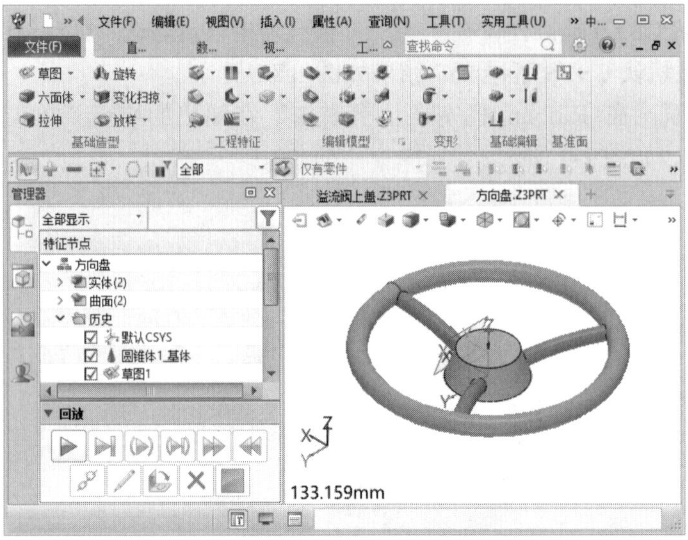

图 1-10　用户界面

知识拓展

一、中望 3D 用户界面

中望 3D 用户界面（Graphical User Interface，GUI）旨在最大限度地提高建模区域，同时使用户可方便地访问菜单栏、工具栏、数据管理器和用户输入区。它可以对菜单栏、工具栏、选项卡和面板进行定制，并对其显示效果进行设置。全局坐标系显示在图形窗口的左下角，显示了激活零件或组件的当前方向，如图 1-11 所示。

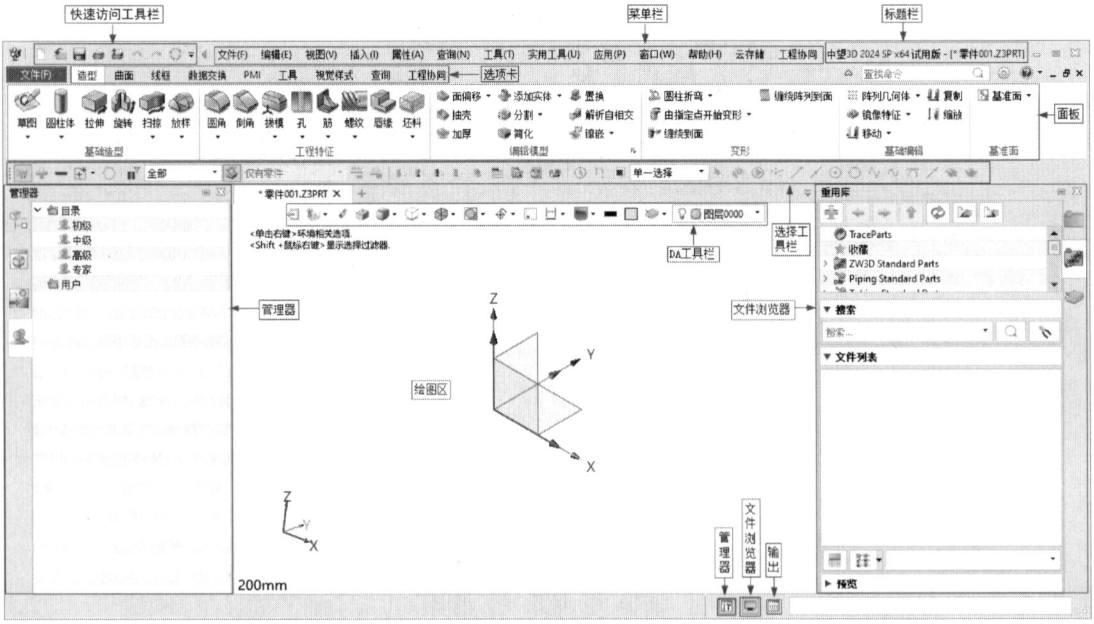

图 1-11　中望 3D 用户界面

中望 3D 系统默认的界面颜色为“ZW_FlstSilver”，若想对界面样式进行设置，则可在 Ribbon 栏空白位置右击，在弹出的快捷菜单中选择“样式”，系统弹出“样式”子菜单，如图 1-12 所示。可在“样式”子菜单中选择需要的样式。

图 1-12　“样式”子菜单

二、新建文件

目前中望 3D 有两种文件管理类型，一种是多对象文件，另一种是单对象文件。相比于其他 3D 软件，多对象文件是中望 3D 特有的一种文件管理方式，可以同时把中望 3D 零件/装配/工程图和加工文件放在一起以一个单一的 Z3 文件进行管理。

单对象文件，即零件/装配/工程图和加工文件都被保存成单独的文件。这是一种常见的文件保存类型，也是其他常见 3D 软件采用的文件类型。在中望 3D 中，单对象文件类型不是默认类型，需要在新建文件之前，勾选“实用工具”→“配置”→“通用”中的“单文件单对象”复选框，如图 1-13 所示。

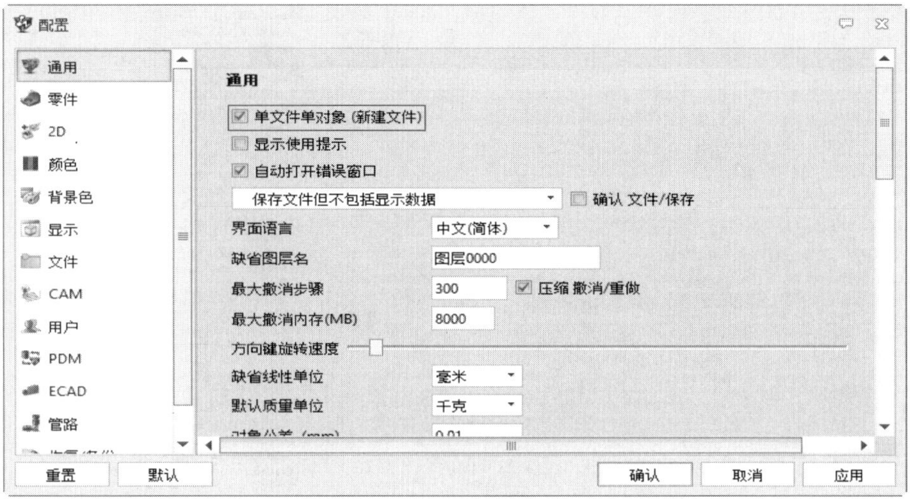

图 1-13　单对象文件设置

此时，单击“快速入门”选项卡“开始”面板中的“新建”按钮，或者选择“文件”菜单中的“新建”命令，系统弹出“新建文件”对话框，如图 1-14 所示。创建的文件类型有零件、装配、工程图、2D 草图和加工方案。

若没有勾选“单文件单对象”复选框，则创建的是多对象文件，此时，选择“文件”→

“新建”命令，弹出的“新建文件”对话框如图 1-15 所示。在该对话框中零件和装配是同一个图标。

图 1-14 单对象文件的“新建文件”对话框

图 1-15 多对象文件的“新建文件”对话框

三、打开文件

单击“快速入门”选项卡“开始”面板中的“打开”按钮，或者选择“文件”菜单中的“打开”命令，系统弹出“打开”对话框，如图 1-16 所示。在“文件类型”下拉列表中列出了中望 3D 支持的文件类型，如图 1-17 所示。

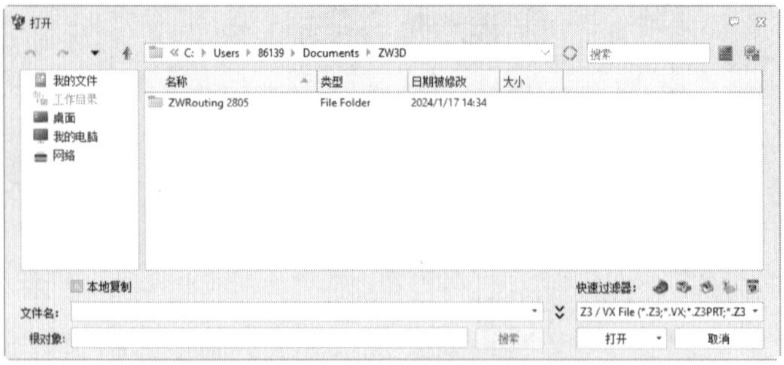

图 1-16 “打开”对话框

All Files (*)
Z3 / VX File (*.Z3;*.VX;*.Z3PRT;*.Z3ASM;*.Z3DRW;*.Z3CAM;*.Z3SKH)
Part (*.Z3PRT)
Assembly (*.Z3ASM)
Drawing (*.Z3DRW)
Cam Plan (*.Z3CAM)
Sketch (*.Z3SKH)
Part Library (*.z3l;*.vxl)
Show-n-Tell (*.snt;*.vxs)
Macro (*.mac;*.vxm)
DWG File (*.dwg)
DXF File (*.dxf)
IGES File (*.igs;*.iges)
Image File (*.bmp;*.gif;*.jpg;*.jpeg;*.png;*.tif;*.tiff)
Neutral File (*.z3n;*.vxn)
Parasolid File (*.xmt_txt;*.xmt_bin;*.x_t;*.x_b)
PartSolutions File (*.ps2)
PS3 File (*.ps3)
STEP File (*.stp;*.step)
STL File (*.stl)
VDA File (*.vda)
VRML File (*.wrl)
ACIS File (*.sat;*.sab;*.asat;*.asab)
CATIA V4 File (*.model;*.exp;*.session)
CATIA V5 File (*.CATPart;*.CATProduct)
Inventor File (*.ipt;*.iam)
NX File (*.prt)
Rhino File (*.3dm)
ProE File (*.prt;*.prt*;*.asm;*.asm*)
SolidEdge File (*.par;*.asm;*.psm)
SolidWorks File (*.sldprt;*.sldasm)
Graphic format File (*.cgr;*.3dxml)
STEP242 Compress File (*.stpz)
JT File (*.jt)
CATIA V5 Drawing File (*.CATDrawing)
SolidWorks Drawing File (*.slddrw)
ProE Drawing File (*.drw;*.drw.*)
Intermediate Data Format (*.emn;*.brd)

图 1-17 “文件类型”下拉列表

在“快速过滤器”中可选择“零件”、“装配”、“工程图”、“加工方案”和“Z3”进行过滤，以便快速选择需要的文件。

四、设置背景颜色

在“配置”对话框中单击“背景色”选项卡，对话框如图 1-18 所示。使用该对话框，可分别设置零件/装配环境、独立草图和工程图环境、CAM 环境的背景色。对话框中部分选项的含义如下。

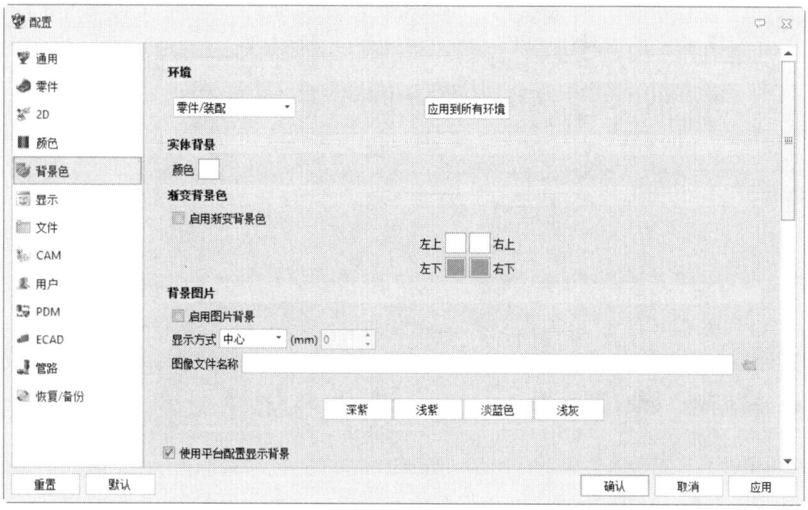

图 1-18 “配置背景色”对话框

（1）应用到所有环境：利用该功能，将当前环境的背景设置应用到所有环境中，实现所有环境的背景统一。

（2）颜色：设置实体背景的颜色。

（3）启用渐变背景色：用于激活渐变背景色功能。

（4）左上、右上、左下、右下：为图形窗口 4 个边角指定渐变颜色。

（5）启用图片背景：勾选该复选框，用于激活背景图片功能。

（6）显示方式：利用该选项，可设定背景图片显示的方式。显示方式有中心、平铺、延伸、固定宽度（输入图片宽度）和固定高度（输入图片高度）。固定宽度和固定高度的数值单位均为毫米。

五、DA 工具栏

DA 工具栏主要放置一些与绘图操作相关的最常用命令按钮，固定显示在绘图区上方，不可改变其位置。在中望 3D 中，大多数设置和操作可以通过 DA 工具栏实现。如图 1-19 所示为零件界面 DA 工具栏。如图 1-20 所示为草图环境 DA 工具栏。

若要改变 DA 工具栏的位置，则可在菜单栏和选项卡空白处右击，在弹出的快捷菜单中选择“工具栏”→“DA 工具栏”→“顶\底”命令即可，如图 1-21 所示。

同样的方法，如果要改变 DA 工具栏按钮的大小，则可选择“工具栏”→“DA 工具栏”→“大图标”命令。

若要显示/隐藏该提示，则通过选择“工具栏”→“DA 浮动提示”→“显示/隐藏”命令即可实现，如图 1-22 所示。在 DA 工具栏位置处有一个浮动提示，如图 1-23 所示。

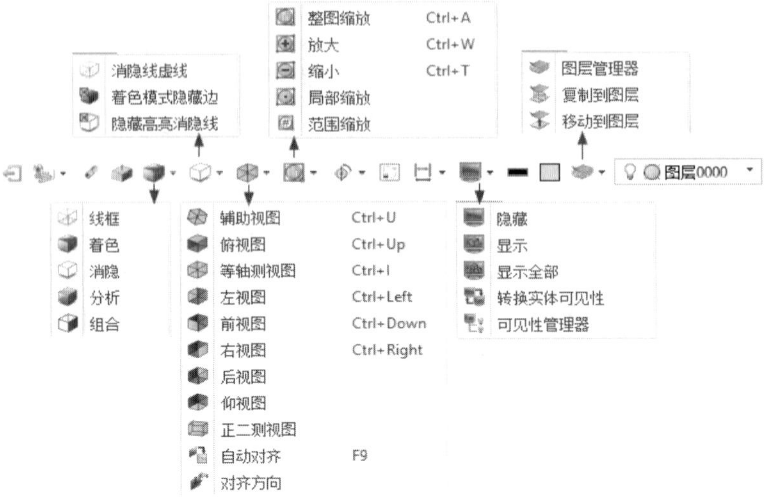

图 1-19　零件界面 DA 工具栏

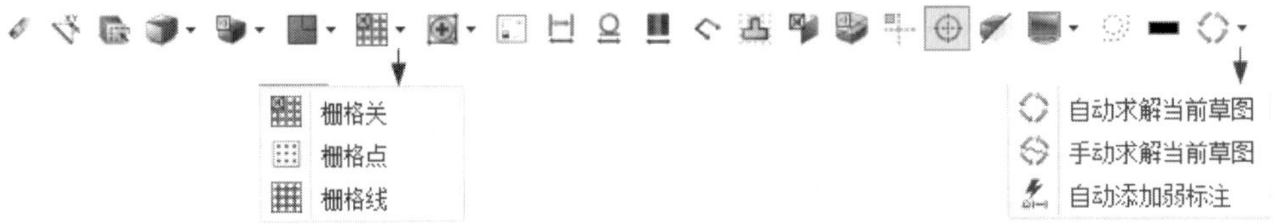

图 1-20　草图环境 DA 工具栏

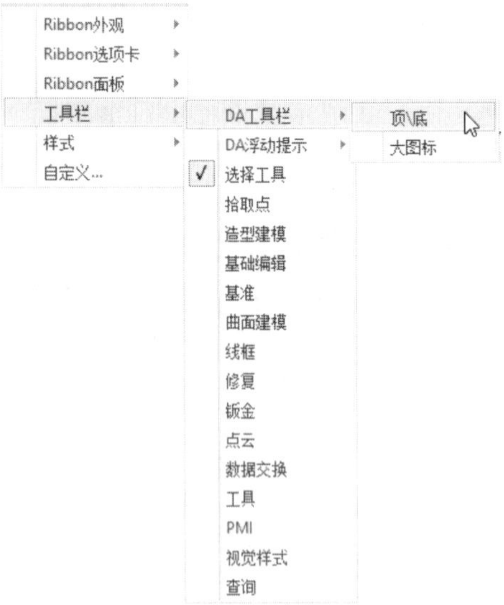

图 1-21　更改 DA 工具栏的位置

图 1-22　显示/隐藏浮动提示

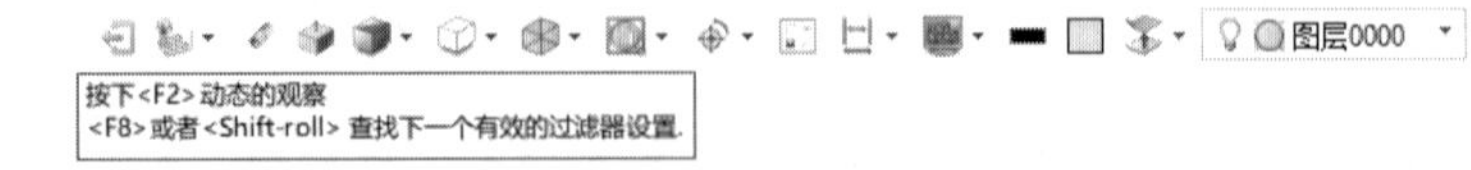

图 1-23　浮动提示

任务二 文件转换

任务导入

本任务中需要完成图 1-24 所示支架的文件转换。

微课视频

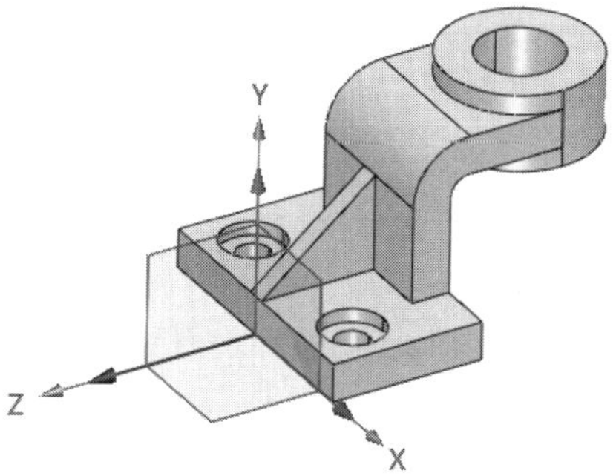

图 1-24 支架

学习目标

1．学习文件的输入、输出和保存；
2．掌握工作目录的设置。

思路分析

本任务的目标是将支架的 Proe 文件转换为.Z3PRT 文件，并设置工作目录进行保存，然后进行文件的输出，将其转换为.stl 文件。

操作步骤

（1）输入文件。选择“文件”菜单中的“输入”→“快速输入”命令，系统弹出“快速输入所选文件”对话框，选择文件类型为“All Files”，选择“支架.prt”文件，单击“打开”按钮，系统弹出“转换器进程”对话框，如图 1-25 所示。转换后的支架如图 1-26 所示。

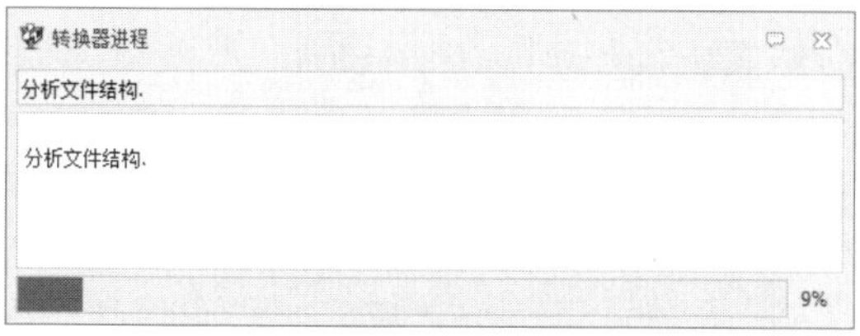

图 1-25 “转换器进程”对话框

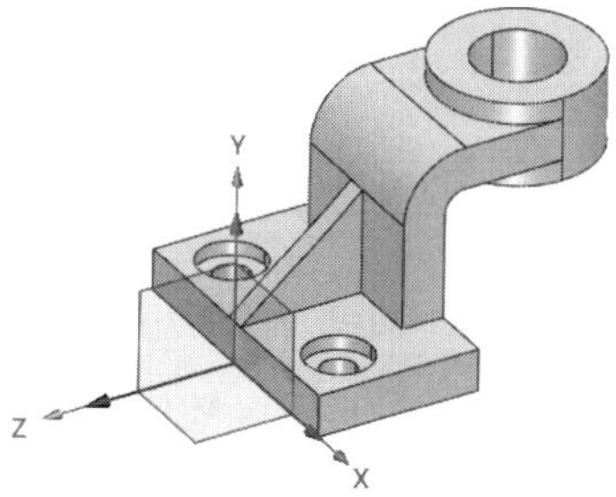

图 1-26 转换后的支架

（2）设置工作目录。选择“实用工具”菜单中的“工作目录”命令，系统弹出“选择目录”对话框，设置常用的保存文件和打开文件的位置，该位置即可作为工作路径，在打开或保存文件时系统自动跳转到该位置，如图 1-27 所示。单击“选择目录”按钮即可。

图 1-27　设置工作目录

（3）保存文件。单击快速访问工具栏中的“保存”按钮，系统弹出“保存为”对话框，输入文件名称“支架”，保存类型为.Z3PRT，如图 1-28 所示。单击“保存”按钮，文件保存完成。

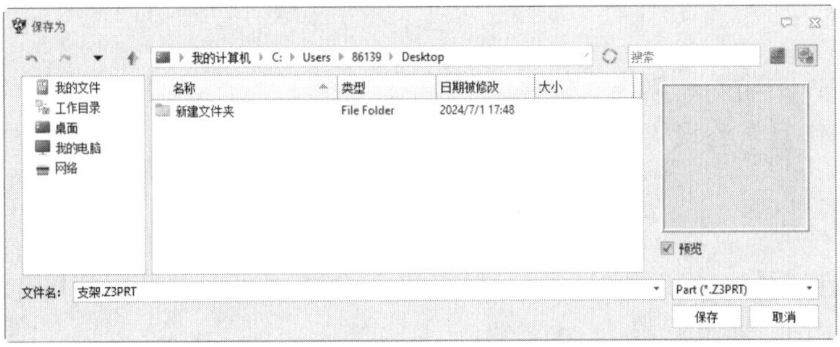

图 1-28　“保存为”对话框

（4）输出文件。选择“文件”菜单中的“输出”→“输出”命令，系统弹出“选择输出文件”对话框，选择输出文件类型为.stl 文件，如图 1-29 所示。单击“输出”按钮，系统弹出“STL 文件生成”对话框，如图 1-30 所示。采用默认设置，单击“确定”按钮，支架转换完成。

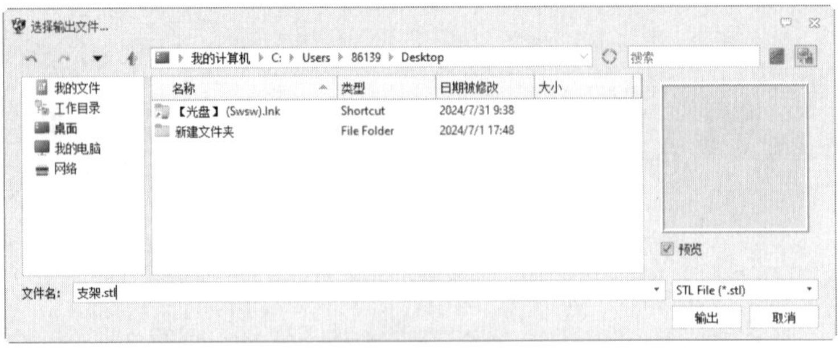

图 1-29　“选择输出文件”对话框

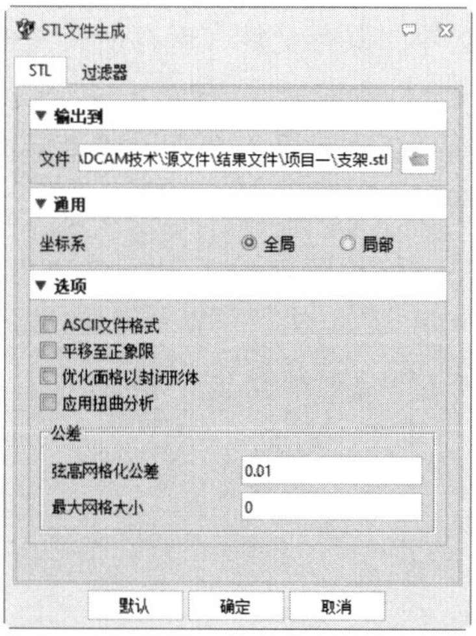

图 1-30　“STL 文件生成”对话框

知识拓展

一、保存文件

单击“快速入门”选项卡“开始”面板中的“保存”按钮，或者选择“文件”菜单中的“保存/另存为”命令，系统弹出“保存为”对话框，如图 1-31 所示。输入文件名称进行保存。可用于保存的文件类型如图 1-32 所示。允许指定非中望 3D 文件类型的扩展名（如.igs、.stp、.vda、.dwg 等）以便能在此命令期间将该中望 3D 文件输出到其他格式。这包括输出表中支持的所有文件格式（如 IGES、STEP、AutoCAD 等）。保存到非中望 3D 数据文件时，使用输出设置仅保存激活的目标对象。如果一个中望 3D 对象没有被激活，则会显示错误信息。

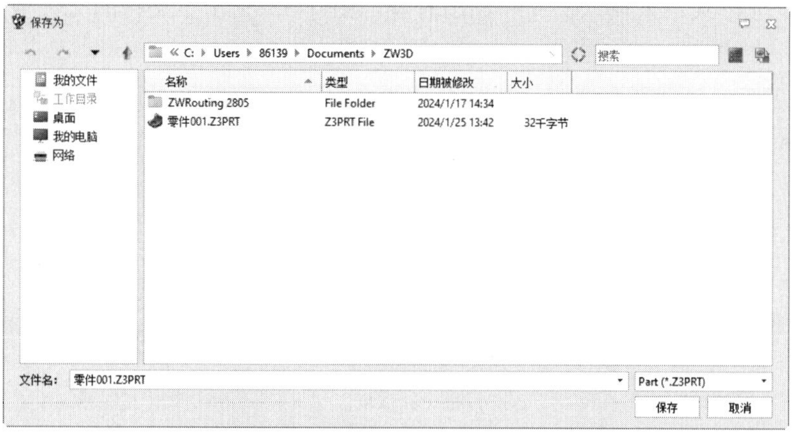

图 1-31　“保存为”对话框

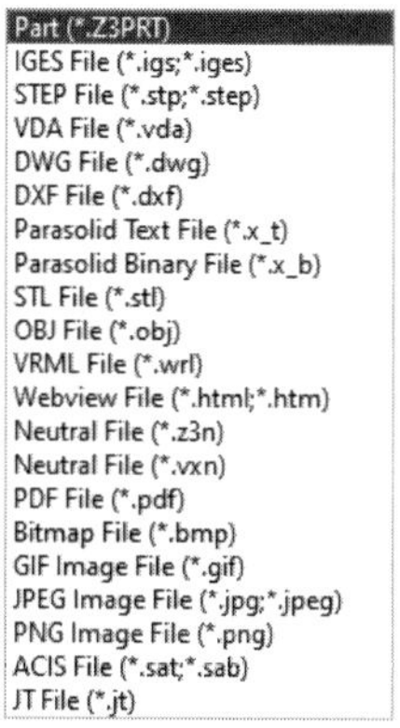

图 1-32　文件类型

二、设置工作目录

使用“工作目录”命令，在目录浏览器中选取一个目录设置为当前中望 3D 的工作目录，同时启用此工作目录，即打开文件、保存文件、保存所有文件和文件另存为将使用此路径作为默认路径。

选择“实用工具”菜单中的“工作目录”命令，或者单击“快速入门”选项卡“实用工具”面板中的“工作目录”按钮，系统弹出“选择目录”对话框，如图 1-33 所示。设置好工作目录后，单击“选择目录”按钮即可。

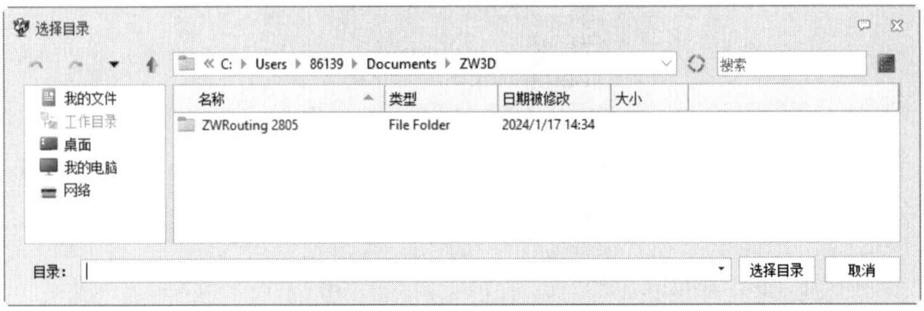

图 1-33 “选择目录”对话框

三、输入/输出文件

中望 3D 提供了图形输入与输出接口，这不仅可以将其他程序中的文件导入中望 3D，也可以将中望 3D 中的文件导出到其他程序中。

1．输入文件

本任务介绍的输入文件命令有 3 种，分别是输入、快速输入和批量输入。下面分别对其进行介绍。

（1）输入。

选择“文件”菜单中的“输入”命令，或者单击“数据交换”选项卡“输入”面板中的“输入”按钮，系统弹出“选择文件输入”对话框，如图 1-34 所示。中望 3D 可通过采用不同行业标准的中间和本地格式，来输入文件和输出对象。图 1-35 列出了支持的文件格式和文件扩展名。

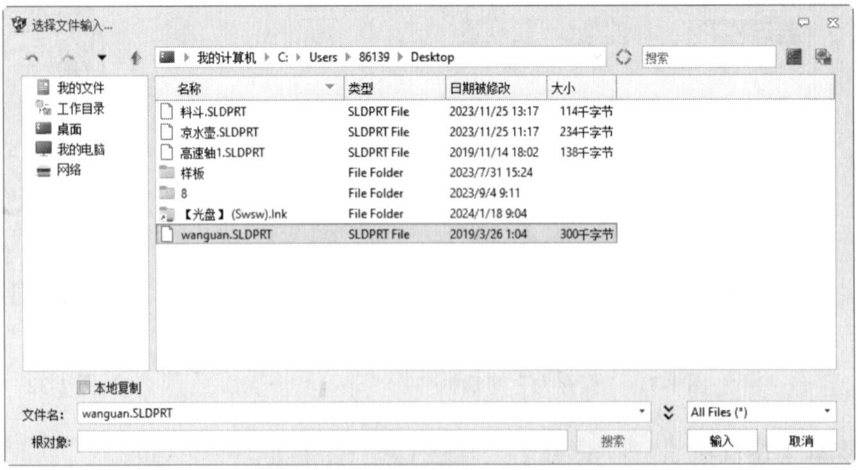

图 1-34 “选择文件输入”对话框

选择一个非中望 3D 文件，这里我们选择“wanguan.SLDPRT”SolidWorks 文件，单击“输入”按钮，系统弹出“SolidWorks 文件输入”对话框，如图 1-36 所示。在输入 CATIA、NX、Rhino、Inventor、Proe、SolidWorks、ACIS、SolidEdge 和 JT 文件时，可以使用类似对话框进行各种设置任务，单击“确定”按钮，即可输入文件。

（2）快速输入。

“快速输入”命令与“输入”命令的用法基本相同，只是不打开图 1-36 所示对话框进行参数设置，直接导入图形。

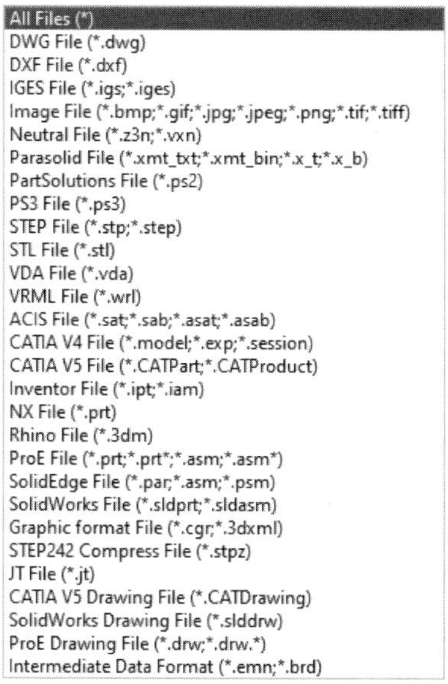

All Files (*)
DWG File (*.dwg)
DXF File (*.dxf)
IGES File (*.igs;*.iges)
Image File (*.bmp;*.gif;*.jpg;*.jpeg;*.png;*.tif;*.tiff)
Neutral File (*.z3n;*.vxn)
Parasolid File (*.xmt_txt;*.xmt_bin;*.x_t;*.x_b)
PartSolutions File (*.ps2)
PS3 File (*.ps3)
STEP File (*.stp;*.step)
STL File (*.stl)
VDA File (*.vda)
VRML File (*.wrl)
ACIS File (*.sat;*.sab;*.asat;*.asab)
CATIA V4 File (*.model;*.exp;*.session)
CATIA V5 File (*.CATPart;*.CATProduct)
Inventor File (*.ipt;*.iam)
NX File (*.prt)
Rhino File (*.3dm)
ProE File (*.prt;*.prt*;*.asm;*.asm*)
SolidEdge File (*.par;*.asm;*.psm)
SolidWorks File (*.sldprt;*.sldasm)
Graphic format File (*.cgr;*.3dxml)
STEP242 Compress File (*.stpz)
JT File (*.jt)
CATIA V5 Drawing File (*.CATDrawing)
SolidWorks Drawing File (*.slddrw)
ProE Drawing File (*.drw;*.drw.*)
Intermediate Data Format (*.emn;*.brd)

图 1-35　输入文件类型

图 1-36　“SolidWorks 文件输入”对话框

（3）批量输入。

选择“文件”菜单中的“输入”→“批量输入”命令，或者单击“数据交换”选项卡“输入”面板中的“批量输入”按钮，系统弹出“批量输入”对话框，如图 1-37 所示。勾选“写入原文件目录”复选框，则输入的文件保存路径与原始文件相同。单击“添加文件”按钮，系统弹出“选择文件输入”对话框，选择要输入的文件，多个文件可按住<Shift>或<Ctrl>键进行选择。所有文件完成添加之后，单击“运行”按钮，即可进行批量输入。也可以添加文件夹，进行文件的批量输入。

注意：输入文件的文件名称必须是英文名称，不支持中文名称文件的输入。

2．输出文件

本任务介绍两种输出文件的命令，即输出和批量输出。

图 1-37 “批量输入”对话框

（1）输出。

使用这个命令来输出中望 3D 对象（如零件、草图、工程图）到其他的标准格式，如 IGES、STEP、DWG、HTML、VRML 等。

首先打开一个已经绘制好的文件，单击“数据交换”选项卡“输入”面板中的“输出”按钮，系统弹出“选择输出文件”对话框，如图 1-38 所示。输入文件名称，选择文件类型，单击“输出”按钮即可完成文件输出。

图 1-38 “选择输出文件”对话框

（2）批量输出。

使用这个命令同时输出中望 3D 对象（如零件、草图、工程图）到其他的标准格式，如 IGES、STEP、DWG 等。

单击“数据交换”选项卡“输入”面板中的“批量输出”按钮，系统弹出“批量输出”对话框，如图 1-39 所示。

选择文件的方法有以下两种。

一种是在“选择对象”选项卡中单击“要导出的文件”按钮，系统弹出“选择目录”对话框，如图 1-40 所示。可按住<Shift>或<Ctrl>键将多个文件打开。

另一种是将要输出的文件全部打开，在“选择文件”下拉列表中会列出所有当前打开的文件，并提供下拉菜单加复选框的模式，用户可以在下拉列表中勾选复选框，把当前打开的文件添加到文件列表中。

“选择文件”选项组中的“过滤器”可以过滤对象类型。过滤器有 5 个选项：显示全部、显示零件、显示装配、显示草图和显示工程图。

注意：文件列表/对象列表的右键快捷菜单包括“删除”“删除未选项”及“自定义”菜单。

图 1-39　“批量输出”对话框

图 1-40　“选择目录”对话框

单击“输出设置”选项卡，进行输出路径、文件名、是否输出所有图纸和文件类型的设置，如图 1-41 所示。

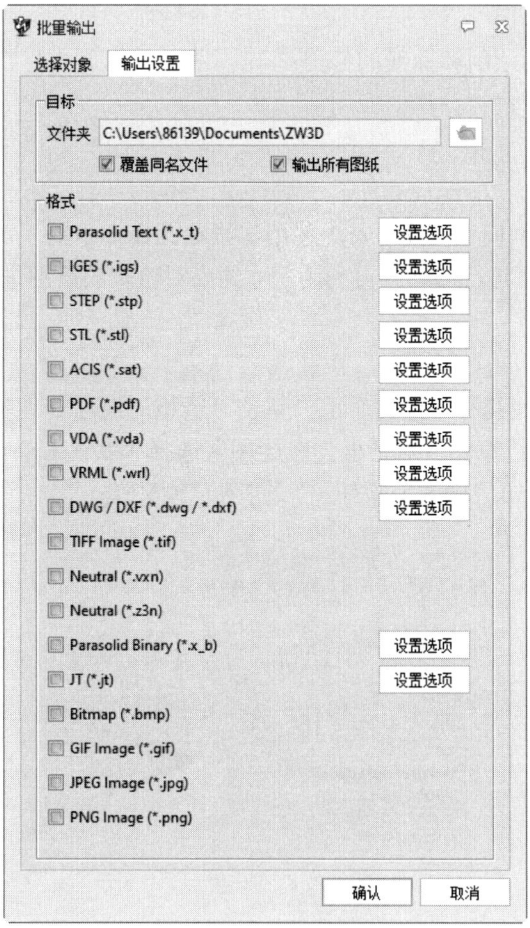

图 1-41　输出设置

任务三 扳手草图绘制

任务导入

本任务是绘制扳手草图，如图 1-42 所示。

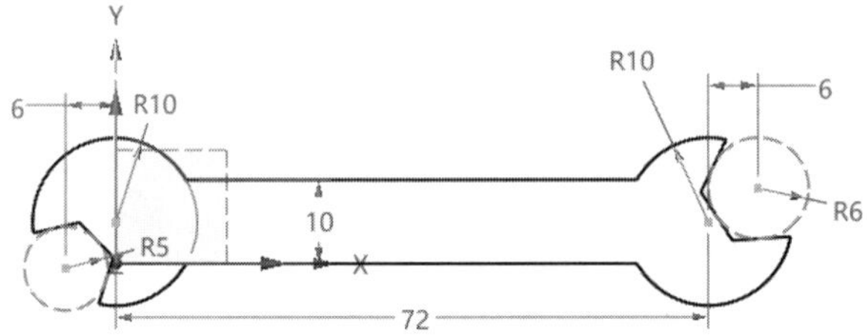

微课视频

图 1-42 扳手草图

学习目标

1．学习草图的插入；
2．掌握矩形和槽的绘制和曲线的修剪；
3．熟悉尺寸约束和尺寸标注的应用。

思路分析

本任务的目标是绘制板手草图，首先使用二维绘图命令中的“矩形”“圆”“正多边形”命令绘制图形，并对草图进行修剪；再利用尺寸约束对绘制的草图进行约束，最后标注尺寸。

操作步骤

（1）设置草图绘制（简称草绘）平面。单击“造型”选项卡“基础造型”面板中的“草图”按钮，系统弹出“草图”对话框，在绘图区选择“默认 CSYS_XY”平面作为草绘平面，如图 1-43 所示。单击“确定”按钮，进入草绘环境。

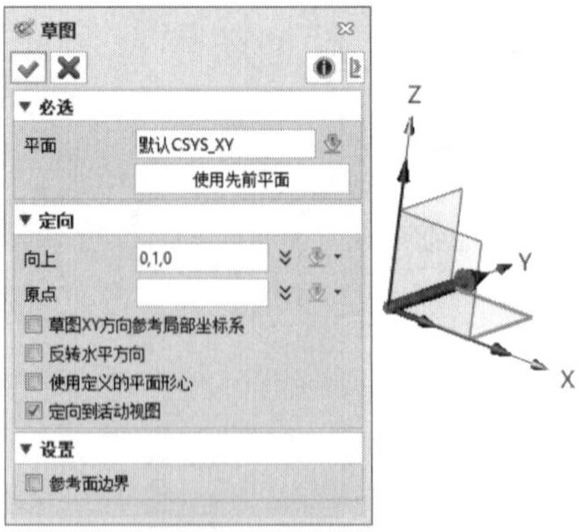

图 1-43 选择草绘平面

（2）绘制矩形。单击“草图”选项卡“绘图”面板中的“矩形”按钮，系统弹出“矩形”对话框，选择矩形的绘制方式为“角点”，设置矩形的宽度为 72 mm，高度为 10 mm，如图 1-44 所示。在图形区单击坐标原点作为点 1 放置矩形，单击“确定”按钮，此时矩形绘制完成。单击 DA 工具栏中的“打开/关闭约束”按钮，关闭约束显示，结果如图 1-45 所示。

（3）绘制圆。单击“草图”选项卡“绘图”面板中的“圆”按钮，系统弹出“圆”对话框，选择圆的绘制方式为“半径”，分别以矩形两短边中点为圆心，绘制半径为 10 mm 的圆，结果如图 1-46 所示。

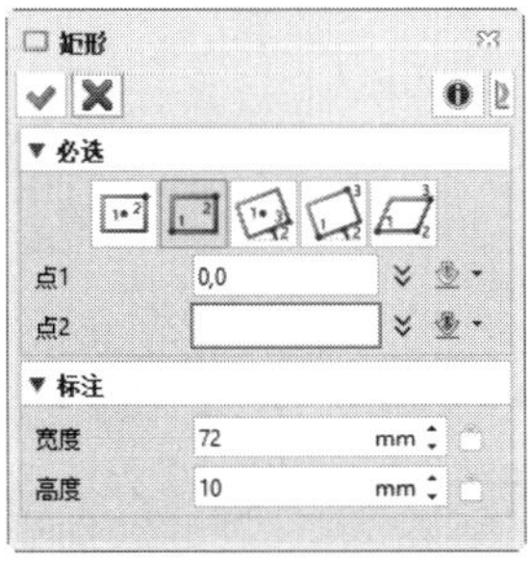

图 1-44　“矩形”对话框

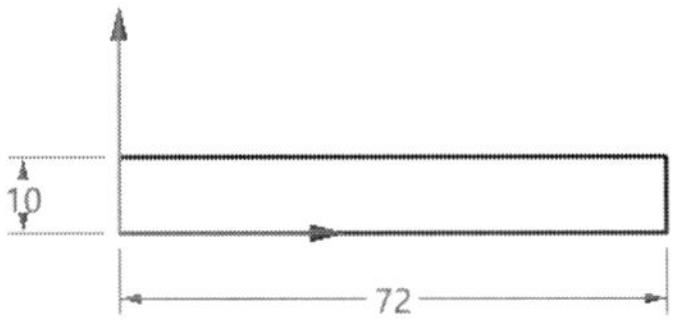

图 1-45　绘制矩形

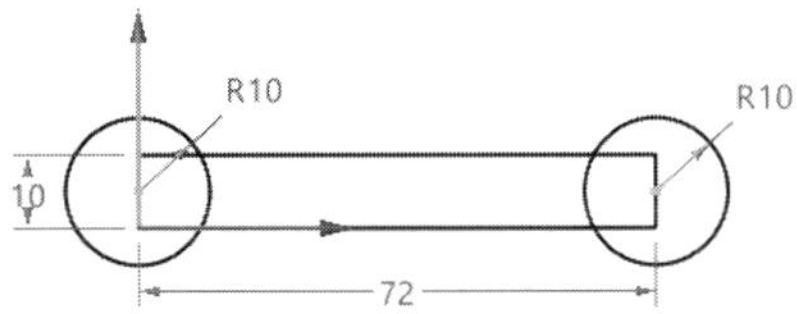

图 1-46　绘制圆

（4）绘制正六边形 1。单击“草图”选项卡“绘图”面板中的“正多边形”按钮，系统弹出“正多边形”对话框，选择正多边形的绘制方式为“外接半径”，设置半径为 5 mm，边数为 6，如图 1-47 所示。在左端适当位置绘制正六边形 1。

（5）绘制正六边形 2。重复“正多边形”命令，修改半径为 6 mm，在右端适当位置单击绘制正六边形 2，结果如图 1-48 所示。

图 1-47　“正多边形”对话框

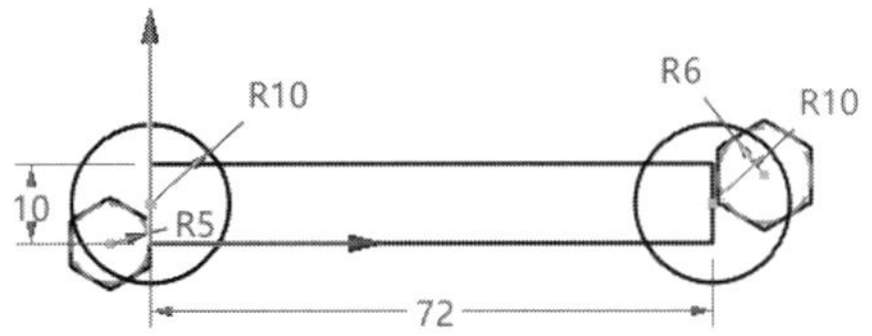

图 1-48　绘制正六边形

（6）标注尺寸。单击“草图”选项卡“标注”面板中的“快速标注”按钮，系统弹出“快速标注”对话框，标注六边形尺寸，如图 1-49 所示。

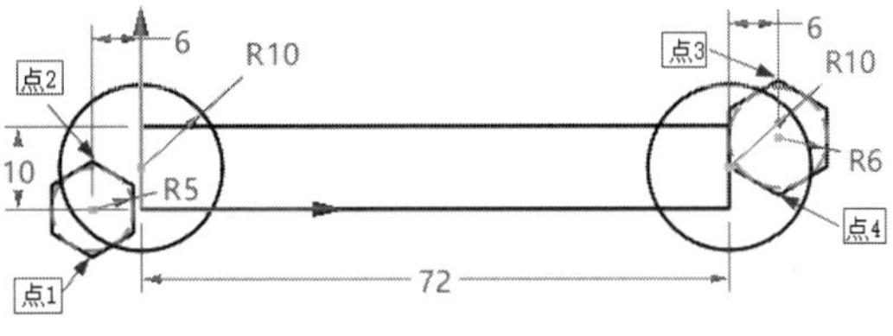

图 1-49　标注尺寸

（7）添加重合约束 1。单击“草图”选项卡“约束”面板中的“添加约束”按钮，系统弹出“添加约束”对话框，选择点 1 与左侧的圆，单击“曲线上点约束”按钮，如图 1-50 所示。单击“确定”按钮，添加重合约束 1。

（8）添加其他重合约束。继续选择点 2 与左侧的圆添加重合约束。采用同样的方法，分别选择点 3 和点 4 与右侧的圆添加重合约束，结果如图 1-51 所示。

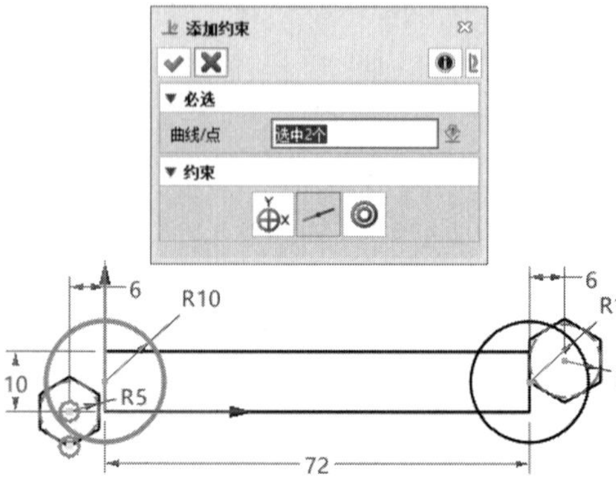

图 1-50　添加重合约束 1

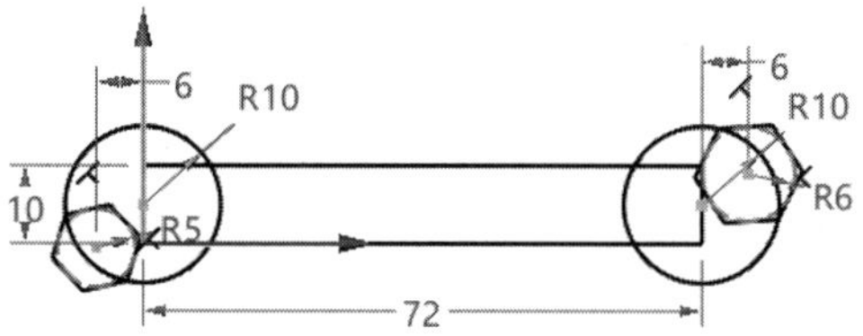

图 1-51　添加其他重合约束

（9）修剪实体。单击“草图”选项卡“编辑曲线”面板中的“单击修剪”按钮，系统弹出“单击修剪”对话框，修剪多余图形，结果如图 1-52 所示。

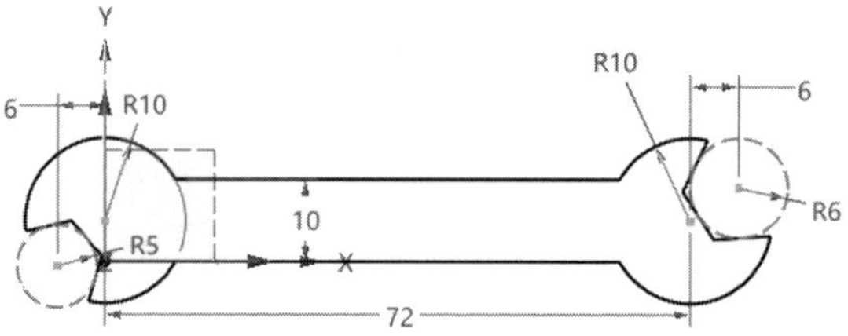

图 1-52　修剪结果

知识拓展

一、矩形

使用“矩形”命令创建不同类型的 2D 矩形。

单击“草图”选项卡“绘图”面板中的“矩形”按钮□，系统弹出“矩形”对话框，如图 1-53 所示。该对话框中绘制矩形的方法包括中心、角点、中心-角度、角点-角度和平行四边形 5 种。

（1）中心：该方法是通过定义其中心点和一个对角点，来创建一个水平或垂直矩形，如图 1-54（a）所示。

（2）角点：该方法是通过定义两个对角点，来创建一个水平或垂直矩形，如图 1-54（b）所示。

（3）中心-角度：该方法是通过定义其中心点，沿第一条轴的一点和一个对角点创建一个矩形。可使用该方法创建一个旋转一定角度的矩形。沿第一条轴的点将确定旋转角度，如图1-54（c）所示。

（4）角点-角度：该方法是通过定义3个对角点创建一个矩形。可使用该方法创建一个旋转一定角度的矩形。第二个对角点用来确定旋转角度，而第三个对角点用来确定高度，如图1-54（d）所示。

（5）平行四边形：该方法是通过定义3个对角点创建一个矩形。使用该方法创建一个旋转一定角度的矩形。第二个对角点用来确定旋转角度，而第三个对角点用来确定高度，如图1-54（e）所示。

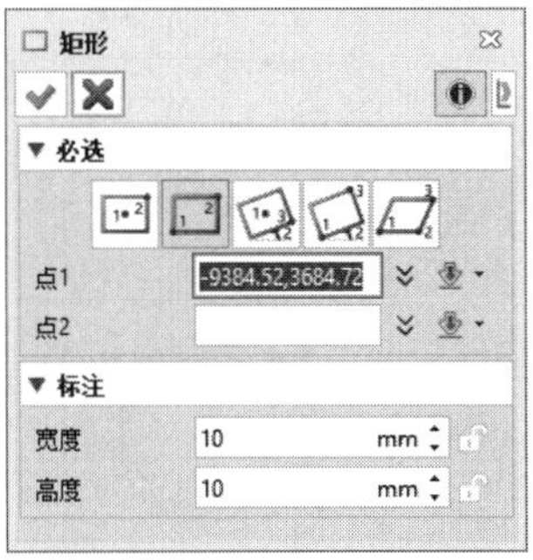

图1-53　“矩形”对话框

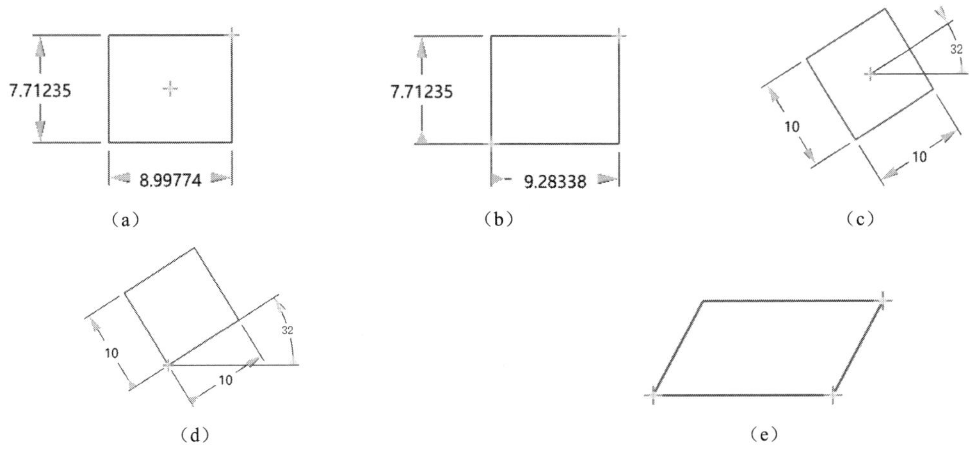

图1-54　绘制矩形的5种方法示例

（a）中心；（b）角点；（c）中心-角度；（d）角点-角度；（e）平行四边形

二、正多边形

使用“正多边形”命令，可在草图或工程图上创建2D正多边形。

单击“草图”选项卡“绘图”面板中的“正多边形”按钮⬡，系统弹出“正多边形”对话框，如图1-55所示。该对话框内可创建内接或外接半径、边长、内接或外接边界和边长边界的正多边形。

（1）内接或外接半径：创建一个指定边数和半径的内接或外接正多边形，如图1-56（a）和图1-56（b）所示。

（2）边长：创建一个指定边数的正多边形。转角位于指定点，所有边为指定长度，如图 1-56（c）所示。

（3）内接或外接边界：创建一个指定边数和内接或外接半径点的正多边形，如图 1-56（d）或图 1-56（e）所示。

（4）边长边界：通过指定一条边长及边数创建一个正多边形，如图 1-56（f）所示。

在“设置”选项组中可设置边数和旋转角度，其中“旋转角度”还可以通过角度标控进行调整。

创建的正多边形，可以拖曳其中心重定义位置和大小。

图 1-55 “正多边形”对话框

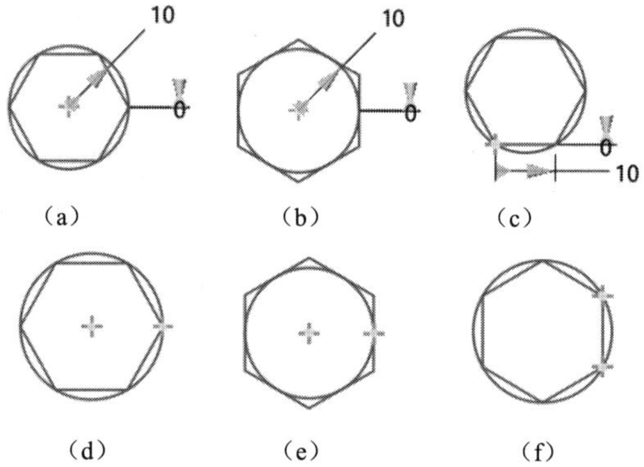

图 1-56 绘制正多边形的 6 种方法示例

（a）内接半径；（b）外接半径；（c）边长；（d）内接边界；（e）外接边界；（f）边长边界

三、草图的修剪

修剪草图是草绘过程中最常见的编辑操作。在中望 3D 中提供了多个修剪工具，如图 1-57 所示。可以使用“划线修剪”和“单击修剪”命令快速修剪草图，也可以用“修剪/延伸成角”命令编辑相交线段。

图 1-57 修剪工具

1．划线修剪

该命令将会根据鼠标移动的轨迹对经过的实体进行裁剪。

单击“草图”选项卡“编辑曲线”面板中的“划线修剪”按钮，按住鼠标左键对其进行修剪，操作示例如图 1-58 所示。

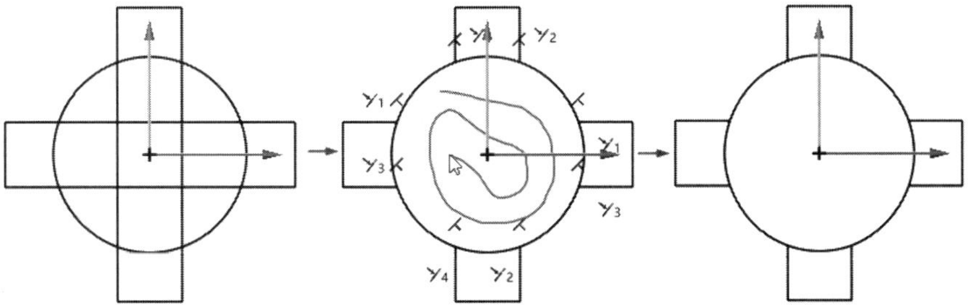

图 1-58 划线修剪操作示例

注意：划线修剪不能修剪单一闭合曲线。

2．单击修剪

该命令用于已选曲线段的自动修剪。最近相交的曲线作为修剪边界。

单击“草图”选项卡“编辑曲线”面板中的“单击修剪”按钮，系统弹出“单击修剪”对话框，如图 1-59 所示。单击修剪操作示例如图 1-60 所示。

图 1-59 “单击修剪”对话框

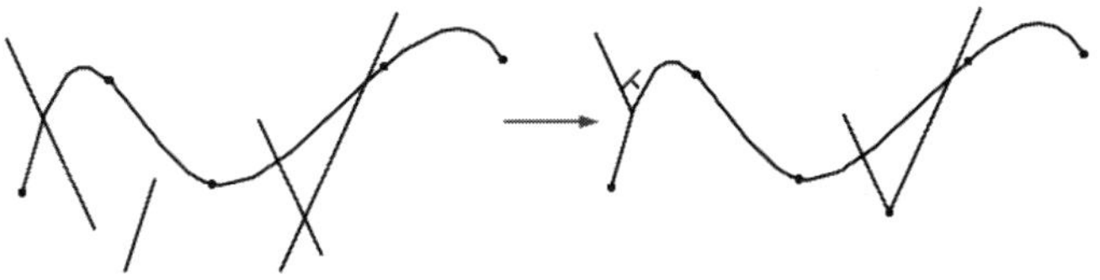

图 1-60 单击修剪操作示例

3．修剪/延伸

该命令用于修剪或延伸线、弧或曲线，可修剪或延伸到一个点、一条曲线或输入一个延伸长度。

单击“草图”选项卡“编辑曲线”面板中的“修剪/延伸”按钮，系统弹出“修剪/延伸”对话框，如图 1-61 所示。先选择需修剪或延伸的曲线，然后选择需修剪或延伸的目标点或曲线，或者输入一个延伸长度。修剪/延伸操作示例如图 1-62 所示。

图 1-61 “修剪/延伸”对话框

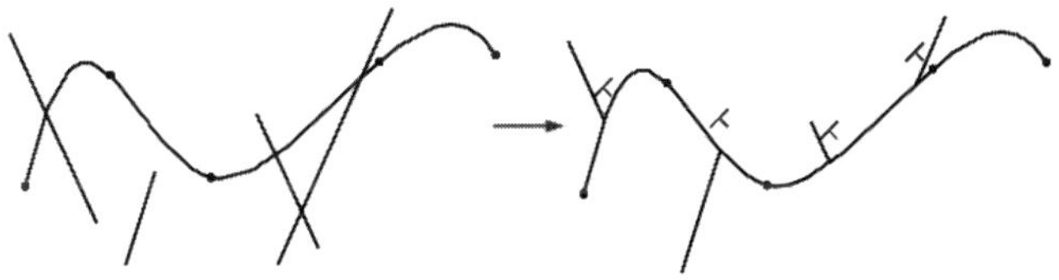

图 1-62 修剪/延伸操作示例

4．修剪/打断曲线

该命令可将曲线修剪或打断成一组边界曲线。

单击“草图”选项卡“编辑曲线”面板中的“修剪/打断曲线”按钮，系统弹出“修剪/打断曲线”对话框，如图 1-63 所示。首先选择要打断或修剪的边界曲线，然后选择要删除、保留、打断的曲线段。曲线可以对其他曲线打断或修剪。修剪/打断曲线操作示例如图 1-64 所示。

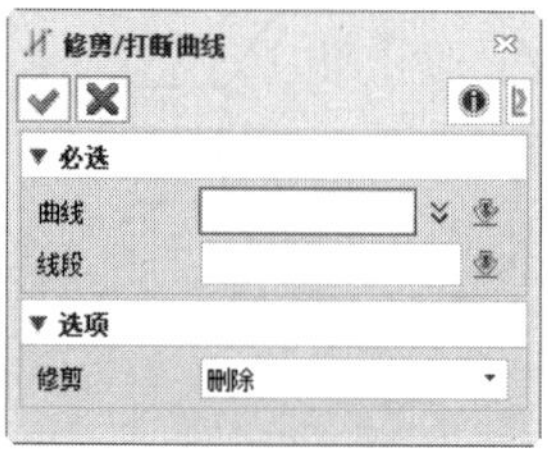

图 1-63 “修剪/打断曲线”对话框

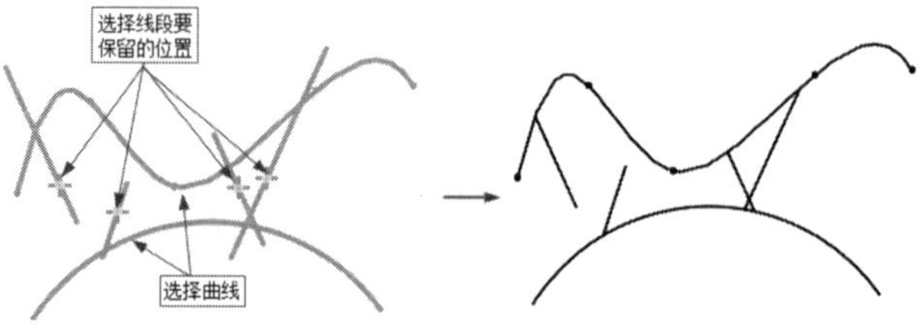

图 1-64 修剪/打断曲线操作示例

5．通过点修剪/打断曲线

该命令可选择曲线上的点修剪/打断一条曲线。用户可选择保留多个线段，或者只打断曲线。

单击“草图”选项卡“编辑曲线”面板中的“通过点修剪/打断曲线”按钮，系统弹出“通过点修剪/打断曲线”对话框，如图 1-65 所示。首先选择一条要修剪或打断的曲线，然后在曲线上或曲线附近选择修剪/打断点，最后选择要保留的线段或单击鼠标中键只打断曲线，操作示例如图 1-66 所示。

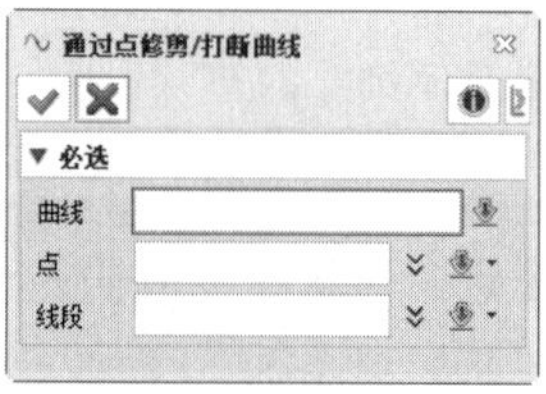

图 1-65 “通过点修剪/打断曲线”对话框

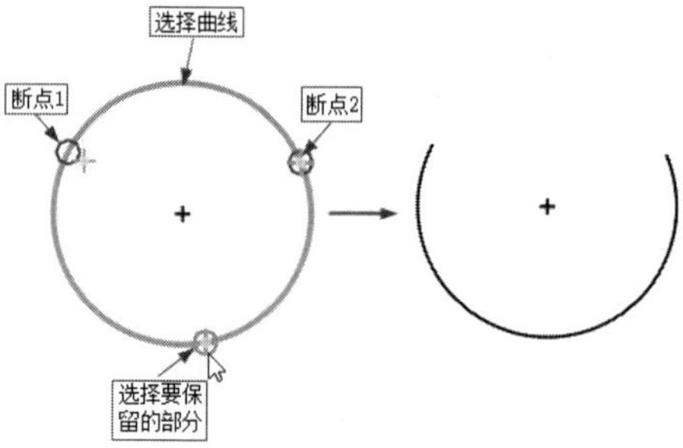

图 1-66 通过点修剪/打断曲线操作示例

6．修剪/延伸成角

修剪或延伸两条曲线，使其相互形成一个角。

单击“草图”选项卡“编辑曲线”面板中的“修剪/延伸成角”按钮，系统弹出“修剪/延伸成角”对话框，如图 1-67 所示。在修剪端附近选择曲线 1，然后在修剪端附近选择曲线 2，曲线自动修剪/延伸，操作示例如图 1-68 所示。

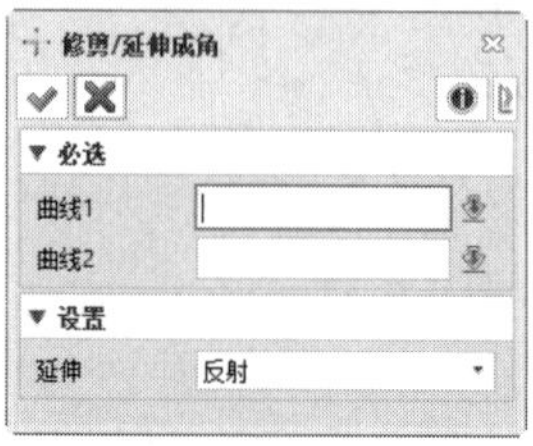

图 1-67 “修剪/延伸成角”对话框

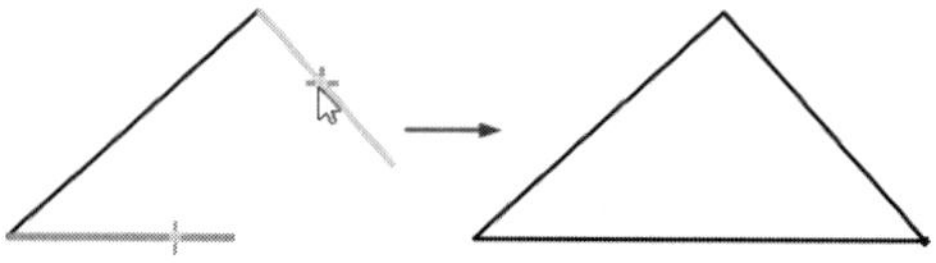

图 1-68 修剪/延伸成角操作示例

7．删除弓形交叉

当带圆角的曲线的偏移距离大于圆角半径时，会自动创建弓形交叉并需要手动删除。

单击“草图”选项卡“编辑曲线”面板中的“删除弓形交叉”按钮，系统弹出“删除弓形交叉”对话框，如图 1-69 所示。删除弓形交叉操作示例如图 1-70 所示。

图 1-69 “删除弓形交叉”对话框

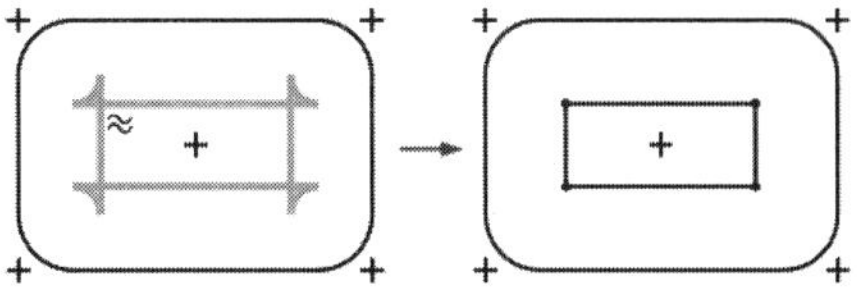

图 1-70　删除弓形交叉操作示例

8．断开交点

该命令可在相交处自动断开曲线段。

单击“草图”选项卡“编辑曲线”面板中的“断开交点”按钮，系统弹出“断开交点”对话框，如图 1-71 所示。选中两条相交曲线或选中一条自相交曲线，单击鼠标中键即可将曲线断开，操作示例如图 1-72 所示。

图 1-71 “断开交点”对话框

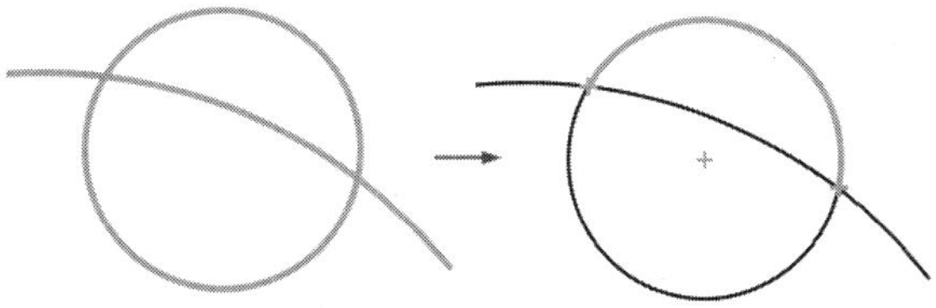

图 1-72　断开交点操作示例

四、草图约束

在中望 3D 中，有两种方法可以添加几何约束：一种是先选择需要添加的约束类型，然后选择待约束的几何对象；另外一种是先选择需要约束的几何对象，然后根据系统自动提供的当前可添加的约束类型选择其中之一，实现这种方式的命令是自动约束。

1．手动添加约束

此命令可以为激活的 2D 草图添加约束。

单击“草图”选项卡“约束”面板中的“添加约束”按钮，系统弹出“添加约束”对话框，如图 1-73 所示。根据所选的实体，系统显示可用的约束类型。选择所需的约束类型完成约束的添加。

图 1-73 “添加约束”对话框

在“约束”面板中提供了 19 种约束类型，下面详细介绍各种约束的用法。

（1）固定：在点或实体上创建固定约束，使该点或实体固定于当前的位置。该点或实体将保持固定状态，直到约束被删除为止。

1）如果固定的实体是直线或曲线，则该实体不能旋转或向法线方向（简称法向）移动。

2）如果固定的实体是圆，则该实体将被完全固定，既不能移动也不能旋转或缩放。

（2）点水平：在点上创建点水平约束，使该点相对基点的 Y 值保持水平。受约束点将在 Y 值上保持水平，直到约束被删除为止。

（3）点垂直：在点上创建点垂直约束，使该点相对基点的 X 值保持垂直。受约束点将在 X 值上保持垂直，直到约束被删除为止。

（4）中点：使用此命令将点约束在两个选定点之间的中点处。两点中的任意一点发生移动，受约束点将仍保持在两点之间的中点处，直到约束被删除为止。

（5）点到直线/曲线：在点上创建点到直线或曲线的约束。若选择直线，则点与基准直线保持共线。如果基准直线发生改变，则受约束点仍将保持与基准直线共线，直到约束被删除为止。若选择曲线，则点固定在基准曲线上。如果基准曲线发生改变，则受约束点将仍在基准曲线上，直到约束被删除为止。

（6）点在交点上：在点上创建点在交点上约束，使其保持在两条基准曲线的相交处。基准曲线可以是弧、圆或曲线。

（7）点重合：使用此约束将多个点重合。包含重合点的任一实体发生移动后，受约束点仍将保持重合，直到约束被删除为止。

（8）水平 HORZ：选择需要约束的直线，在直线上创建水平约束，使其保持水平。受约束直线将保持水平，直到约束被删除为止。

（9）竖直：选择需要约束的直线，在直线上创建竖直约束，使其保持竖直。受约束直线将保持竖直，直到约束被删除为止。

（10）对称：在点上创建一个对称约束，使其相对一条基准直线对称。

（11）部分对称：使用此命令可以进行部分对称，支持对象包括两条不等长直线、两个圆和圆弧的任意组合。例如，直线部分对称，则两直线与对称轴之间的夹角相等；圆弧与圆弧部分对称，则两圆弧的圆心对称、半径相等。

（12）垂直：在曲线或直线上创建垂直约束，使其与基准线垂直。

（13）平行 //：在直线上创建平行约束，使其保持平行于基准直线。

（14）共线：在直线上创建与另一直线共线的约束，确保两条直线位于同一直线上。

（15）相切：在两条直线、弧、曲线或两个圆上创建相切约束，使其保持相切。两条直线、弧、曲线或两个圆之一发生变化，另一条直线、弧、曲线或两个圆将保持与其相切，直到约束被删除为止。也可以选择一条坐标轴并与之相切。

（16）等长：在实体上创建一个等长约束，使其相对另一个实体保持等长。对于不同类型的实体没有相等约束。

（17）等半径：使用此命令创建一个等半径约束，使圆/圆弧对另一个圆/圆弧保持等半径。

（18）等曲率：该约束支持曲线与曲线、曲线与圆弧、曲线与直线之间的曲率约束，约束后两线 G2 连续（曲率相等）。

注意：被约束的线需要首尾相接。

（19）同心◎：在点上创建同心约束，使其保持与一基准弧或圆同心。基准弧或圆发生变化，受约束点将保持与之同心。

2．自动约束

该命令将分析当前的草图几何体，并自动添加约束和标注。

单击“草图”选项卡“约束”面板中的“自动约束”按钮，系统弹出“自动约束”对话框，如图 1-74 所示。

图 1-74 “自动约束”对话框

“自动约束”对话框中各选项的含义如下。

（1）基点：选择一个基点，或者单击鼠标中键，使用默认的草图平面原点。在该点上放置一个 2D 约束（固定）。

（2）实体：选择需要创建自动约束和标注的实体。

（3）约束：勾选可以应用的约束。

（4）创建标注：勾选该复选框，可自动创建标注并设置标注添加的优先级。

五、草图尺寸标注

理论上任何草图通过添加合理的形状和位置约束后即可被视为确定的草图。然而，无论是形状还是位置，在三维软件中都可以通过几何关系和尺寸实现对草图的完整约束。

1．快速标注

使用此命令，通过选择一个实体或选定标注点进行标注。根据选中的实体、点和命令，此命令可创建多种不同的标注类型。

单击“草图”选项卡“标注”面板中的“快速标注”按钮，系统弹出“快速标注”对话框，如图 1-75 所示。

默认情况下，手动添加的尺寸都是驱动尺寸，同时，这些尺寸被视为强尺寸，这意味着这些尺寸会驱动整个草图的更改。为了更容易约束整个草图，也可以单击快速访问/DA 工具栏中的“自动求解当前草图”按钮右侧的下拉按钮，在弹出的下拉菜单中选择“自动添加弱标注”命令，在这种模式下，添加的尺寸为弱尺寸且显示为灰色，如图 1-76 所示。

图 1-75 “快速标注”对话框

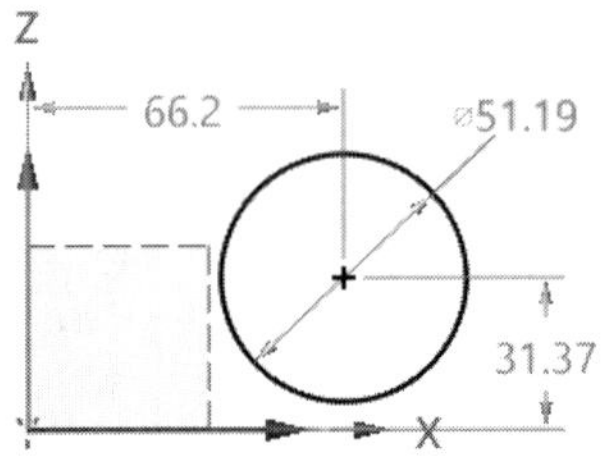

图 1-76 自动添加弱尺寸

对于一个草图，当几何形状和位置被合理约束后，这个草图即可被视为确定的草图，也被称为明确约束草图。在有些情况下，为了让草图更易懂，一些额外的尺寸将被添加，这些尺寸称为参考尺寸，被放在括号中，如图 1-77 所示。

注意：在某些情况下，如果只需要显示目标草图，则可以单击 DA 工具栏中的“打开/关闭标注”和“打开/关闭约束”按钮，如图 1-78 所示。

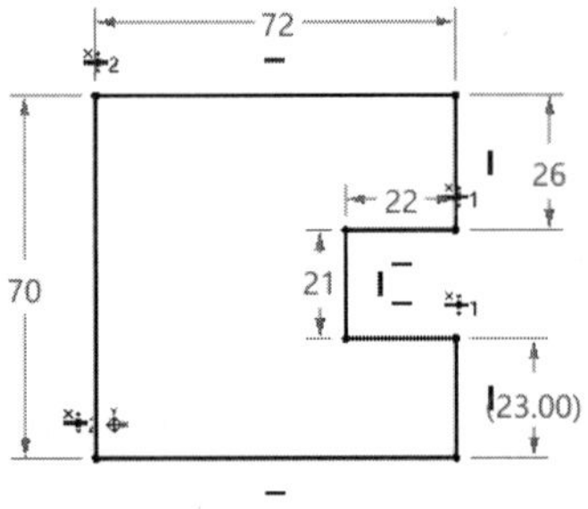

图 1-77 添加参考尺寸

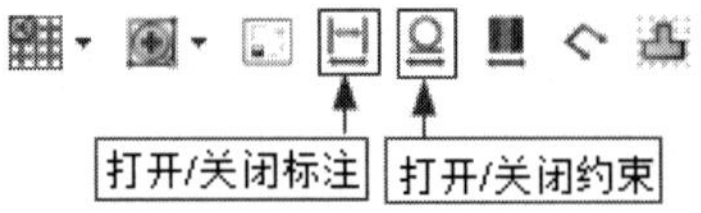

图 1-78 “打开/关闭标注”和“打开/关闭约束”按钮

2．尺寸标注

（1）线性标注。

使用“线性”命令，在草图和工程图中可以创建 2D 线性标注。

单击“草图”选项卡“标注”面板中的“线性”按钮，系统弹出“线性”对话框，如图 1-79 所示。该命令可在两点之间创建线性水平标注、垂直标注和对齐标注。

（2）线性偏移标注。

使用“线性偏移”命令可创建偏移标注和投影距离标注。偏移标注是指在两条平行线之间创建标注。投影距离标注是投影一个点到一条线的垂直距离的线性标注。单击“草图”选项卡“标注”面板中的“线性偏移”按钮，系统弹出“线性偏移”对话框，如图 1-80 所示。

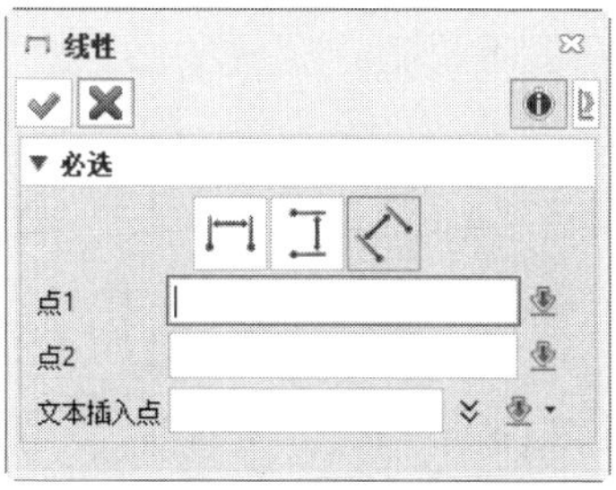

图 1-79 “线性”对话框

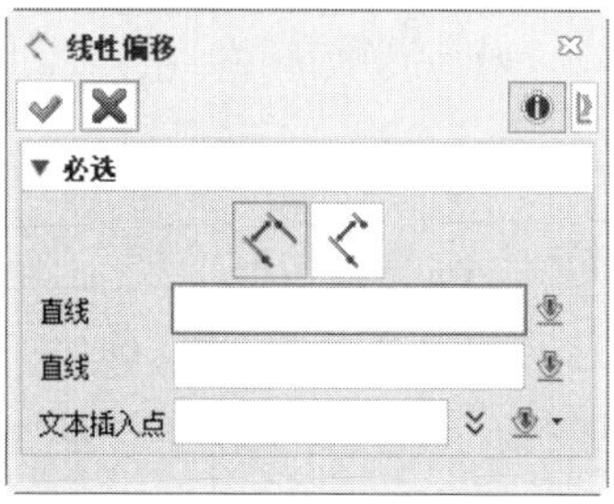

图 1-80“线性偏移”对话框

（3）对称标注。

使用此命令，在草图和工程图中可以创建 2D 对称标注。

单击“草图”选项卡“标注”面板中的“对称”按钮，系统弹出“对称”对话框，如图 1-81 所示。该对话框中有线性和角度两种标注方法。

（4）角度标注。

使用此命令，在草图和工程图中可以创建 2D 角度标注。

单击“草图”选项卡“标注”面板中的“角度”按钮，系统弹出“角度”对话框，如图 1-82 所示。

图 1-81 “对称”对话框

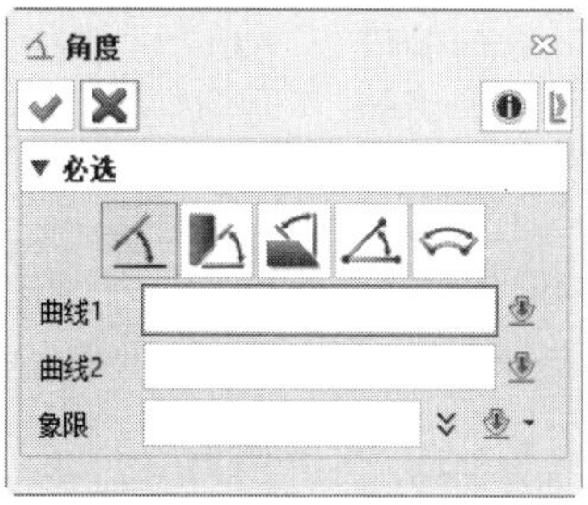

图 1-82 “角度”对话框

“角度”命令支持多种不同类型的标注，包括两曲线、水平、垂直、3 点和弧长标注。其中，两曲线、水平和垂直标注不仅支持直线与直线之间的角度标注，还支持直线与曲线、曲线与曲线之间的角度标注。若选择插值曲线，则拾取到的是最近的插值点；若选择控制点曲线，则拾取到的是最近的端点。两曲线的角度标注，实质是两曲线在最近的插值点或端点处的切线间的角度。

（5）半径/直径标注。

使用“半径/直径”命令，创建草图、工程图及零件的半径/直径标注。

单击“草图”选项卡“标注”面板中的“半径/直径”按钮，系统弹出“半径/直径”对话框，如图 1-83 所示。该命令可以创建标准、直径、折弯、引线和大半径等标注。在工程图和零件下，双击创建的标注可对其进行编辑。

（6）周长标注。

使用此命令，创建草图的周长的长度标注，双击创建的标注可对其进行编辑。

单击“草图”选项卡“标注”面板中的“周长”按钮，系统弹出“周长”对话框，如图 1-84 所示。

图 1-83 “半径/直径”对话框

图 1-84 “周长”对话框

任务四 挂轮架草图绘制

任务导入

本任务是绘制图 1-85 所示的挂轮架草图。

微课视频

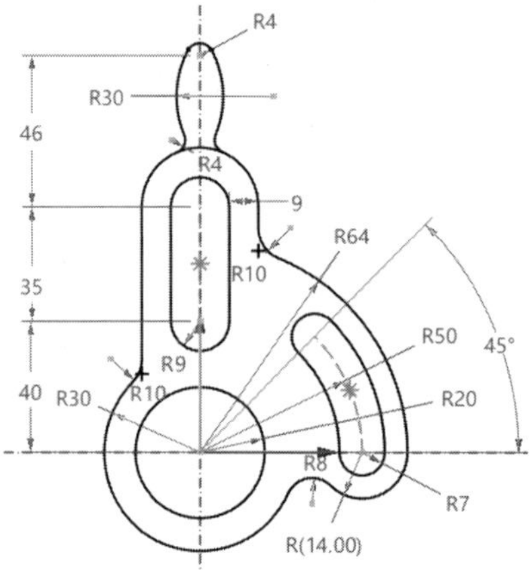

图 1-85 挂轮架草图

学习目标

1. 学习零件的新建和草图的插入；
2. 掌握二维绘图命令的使用及编辑命令的使用；
3. 熟悉“镜像”“延伸”和“修剪”命令的使用；
4. 熟练掌握尺寸标注及尺寸约束的应用。

思路分析

本任务的目标是绘制挂轮架草图，首先利用二维绘图命令绘制圆、槽及圆弧，再利用“镜像”和“偏移”命令对图形进行编辑，最后对图形进行修剪。在绘图的过程中要注意“标注”“约束”和“修剪”命令的穿插使用。

操作步骤

（1）设置草绘平面。单击“造型”选项卡“基础造型”面板中的“草图”按钮，系统弹出“草图”对话框，在绘图区选择“默认 CSYS_XY”平面作为草绘平面，单击“确定”按钮，进入草绘环境。

（2）绘制中心线。单击“草图”选项卡“绘图”面板中的“轴”按钮，弹出“轴”对话框，单击“水平”按钮，捕捉原点绘制水平中心线；单击“垂直”按钮，捕捉原点绘制竖直中心线。

（3）绘制同心圆。单击“草图”选项卡“绘图”面板中的“圆”按钮，系统弹出“圆”对话框，选择圆的绘制方式为“半径”，以原点为圆心，分别绘制半径为 20 mm、30 mm 和 64 mm 的圆，并将半径为 50 mm 的圆转换为构造线，结果如图 1-86 所示。

（4）绘制直线槽。单击“草图”选项卡“绘图”面板中的“槽”按钮，系统弹出“槽”对话框，如图 1-87 所示。选择槽的绘制方式为“直线”，设置半径为 9 mm，在适当的位置绘制槽，结果如图 1-88 所示。

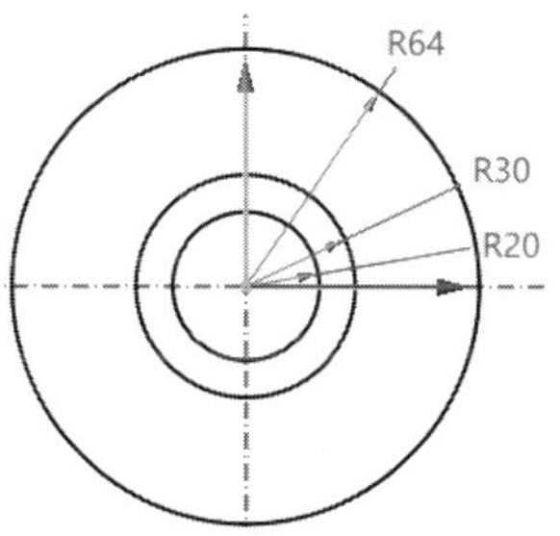

图 1-86　绘制同心圆

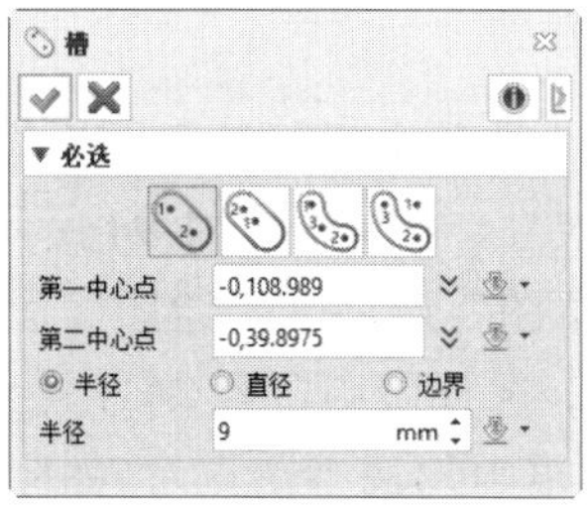

图 1-87　“槽”对话框

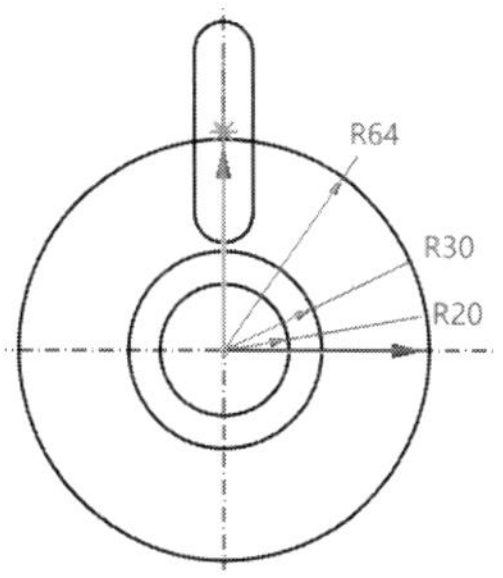

图 1-88　绘制直线槽

（5）绘制中心圆弧槽。选择槽的绘制方式为“中心圆弧”，设置半径为 7 mm，以原点为中心绘制槽，并修改槽的半径为 50 mm，结果如图 1-89 所示。

（6）标注角度。单击“草图”选项卡“标注”面板中的“角度”按钮，系统弹出“角度”对话框，如图 1-90 所示，选择标注方式为“3 点角度标注”。在绘图区依次选取中心圆弧的上中心点、原点和下中心点标注中心圆弧的夹角尺寸，如图 1-91 所示。

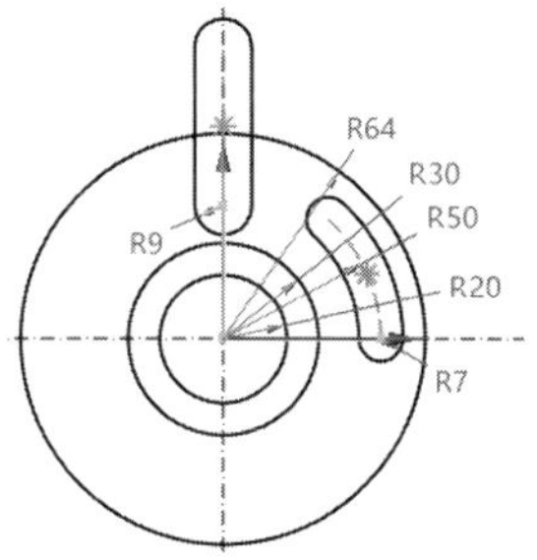

图 1-89　绘制中心圆弧槽

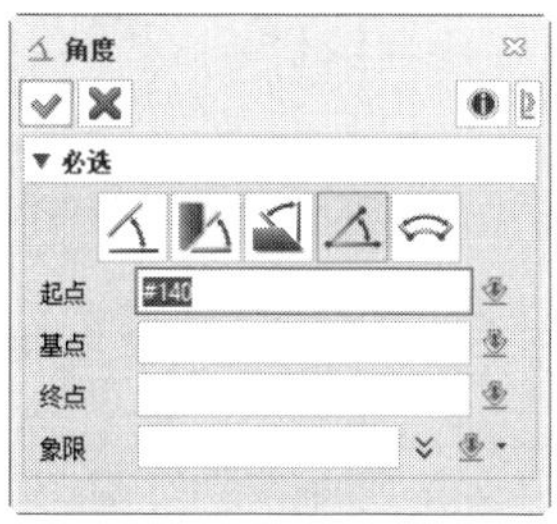

图 1-90　“角度”对话框

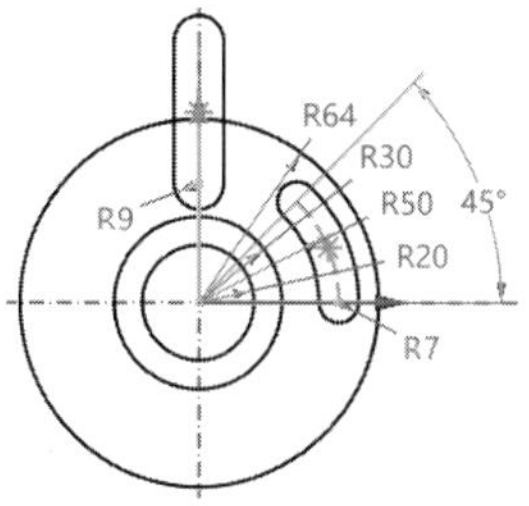

图 1-91　标注角度

（7）偏移直线槽。单击“草图”选项卡“曲线”面板中的“偏移”按钮，系统弹出“偏移”对话框，选择图 1-92 所示的圆弧和直线，设置偏移距离为 9 mm。

（8）绘制圆。单击“草图”选项卡“绘图”面板中的“圆”按钮，系统弹出“圆”对话框，选择圆的绘制方式为“半径”，绘制半径为 4 mm 的圆，结果如图 1-93 所示。

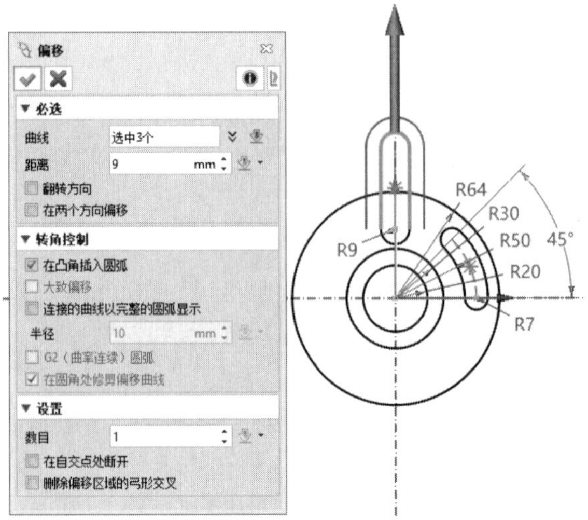

图 1-92　偏移参数设置

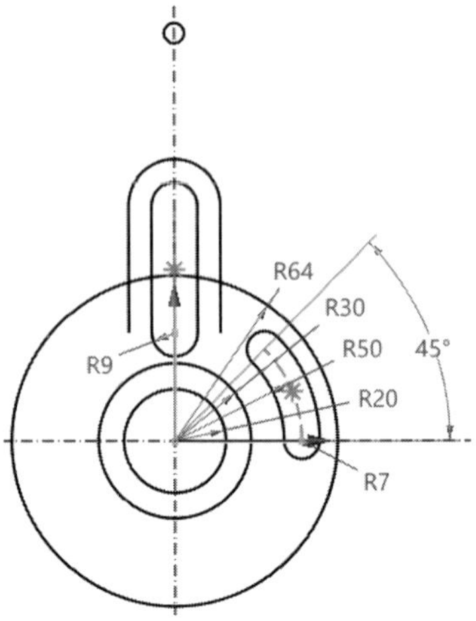

图 1-93　绘制圆

（9）标注尺寸。单击“草图”选项卡“标注”面板中的“快速标注”按钮，系统弹出“快速标注”对话框，标注图形尺寸，结果如图 1-94 所示。

（10）绘制圆弧 1。单击“草图”选项卡“绘图”面板中的“圆弧”按钮，系统弹出“圆弧”对话框，如图 1-95 所示，选择圆弧的绘制方式为“半径”，设置半径为 30 mm。在绘图区右击，在弹出的快捷菜单中勾选“切点”，如图 1-96 所示。然后将光标移到半径为 4 mm 的小圆上，当出现“Tan”符号时单击确定第一点，然后在适当的位置确定第二点和第三点，结果如图 1-97 所示。

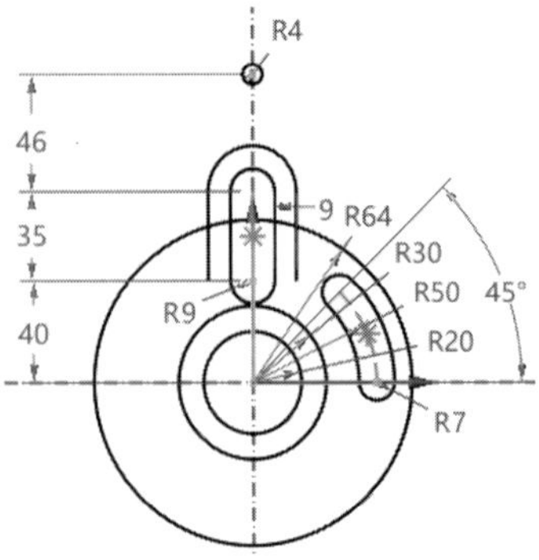

图 1-94　标注尺寸

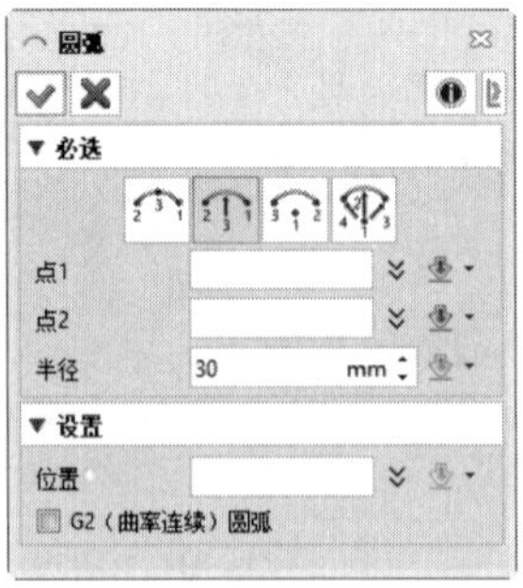

图 1-95　“圆弧”对话框

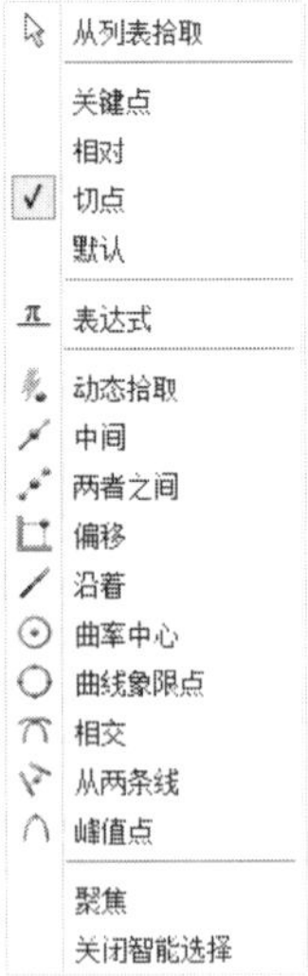

图 1-96　勾选“切点”

（11）镜像圆弧。单击“草图”选项卡“基础编辑”面板中的“镜像”按钮，系统弹出“镜像几何体”对话框，选择上一步绘制的圆弧作为要镜像的实体，选择竖直中心线作为镜像线，结果如图 1-98 所示。

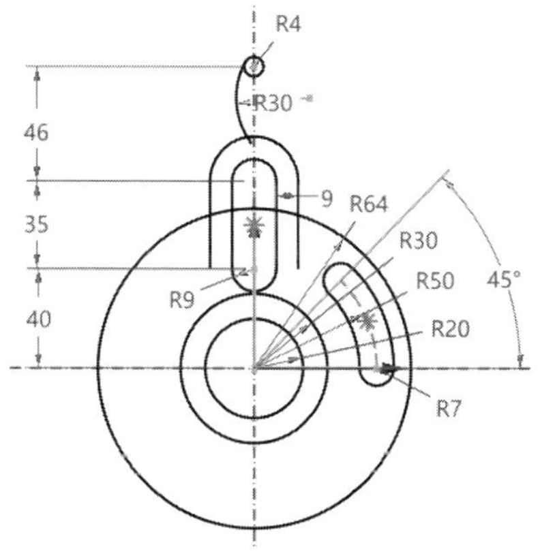

图 1-97　绘制圆弧 1

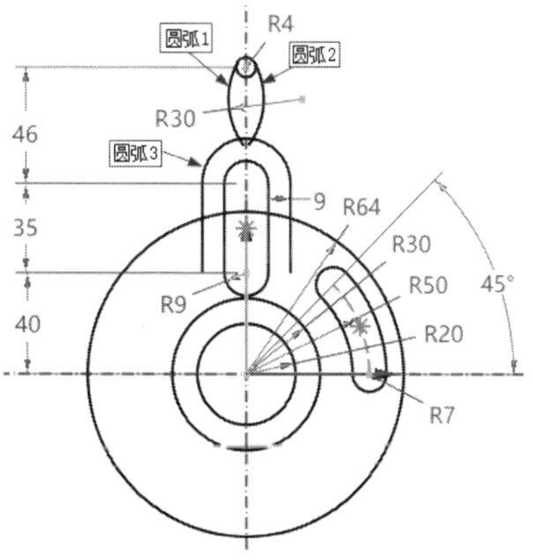

图 1-98　镜像圆弧

（12）绘制圆弧 2。单击“草图”选项卡“绘图”面板中的“圆弧”按钮，系统弹出“圆弧”对话框，选择圆弧的绘制方式为“圆心”，设置圆弧方向为顺时针，选择半径为 7 mm 的圆弧的圆心为第一点，半径为 64 mm 的圆的右象限点为第二点，在适当位置单击确定第三点，圆弧绘制完成，结果如图 1-99 所示。

（13）延伸直线。单击“草图”选项卡“编辑曲线”面板中的“修剪/延伸”按钮，系统弹出“修剪/延伸”对话框，选择图 1-99 所示的直线 1，在其下方直径为 30 mm 的圆上单击，延伸完成，结果如图 1-100 所示。

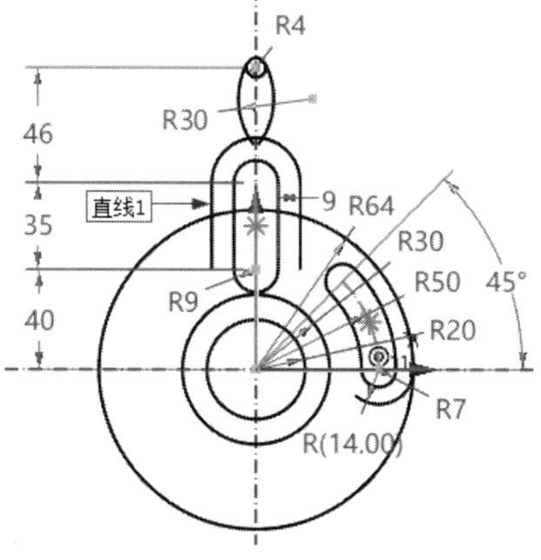

图 1-99　绘制圆弧 2

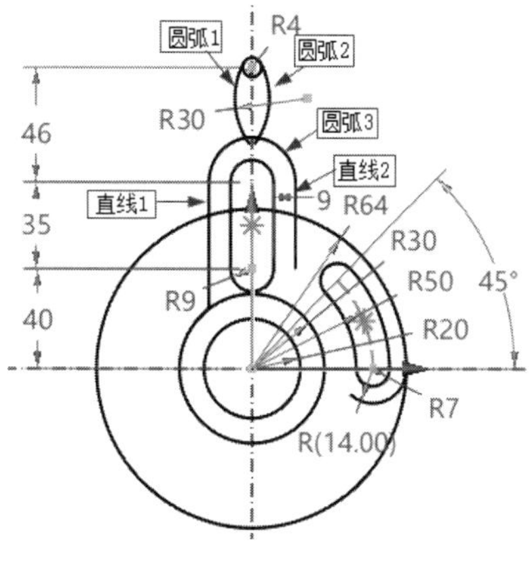

图 1-100　延伸直线

（14）绘制圆角。单击“草图”选项卡“编辑曲线”面板中的“圆角”按钮，系统弹出“圆角”对话框，设置圆角半径为 4 mm，圆角的修剪方式选择“修剪第一条”，选择图 1-100 所示的圆弧 1、圆弧 2 分别与圆弧 3 进行圆角；修改圆角半径为 10 mm，圆角的修剪方式选择“两者都修剪”，选择直线 1 和半径为 30 mm 的圆进行圆角，再选择直线 2 和半径为 64 mm 的圆进行圆角；修改圆角半径为 8 mm，圆角的修剪方式选择“两者都修剪”，选择半径为 30 mm 的圆和半径为 14 mm 的圆弧进行圆角，结果如图 1-101 所示。

（15）修剪图形。单击“草图”选项卡“编辑曲线”面板中的“单击修剪”按钮，系统弹出“单击修剪”对话框，将半径为 4 mm 的小圆进行修剪，结果如图 1-102 所示。

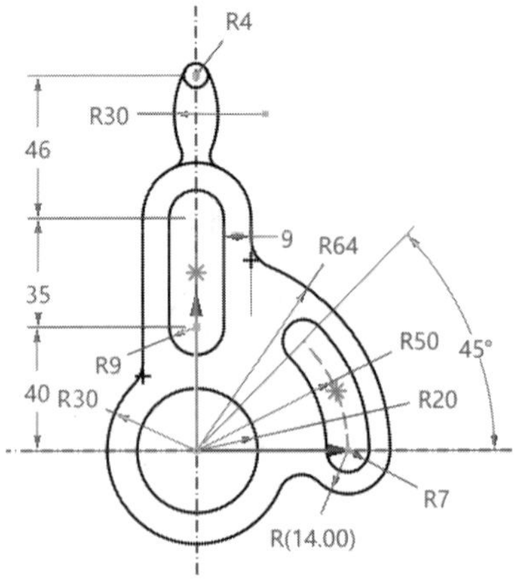

图 1-101　绘制圆角

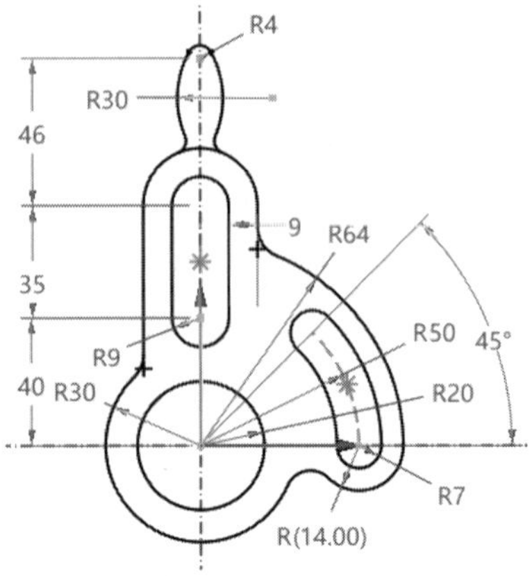

图 1-102　修剪图形

知识拓展

一、线

中望 3D 提供了直线、轴、多段线和双线 4 种线的绘制方法，下面仅对常用的“直线”和“轴”命令进行介绍。

1．直线

使用该命令可以采用不同的方法绘制直线，包括两点、平行点、平行偏移、垂直、角度、水平、竖直和中点。

下面重点介绍“平行偏移”绘线方式和参数设置。

单击“草图”选项卡“绘图”面板中的“直线”按钮，系统弹出“直线”对话框，如图 1-103 所示。单击“平行偏移”按钮，对话框如图 1-104 所示。使用此方法，创建与参考线平行并与之相距特定距离的直线。

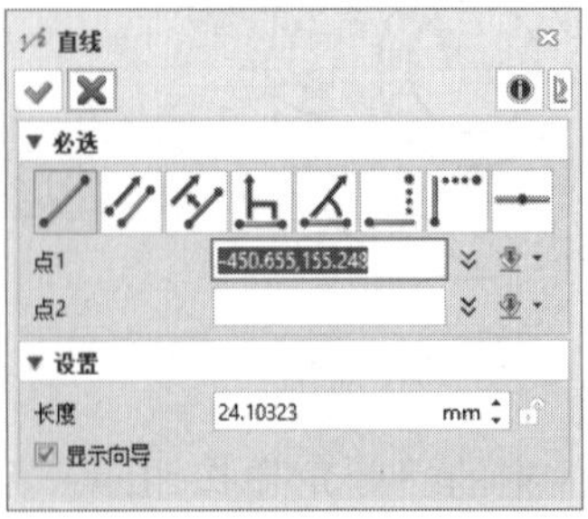

图 1-103　“直线”对话框

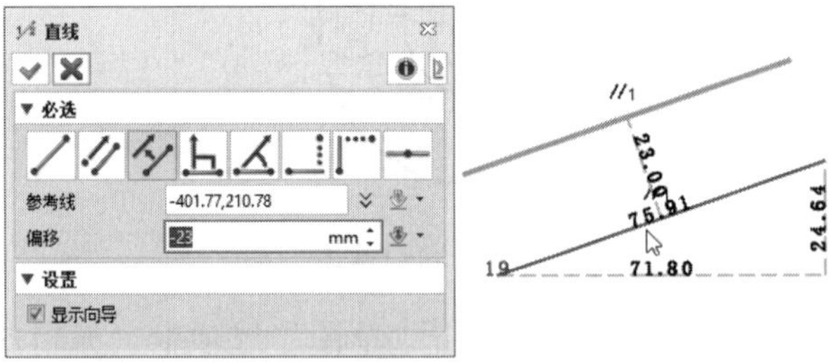

图 1-104　“直线——平行偏移”对话框

对话框中各选项的含义如下。

（1）参考线：选择一条直线作为平行参考线。

（2）偏移：输入偏移量。偏移量的正、负决定偏移方向。还可选择一个点确定偏移位置。

（3）长度：此选项用于指定直线的精确长度，可与锁定长度选项结合使用，当长度被锁定后，不可以通过光标拖动直线。

（4）显示向导：勾选该复选框，显示虚线的导引直线，帮助直线定位、定向。

其他几种绘线方式比较简单，读者可自行理解。在这里重点介绍水平和竖直绘线方式中要用到的直线界线。

直线界线的设置和使用方法如下。

1）选择菜单栏中的“插入”→“几何体”→“直线”→“设置直线界线”命令，根据系统提示在绘图区绘制直线界线，如图 1-105 所示。

2）选择菜单栏中的“插入”→“几何体”→“直线”→“使用直线界线”命令，该命令为开关按钮，若选中则在前面出现✓符号。

3）单击“草图”选项卡“绘图”面板中的“直线”按钮，绘图区出现虚线的直线界线，在界线内单击确定直线的位置，如图 1-106 所示。然后单击鼠标中键即可绘制一条与界线长度相等的直线，如图 1-107 所示。

图 1-105　绘制直线界线

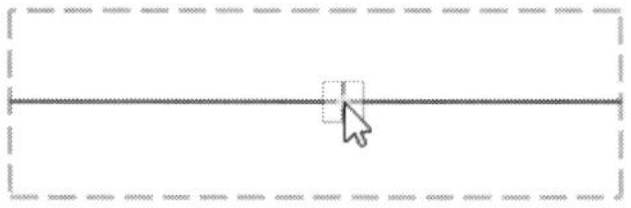

图 1-106　确定直线的位置

图 1-107　绘制的直线

注意：只有采用“水平”和“竖直”方式绘制直线时，才能使用直线界线。

2．轴

使用该命令，用不同方法创建一条内部/外部构造线。该命令与“直线”命令基本相同，此处不再赘述。

二、圆

圆也是几何图形的基本图素，掌握绘制圆的技巧，对快速完成几何图形的绘制起关键性作用。

单击“草图”选项卡“绘图”面板中的“圆”按钮，系统弹出“圆”对话框，如图 1-108 所示。该对话框中有边界法、半径法、三点法、两点半径、两点法和三切线法 6 种绘制圆的方法，如图 1-109 所示为绘制圆的 6 种方法示例。

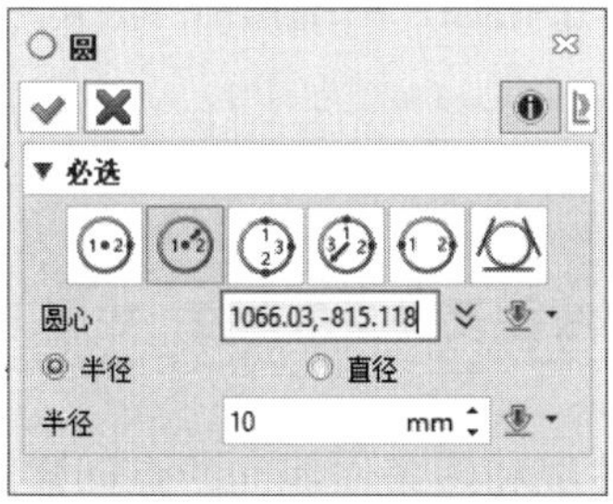

图 1-108　“圆”对话框

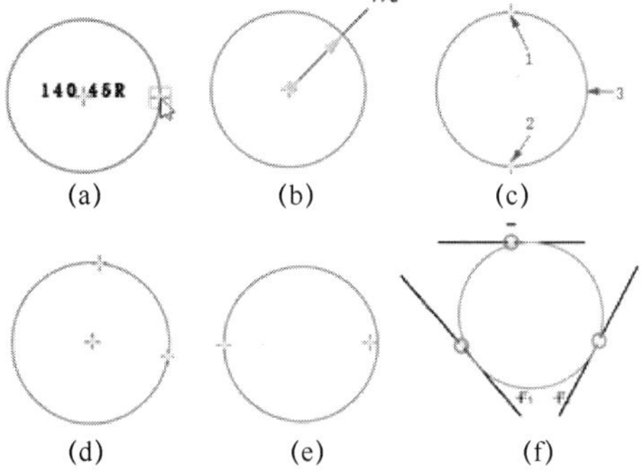

图 1-109　绘制圆的 6 种方法示例

（a）边界法；（b）半径法；（c）三点法；（d）两点半径；（e）两点法；（f）三切线法

三、槽

使用该命令，通过选择两个点定义半径、直径或边界来创建一个二维槽。

单击“草图”选项卡“绘图”面板中的“槽”按钮，系统弹出“槽”对话框，如图 1-110 所示。该对话框提供了 4 种槽的绘制方法。

（1）直线：通过选择两个中心点定义直线，来创建一个槽，如图 1-111（a）所示。

（2）中心直线：通过选择第一点作为槽的中心点，第二点作为槽的圆心，来创建一个槽，如图 1-111（b）所示。

（3）穿过圆弧：选择两个中心点定义圆弧，通过圆弧上的点来创建一个槽，如图 1-111（c）所示。

（4）中心圆弧：选择一个中心作为圆心，然后选择圆上的两个中心点，来创建一个槽，如图 1-111（d）所示。

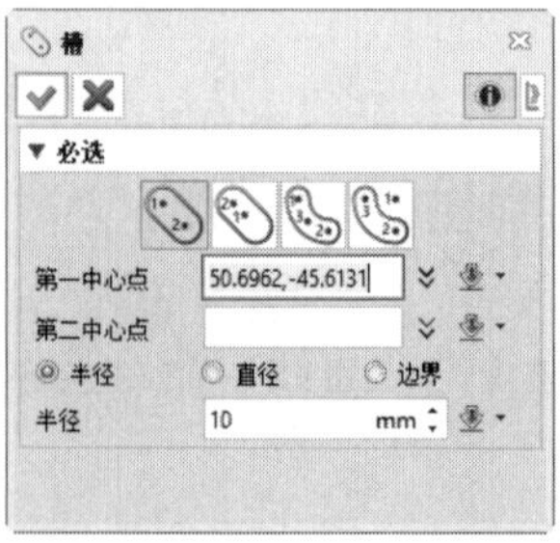

图 1-110 “槽”对话框

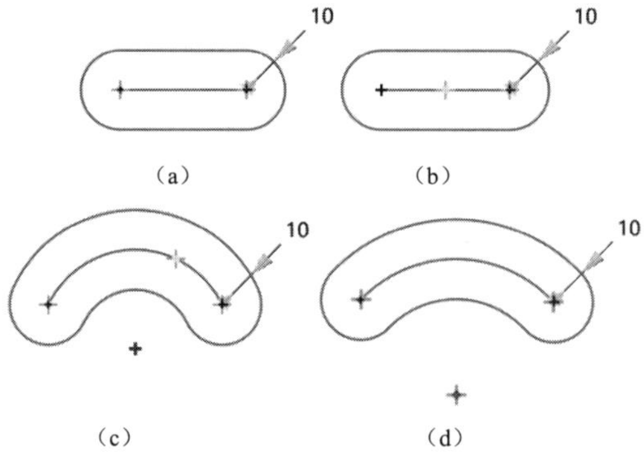

图 1-111 槽的 4 种画法示例

（a）直线；（b）中心直线；（c）穿过圆弧；（d）中心圆弧

四、圆角

绘制圆角的方法有两种，一种是利用“圆角”命令在两条曲线间绘制圆角，另一种是利用“链状圆角”命令在曲线链之间创建指定半径的圆角。

1．圆角

使用该命令来创建两条曲线间的圆角。

单击“草图”选项卡“编辑曲线”面板中的“圆角”按钮，系统弹出“圆角”对话框，如图 1-112 所示。

对话框中各选项的含义如下。

（1）圆角方式。

1）半径：采用该种方式绘制圆角，需选择两条曲线并设置圆角半径，如图 1-113（a）所示。

2）边界：采用该种方式绘制圆角，需选择两条曲线和两条曲线间的点创建圆角，如图 1-113（b）所示。

（2）G2（曲率连续）圆弧：勾选该复选框，则使用设计弧来替代传统圆弧。设计弧是 NURBS 曲线，其与弧的切点匹配但在端点的曲率为 0。

图 1-112　“圆角”对话框

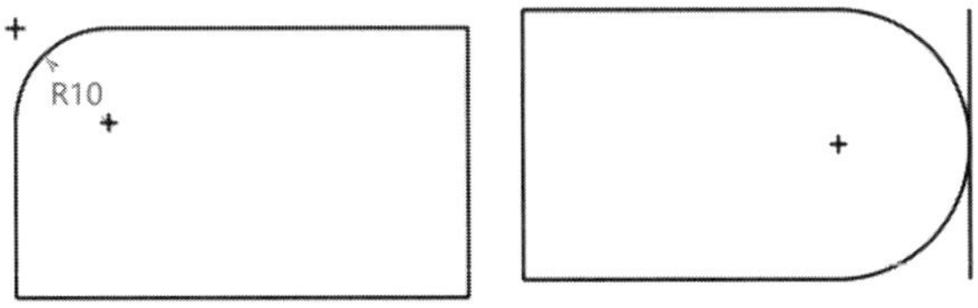

（a）　（b）

图 1-113　绘制圆角示例

（a）半径圆角；（b）边界圆角

（3）修剪：采用两种方式绘制圆角，均可设置是否对曲线进行修剪。修剪选项包括两者都修剪、不修剪、修剪第一条和修剪第二条。

（4）延伸：使用该选项来控制延伸曲线的路径。延伸选项包括线性、圆形和反射。

2．链状圆角

使用该命令可在曲线链中，每条相邻曲线之间创建一个圆角。

单击“草图”选项卡“编辑曲线”面板中的“链状圆角”按钮，系统弹出“链状圆角”对话框，如图 1-114 所示。该命令首先选择要进行圆角操作的曲线链，然后确定其半径。

在对话框中若勾选“修剪原曲线”复选框，则修剪原始曲线；否则，只绘制圆角不修剪曲线。图 1-115 所示为链状圆角操作示例。

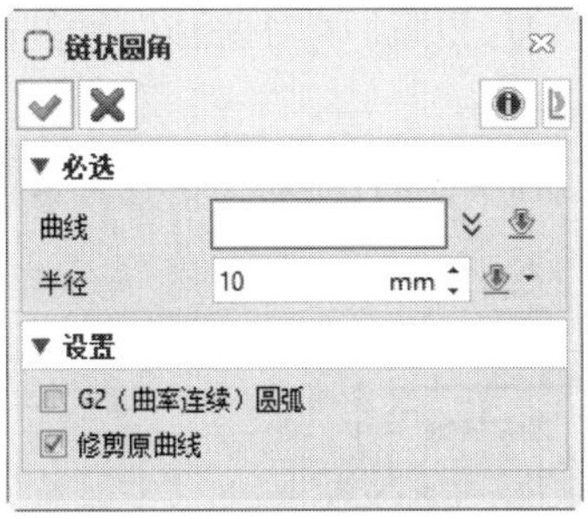

图 1-114　“链状圆角”对话框

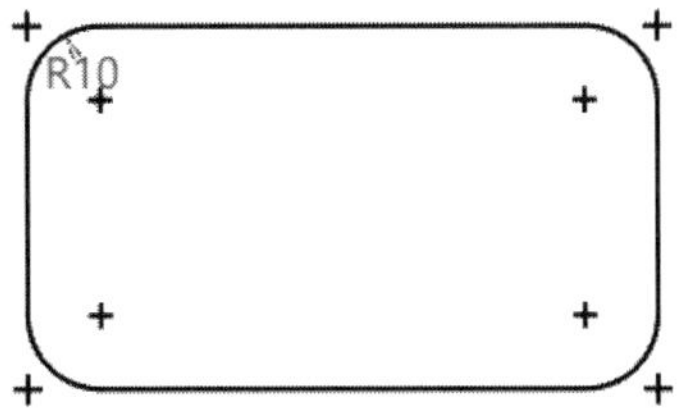

图 1-115　链状圆角操作示例

五、偏移

通过偏移曲线、曲线链或边缘，来创建另一条曲线。

单击“草图”选项卡“曲线”面板中的“偏移”按钮，系统弹出“偏移”对话框，如图 1-116 所示。

对话框中各选项的含义如下。

（1）曲线：选择要进行偏移的曲线。

（2）距离：设置偏移距离。

（3）翻转方向：勾选该复选框，则反转偏移方向。

（4）在两个方向偏移：勾选该复选框，则进行双向偏移。

（5）在凸角插入圆弧：勾选该复选框，则在连接处插入一段圆弧，示例如图 1-117 所示。

（6）大致偏移：勾选该复选框，则偏移将分开曲线相交处，并移除无效区域。对用户所选择的曲线做粗略偏移，将得到一个形状和原始曲线大体接近、没有自相交、尖锐边或拐角的偏移曲线。

（7）连接的曲线以完整的圆弧显示：勾选该复选框，则在各连接线或曲线转角插入一段圆弧，然后输入圆弧半径，示例如图 1-118 所示。

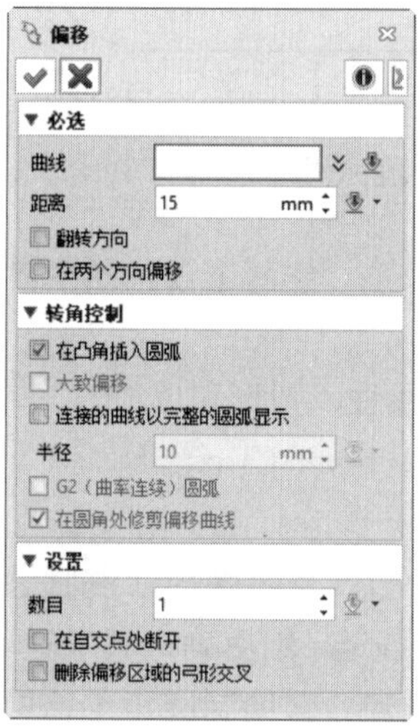

图 1-116 “偏移”对话框

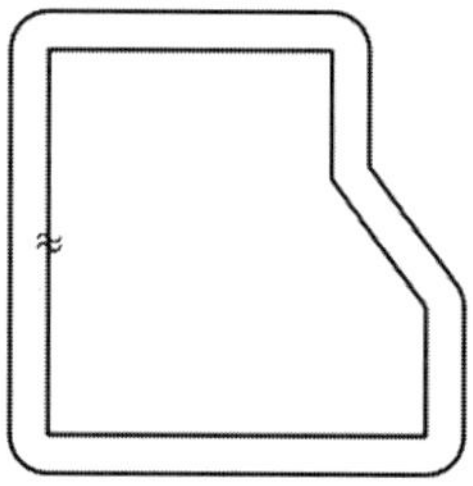

图 1-117 在凸角插入圆弧

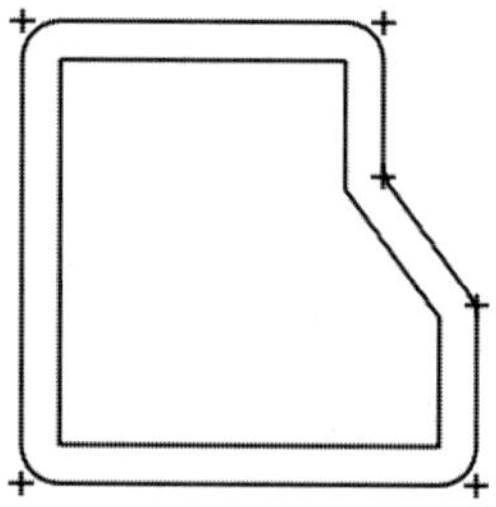

图 1-118 连接的曲线以完整的圆弧显示

（8）在圆角处修剪偏移曲线：若添加圆角，勾选该复选框，则对偏移曲线的圆角端点进行修剪。

（9）删除偏移区域的弓形交叉：勾选该复选框，则偏移后形成的弓形交叉被删除，如图 1-119 为删除弓形交叉和不删除弓形交叉的对比图。

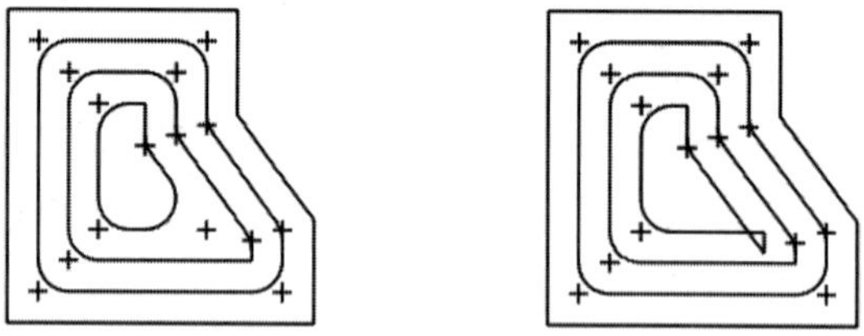

（a）　　　　（b）

图 1-119 删除弓形交叉和不删除弓形交叉的对比图

（a）删除弓形交叉　　（b）不删除弓形交叉

六、镜像

该命令可以镜像草图或工程图实体。

单击“草图”选项卡“基础编辑”面板中的“镜像”按钮，系统弹出“镜像几何体”对话框，如图 1-120 所示。镜像操作示例如图 1-121 所示。

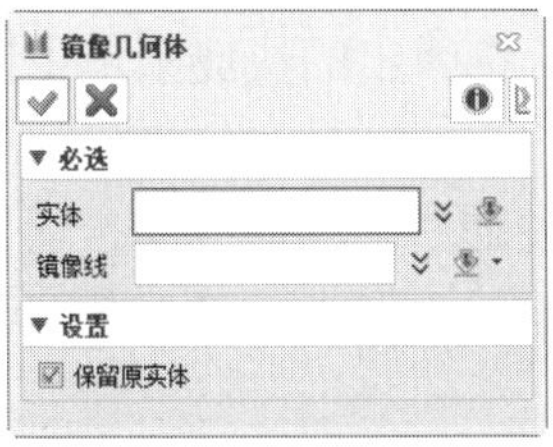

图 1-120 “镜像几何体”对话框

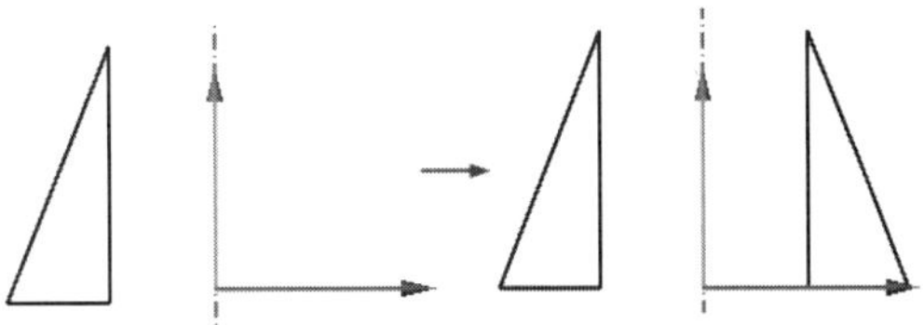

图 1-121　镜像操作示例

注意：

（1）进行镜像操作时，系统将自动创建镜像约束。

（2）当修改原实体的大小时，镜像实体也会自动更新。

任务五　电容表面绘制文字

任务导入

本任务是在已经创建好的电容上绘制文字，如图 1-122 所示。

微课视频

图 1-122　电容

学习目标

1. 学习文件的打开，草图的编辑；
2. 学习中间曲线的创建；
3. 掌握预制文字的绘制及曲线的隐藏。

思路分析

本任务的目标是在已经创建好的电容上绘制文字，首先打开源文件，然后编辑草图，创建中间曲线，最后绘制文字。

操作步骤

（1）打开源文件。打开“电容”源文件，如图 1-123 所示。

（2）重新编辑草图。在“历史”管理器中右击“草图 5”，在弹出的快捷菜单中选择“重定义”命令，进入草图界面。

（3）绘制中间曲线。单击“草图”选项卡“曲线”面板中的“中间曲线”按钮，系统弹出“中间曲线”对话框，选择图 1-124 所示的两条边作为曲线 1 和曲线 2，方法选择“等距−等距端点”，如图 1-125 所示。

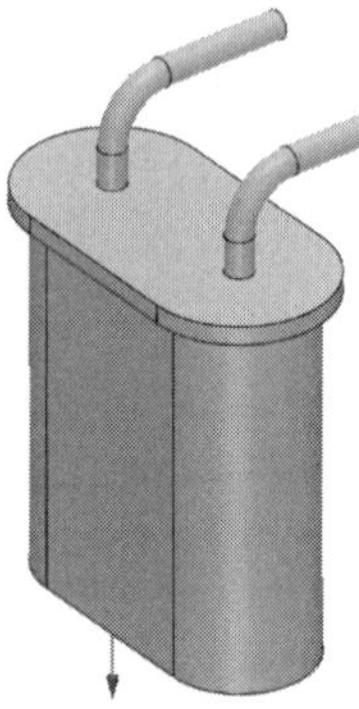

图 1-123　电容源文件

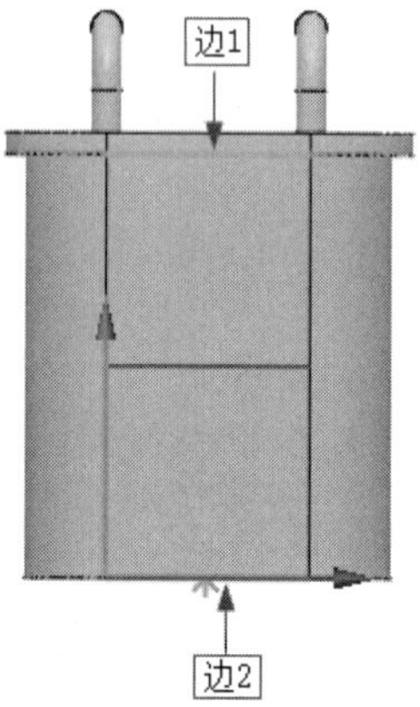

图 1-124　选择曲线

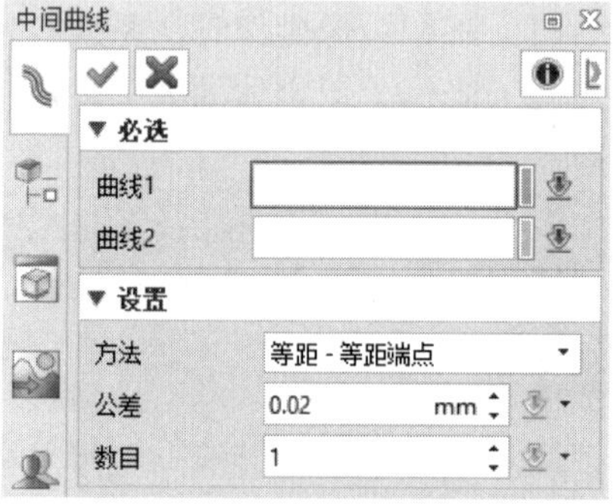

图 1-125　“中间曲线”对话框

（4）绘制文字。单击“草图”选项卡“绘图”面板中的“预制文字”按钮，系统弹出“预制文字”对话框，在文本框中输入文字“600pf”，选择绘制文字的字体为微软雅黑，字高为 5，将“文字间的水平间距”设置为 0，在“曲线”文本框中单击，如图 1-126 所示。然后在绘图区选择图 1-127 所示的曲线，再单击对话框“原点”后的文本框，选择文字的放置位置，结果如图 1-128 所示。

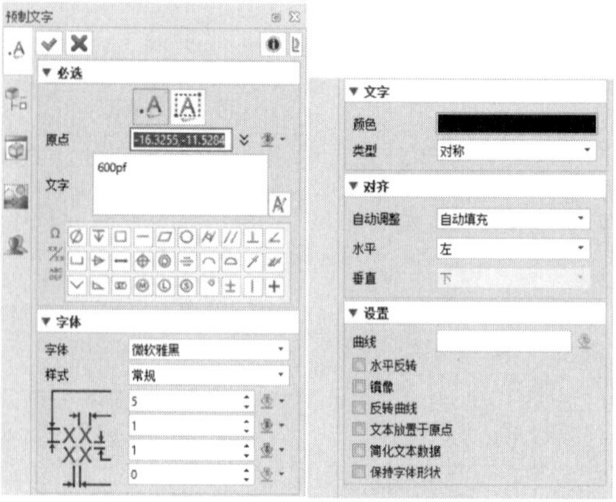

图 1-126　设置文字参数

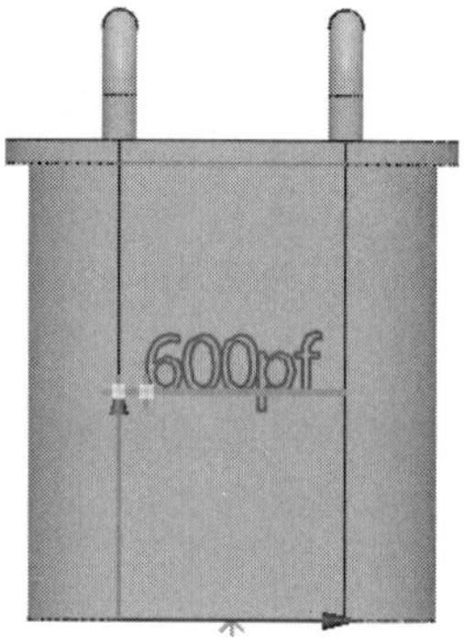

图 1-127　选择曲线

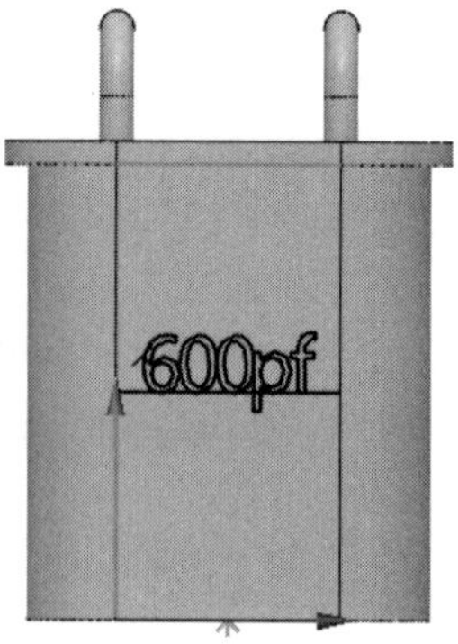

图 1-128　绘制文字

（5）隐藏曲线。选择草图中的曲线，右击，在弹出的快捷菜单中选择“隐藏”命令，将其隐藏。

知识拓展

一、中间曲线

使用此命令可以在两条曲线、圆弧或两个圆的中间创建一条曲线。中间曲线在数学上的定义为：通过两条曲线间一组等距点的曲线。中间曲线上的任何点到两条曲线的距离均相等。

单击“草图”选项卡“曲线”面板中的“中间曲线”按钮，系统弹出“中间曲线”对话框，如图 1-129 所示。

图 1-129　“中间曲线”对话框

对话框中部分选项的含义如下。

（1）曲线 1/2：选择第 1/2 条曲线。

（2）方法：使用此选项来控制靠近其端点的中间曲线的形状，可以从以下选项中选择。

1）等距-中分端点：中间曲线的两个端点为 S1-S2 和 E1-E2 的中点，如图 1-130（a）所示。

2）等距-等距端点：该选项将计算端点周围的精确二等分点。这表示从中间曲线的端点到两条曲线（并非其端点）的垂直距离相等。由中间曲线在数学上的定义可知，“等距端点”选项更接近其定义，如图 1-130（b）所示。

3）中分：系统在两条曲线上采样，并将采样点依次连接。中间曲线为通过各连接线中点依次拟合的曲线，如图 1-130（c）所示。

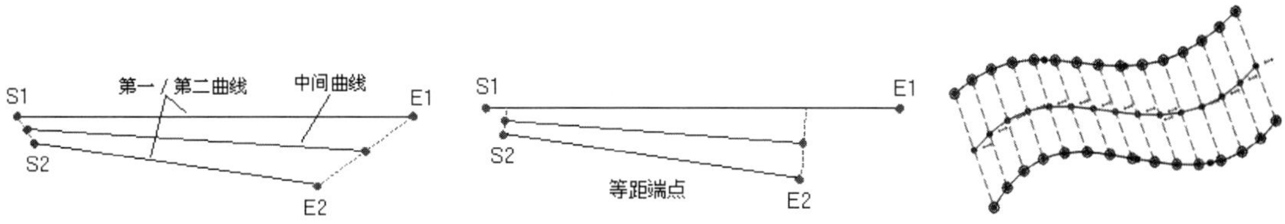

（a）　　　　　　（b）　　　　　　（c）

图 1-130　方法示例

（a）等距-中为端点；（b）等距-等距端点；（c）中分

二、预制文字

该命令用于创建沿水平方向或曲线的文字。可在平面或非平面上绘制文字，利用“拉伸”或“拉伸切除”命令创建一个下沉或上浮的特征。

单击“草图”选项卡“绘图”面板中的“预制文字”按钮，系统弹出“预制文字”对话框，该对话框用于设置编辑文字，并设置文字的字体、样式和大小，如图 1-131 所示。

要编辑草图文字，只需双击文字即可对其进行修改。

图 1-131 “预制文字”对话框

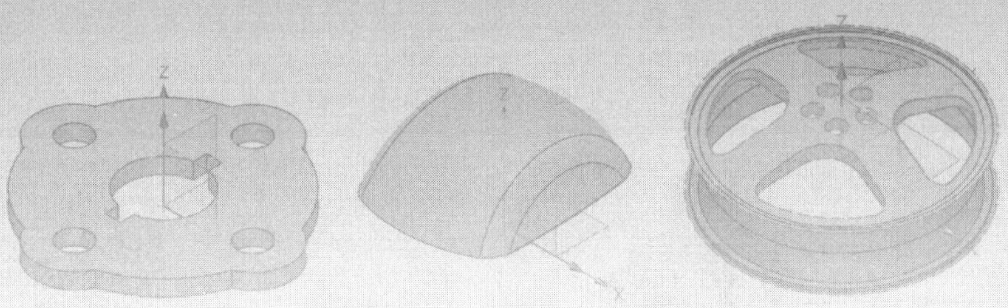

项目二

实体造型与编辑

项目描述

本项目通过 5 个任务的学习，教会学员实体建模常用命令的使用，以及造型编辑等基本操作。

任务一聚焦于充电器设计，旨在培养学员掌握中望 3D 基础造型技能。在这个任务中，学员将学习构建基本的六面体、运用“拉伸”命令来形成基础的三维几何体，并熟悉特征编辑工具的使用，以便在保持设计初衷的同时，迅速调整模型的外形和特性。

任务二致力于基座设计，旨在引导学员掌握高级建模技能，并深化对中望 3D 操作的理解。在这个任务中，学员将专注于学习如何运用唇缘和筋的创建技巧，以及如何使用“孔”命令来制造各种类型的孔洞。

任务三的重点是手压阀阀体设计，这是一个实用性强的实践案例，旨在通过贴近企业的实例让学员精通中望 3D 在产品设计和制造准备阶段的关键操作。在这个任务中，学员将深入了解如何运用各种三维建模命令，以及如何创建圆柱体、实现模型的旋转、添加唇缘、进行面圆角处理、加固筋结构及制作倒角和螺纹，从而设计出符合特定制造要求的三维模型。

任务四专注于轮胎设计，这是一个既实用又具挑战性的案例，目的是使学员在中望 3D 中熟练运用“圆环折弯”命令。在这个任务中，学员将深入学习如何利用“拉伸”命令来构建精确的三维模型，并掌握使用同一命令进行材料去除的高级技巧。

任务五是齿轮设计，旨在让学员深入学习中望 3D 中的齿轮库特征，并掌握如何结合实体造型和“编辑”命令来创建和修改精确的齿轮模型。在这个任务中，学员将了解到齿轮设计的基础知识及如何在软件中实现这些设计理念。

通过这 5 个任务，学员将逐步建立起从中望 3D 操作的基础到高级应用的全面技能，为未来的工程设计和产品开发工作打下坚实的基础。

任务一 充电器设计

任务导入

本任务是创建图 2-1 所示的充电器。

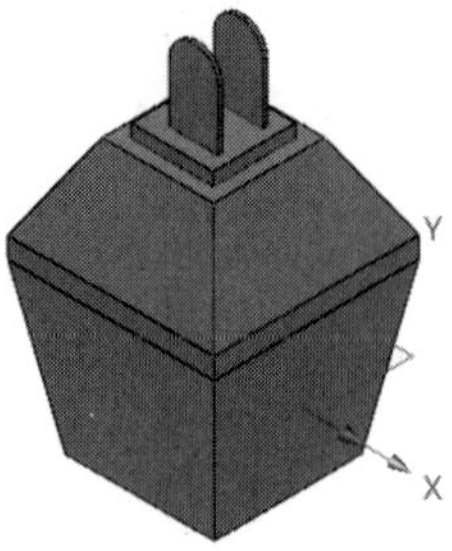

图 2-1　充电器

学习目标

1．学习六面体的创建；
2．掌握“拉伸”“拔模”命令的使用；
3．熟悉“面圆角”命令的使用。

思路分析

本任务的目标是创建充电器。在创建过程中首先利用“六面体”命令进行基体的创建，然后利用“拔模”命令进行编辑，最后利用“拉伸”和“面圆角”命令创建插头部分。本任务的尺寸单位均为 mm。

操作步骤

（1）创建六面体 1。单击“造型”选项卡“基础造型”面板中的“六面体”按钮，系统弹出“六面体”对话框，选择“中心”方式，在原点绘制长和宽为 5、高为 4 的六面体 1。

（2）创建拔模 1。单击“造型”选项卡“工程特征”面板中的“拔模”按钮，系统弹出“拔模”对话框，选择拔模方式为“边”，选择六面体 1 上表面的 4 条边线，设置拔模角度为 10°。

（3）创建六面体 2。单击“造型”选项卡“基础造型”面板中的“六面体”按钮，系统弹出“六面体”对话框，选择“角点”方式，在六面体 1 的上表面绘制长度为 5、宽度为 0.5、高度为 5 的六面体 2，如图 2-2 所示。

（4）创建六面体 3。单击“造型”选项卡“基础造型”面板中的“六面体”按钮，系统弹出“六面体”对话框，选择“角点”方式，以六面体 2 的上表面的点 1 和点 2，绘制长度为−5、宽度为−2、高度为−5 的六面体 3，如图 2-3 所示。

（5）创建拔模 2。单击“造型”选项卡“工程特征”面板中的“拔模”按钮，系统弹出“拔模”对话框，选择拔模方式为“面”，选择六面体 3 的下表面作为固定面，选择六面体 3 的 4 个侧面为拔模面，设置拔模角度为 30°，如图 2-4 所示。

（6）绘制草图 1。在六面体 3 的上表面绘制边长为 2 的矩形，如图 2-5 所示。

（7）创建拉伸实体 1。单击“造型”选项卡“基础造型”面板中的“拉伸”按钮，选择矩形进行拉伸，拉伸高度为 0.3，结果如图 2-6 所示。

（8）绘制草图 2。在拉伸实体 1 的上表面绘制草图 2，如图 2-7 所示。

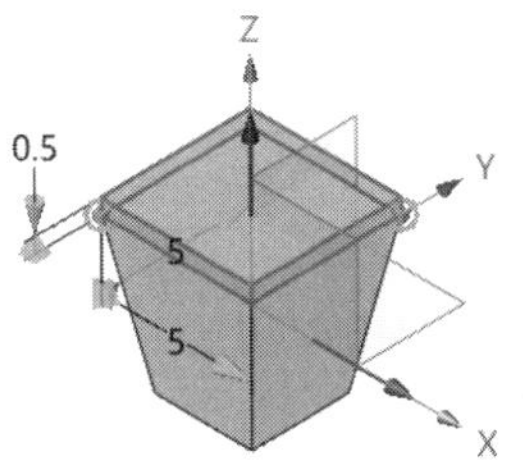

图 2-2　创建六面体 2

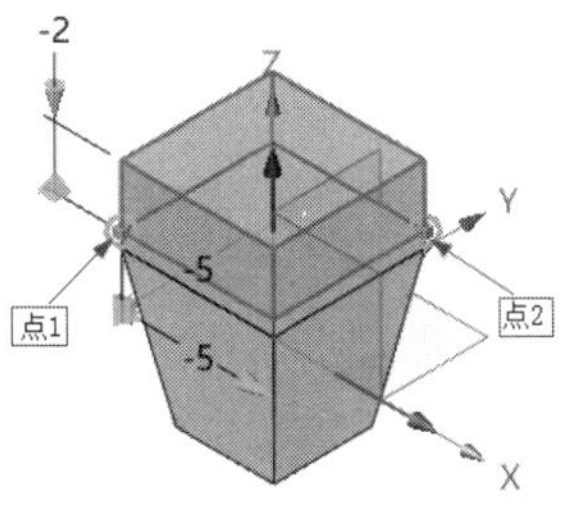

图 2-3　创建六面体 3

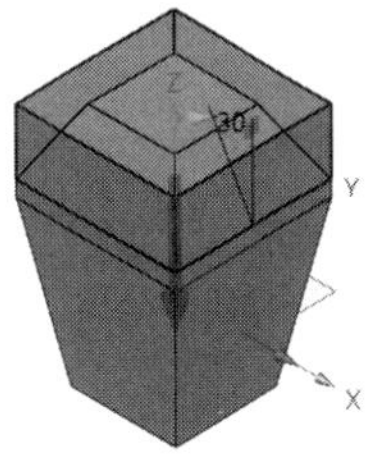

图 2-4　创建拔模 2

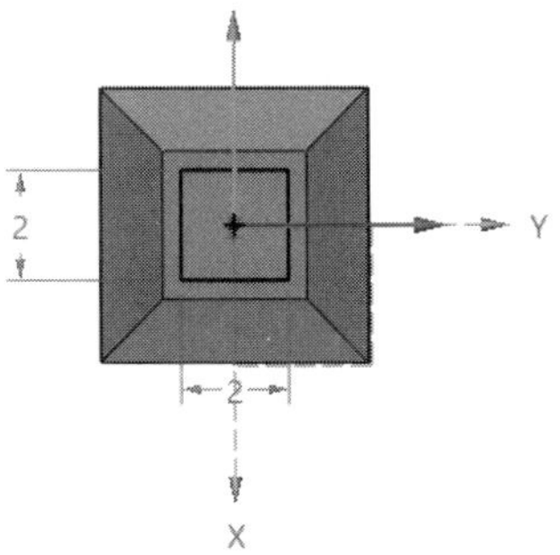

图 2-5　绘制草图 1

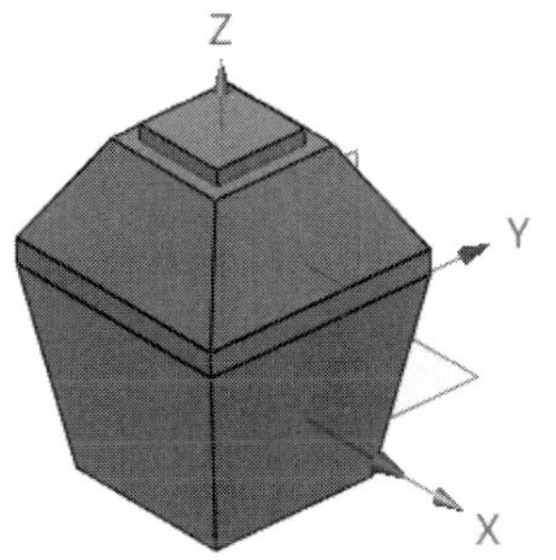

图 2-6　创建拉伸实体 1

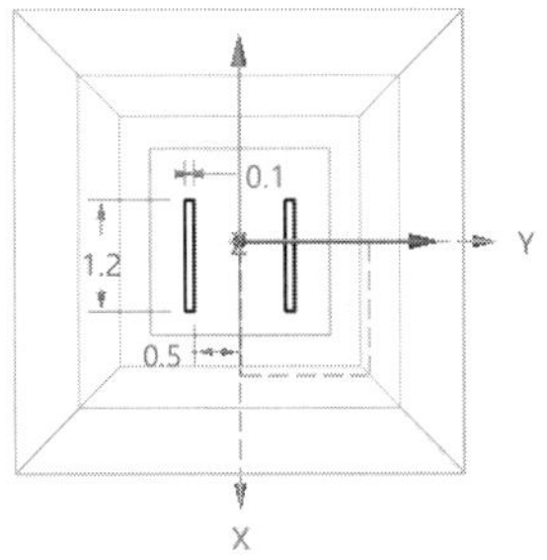

图 2-7　绘制草图 2

（9）创建拉伸实体 2。单击“造型”选项卡“基础造型”面板中的“拉伸”按钮，选择矩形进行拉伸，拉伸高度为 2，结果如图 2-8 所示。

（10）创建面圆角。单击“造型”选项卡“工程特征”面板中的“面圆角”按钮，系统弹出“面圆角”对话框，选择两侧面作为支撑面，选择顶面作为相切面，进行面圆角的绘制如图 2-9 所示。采用同样的方法创建另一个面圆角，结果如图 2-10 所示。

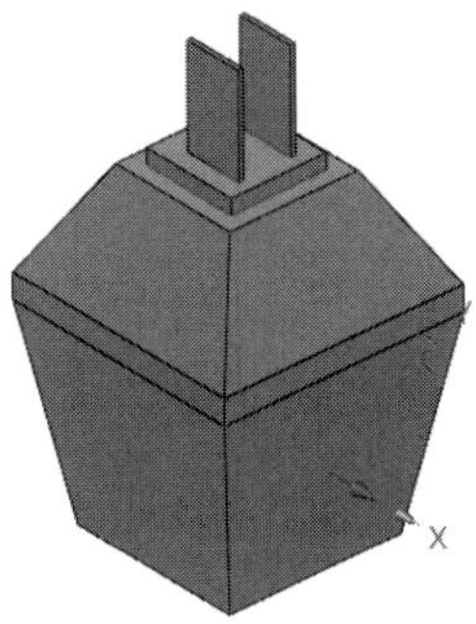

图 2-8　创建拉伸实体 2

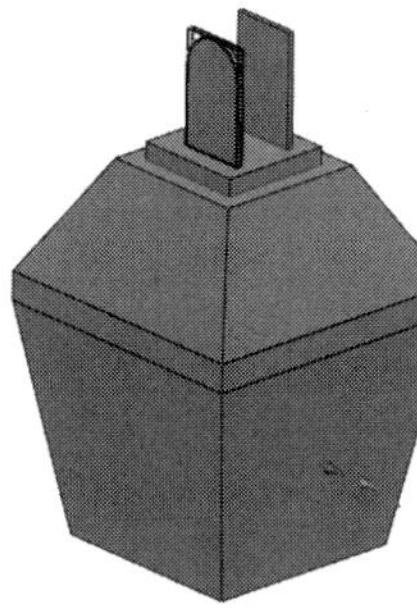
图 2-9　创建面圆角 1

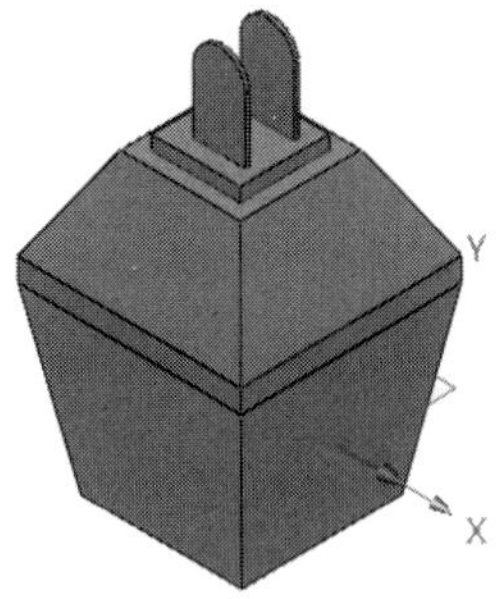

图 2-10　创建面圆角 2

知识拓展

一、六面体

使用该命令可以快速创建一个六面体特征。

单击“造型”选项卡“基础造型”面板中的“六面体”按钮，系统弹出“六面体”对话框，如图 2-11 所示。

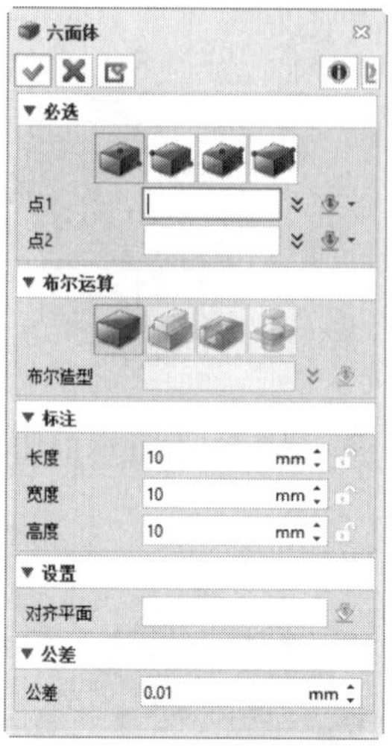

图 2-11 “六面体”对话框

对话框中各选项的含义如下。

（1）必选。

1）中心：通过中心点和顶点创建六面体，操作示例如图 2-12（a）所示。

2）两点：通过角点创建六面体，操作示例如图 2-12（b）所示。

3）中心-高度：通过中心点、顶点和高度创建六面体，操作示例如图 2-12（c）所示。

4）角点-高度：通过两个角点和高度创建六面体，操作示例如图 2-12（d）所示。

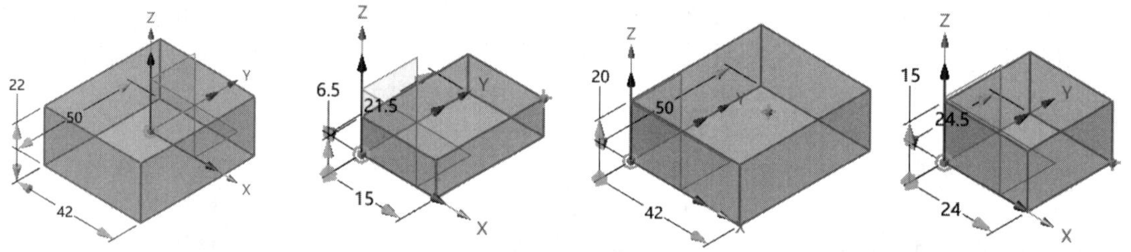

（a）（b）（c）（d）

图 2-12 创建六面体操作示例

（a）中心；（b）两点；（c）中心-高度；（d）角点-高度

5）点 1：选择创建六面体的第一个点。对“中心”法，第一个点为中心点。在“角点”法中，第一个点是六面体的第一个角点。第一个角点处于固定状态。单击其后的下拉按钮，打开位置输入选项下拉列表，如图 2-13 所示。

6）点 2：选择第二个角点。可在绘图区单击确定该点，也可在文本框中进行输入。

7）高度：设置六面体的高度。当采用“中心-高度”和“角点-高度”方式绘制六面体时，采用该参数。单击其后的下拉按钮，打开数值输入选项下拉列表，如图 2-14 所示。

（2）布尔运算：指定布尔运算和进行布尔运算的造型。除基体外，其他运算都将激活该选项，并且必须选择布尔造型。

1）基体：将创建一个独立的基体特征。基体特征用于定义一个零件的基本造型。

2）加运算：将创建一个实体，该实体随后被添加至布尔造型中。

图 2-13　位置输入选项下拉列表

图 2-14　数值输入选项下拉列表

3）减运算：将创建一个实体，该实体随后从布尔造型中移除。

4）交运算：将创建一个实体，该实体随后与布尔造型求交。

5）布尔造型：选择要进行布尔运算的实体。

（3）长度/宽度/高度：当指定六面体的第二个角点后，自动显示这些选项的值。可单独修改各长度以改变六面体的造型。当造型改变时，六面体的第一个角点仍保持不变。

（4）对齐平面：使用该选项使六面体与一个基准面或二维平面对齐。第一个角点将保持固定，将对齐六面体的默认 XY 平面。

二、拉伸

此命令是将一个二维平面草图，按照给定的数值、沿与平面垂直的方向拉伸一段距离而形成拉伸特征。

单击“造型”选项卡“基础造型”面板中的“拉伸”按钮，系统弹出“拉伸”对话框，如图 2-15 所示。对话框中部分选项的含义如下。

（1）轮廓 P：选择要拉伸的草图轮廓，或者单击鼠标中键，系统弹出“草图”对话框，如图 2-16 所示。选择基准面绘制草图。

（2）拉伸类型：定义拉伸的方式。

1）1 边：拉伸的起始点默认为所选的轮廓位置，可以定义拉伸的结束点来确定拉伸的长度，操作示例如图 2-17（a）所示。

2）2 边：通过定义拉伸的开始点和结束点，确定拉伸的长度，操作示例如图 2-17（b）所示。

3）对称：与 1 边方式类似，但会沿反方向拉伸同样的长度，操作示例如图 2-17（c）所示。

4）总长对称：通过定义总长的方式进行对称拉伸，操作示例如图 2-17（d）所示。

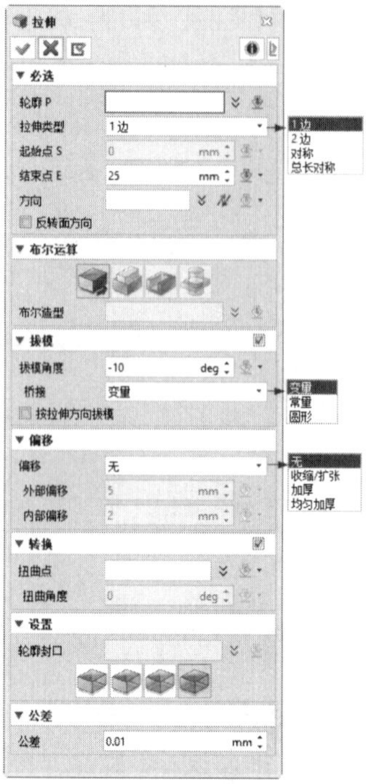

图 2-15 “拉伸”对话框

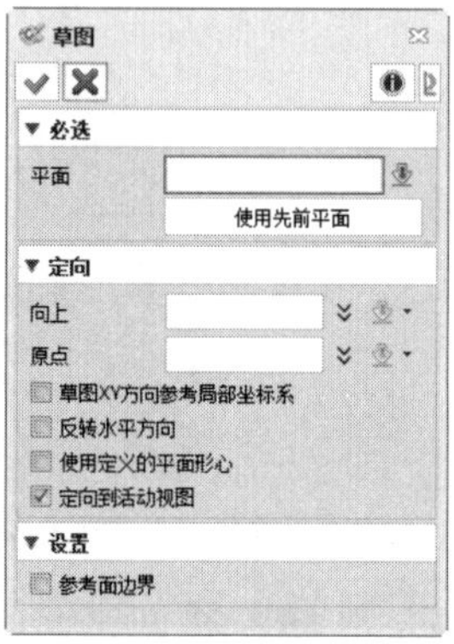

图 2-16 “草图”对话框

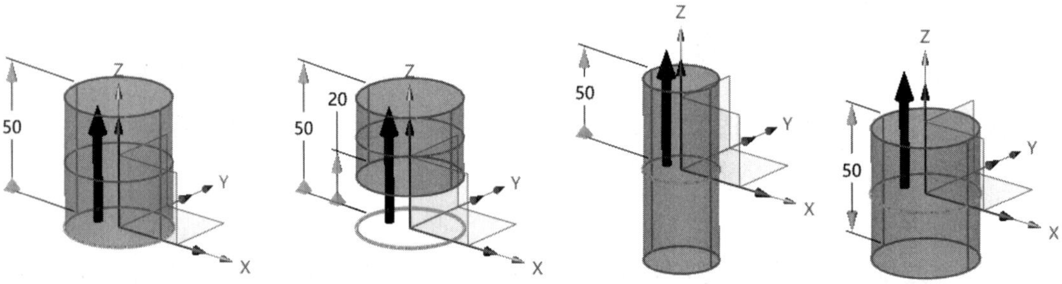

（a）　　（b）　　（c）　　（d）

图 2-17 拉伸操作示例

（a）1 边；（b）2 边；（c）对称；（d）总长对称

（3）起始点 S1 结束点 E：指定拉伸特征的开始和结束位置。单击其后的下拉按钮，在打开的下拉列表中列出了输入选项，如图 2-18 所示。下面主要介绍“到面”和“到延伸面”两个输入选项。

1）到面：拉伸特征到指定的面。特征轮廓拉伸到该面停止，操作示例如图 2-19（a）所示。

2）到延伸面：拉伸特征到指定面的延伸位置。特征轮廓拉伸到延伸面停止，操作示例如图 2-19（b）所示。

（4）方向：指定拉伸方向。单击其后的“反向”按钮，可反向当前方向。单击其后的下拉按钮，可在弹出的输入选项下拉列表中选择要拉伸的方向，如图 2-20 所示。

（5）拔模：勾选“拔模”复选框，激活该选项组。

1）拔模角度：可在文本框中输入所需的拔模角度，可接收正值和负值。一般地，正值会使特征沿拉伸的正方向增大。单击其后的下拉按钮，在弹出的下拉列表中选择拔模角度的输入选项，如图 2-21 所示。

图 2-18　输入选项下拉列表

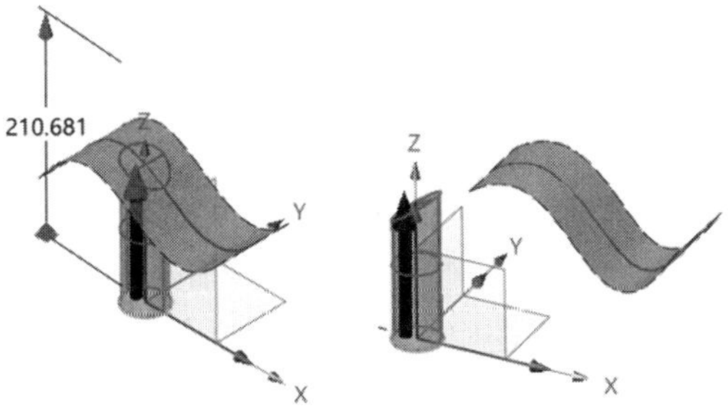

（a）　（b）

图 2-19　到面和到延伸面示例

（a）到面；（b）到延伸面

图 2-20　方向输入选项下拉列表

图 2-21　拔模角度输入选项下拉列表

2）桥接：使用该选项，可选择拔模拐角条件。

①变量：圆角半径跟随拔模角度变化，操作示例如图 2-22（a）所示。

②常量：圆角半径不变，操作示例如图 2-22（b）所示。

③圆形：圆角半径跟随拔模角度变化且凸角自动倒圆角。在拔模角度为正时，圆形模式会对凸起来的尖角倒圆；在拔模角度为负时，圆形模式会对凹进去的尖角倒圆，操作示例如图 2-22（c）所示。

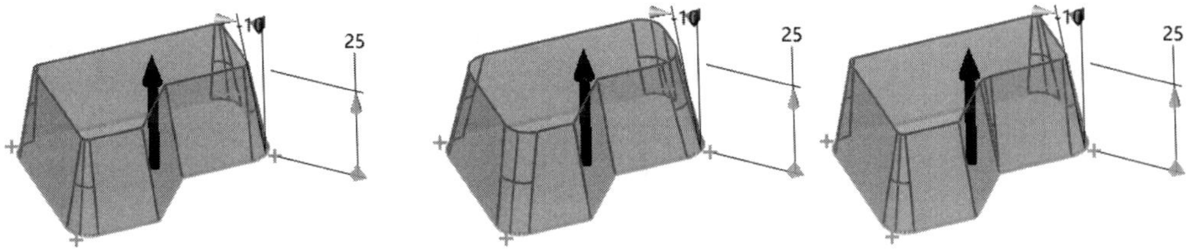

（a）　（b）　（c）

图 2-22　拔模操作示例

（a）变量；（b）常量；（c）圆形

3）按拉伸方向拔模：勾选该复选框，则在拉伸方向应用拔模；否则，拔模将应用在轮廓或草图平面的法向方向。

（6）偏移：指定一个应用于曲线、曲线列表、开放或闭合的草图轮廓的偏移方法和距离。

1）无：不创建偏移，操作示例如图 2-23（a）所示。

2）收缩/扩张：通过收缩或扩张轮廓创建一个偏移。负值则向内部收缩轮廓，正值则向外部扩张轮廓，需要设置外部偏移值，操作示例如图 2-23（b）所示。

规定：开放轮廓的凹进去的一侧定为内部，或者封闭轮廓的内侧定为内部。

3）加厚：为轮廓创建一个由两个距离值决定的厚度。偏移 1 向外部偏移轮廓，偏移 2 向内部偏移轮廓。负值则往相反方向偏移轮廓，需要设置外部偏移值和内部偏移值，操作示例如图 2-23（c）所示。

4）均匀加厚：创建一个关于轮廓的均匀厚度。总厚度等于设置距离的两倍，需要设置外部偏移值，操作示例如图 2-23（d）所示。

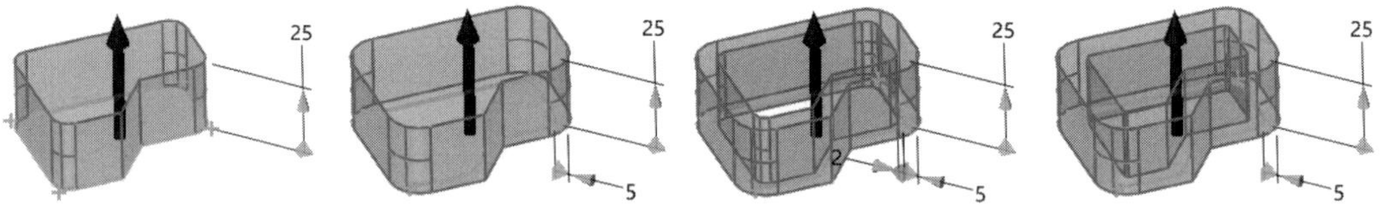

（a）　　（b）　　（c）　　（d）

图 2-23　偏移操作示例

（a）无；（b）收缩/扩张；（c）加厚；（d）均匀加厚

（7）转换：勾选该复选框，激活该选项组。在创建拉伸特征时，对其进行扭曲。

1）扭曲点：选择要扭曲的点。

2）扭曲角度：如果使用了扭曲点，则在此输入扭曲角度。这是拉伸特征从起始到结束将要扭曲的总角度。

（8）轮廓封口：对于基体操作，选择裁剪并封闭造型的面，轮廓必须闭合且与所选面相交。对于加运算操作，如果是闭合轮廓，则使用该选项裁剪并封闭造型；如果是开放轮廓，则指定造型的边界。系统提供了轮廓封口的以下 4 个选项。

1）两端封闭：拉伸实体的两端封闭，操作示例如图 2-24（a）所示。

2）起始端封闭：拉伸实体的起始端封闭，结束端开放，操作示例如图 2-24（b）所示。

3）末端封闭：拉伸实体的起始端开放，结束端封闭，操作示例如图 2-24（c）所示。

4）开放：拉伸实体的两端开放，操作示例如图 2-24（d）所示。

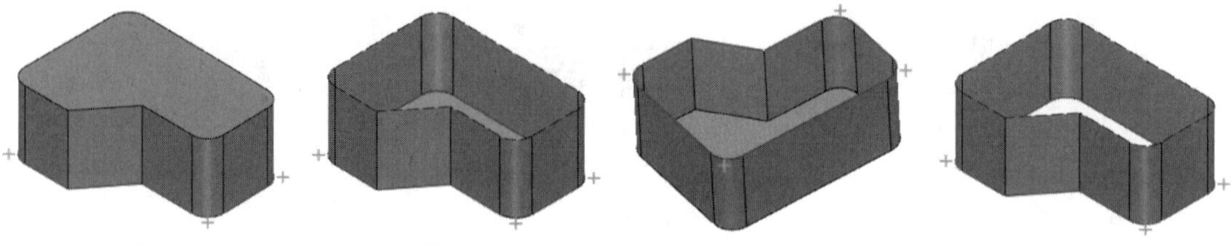

（a）　　（b）　　（c）　　（d）

图 2-24　轮廓封口操作示例

（a）两端封闭；（b）起始端封闭；（c）末端封闭；（d）开放

三、拔模

该命令用于为所选实体创建一个拔模特征。

单击“造型”选项卡“工程特征”面板中的“拔模”按钮，系统弹出“拔模”对话框，如图 2-25 所示。对话框中提供了 3 种创建拔模的方法，说明如下。

（1）边：该方法可以选择分型线、基准面、边或面等实体进行拔模。

单击“边”按钮，对话框如图 2-25 所示。

1）类型：选择拔模类型。

①对称拔模：设定的两个拔模面使用同一个拔模角度，操作示例如图 2-26（a）所示。

②非对称拔模：设定的两个拔模面分别使用设定的拔模角度，操作示例如图 2-26（b）所示。

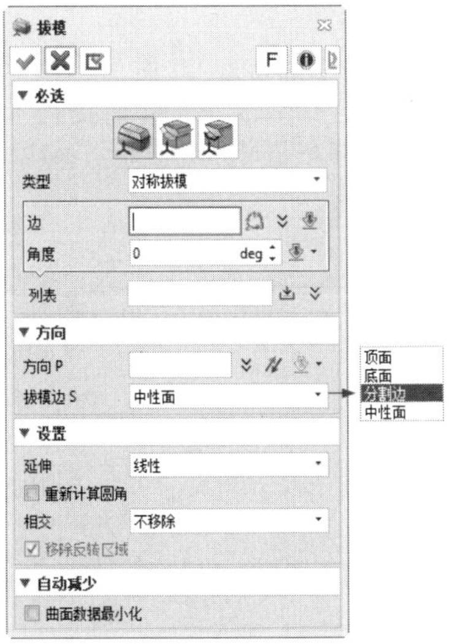

图 2-25　“拔模”对话框

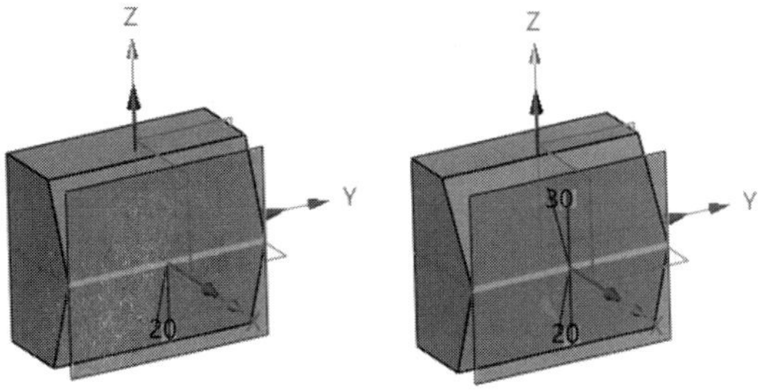

（a）　　（b）

图 2-26　拔模类型操作示例

（a）对称拔模；（b）非对称拔模

2）边：选择要进行拔模的边。

3）角度：设置拔模角度。

4）方向 P：选择拔模方向。如果要浇铸零件，则拔模方向应该是零件从模具中抽取的方向。如果该字段为空且在“拔模体 D”字段中的第一个实体是一个平面，则默认的拔模方向是平面法向；否则默认的拔模方向是局部坐标系的 Z 轴。

5）拔模边 S：设置拔模方式。

①顶面：只对顶部一侧拔模，操作示例如图 2-27（a）所示。

②底面：只对底部一侧拔模，操作示例如图 2-27（b）所示。

③分割边：将所选面分割，并在顶部和底部都拔模，操作示例如图 2-27（c）所示。

④中性面：对整个面进行拔模。拔模平面以中间分型线、平面或边缘为轴转动，操作示例如图 2-27（d）所示。

6）延伸：该选项用于控制拔模面的路径。以下选项可供选择：线性、圆形、反射和曲率递减。

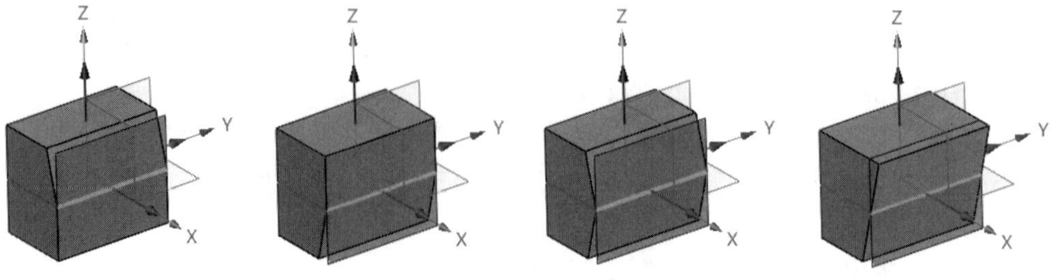

（a）　（b）　（c）　（d）

图 2-27　拔模方式操作示例

（a）顶面；（b）底面；（c）分割边；（d）中性面

7）重新计算圆角：勾选该复选框，则会搜索并删除与拔模面相邻（并相切）的所有圆角面，然后开始拔模，封闭缝隙并尝试重新计算圆角。

8）相交：该选项可移除全部或不移除由于拔模而产生的相交曲面。

（2）面：该方法可以选择分型面进行拔模。

单击“面”按钮，对话框如图 2-28 所示。

图 2-28　单击“面”按钮后的“拔模”对话框

1）类型：选择拔模类型。

①固定对称：选择固定面，设定两个拔模面使用同一个拔模角度，操作示例如图 2-29（a）所示。

②固定非对称：选择固定面，设置两个拔模面分别使用设定的拔模角度，操作示例如图 2-29（b）所示。

③固定和分型：选择固定面和分型面进行拔模，操作示例如图 2-29（c）所示。

2）固定面：选择固定面。

3）分型面：当拔模类型为“固定和分型”时，选择分型面。

（3）分型边：该方法可以选择分型边进行拔模。

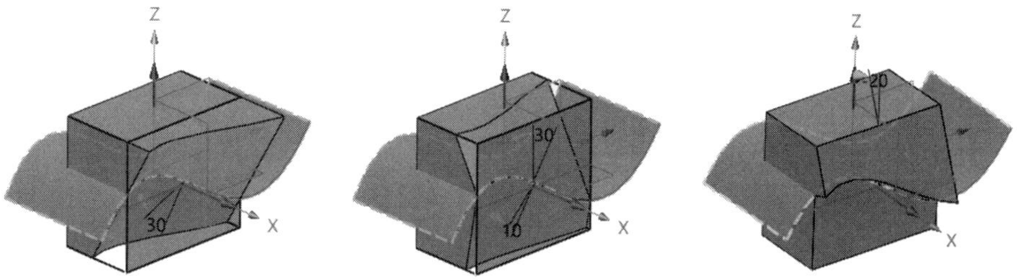

（a）　　（b）　　（c）

图 2-29　拔模类型操作示例

（a）固定对称；（b）固定非对称；（c）分型面

单击“分型边”按钮，对话框如图 2-30 所示。

1）固定平面：选择拔模固定面。

2）边：选择分型边，操作示例如图 2-31 所示。

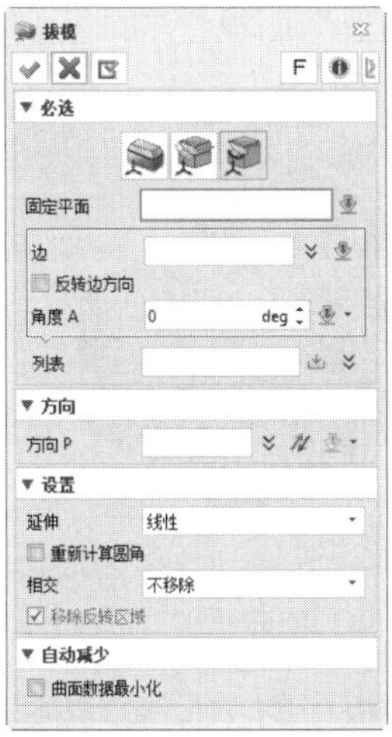

图 2-30　单击“分型边”按钮后的“拔模”对话框

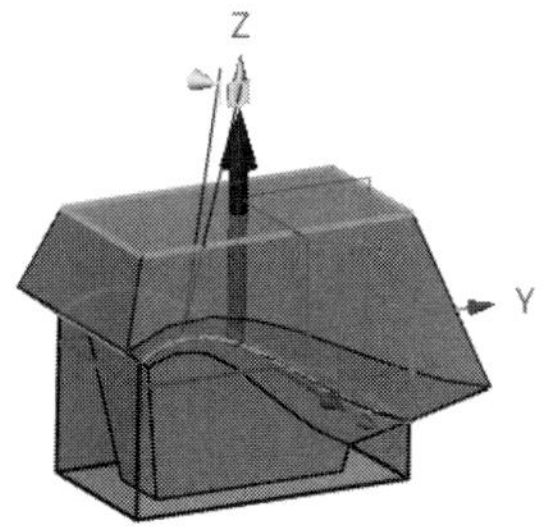

图 2-31　分型边拔模操作示例

任务二　基座设计

任务导入

本任务是创建图 2-32 所示的**基座**。

微课视频

图 2-32　基座

学习目标

1．学习“唇缘”“筋”命令的使用；

2．掌握“孔”命令的使用。

思路分析

本任务的目标是创建基座。首先创建立方体并利用“唇缘”命令对立方体进行编辑，然后绘制草图创建拉伸实体，再利用“筋”命令创建筋，最后利用“孔”命令创建沉孔和螺纹孔。

操作步骤

（1）绘制草图 1。单击“造型”选项卡“基础造型”面板中的“草图”按钮，选择“默认 CSYS_XY”平面，绘制草图 1，如图 2-33 所示。

（2）创建拉伸实体 1。单击“造型”选项卡“基础造型”面板中的“拉伸”按钮，选择矩形进行拉伸，拉伸高度为 80，结果如图 2-34 所示。

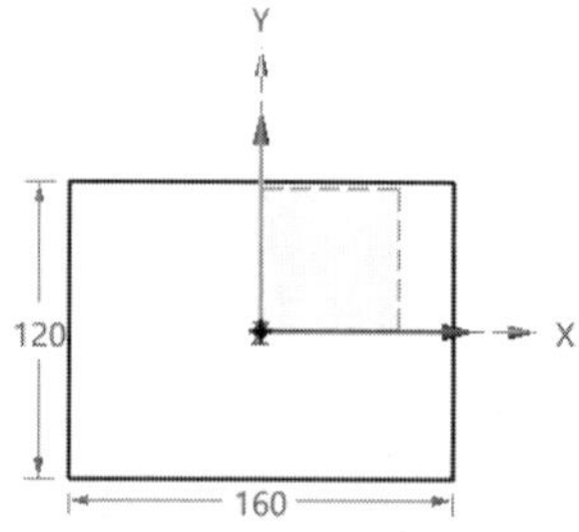

图 2-33　绘制草图 1

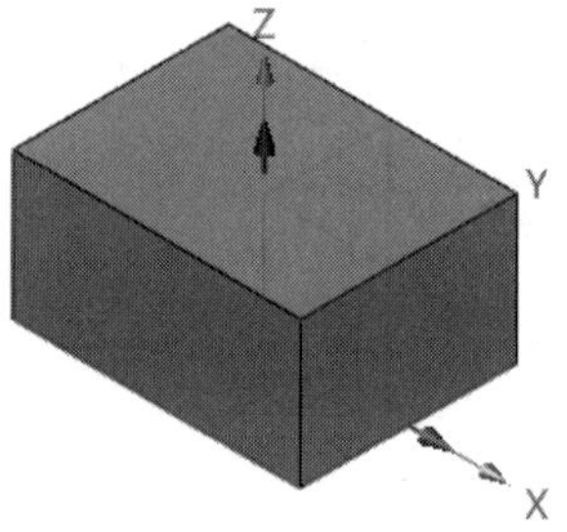

图 2-34　创建拉伸实体 1

（3）创建唇缘。单击“造型”选项卡“工程特征”面板中的“唇缘”按钮，系统弹出“唇缘”对话框，选择图 2-35 所示的边线，然后单击图中所示面作为偏移起始面，偏距 1 设置为−70，偏距 2 设置为−60，如图 2-36 所示。单击鼠标中键完成唇缘的绘制。

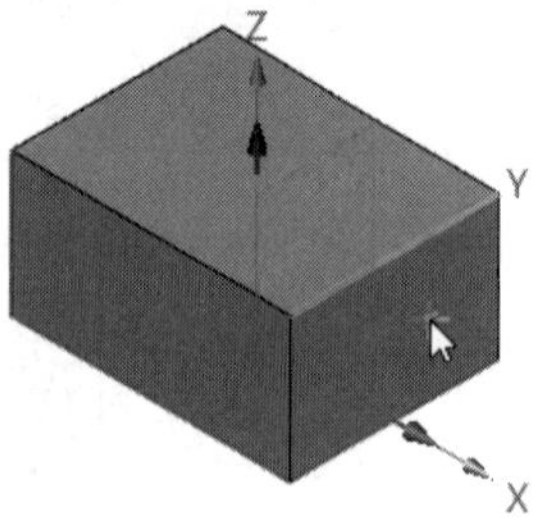

图 2-35　选择边线和起始面

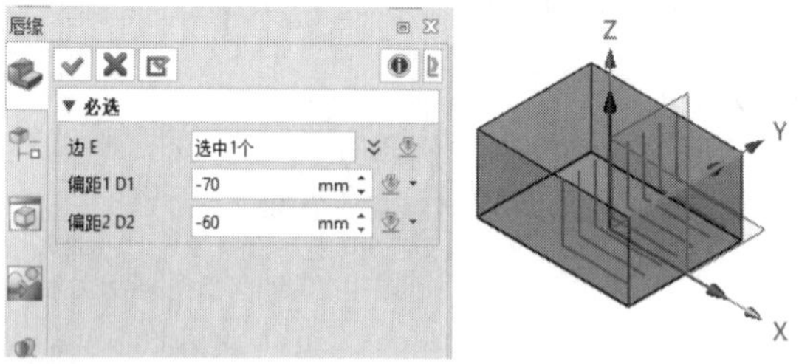

图 2-36　设置参数

（4）采用同样的方法，选择另一侧的边线进行偏移，结果如图 2-37 所示。

（5）绘制草图 2。单击“造型”选项卡“基础造型”面板中的“草图”按钮，选择“默认 CSYS_XZ”平面，绘制草图 2，如图 2-38 所示。

（6）创建拉伸实体 2。单击“造型”选项卡“基础造型”面板中的“拉伸”按钮，选择草图 2 进行拉伸，拉伸类型选择“对称”，结束点设置为 60，布尔运算设置为“加运算”，轮廓封口选择“两端封闭”，结果如图 2-39 所示。

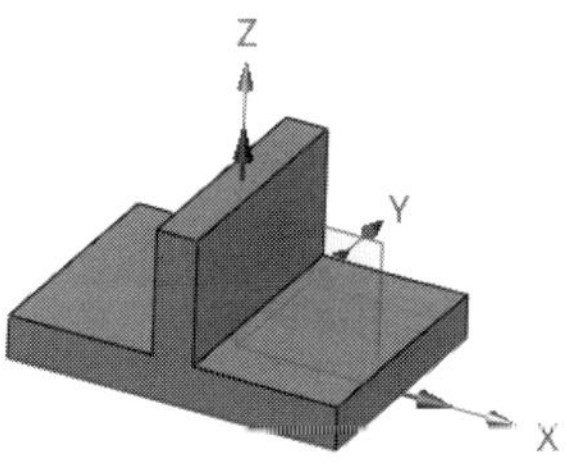

图 2-37　创建唇缘

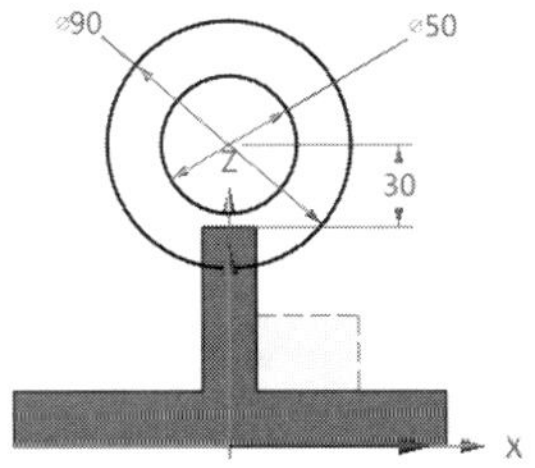

图 2-38　绘制草图 2

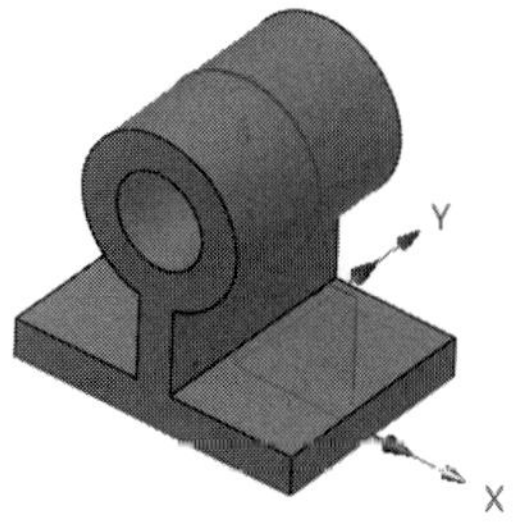

图 2-39　创建拉伸实体 2

（7）绘制草图 3。单击“造型”选项卡“基础造型”面板中的“草图”按钮，选择“默认 CSYS_XZ”平面，绘制草图 3，如图 2-40 所示。

（8）创建筋 1。单击“造型”选项卡“工程特征”面板中的“筋”按钮，系统弹出“筋”对话框，选择草图 3，设置方向为“平行”，宽度类型为“两者”，宽度为“20”，如图 2-41 所示。

（9）创建筋 2。采用同样的方法，创建另一侧的筋，结果如图 2-42 所示。

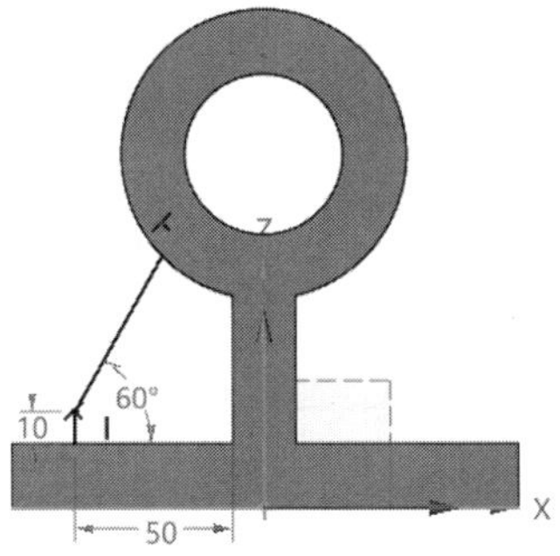

图 2-40　绘制草图 3

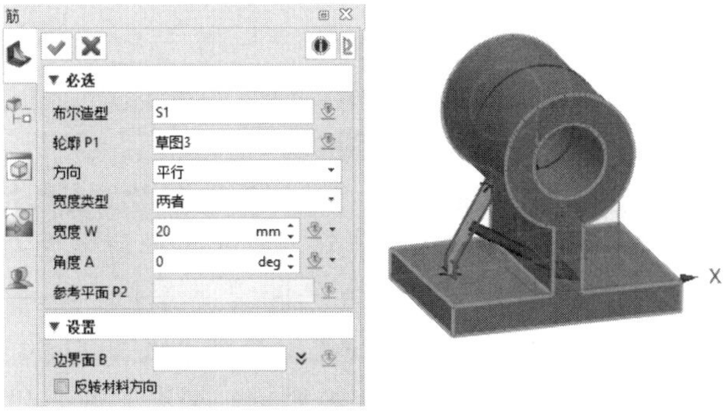

图 2-41　筋 1 参数设置

（10）绘制沉孔草图。单击“造型”选项卡“基础造型”面板中的“草图”按钮，选择图 2-42 所示的面 1，进入草绘环境。单击“草图”选项卡“绘图”面板中的“点”按钮 ✚ ，绘制点，如图 2-43 所示。

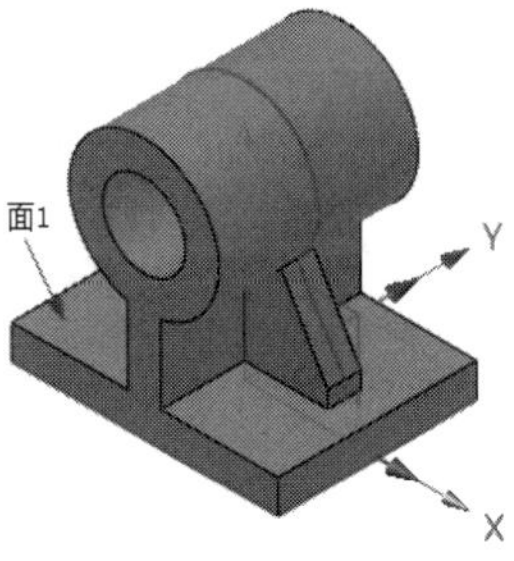

图 2-42　创建筋

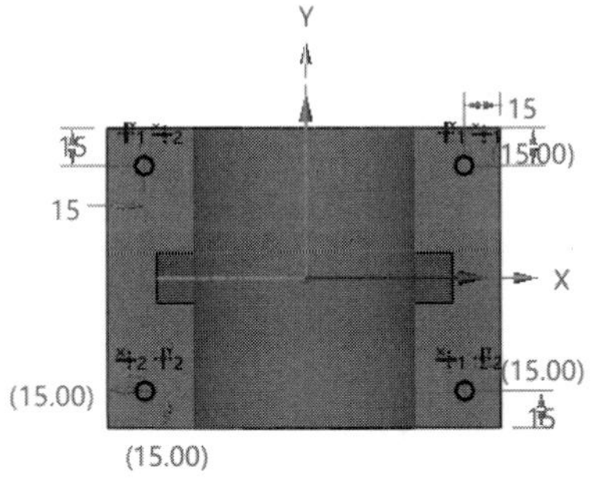

图 2-43　绘制沉孔草图

（11）添加柱形沉孔。单击“造型”选项卡“工程特征”面板中的“孔”按钮，系统弹出“孔”对话框，选择“间隙孔”，单击“位置”右侧的下拉按钮，在弹出的下拉列表中选择“草图点”选项，如图 2-44 所示。然后在绘图区选择上一步绘制的草图。孔造型选择“台阶孔”，标准选择“GB”，螺旋类型选择“Hex Head Bolt”，尺寸选择“M10”，配合选择“Normal”，结束端设置为通孔，如图 2-45 所示，结果如图 2-46 所示。

图 2-44　选择“草图点”选项

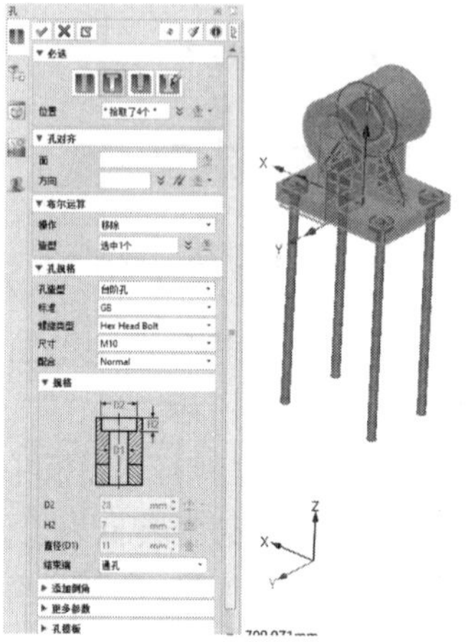

图 2-45　柱形沉孔参数设置

图 2-46　创建沉孔

（12）绘制螺纹孔草图。单击“造型”选项卡“基础造型”面板中的“草图”按钮，选择图 2-46 所示的圆柱体端面，进入草绘环境。单击“草图”选项卡“绘图”面板中的“点”按钮 +，绘制点，如图 2-47 所示。

（13）创建螺纹孔。单击“造型”选项卡“工程特征”面板中的“孔”按钮，系统弹出“孔”对话框，选择“螺纹孔”，单击“位置”右侧的下拉按钮，在弹出的下拉列表中选择“草图点”选项，然后在绘图区选择上一步绘制的螺纹孔草图。孔造型选择“简单孔”，标准选择“GB”，螺纹类型选择“M”，尺寸选择“M10”，在“规格”选项组中设置深度值为“27.5”，如图 2-48 所示，结果如图 2-49 所示。

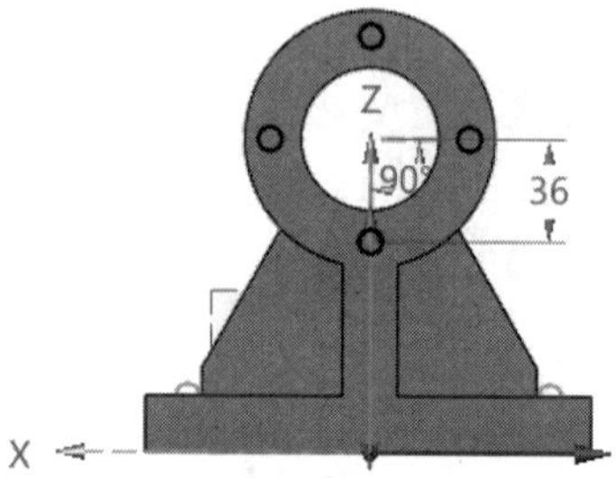

图 2-47　绘制螺纹孔草图 5

图 2-48　螺纹孔参数设置

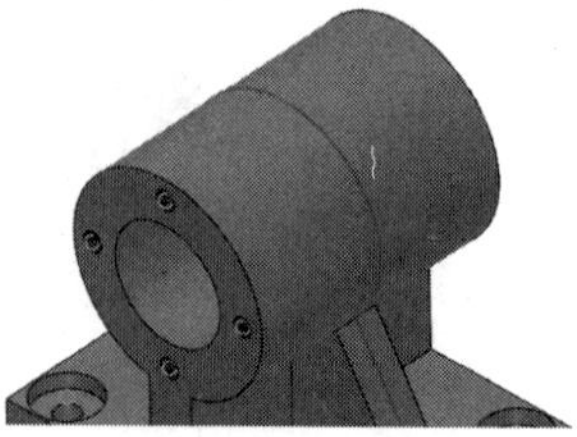

图 2-49　创建螺纹孔

知识拓展

一、唇缘

使用该命令，基于两个偏移距离沿着所选边新建一个常量唇缘特征。在此命令中，选中一条边后，用户需要定义偏移值的起始边。

单击“造型”选项卡“工程特征”面板中的“唇缘”按钮，系统弹出“唇缘”对话框，如图 2-50 所示。对话框中各选项的含义如下。

（1）边：选择应用唇缘特征的边，然后选择起始偏移面。

（2）偏移 1 D1：指定边与起始偏移面的偏移距离。

（3）偏移 2 D2：指定唇缘的深度值。

如图 2-51 为唇缘操作示例。

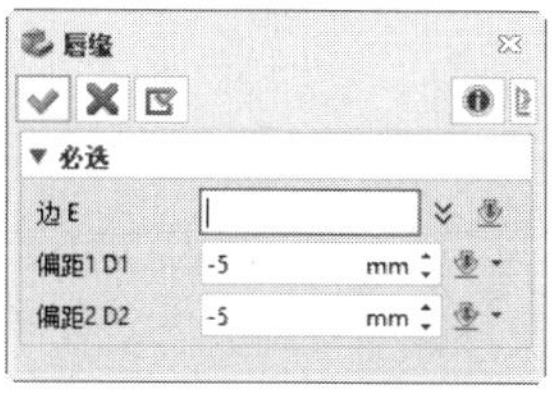

图 2-50　“唇缘”对话框

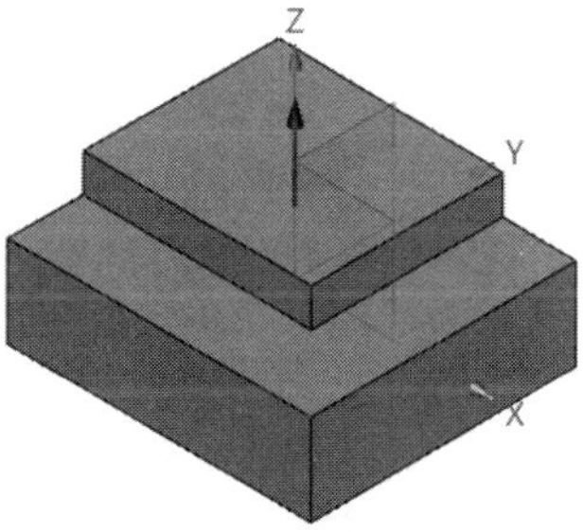

图 2-51　唇缘操作示例

二、筋

使用此命令，用一个开放轮廓草图创建一个筋特征。

单击“造型”选项卡“工程特征”面板中的“筋”按钮，系统弹出“筋”对话框，如图 2-52 所示。对话框中各选项的含义如下。

（1）布尔造型：选择一个造型。其仅支持单一对象输入。

（2）轮廓 P1：选择一个定义了筋轮廓的开放草图，或者右击，在弹出的快捷菜单中选择“插入草图”命令。

（3）方向：指定筋的拉伸方向，并用一个箭头表示该方向。

1）平行：拉伸方向与草图平面法向平行，操作示例如图 2-53 所示。

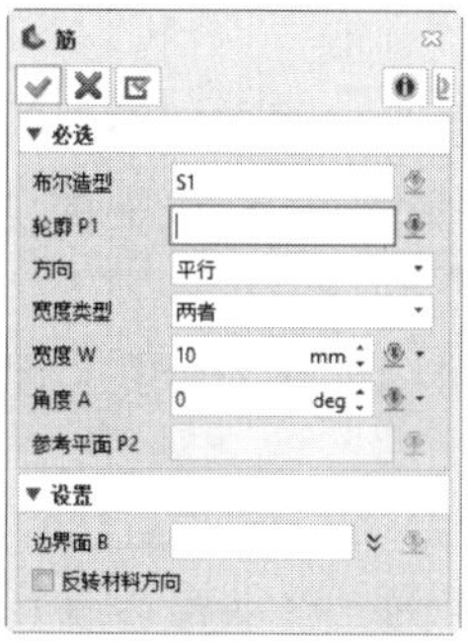

图 2-52　“筋”对话框

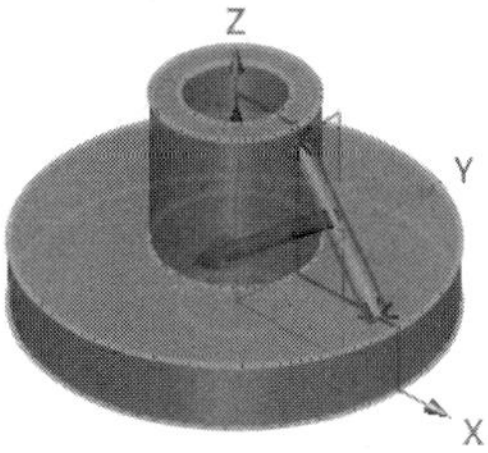

图 2-53　筋操作示例

2）垂直：拉伸方向与草图平面法向垂直。

（4）宽度类型：指定筋的宽度类型，可以选择第一边、两者或第二边。

（5）宽度 W：指定筋的宽度。

（6）角度 A：输入拔模角度。

（7）参考平面 P2：如果指定了一个角度，则选择参考平面。该平面可以是基准面或平面。

（8）边界面 B：指定筋的边界面。

（9）反转材料方向：勾选该复选框，反转筋的拉伸方向。

三、孔

单击“造型”选项卡“工程特征”面板中的“孔”按钮，系统弹出“孔”对话框，如图 2-54 所示。

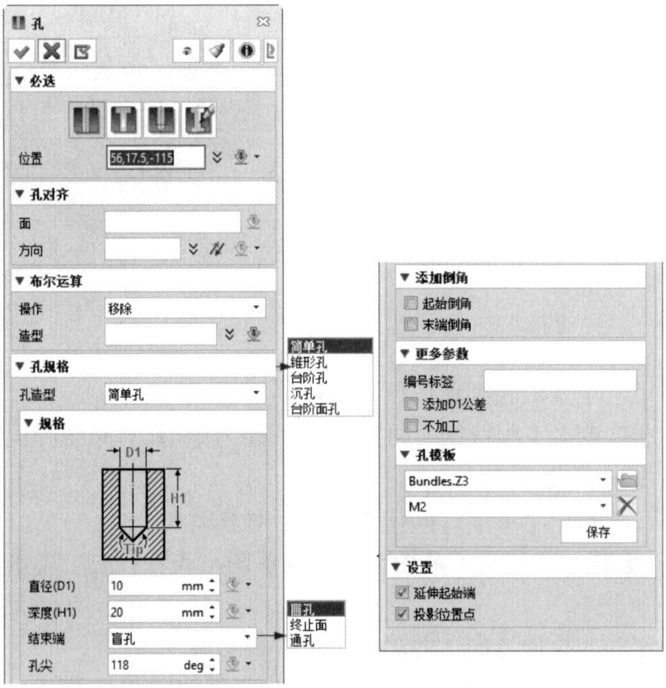

图 2-54 “孔”对话框

使用此命令，可创建常规孔、间隙孔、螺纹孔和轮廓孔，并支持不同的孔造型，包括简单孔、锥形孔、沉孔、台阶孔和台阶面孔。这些孔可以有不同的结束端类型，包括盲孔、终止面和通孔。下面以常规孔为例进行参数介绍。

（1）位置：选择孔位置，然后单击鼠标中键继续。可以创建多个孔，但是所有的孔被认为是一个有相同标注值的特征。

（2）孔对齐。

1）面：选择孔特征的基面，可以是面、基准面或草图。孔的深度是从该基面开始计算的，孔轴将与该基面的法向对齐。如果基面是一个面，则孔将位于该面上。如果没有选择放置面，则每个孔的位置点将作为测量孔深度和孔方向的基面。

2）方向：选择孔的中心线方向。默认情况下，孔特征垂直于放置面。

（3）布尔运算。

1）操作：选择创建孔特征的布尔运算操作，有两种选择，分别为移除和无。选择“移除”，则激活下面的造型选项，选择要创建孔的造型；选择“无”，创建独立的孔特征。

2）造型：选择要创建孔的造型。若不指定，则默认选择所有的造型。只有在操作选择移除之后，该选项才被激活，

（4）孔规格。

1）孔造型：当创建常规孔和螺纹孔时，该选项可设置孔类型为简单孔、锥形孔、台阶孔、沉孔和台阶面孔。当创建间隙孔时，该选项可设置孔类型为简单孔、台阶孔、沉孔、槽、锥孔槽和柱孔槽。系统将会显示一张孔类型的图片，并且将激活相应的输入字段。孔造型示意如图 2-55 所示。

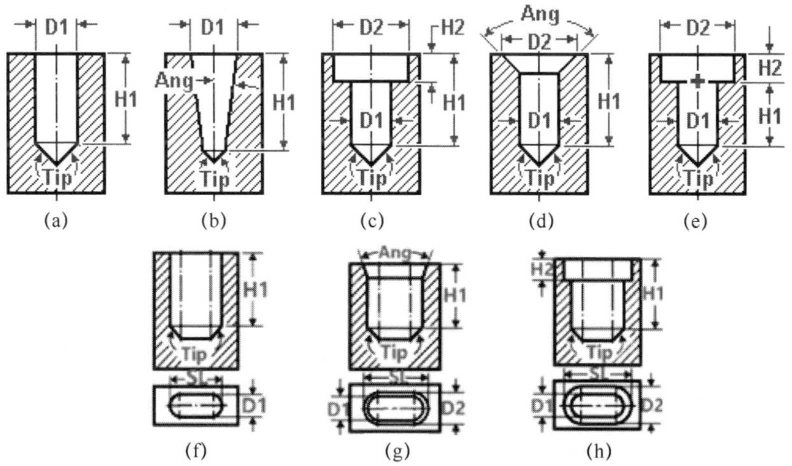

(a) (b) (c) (d) (e) (f) (g) (h)

图 2-55　孔造型示意

（a）简单孔；（b）锥形孔；（c）台阶孔；（d）沉孔；（e）台阶面孔；（f）槽；（g）锥孔槽；（h）柱孔槽

2）更多参数：提供编号标签、偏差等输入字段。

①编号标签：选择孔编号文本字符串。

②添加 D1 公差：勾选该复选框，则可使用公差属性。

③不加工：勾选该复选框，则标有此属性的孔在中望 3D CAM 中被忽略。

3）孔模板：提供孔模板，并查找孔模板中现有的孔特征属性；也可以保存新创建的孔特征到模板文件。

任务三　手压阀阀体设计

任务导入

本任务是绘制图 2-56 所示的手压阀阀体。

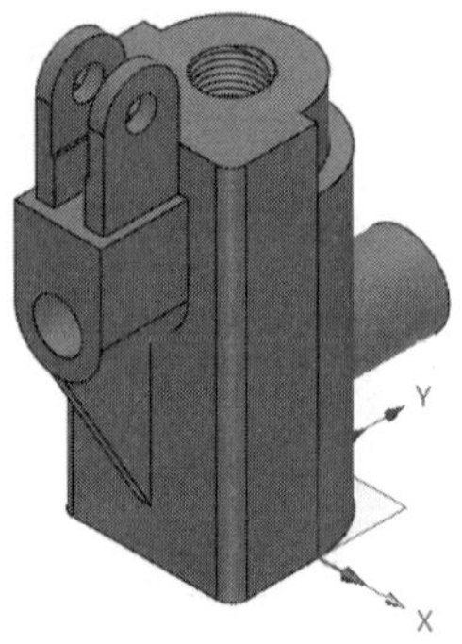

图 2-56　手压阀阀体

微课视频

学习目标

1．学习“圆柱体”“旋转”等三维造型命令的使用；

2．掌握“唇缘”“面圆角”“筋”和“倒角”等三维编辑命令的使用；

3．掌握螺纹的创建。

思路分析

本任务的目标是创建手压阀阀体。首先利用“拉伸”和“圆柱体”命令创建主体结构，然后创建筋，再利用“旋转”命令创建内部孔，并利用“唇缘”“圆柱体”和“面圆角”命令对主体结构进行编辑修改，最后利用“螺纹”命令创建孔螺纹。本任务的尺寸单位均为 mm。

操作步骤

（1）绘制草图 1。以默认 CSYS_XY 平面为草绘基准面，绘制图 2-57 所示的草图 1。

（2）创建拉伸实体 1。单击“造型”选项卡“基础造型”面板中的“拉伸”按钮，系统弹出“拉伸”对话框，选择草图 1，拉伸类型选择“对称”，结束点设置为“120”，布尔运算选择“基体”，布尔造型选择实体，结果如图 2-58 所示。

（3）创建圆柱体。单击“造型”选项卡“基础造型”面板中的“圆柱体”按钮，系统弹出“圆柱体”对话框，以绝对坐标(0,0,35)为中心创建圆柱体，设置半径为“14”，长度为“56”，方向为 Y 轴，布尔运算选择“加运算”，布尔造型选择拉伸实体，结果如图 2-59 所示。

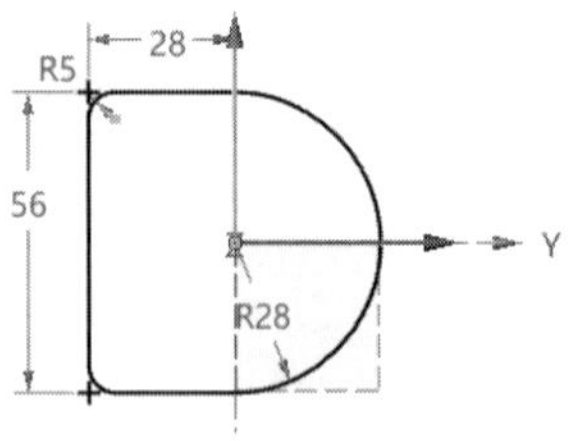

图 2-57　绘制草图 1

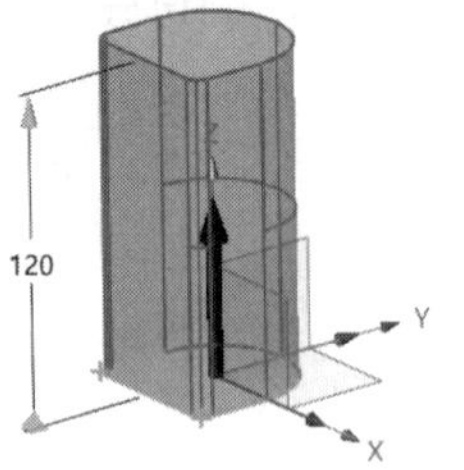

图 2-58　创建拉伸实体 1

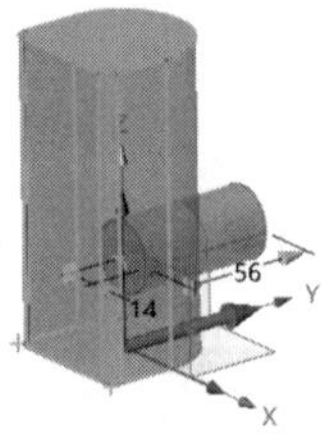

图 2-59　创建圆柱体

（4）绘制草图 2。单击“造型”选项卡中“基础造型”面板的“草图”按钮，以默认 CSYS_XZ 平面为草绘基准面，绘制草图 2，如图 2-60 所示。

（5）创建拉伸实体 2。单击“造型”选项卡中“基础造型”面板的“拉伸”按钮，系统弹出“拉伸”对话框，选择草图 2，拉伸类型选择“1 边”，结束点设置为“56”，布尔运算选择“加运算”，布尔造型选择实体，结果如图 2-61 所示。

（6）绘制草图 3。单击“造型”选项卡中“基础造型”面板的“草图”按钮，以默认 CSYS_YZ 平面为草绘基准面，绘制草图 3，如图 2-62 所示。

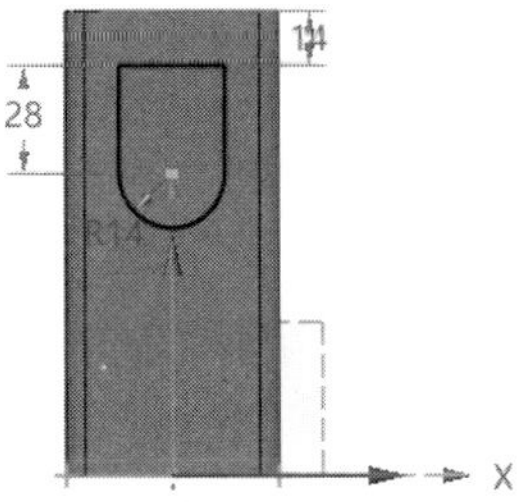

图 2-60　绘制草图 2

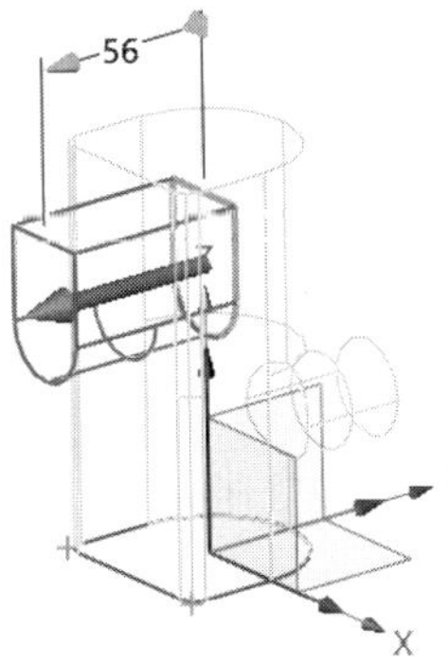

图 2-61　创建拉伸实体 2

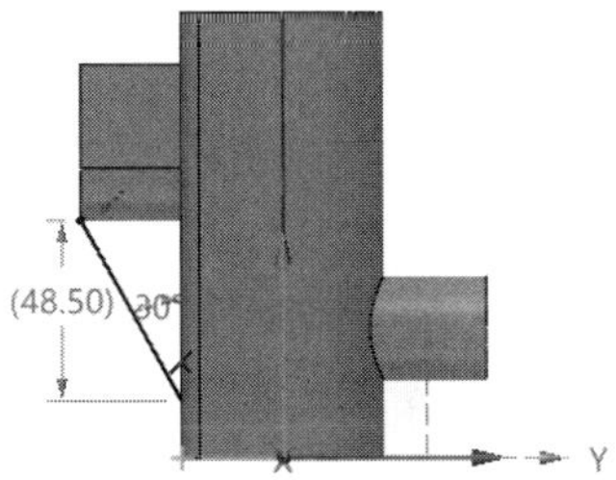

图 2-62　绘制草图 3

（7）创建筋。单击“造型”选项卡中“工程特征”面板的“筋”按钮，系统弹出“筋”对话框，选择草图 3，方向设置为“平行”，宽度类型为“两者”，宽度为“4”，勾选“反转材料方向”复选框，结果如图 2-63 所示。

（8）绘制草图 4。单击“造型”选项卡中“基础造型”面板的“草图”按钮，以默认 CSYS_XY 平面为草绘基准面，绘制草图 4，如图 2-64 所示。

（9）创建旋转实体。单击“造型”选项卡中“基础造型”面板的“旋转”按钮，系统弹出“旋转”对话框，选择草图 4，选择 Z 轴作为旋转轴，旋转角度设置为“360”，布尔运算选择“减运算”，单击“两端封闭”按钮，结果如图 2-65 所示。

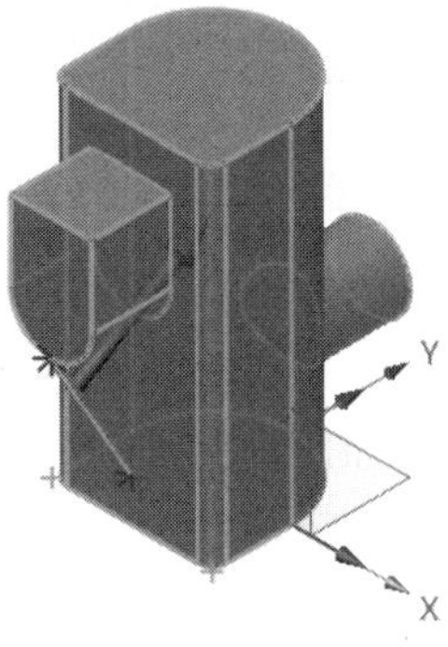

图 2-63　创建筋

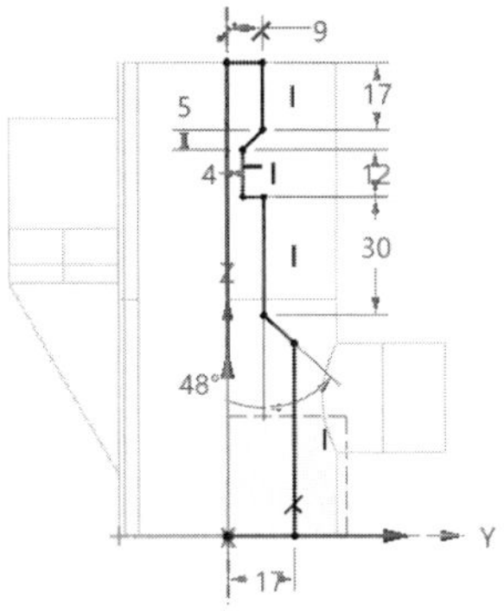

图 2-64　绘制草图 4

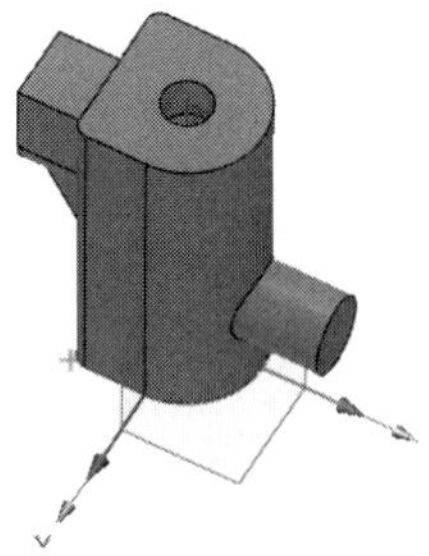

图 2-65　创建旋转实体

（10）绘制草图 5。单击“造型”选项卡中“基础造型”面板的“草图”按钮，以实体的顶面作为草绘基准面，绘制草图 5，如图 2-66 所示。

（11）创建拉伸实体 3。单击“造型”选项卡中“基础造型”面板的“拉伸”按钮，系统弹出“拉伸”对话框，选择草图 5，拉伸类型选择“1 边”，结束点设置为“20”，单击“反向”按钮，调整拉伸方向向下，布尔运算选择“减运算”，布尔造型选择实体，结果如

图 2-67 所示。

（12）绘制草图 6。单击“造型”选项卡中“基础造型”面板的“草图”按钮，以拉伸实体 2 的上表面为草绘面，绘制草图 6，如图 2-68 所示。

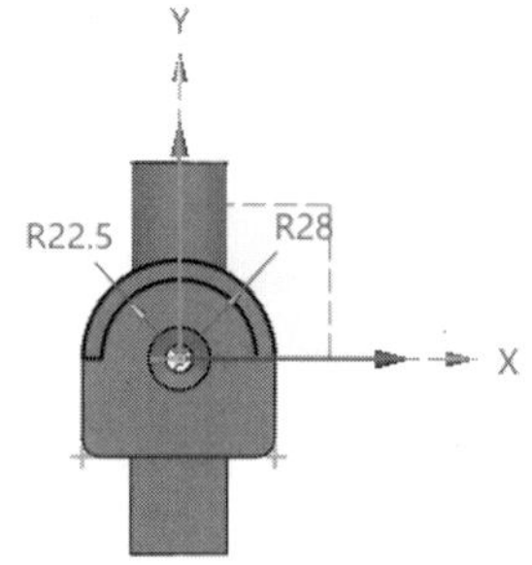

图 2-66　绘制草图 5

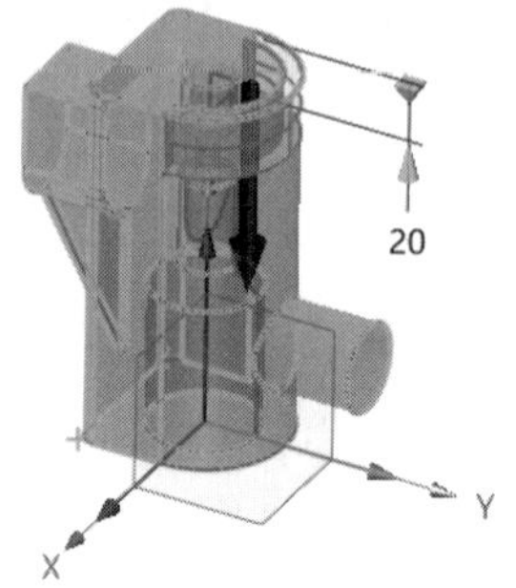

图 2-67　创建拉伸实体 3

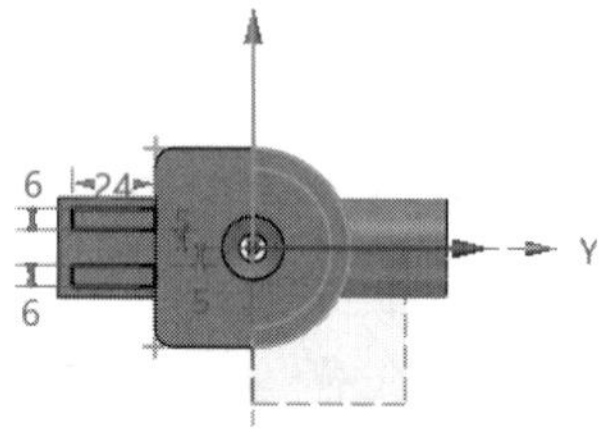

图 2-68　绘制草图 6

（13）创建拉伸实体 4。单击“造型”选项卡中“基础造型”面板的“拉伸”按钮，系统弹出“拉伸”对话框，选择草图 5，拉伸类型选择“1 边”，结束点设置为“40”，单击“反向”按钮，调整拉伸方向向上，布尔运算选择“加运算”，布尔造型选择实体，结果如图 2-69 所示。

（14）创建唇缘。单击“造型”选项卡中“工程特征”面板的“唇缘”按钮，系统弹出“唇缘”对话框，选择拉伸实体 3 的边，选择该边所在侧面，设置偏距 1 为“-1”，偏距 2 为“-26”，结果如图 2-70 所示。采用同样的方法，创建另一侧的唇缘，结果如图 2-71 所示。

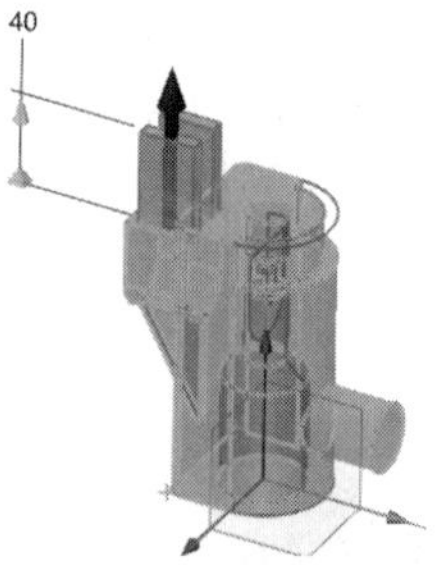

图 2-69　绘制拉伸实体 4

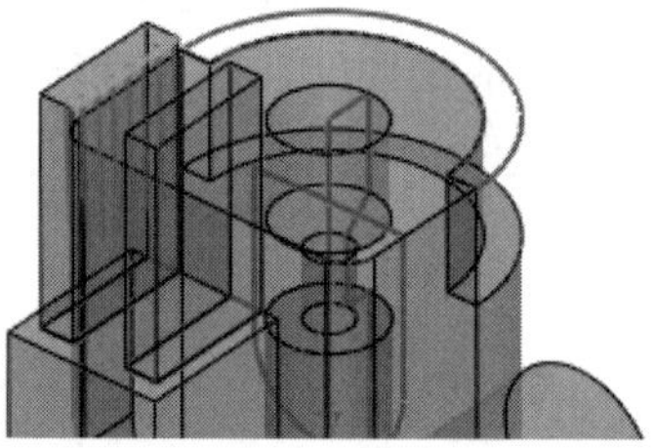
图 2-70　创建唇缘

图 2-71　创建另一侧的唇缘

（15）创建面圆角。单击“造型”选项卡中“工程特征”面板的“面圆角”按钮，系统弹出“面圆角”对话框，选择拉伸实体 3 的前、后两侧面作为支撑面，顶面作为相切面，如图 2-72 所示。采用同样的方法，创建另一侧的面圆角，结果如图 2-73 所示。

图 2-72　选择面

图 2-73　创建面圆角

（16）创建孔 1。单击“造型”选项卡中“基础造型”面板的“圆柱体”按钮，系统弹出“圆柱体”对话框，捕捉圆角的圆心为中心创建圆柱体，设置半径为“5”，长度为“30”，方向为-X 轴，布尔运算选择“减运算”，布尔造型选择实体，结果如图 2-74 所示。

（17）创建孔 2。单击“造型”选项卡中“基础造型”面板的“圆柱体”按钮，系统弹出“圆柱体”对话框，以拉伸实体 2 的端面圆心为中心创建圆柱体，设置半径为“8”，长度为“56”，方向为-X 轴，布尔运算选择“减运算”，布尔造型选择实体，结果如图 2-75 所示。

（18）创建孔 3。单击“造型”选项卡中“基础造型”面板的“圆柱体”按钮，系统弹出“圆柱体”对话框，选择圆柱体的端面圆心为中心创建圆柱体，设置半径为“8”、长度为“56”、方向为-X 轴，布尔运算选择“减运算”，布尔造型选择实体，结果如图 2-76 所示。

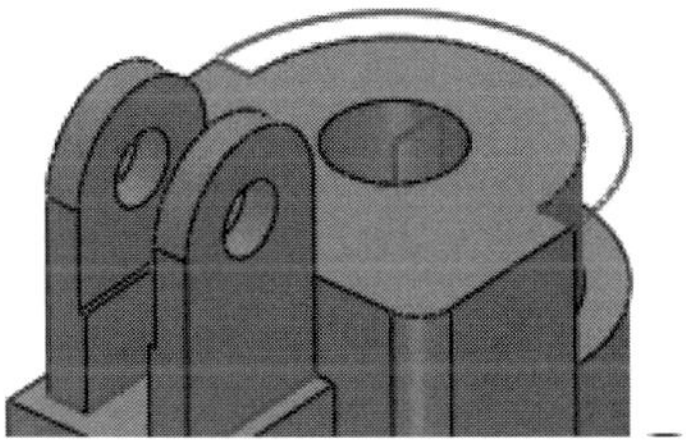

图 2-74　创建孔 1

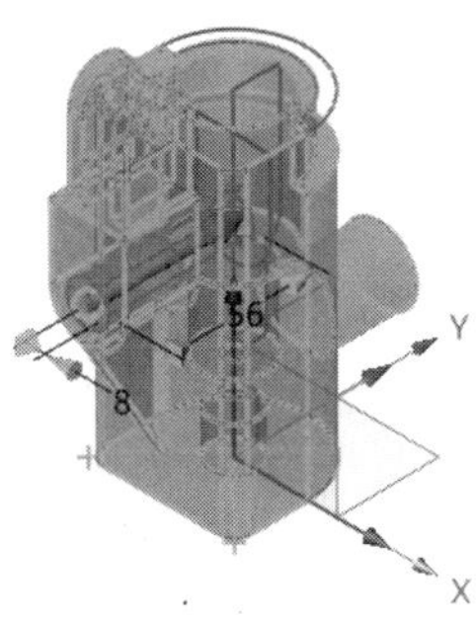

图 2-75　创建孔 2

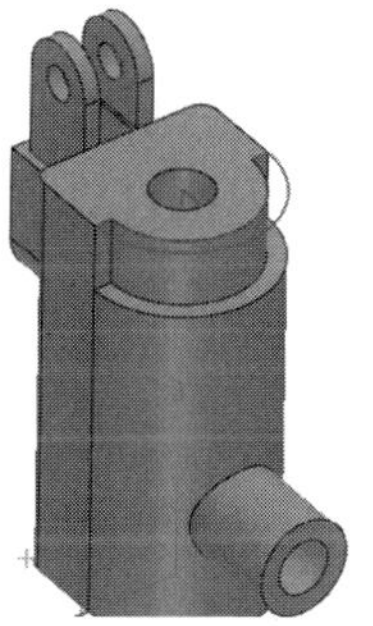

图 2-76　创建孔 3

（19）创建倒角 1。单击“造型”选项卡中“工程特征”面板的“倒角”按钮，系统弹出“倒角”对话框，单击“倒角”按钮，选择方法为“偏移距离”，设置倒角距离为“1”，选择图 2-77 所示的孔边进行倒角。

（20）创建倒角 2。单击“应用”按钮，设置倒角距离为“2”，选择底面孔边进行倒角，如图 2-78 所示。

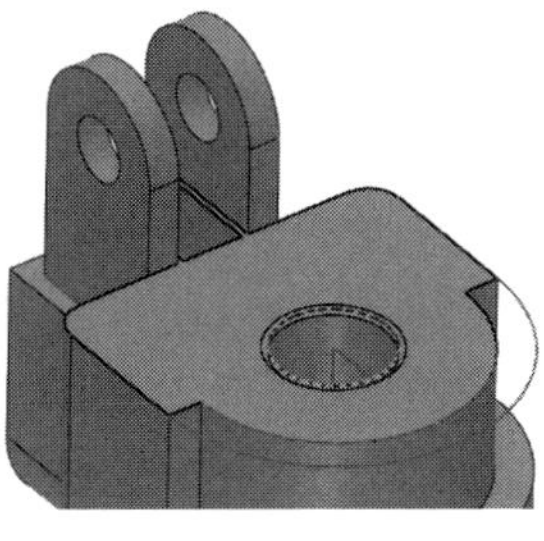

图 2-77　创建倒角 1

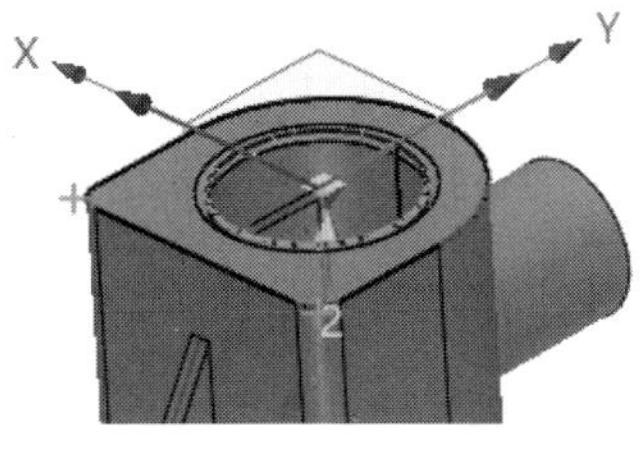

图 2-78　创建倒角 2

（21）绘制螺纹草图 1。单击“造型”选项卡中“基础造型”面板的“草图”按钮，在顶面孔口位置以默认 CSYS_YZ 平面为草绘基准面绘制图 2-79 所示的螺纹草图。

（22）创建 M20×2 螺纹。单击“造型”选项卡中“工程特征”面板的“螺纹”按钮，系统弹出“螺纹”对话框，选择上端孔面，选择螺纹草图，匝数设置为“8”，距离设置为“2”，布尔运算选择“减运算”，收尾设置为“两端”，半径设置为“5”，勾选“反螺旋方向”复选框，如图 2-80 所示。

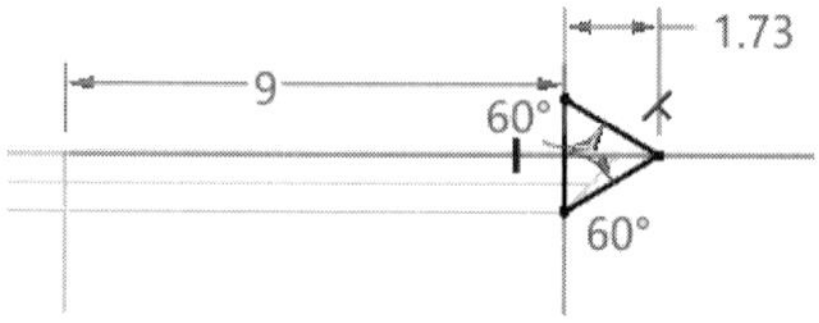

图 2-79　绘制螺纹草图 1

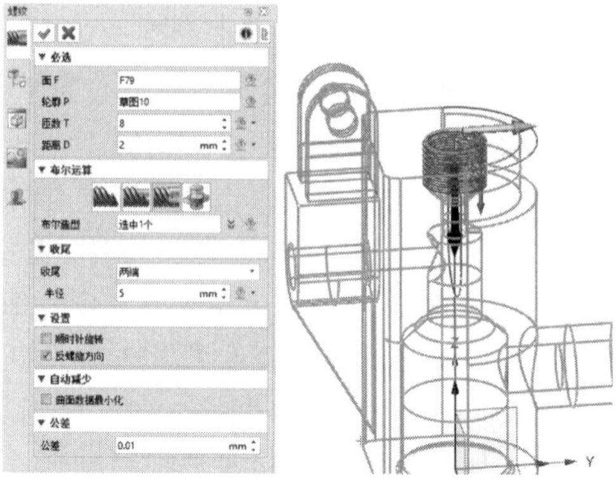

图 2-80　创建 M20×2 螺纹

（23）绘制螺纹草图 2。单击“造型”选项卡中“基础造型”面板的“草图”按钮，在顶面孔口位置以默认 CSYS_YZ 平面为草绘基准面绘制图 2-81 所示的螺纹草图。

（24）创建 M36×2 螺纹。单击“造型”选项卡中“工程特征”面板的“螺纹”按钮，系统弹出“螺纹”对话框，选择下端孔面，选择螺纹草图，匝数设置为“10”，距离设置为“2”，布尔运算选择“减运算”，收尾设置为“两端”，半径设置为“10”，勾选“反螺旋方向”复选框，如图 2-82 所示。最终结果如图 2-56 所示。

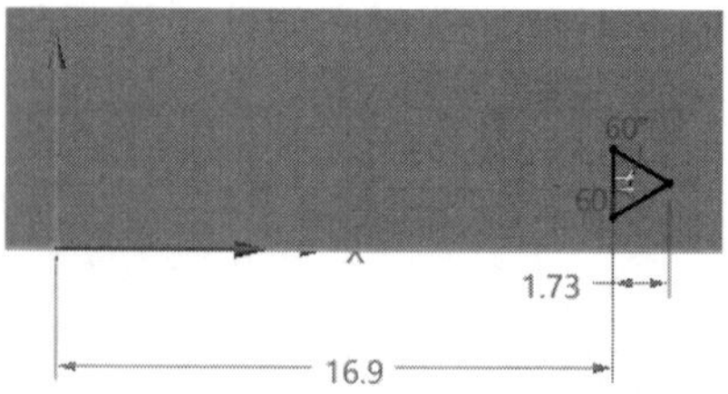

图 2-81　绘制螺纹草图 2

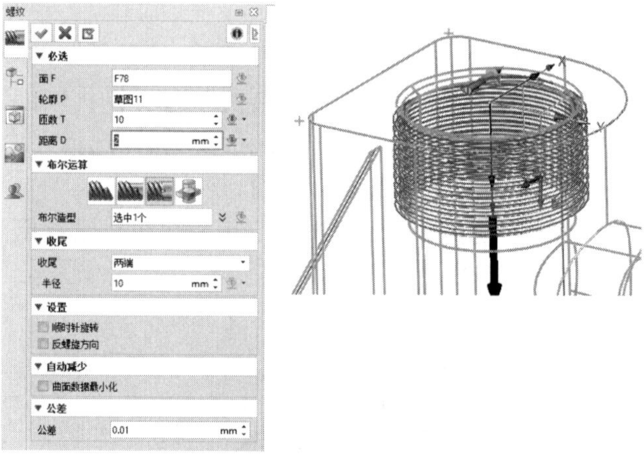

图 2-82　创建 M36×2 螺纹

知识拓展

一、圆柱体

使用此命令创建一个圆柱体特征。

单击“造型”选项卡“基础造型”面板中的“圆柱体”按钮，系统弹出“圆柱体”对话框，如图 2-83 所示。该对话框中部分选项的含义如下。

（1）中心：选择圆柱体的中心点。

（2）半径/直径：设置圆柱体的半径/直径。单击其后的“半径/直径”按钮 R/ϕ，进行半径或直径的切换。单击其后的下拉按钮，在弹出的下拉列表中可选择多种定义半径/直径的方式，可在文本框中直接输入一个值或现有变量名称，或者右击引用一个现有标注值或表达式。

（3）长度：设置圆柱体的高度值。可在文本框中直接输入一个值或现有变量名称，或者右击引用一个现有标注值或表达式。

（4）方向：通过矢量方向控制圆柱体的定位。单击其后的“反向”按钮，反向圆柱体方向。单击其后的下拉按钮，系统弹出下拉列表，可在其中选择参数定义圆柱体的方向，如图 2-84 所示。

图 2-85 为以六面体上表面中心点为中心绘制的半径为 10、高度为 20 的圆柱体。

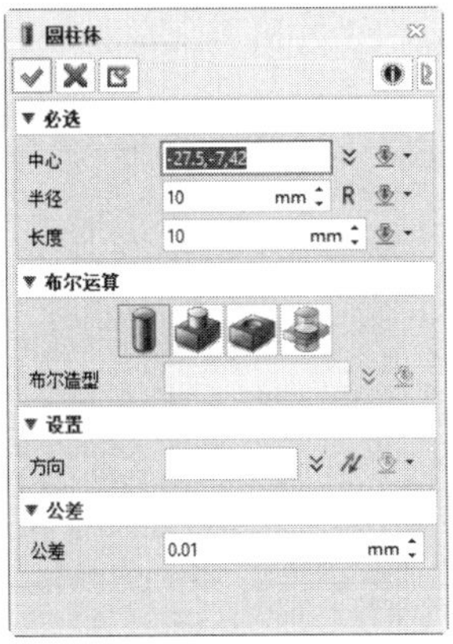

图 2-83 “圆柱体”对话框

图 2-84 定义方向下拉列表

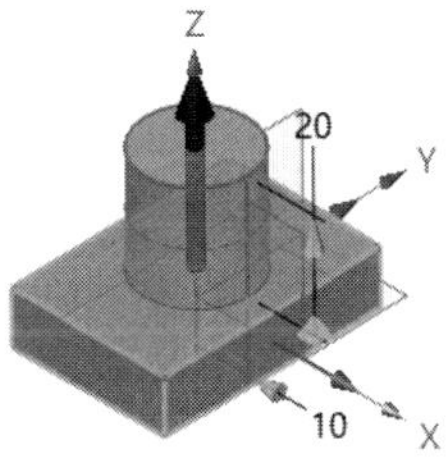

图 2-85 圆柱体示例

二、旋转

此命令是由草图绕中心线旋转而形成的特征，旋转特征适合构造回转体零件。如果草图是闭合轮廓，则使用“旋转”命令生成的是实体；如果草图是开放轮廓，则生成的是曲面。

实体旋转特征的草图可以包含一个或多个闭环的非相交轮廓。对于包含多个轮廓的基体旋转特征，其中一个轮廓必须包含所有其他轮廓。如果草图包含一条以上的中心线，则选择一条中心线用作旋转轴。

旋转特征的应用比较广泛，是比较常用的特征建模工具，主要应用在以下零件的建模中。

（1）环形零件，如图 2-86（a）所示。

（2）球形零件，如图 2-86（b）所示。

（3）轴类零件，如图 2-86（c）所示。

（4）形状规则的轮毂类零件，如图 2-86（d）所示。

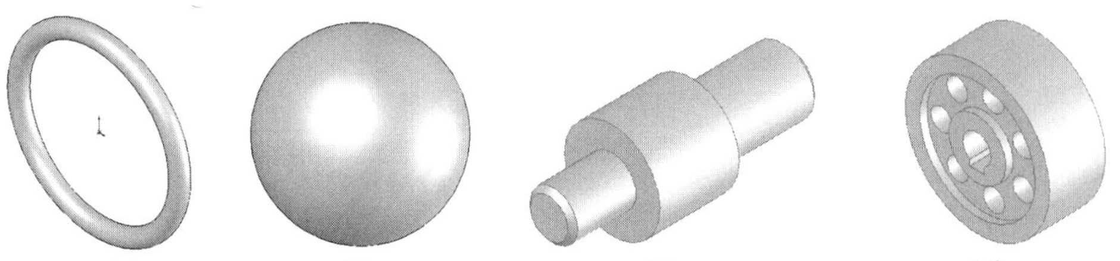

（a）　（b）　（c）　（d）

图 2-86 旋转特征

（a）环形零件；（b）球形零件；（c）轴类零件；（d）形状规则的轮毂类零件

单击“造型”选项卡“基础造型”面板中的“旋转”按钮，系统弹出“旋转”对话框，如图 2-87 所示。这里只对对话框中的部分选项进行介绍，其他选项的含义参照拉伸特征。

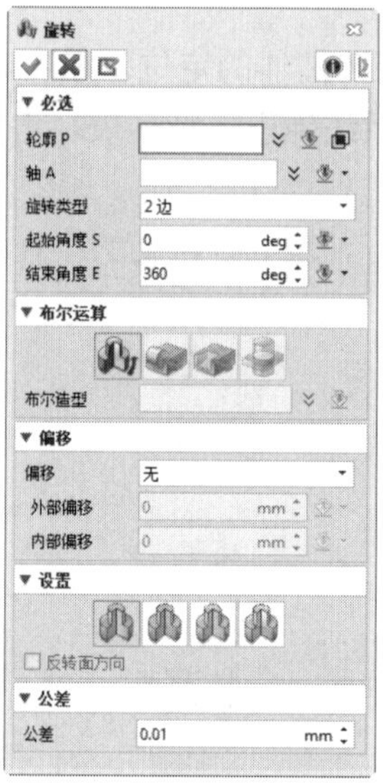

图 2-87 “旋转”对话框

（1）轮廓 P：选择要旋转的轮廓。

（2）轴 A：指定旋转轴。可选择一条线，或者单击其后的下拉按钮，在弹出的输入选项下拉列表中选择。

（3）旋转类型：指定旋转的方法。

1）1 边：只能指定旋转的结束角度，操作示例如图 2-88（a）所示。

2）2 边：可以分别指定旋转的起始角度和结束角度，操作示例如图 2-88（b）所示。

3）对称：与 1 边类型相似，但在反方向也会旋转同样的角度，操作示例如图 2-88（c）所示。

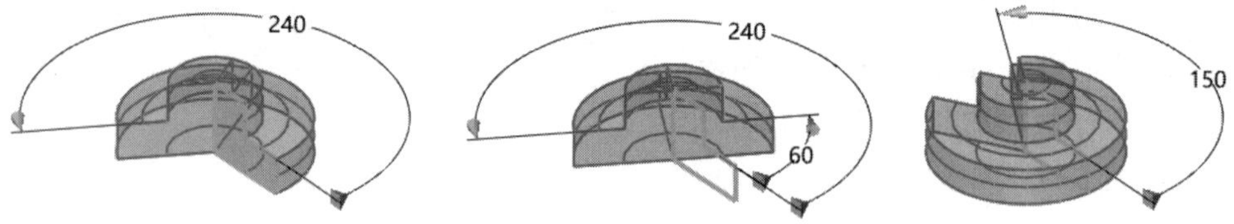

（a） （b） （c）

图 2-88 旋转类型操作示例

（a）1 边；（b）2 边；（c）对称

三、螺纹

使用该命令，通过围绕圆柱面旋转一个闭合面，并沿着其线性轴，新建一个螺纹造型特征。此命令可以用于制作螺纹特征或任何其他在线性方向上旋转的造型。

单击“造型”选项卡“工程特征”面板中的“螺纹”按钮，系统弹出“螺纹”对话框，如图 2-89 所示。对话框中部分选项的含义如下。

（1）面 F：在坯料上选择圆柱面。

（2）轮廓 P：选择螺纹的轮廓。可选择一个草图、一条曲线和边或一个曲线列表。

（3）匝数 T：指定螺纹匝数。

（4）距离 D：指定沿轴方向的距离。在轴箭头方向测量的距离为正距离。

（5）收尾：使用此选项指定进退刀的位置。选择空、起点、终点或两端。

（6）半径：如果选择了收尾，则指定转换的半径。它决定了进/退刀的支点，并影响进/退刀过渡的造型。如果没有指定进退刀，则跳过此选项。对于进刀，支点半径从轮廓上最靠近旋转轴的点开始测量。对于退刀，用轮廓上最远离轴的点测量。

如图 2-90 为螺纹操作示例。

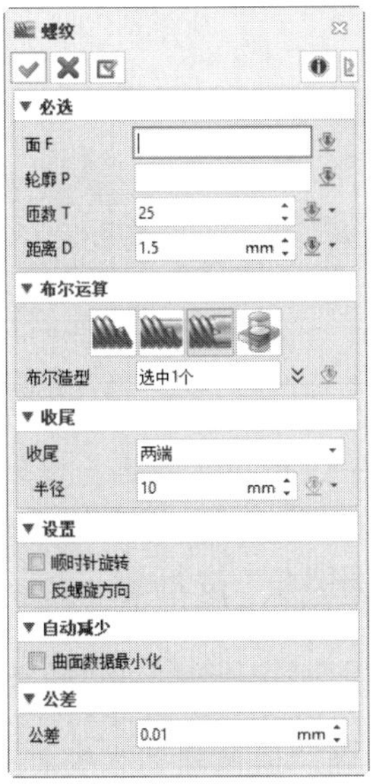

图 2-89 “螺纹”对话框

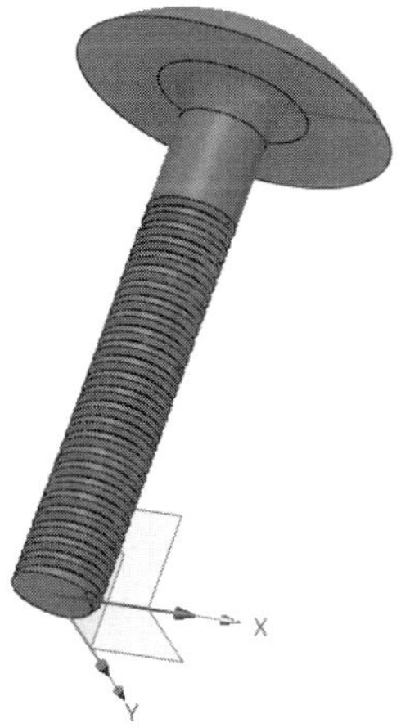

图 2-90　螺纹操作示例

四、圆角

该命令用于创建不变与可变的圆角、桥接转角。

单击“造型”选项卡“工程特征”面板中的“圆角”按钮，系统弹出“圆角”对话框，如图 2-91 所示。对话框中提供了 4 种创建圆角的方法，含义如下。

（1）圆角：在所选边创建圆角。单击该按钮，对话框如图 2-91 所示。

在对话框的顶端，单击“完全回应”按钮 F，可将其切换为“部分回应”按钮 P，再次单击“部分回应”按钮 P，可切换为“无回应”按钮 O 。其中完全回应即显示全预览的效果，部分回应即显示部分预览的效果，无回应即无预览效果。

对话框中其他选项的含义如下。

1）边 E：选择圆角的边。

2）半径 R：指定圆角的半径。

3）弦圆角：勾选该复选框，可使创建的圆角的两条边距离均匀。此时，不需要设置圆角半径，而需要设置弦圆角半径，如图 2-92 所示。

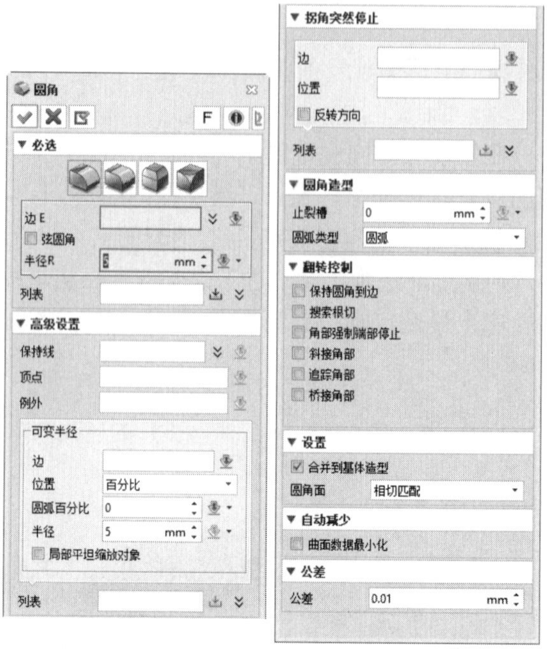

图 2-91 “圆角”对话框

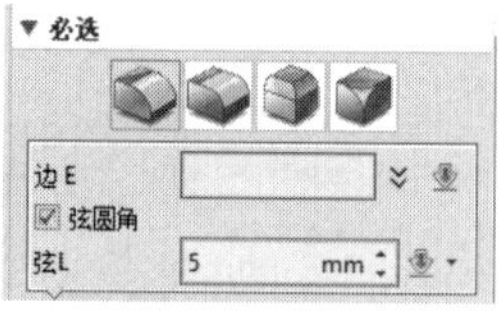

图 2-92 设置弦圆角半径

4）列表：使用列表在一个“圆角”命令中存储边、半径和其他信息。该列表可以支持存储为不同的圆角边设置不同的半径，也可以支持设置每个倒角边的方向等。

（2）椭圆圆角：创建一个椭圆圆角特征。单击“椭圆圆角”按钮，对话框如图 2-93 所示。该对话框中部分选项的含义如下。

1）类型。

①倒角距离和角度：使用圆角距离和角度定义圆角的椭圆横截面的大小。

②非对称：使用第一个圆角距离和第二个圆角距离决定横截面的大小。

2）倒角距离：指定第一个圆角距离。该距离与第二个圆角距离或选择的角度一起，共同决定椭圆圆角的大小。

3）角度：设置圆角角度，操作示例如图 2-94 所示。

图 2-93 “圆角——椭圆圆角”对话框

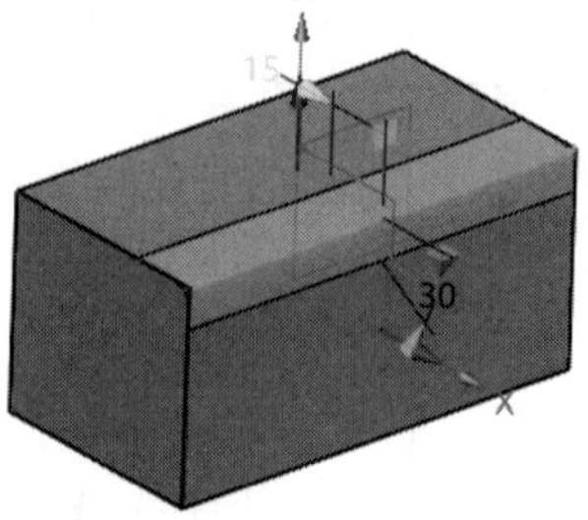

图 2-94 圆角角度操作示例

（3）环形圆角：沿面的环形边创建一个半径不变的圆角。使用该命令创建圆角比使用“圆角”命令创建圆角有一定的优势。可通过选择面，来选择所有的边。

单击“环形圆角”按钮，对话框如图 2-95 所示。对话框中部分选项的含义如下。

1）面：选择要倒圆角的面。

2）环形：指定要倒圆角的面环。选择内部、外部、共有、边界、全部或选定，操作示例如图 2-96 所示。

图 2-95　“圆角——环形圆角”对话框

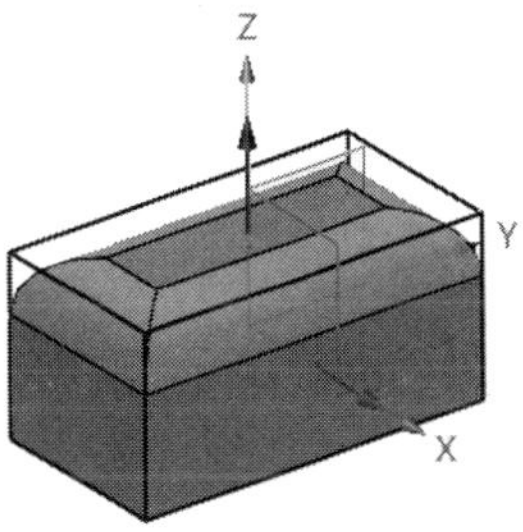

图 2-96　环形圆角操作示例

（4）顶点圆角：在一个或多个顶点处创建圆角。

单击“顶点圆角”按钮，对话框如图 2-97 所示。对话框中部分选项的含义如下。

1）顶点：选择要创建圆角的顶点。

2）倒角距离：指定圆角的距离，操作示例如图 2-98 所示。

图 2-97　“圆角——顶点圆角”对话框

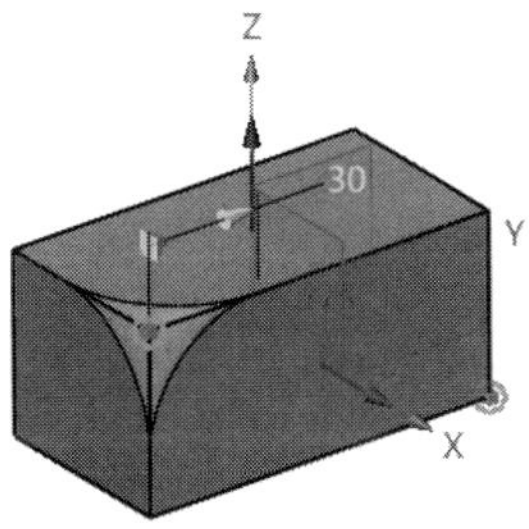

图 2-98　顶点圆角操作示例

五、倒角

此命令用于创建等距、不等距倒角。

单击“造型”选项卡“工程特征”面板中的“倒角”按钮，系统弹出“倒角”对话框，如图 2-99 所示。对话框中提供了 3 种创建倒角的方法，含义如下。

（1）倒角：在所选的边上倒角。通过该命令创建的倒角是等距的。也就是说，在共有同一条边的两个面上，倒角的缩进距离是一样的。

（2）不对称倒角：根据所选边上的两个倒角距离创建一个倒角。

（3）顶点倒角：在一个或多个顶点处创建倒角特征。其类似于切除实体的角生成一个平面倒角面，操作示例如图 2-100 所示。

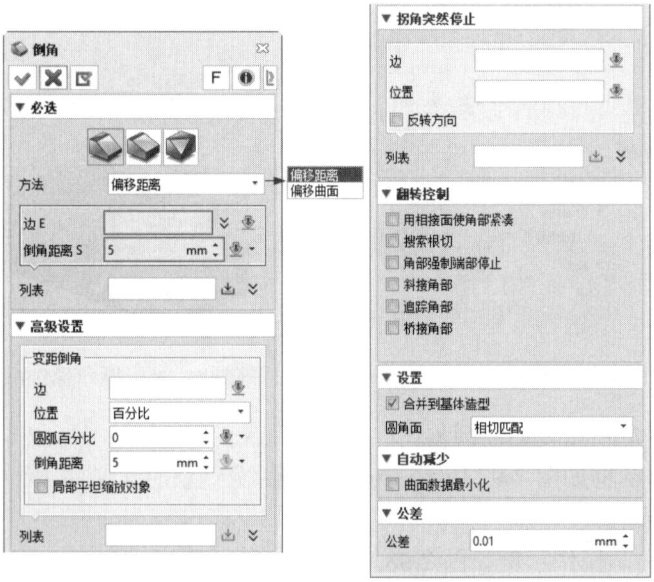

图 2-99 “倒角”对话框

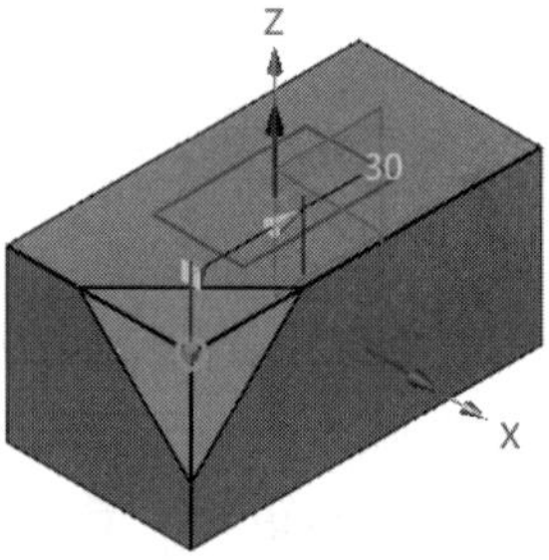

图 2-100 倒角操作示例

任务四 轮胎设计

任务导入

本任务是创建图 2-101 所示的轮胎。

微课视频

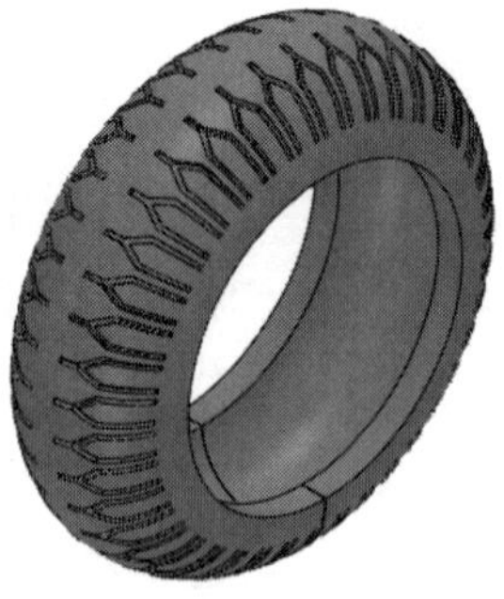

图 2-101 轮胎

学习目标

1．学习“镜像”和“阵列”二维编辑命令的使用；

2．掌握“圆环折弯”命令的使用。

思路分析

本任务的目标是创建轮胎。首先利用“拉伸”命令创建基体，然后在基体上绘制草图，在草图绘制的过程中利用“镜像”和“阵列”命令进行编辑，再利用“拉伸”命令进行拉伸切除，最后对实体进行圆环折弯。本任务的尺寸单位均为mm。

操作步骤

（1）绘制草图1。在默认CSYS_XZ的基准面上绘制草图1，如图2-102所示。

（2）创建拉伸实体。单击“造型”选项卡“基础造型”面板中的“拉伸”按钮，系统弹出“拉伸”对话框，选择草图1进行拉伸，拉伸深度为“600”，结果如图2-103所示。

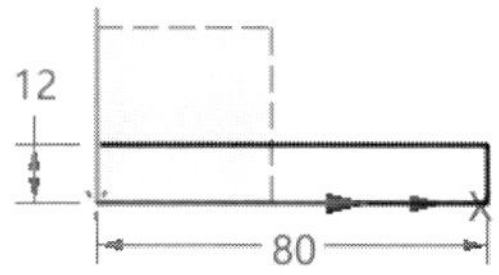

图2-102　绘制草图1

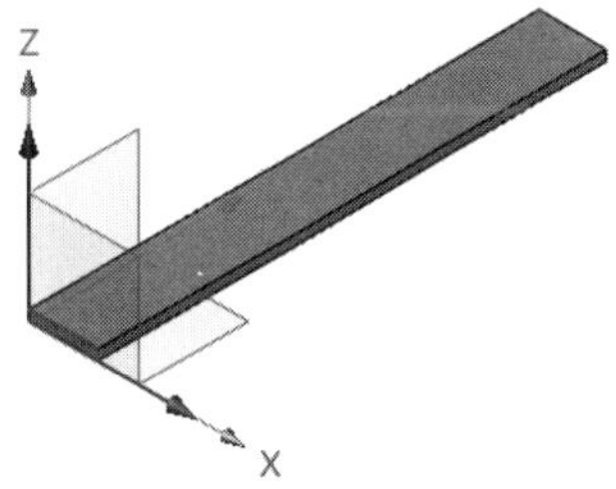

图2-103　创建拉伸实体

（3）绘制草图2。单击“造型”选项卡“基础造型”面板中的“草图”按钮，在拉伸实体的上表面绘制草图2，如图2-104所示。单击“造型”选项卡中“基础编辑”面板的“镜像”按钮，对草图进行镜像，结果如图2-105所示。单击“造型”选项卡中“基础编辑”面板的“镜像”按钮，对镜像的草图进行阵列，阵列个数为40，间距为15，再对阵列后的图形进行镜像，结果如图2-106所示。

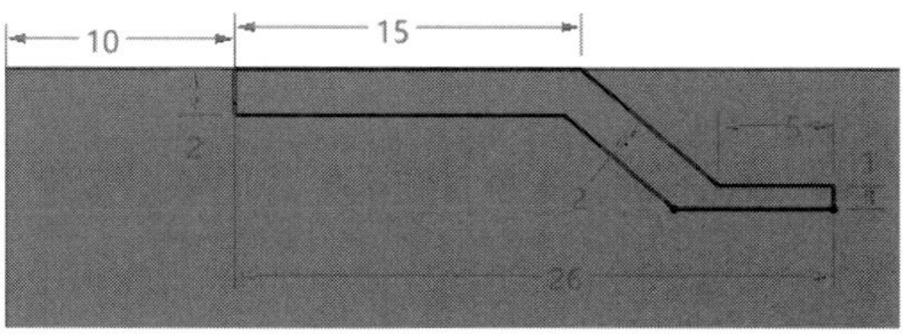

图2-104　绘制草图2

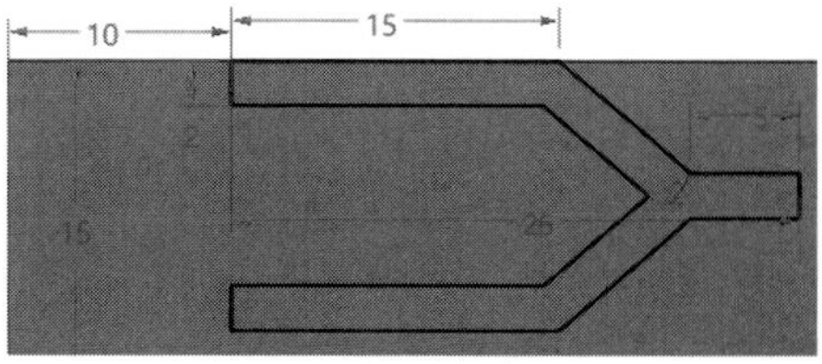

图2-105　镜像草图

（4）创建拉伸切除特征。单击“造型”选项卡“基础造型”面板中的“拉伸”按钮，对草图2进行拉伸切除，结果如图2-107所示。

（5）单击“造型”选项卡“变形”面板中的“圆环折弯”按钮，系统弹出“圆环折弯”对话框，参数设置如图2-108所示。最终结果如图2-101所示。

图 2-106　阵列草图

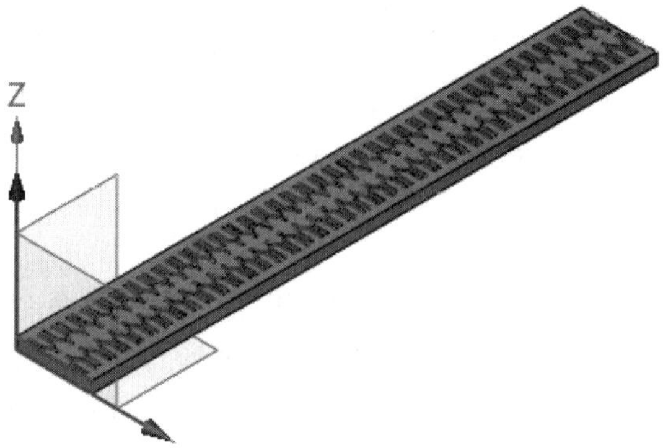

图 2-107　创建拉伸切除特征

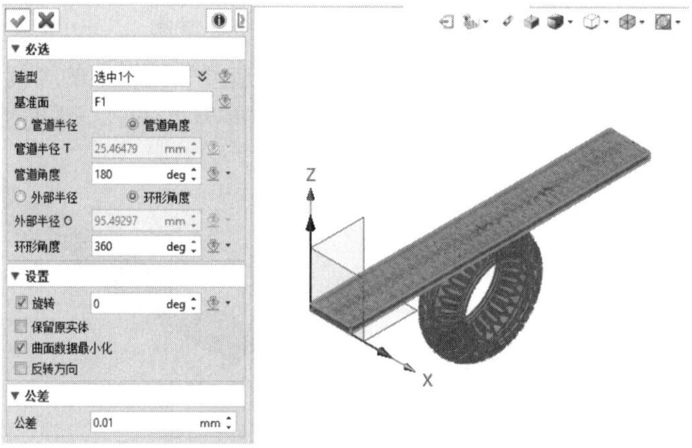

图 2-108　参数设置

知识拓展

一、镜像

该命令可以镜像草图或工程图实体。

单击“草图”选项卡“基础编辑”面板中的“镜像”按钮，系统弹出“镜像几何体”对话框，如图 2-109 所示，操作示例如图 2-110 所示。

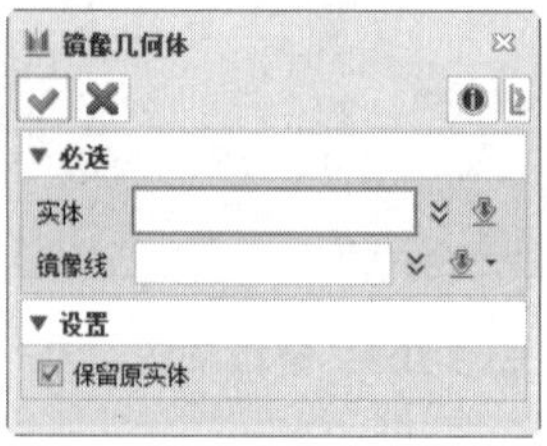

图 2-109　“镜像几何体”对话框

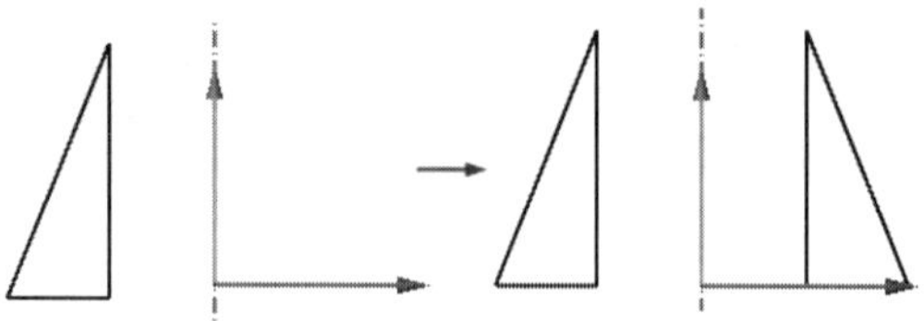

图 2-110　镜像操作示例

注意：

（1）进行镜像操作时，系统自动创建镜像约束。

（2）当修改原实体的大小时，镜像实体也会自动更新。

二、阵列

使用此命令，可将草图/工程图中的实体进行阵列。

单击“草图”选项卡“基础编辑”面板中的“阵列”按钮，系统弹出“阵列”对话框，如图 2-111 所示。该对话框中提供了 3 种阵列方式，即线性阵列、圆形阵列和沿曲线阵列。下面分别对这 3 种阵列进行介绍。

1．线性阵列

单击“线性”按钮，打开图 2-111 所示的对话框。对话框中部分选项的含义如下。

（1）基体：选择要阵列的实体。草图环境中不能选择标注与约束进行阵列，但是阵列时会自动将所选几何对象内部的标注和约束（非固定约束）进行阵列。工程图环境中不能选择标注、表格和视图进行阵列。

（2）方向/方向 2：线性阵列时，须指定阵列方向。可选择两个非平行的方向进行阵列。

（3）间距：可以通过 3 种方式定义阵列的数目和间距，分别是数目和间距、数目和区间、间距和区间。对线性阵列而言，第一种方式是直接输入沿该方向阵列的数目和每个实体间的间距值；第二种方式是指定阵列的最大距离区间及阵列的数目，自动计算出合适的间距值；第三种方式是指定阵列的最大距离区间及间距，自动计算出能够阵列的数目。

（4）数目：输入阵列的数目。

（5）间距距离：输入实体间的距离。

（6）区间距离：输入阵列的最大距离。

图 2-112 为线性阵列操作示例。

图 2-111　“阵列”对话框

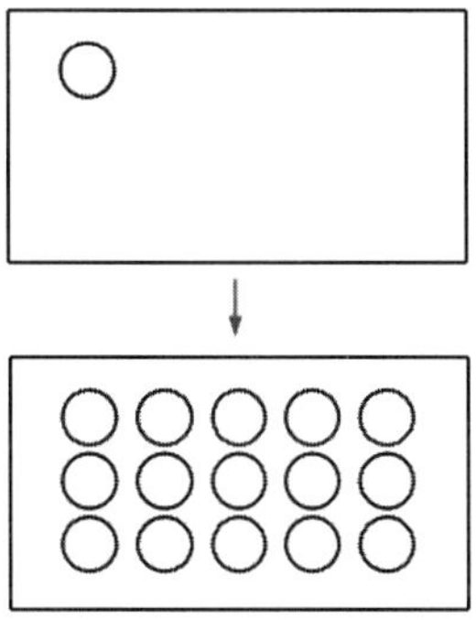

图 2-112　线性阵列操作示例

2．圆形阵列

单击“圆形”按钮，打开图 2-113 所示的对话框。对话框中部分选项的含义如下。

（1）圆心：指定圆形的中心点。

（2）间距角度：输入实体间的距离或角度。

（3）区间角度：输入阵列的角度区间。

图 2-114 为线性阵列操作示例。

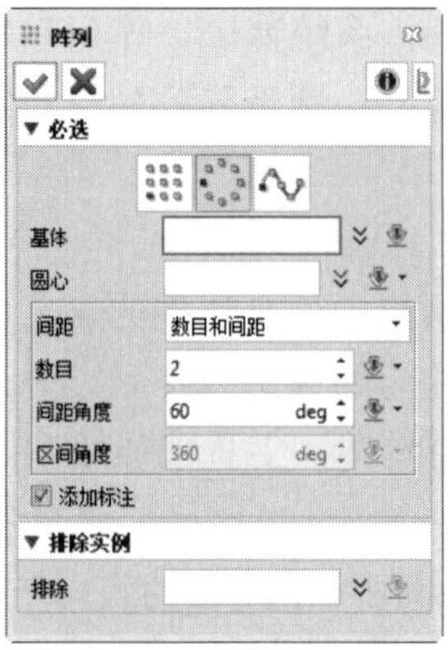

图 2-113 “阵列——圆形”对话框

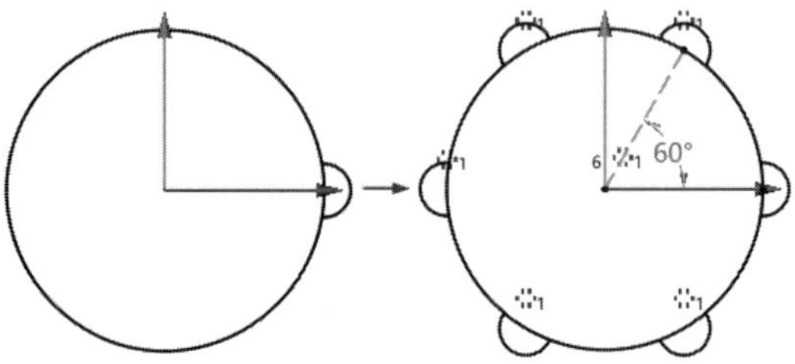

图 2-114 圆形阵列操作示例

3．沿曲线阵列

单击“沿曲线”按钮，打开图 2-115 所示的对话框。其中曲线是指要选择的参考曲线。其余选项的含义与上面的相同，这里不再赘述。

图 2-116 为沿曲线阵列操作示例。

图 2-115 “阵列——沿曲线”对话框

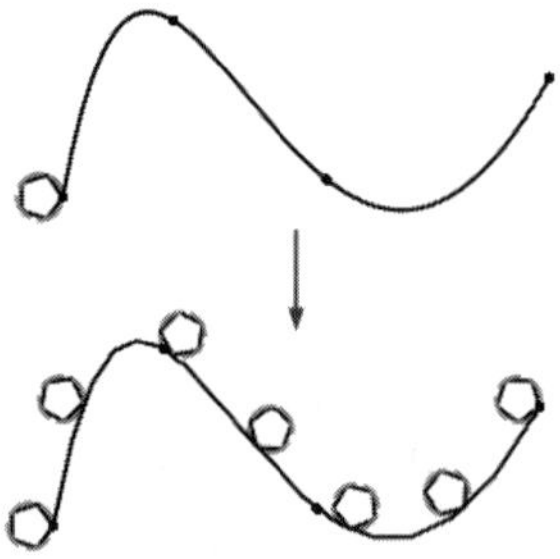

图 2-116 沿曲线阵列操作示例

三、圆环折弯

使用该命令将实体根据圆环、球体或椭球体进行折弯。圆环折弯普遍用于戒指、手镯和瓶子的设计。

单击“造型”选项卡“变形”面板中的“圆环折弯”按钮，系统弹出“圆环折弯”对话框，如图 2-117 所示。该对话框中部分选项的含义如下。

（1）管道半径 T/角度：指定圆环管道的半径/角度。

（2）外部半径 O：指定圆环的外部半径。当管道半径和外部半径相等时，圆环会退化成球体；当管道半径大于外部半径时，圆环会退化成椭球体。

（3）环形角度：管道的旋转角度。

圆环折弯操作示例如图 2-118 所示。

图 2-117　“圆环折弯”对话框

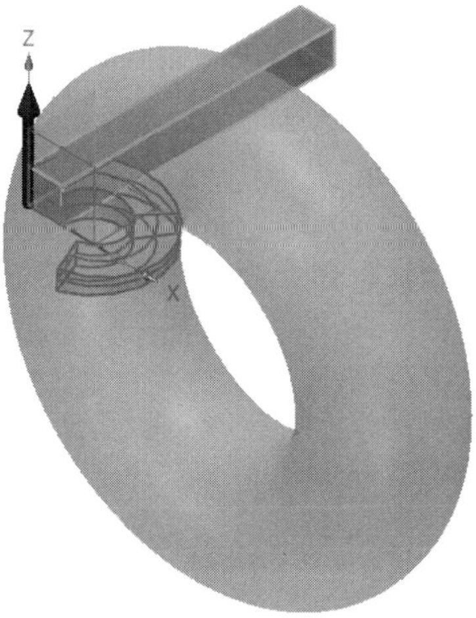

图 2-118　圆环折弯操作示例

任务五　齿轮设计

任务导入

本任务是绘制图 2-119 所示的齿轮。

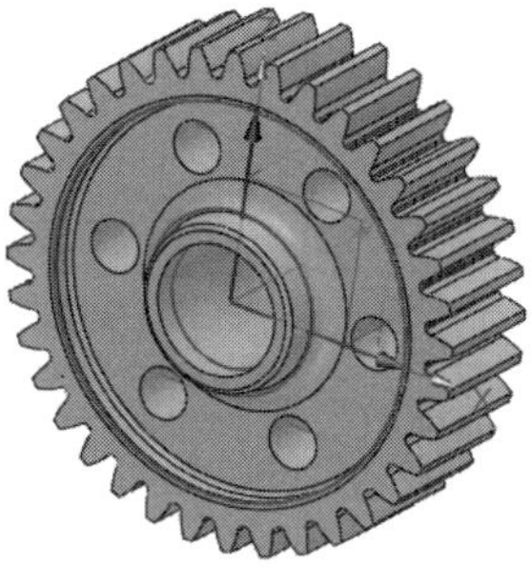

微课视频

图 2-119　齿轮

学习目标

1. 学习圆柱齿轮的创建；
2. 掌握“阵列”和“镜像”命令的使用。

思路分析

本任务的目标是创建齿轮。首先通过“圆柱齿轮”命令创建圆柱齿轮，然后利用“拉伸”

“拔模”等命令对齿轮进行编辑，再利用“镜像”命令镜像几何体，最后创建孔并进行阵列。本任务的尺寸单位均为 mm。

操作步骤

（1）新建文件。单击快速访问工具栏中的“新建”按钮，系统弹出“新建文件”对话框，选择“零件”选项，单击“确认”按钮，进入零件界面。

（2）创建齿轮。单击“工具”选项卡“库”面板中的“圆柱齿轮”按钮，系统弹出“圆柱齿轮”对话框，单击“外啮合齿轮机构”按钮，选择原点为插入点，设置方向为 Y 轴，模数设置为“2.5”，压力角为“20”，勾选“创建齿轮 1”复选框，设置齿数为“36”，齿面宽为“13”，如图 2-120 所示。单击“确定”按钮，结果如图 2-121 所示。

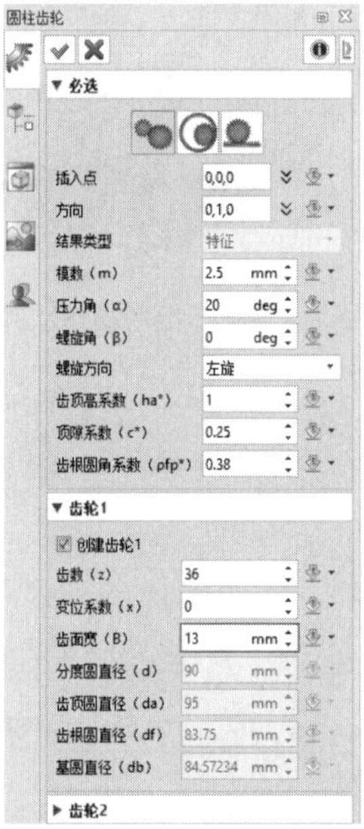

图 2-120　设置齿轮参数

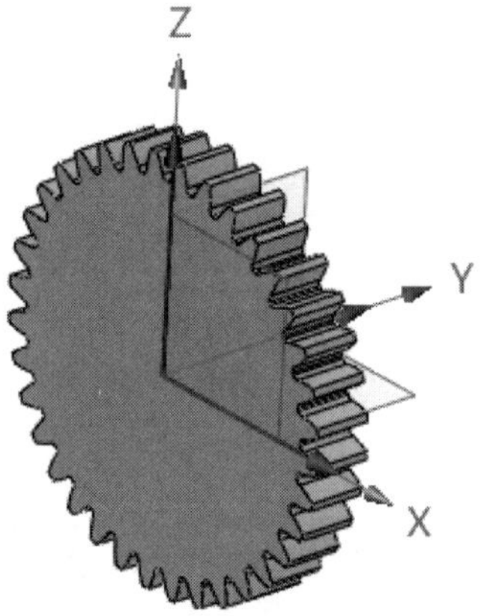

图 2-121　创建齿轮

（3）绘制草图 1。单击“造型”选项卡“基础造型”面板中的“草图”按钮，系统弹出“草图”对话框，选择圆柱的端面为草绘基准面，绘制草图 1，如图 2-122 所示。

（4）创建拉伸切除特征 1。单击“造型”选项卡“基础造型”面板中的“拉伸”按钮，系统弹出“拉伸”对话框，选择草图 1，拉伸类型选择“1 边”，结束点设置为“25”，布尔运算选择“减运算”，布尔造型选择齿轮实体，结果如图 2-123 所示。

（5）绘制草图 2。单击“造型”选项卡“基础造型”面板中的“草图”按钮，系统弹出“草图”对话框，选择圆柱的端面为草绘基准面，绘制草图 2，如图 2-124 所示。

（6）创建拉伸切除特征 2。单击“造型”选项卡“基础造型”面板中的“拉伸”按钮，系统弹出“拉伸”对话框，选择草图 1，拉伸类型选择“1 边”，结束点设置为“5”，布尔运算选择“减运算”，布尔造型选择齿轮实体，结果如图 2-125 所示。

（7）偏移面。单击“造型”选项卡“编辑模型”面板中的“面偏移”按钮，系统弹出“面偏移”对话框，选择图 2-125 所示的面进行偏移，距离设置为“4”，结果如图 2-126 所示。

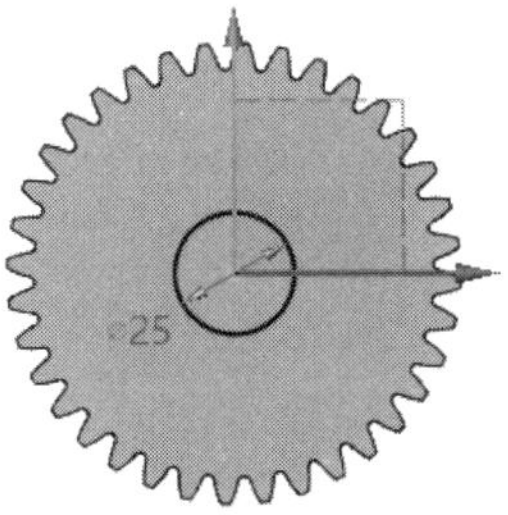

图 2-122　绘制草图 1

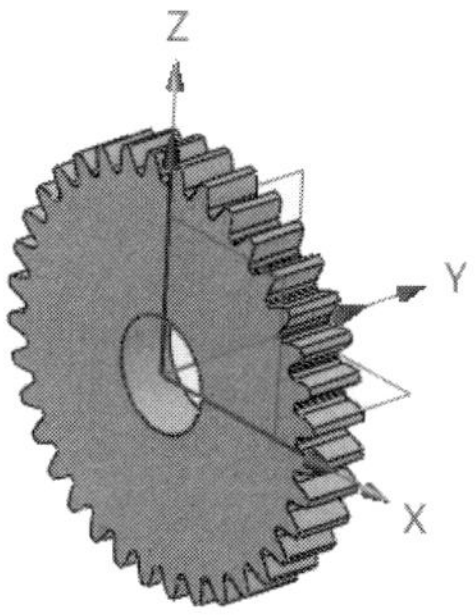

图 2-123　创建拉伸切除特征 1

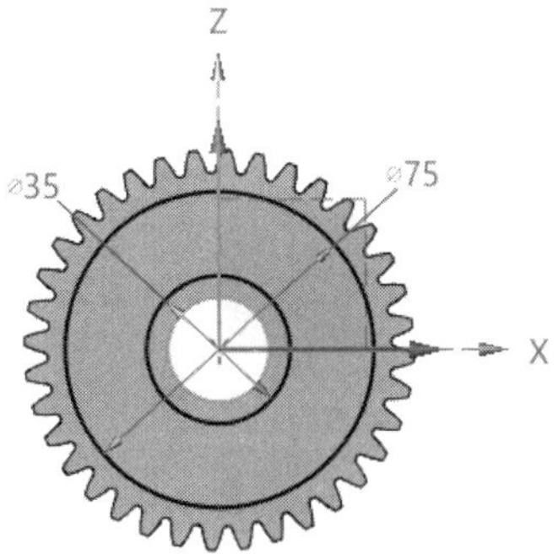

图 2-124　绘制草图 2

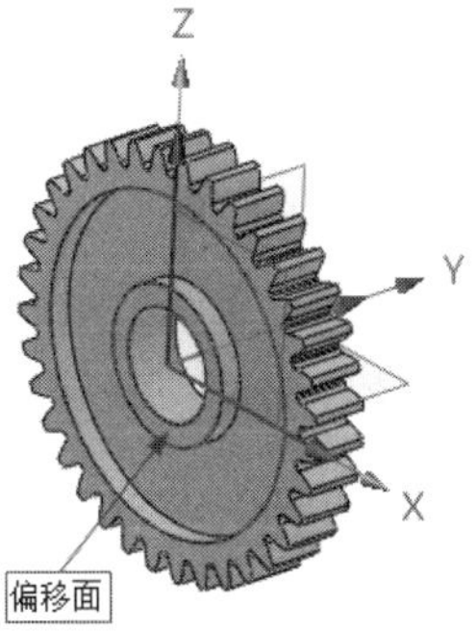

图 2-125　创建拉伸切除特征 2

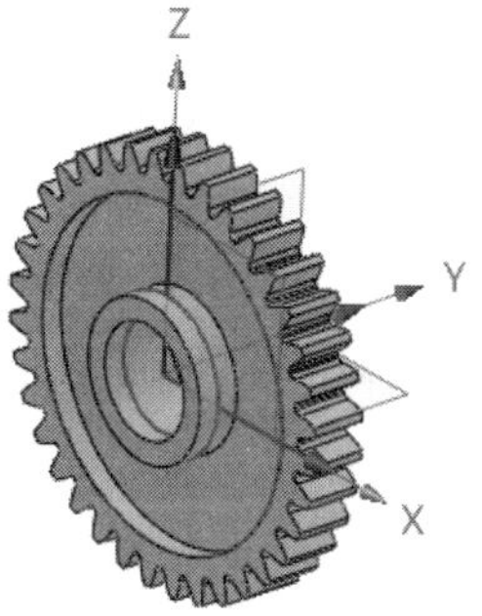

图 2-126　偏移面

（8）创建拔模。单击“造型”选项卡“工程特征”面板中的“拔模”按钮，系统弹出“拔模”对话框，选择图 2-127 所示的边 1 进行拔模，拔模角度设置为“10”，方向选择 Y 轴，单击“确定”按钮，结果如图 2-128 所示。

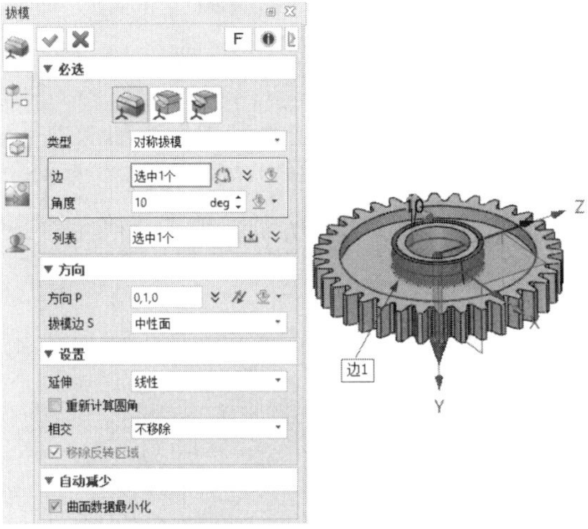

图 2-127　拔模参数设置

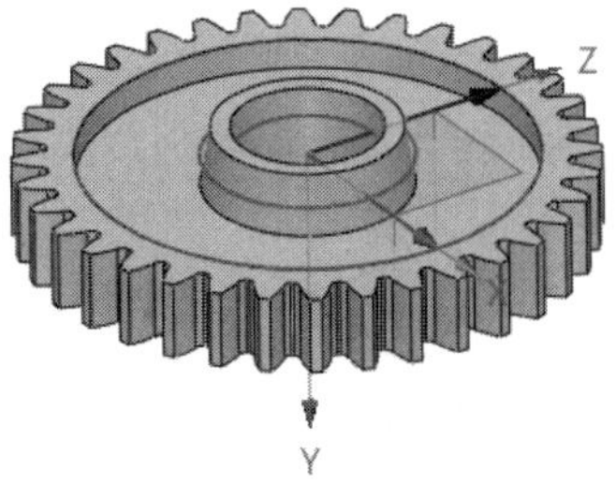

图 2-128　创建拔模

（9）镜像几何体。单击造型”选项卡“基础编辑”面板中的“镜像几何体”按钮，系统弹出“镜像几何体”对话框，选择所有实体作为要镜像的实体，选择图 2-129 所示的面作为镜像平面，布尔运算选择“添加实体”，如图 2-130 所示。单击“确定”按钮✔，结果如图 2-131 所示。

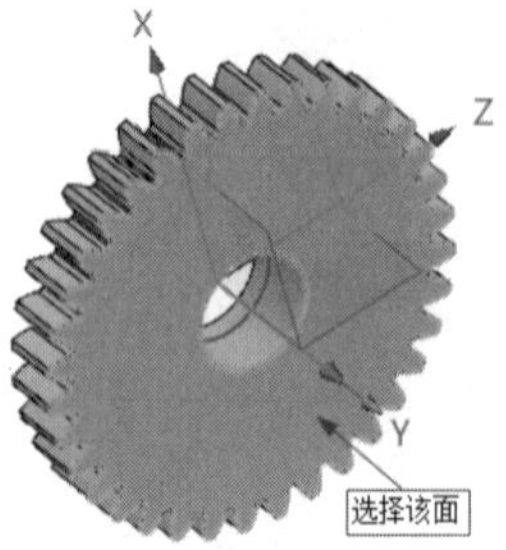

图 2-129　选择镜像面

图 2-130　镜像几何体参数设置

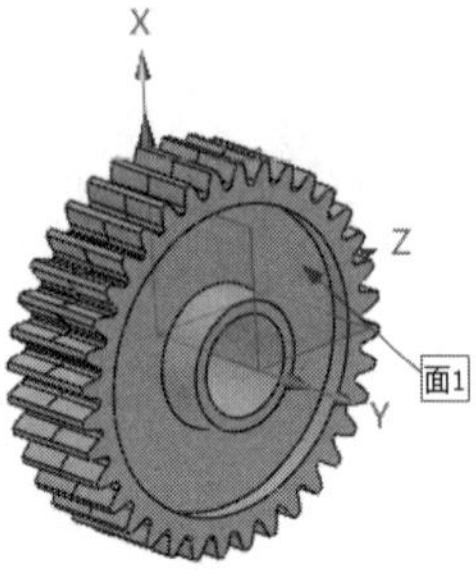

图 2-131　镜像几何体

（10）绘制草图 3。单击“造型”选项卡“基础造型”面板中的“草图”按钮，系统弹出“草图”对话框，选择图 2-131 所示的面 1 作为草绘基准面，绘制草图 3，如图 2-132 所示。

（11）创建孔。单击“造型”选项卡“工程特征”面板中的“孔”按钮，系统弹出“孔”对话框，选择点位置放置孔，直径设置为“10”，结束端设置为“通孔”，结果如图 2-133 所示。

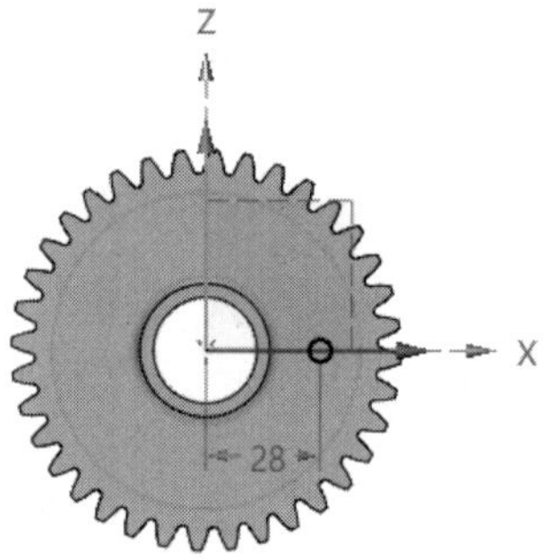

图 2-132　绘制草图 3

图 2-133　创建孔

（12）阵列孔。在“历史”管理器中选中“孔”特征，单击“造型”选项卡“基础编辑”面板中的“阵列特征”按钮，系统弹出“阵列特征”对话框，单击“圆形”按钮，设置方向为 Y 轴，数目设置为“6”，角度为“60”，如图 2-185 所示。单击“确定”按钮✔，结果如图 2-135 所示。

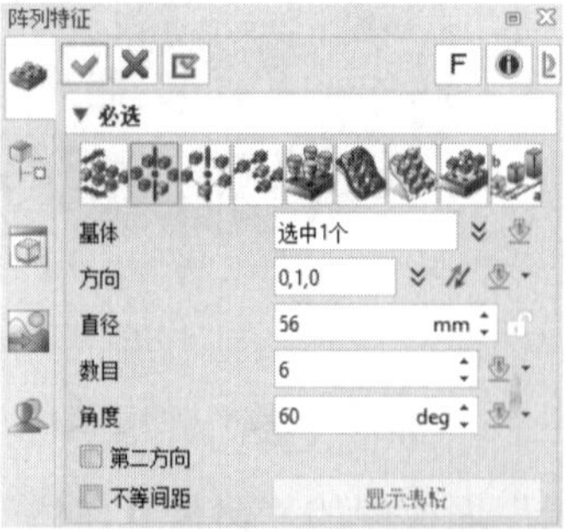

图 2-134　阵列孔参数设置

图 2-135　阵列孔

知识拓展

一、圆柱齿轮

圆柱齿轮不仅作为机械齿轮中重要的一种齿轮类型，更是最为普遍的一种齿轮样式，使用此命令可以创建圆柱齿轮。

单击“工具”选项卡“库”面板中的“圆柱齿轮”按钮，系统弹出“圆柱齿轮”对话框，如图 2-136 所示。该对话框中提供了“外啮合齿轮机构”、“内啮合齿轮机构”和“齿轮与齿条机构”的创建方法。齿轮的基本参数的含义如下。

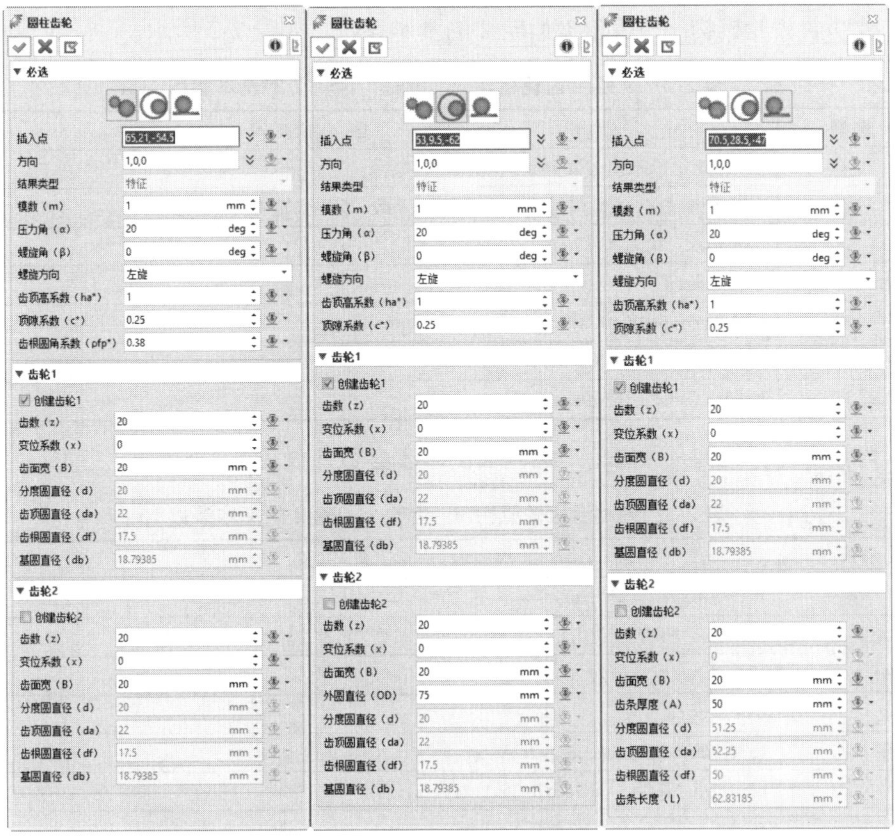

图 2-136 “圆柱齿轮”对话框

（1）圆柱齿轮的基本参数，如表 2-1 所示。

表 2-1　圆柱齿轮的基本参数

基本参数	含　义
插入点	定义齿轮的放置位置
方向	选择方向，方向为第一个齿轮的轴向
结果类型	选择“特征”类型，则两个齿轮是以特征的方式插入同一个零件。在零件中记录一个特征，特征可重定义，编辑时弹出齿轮参数设置界面，用于重定义齿轮。 选择“组件”类型，则两个齿轮分别生成一个虚拟组件，并把两个齿轮插入一个装配体。在装配体中记录一个装配特征，齿轮装配特征可重定义，弹出齿轮参数设置界面，用于重定义齿轮

（续表）

基本参数	含义
模数（m）	用户输入 1～50（默认值为 1）
压力角（α）	用户输入 10～35（默认值为 20）
螺旋角（β）	用户输入 0～55（只有斜齿轮才需要设置螺旋角，直齿轮的默认值为 0）
螺旋方向	在下拉列表中选择左旋/右旋（只有斜齿轮才需要设置螺旋方向）
齿顶高系数（ha*）	用户输入（默认值为 1）
顶隙系数（c*）	用户输入（默认值为 0.25）
齿根圆角系数（ρfp*）	用户输入（默认值为 0.38）

（2）外啮合齿轮机构——齿轮 1/齿轮 2 的基本参数，如表 2-2 所示。

表 2-2　外啮合齿轮机构——齿轮 1/齿轮 2 的基本参数

基本参数	含义
齿数（z）	用户输入（默认值为 20）
变位系数（x）	用户输入（只有变位齿轮才需要设置变位系数，标准齿轮的默认值为 0）
齿面宽（B）	用户输入（默认值为 20）
分度圆直径（d）	d=z*m/cos β
齿顶圆直径（da）	da=m(z/cos β+2ha*+2x)
齿根圆直径（df）	df=m(z/cos β-2ha*-2c*+2x)
基圆直径（db）	db=d*cosα=z*m*cosα/cos β

（3）内啮合齿轮机构——齿轮 1/齿轮 2 的基本参数，如表 2-3 所示。

表 2-3　内啮合齿轮机构——齿轮 1/齿轮 2 的基本参数

基本参数	含义
齿数（z）	用户输入（默认值为 20）
变位系数（x）	用户输入（只有变位齿轮才需要设置变位系数，标准齿轮的默认值为 0）
齿面宽（B）	用户输入（默认值为 20）
分度圆直径（d）	d=z*m/cos β
齿顶圆直径（da）	da=d-2(ha*+x)m=m(z/cos β-2ha*-2x)
齿根圆直径（df）	df=d+2(ha*+c*-x)=m(z/cos β+2ha*+2c*+2x)
基圆直径（db）	db=d*cos α=z*m*cos α/cos β

（4）齿轮与齿条机构——齿轮 1/齿轮 2 的基本参数，如表 2-4 所示。

表 2-4　齿轮与齿条机构——齿轮 1/齿轮 2 的基本参数

基本参数	含义
齿数（z）	用户输入（默认值为 20）
变位系数（x）	用户输入（只有变位齿轮才需要设置变位系数，标准齿轮的默认值为 0）
齿面宽（B）	用户输入（默认值为 20）
分度圆直径（d）	d=df+hf=A+(ha*+c*-x)m
齿顶高（ha）	ha=m
齿根高（hf）	hf=1.25m

（续表）

基本参数	含　义
齿顶圆直径（da）	da=A+ha+hf=A+(2ha*+c*)m
齿根圆直径（df）	df=A（齿条高度线为齿根线，也为齿高 0 刻度线）
基圆直径（db）	db=d*cos α=z*m*cos α/cos β
齿条厚度（A）	用户输入（默认值为 50）
齿条长度（L）	L=πmz/cosβ

圆柱齿轮啮合操作示例如图 2-137 所示。

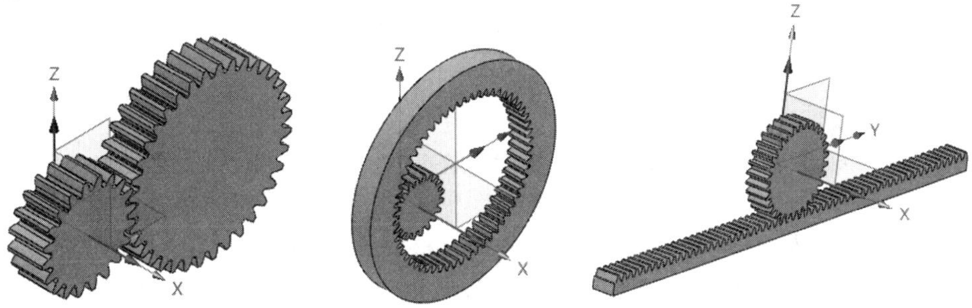

（a）　　　　（b）　　　　（c）

图 2-137　圆柱齿轮啮合操作示例

（a）外啮合；（b）内啮合；（c）齿轮齿条

二、阵列几何体

使用此命令，可对外形、面、曲线、点、文本、草图、基准面等任意组合进行阵列。

单击“造型”选项卡“基础编辑”面板中的“阵列几何体”按钮，系统弹出“阵列几何体”对话框，如图 2-138 所示。该对话框中提供了 8 种不同类型的阵列方法，下面进行具体介绍。

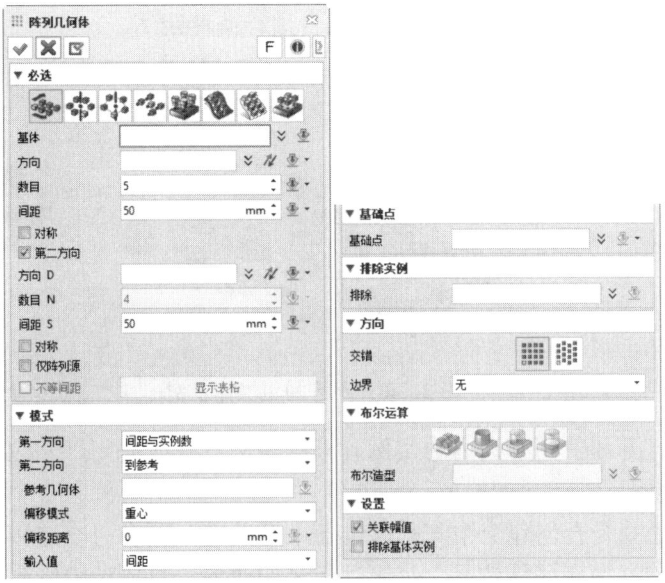

图 2-138　“阵列几何体”对话框

1．线性阵列

该方法可创建单个或多个对象的线性阵列。

单击“线性”按钮，打开图 2-138 所示的对话框。对话框中部分选项的含义如下。

（1）基体：选择需阵列的基体对象或草图。选择基体时可将“选择”工具栏中的过滤器设置为“造型”。

（2）方向：为阵列选择第一线性方向或旋转轴。

（3）数目：输入沿每个方向阵列的实例的数目。

（4）间距：设置实例间距值。

（5）对称：勾选该复选框，则在沿指定方向的反方向对称创建阵列对象。

（6）第二方向：为阵列选择第二线性方向。对于线性阵列，可选择平行于初始方向的相反方向作为第二线性方向。

（7）仅阵列源：勾选该复选框，则仅源对象在第二方向阵列，其他第一方向上的实例不进行阵列。

（8）不等间距：勾选该复选框，单击“显示表格”按钮，系统弹出“间距表格”对话框，如图 2-139 所示。双击间距值可进行修改。如图 2-140 为不等间距操作示例。

（9）第一/二方向：设置阵列模式。

1）间距与实例数：设置实例的间距和数目来创建阵列。

2）到参考：根据所选的参考几何体设置实例的间距和数目来创建阵列。

①参考几何体：可选择点线、面作为参考几何体，所选择的参考几何体需要与阵列方向垂直。

②偏移模式：计算参考几何体与阵列实例偏移距离的方式，可选择“重心”“边界框中心”或“所选参考”进行偏移距离，来控制最后一个阵列实例到参考点的距离。

③偏移距离：输入与参考几何体的偏移距离值。通过输入正、负值来反转阵列方向。

④输入值：可选择阵列间距或输入阵列数目进行偏移距离。

（10）基础点：重新定义阵列的放置位置，如图 2-141 所示。

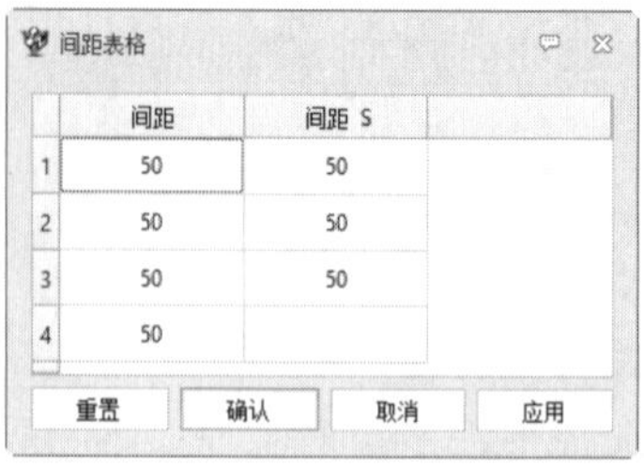

图 2-139 “间距表格”对话框

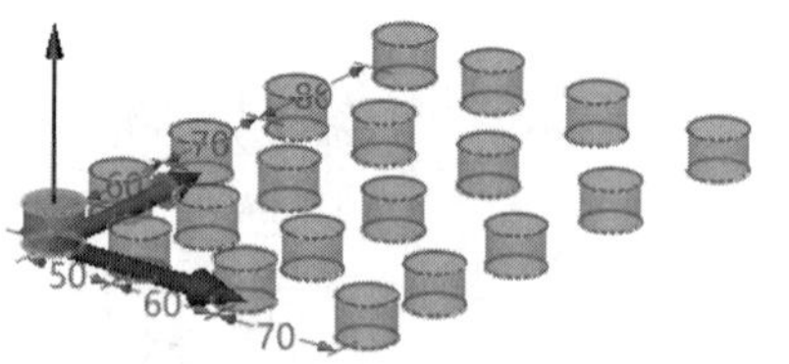

图 2-140 不等间距操作示例

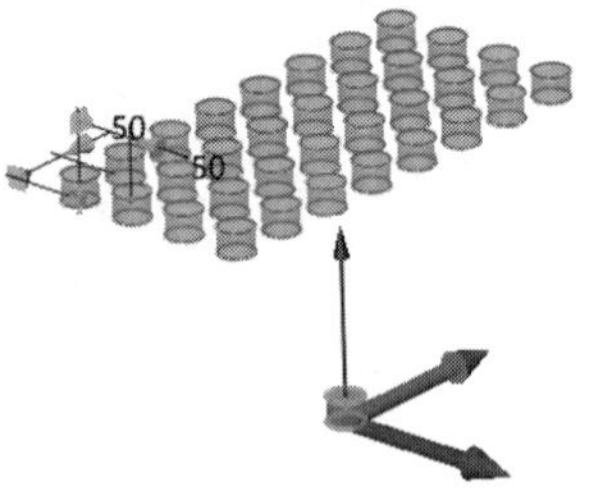

图 2-141 重新定义基础点

（11）排除：打开和关闭阵列内的实例。根据实例打开或关闭，回应模式将以一个红色的虚线框来显示实例。

（12）交错：选择是否创建交错阵列，包括“无交错”和“交错模式”两个选项。

（13）边界：定义填充区域边界。该选项定义的边界，将自动投影到线性、圆形、多边形阵列的阵列平面上，以对阵列实例进行限制。

（14）关联幅值：勾选此复选框，则阵列实体将会保持与原实体关联，并且可以重定义阵列特征。但如果取消勾选此复选框，则新建的阵列实体作为静态几何体。它们是独立的，并且阵列特征不能被重定义。

2．圆形阵列

该方法可创建单个或多个对象的圆形阵列。

单击“圆形”按钮，打开图 2-142 所示的对话框。该对话框中部分选项的含义如下。

（1）直径：设置圆形阵列的直径。

（2）数目：设置圆形阵列的数量。

（3）角度：设置实例之间的夹角。

（4）派生：允许由中望 3D 指定“必选”选项组中的数目或角度。

1）无：使用输入的数目和角度。

2）间距：输入数目之后，中望 3D 将生成所需的角度。

3）数目：输入角度之后，中望 3D 将生成所需的数目。

（5）最小值（%）：此选项将排除那些不具备最小间距的实例。如图 2-143 所示红色的实例为排除的不具备最小间距的实例。

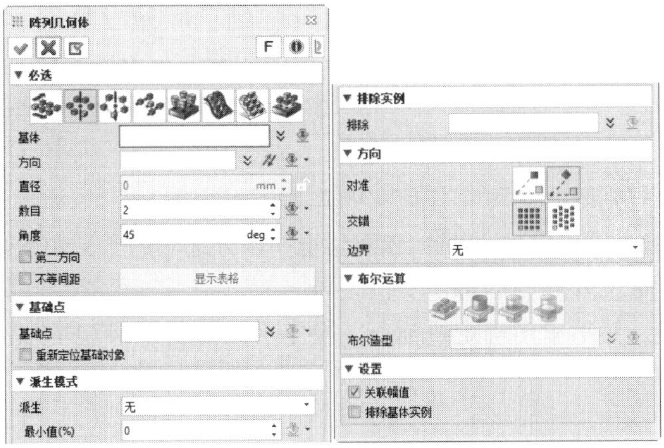

图 2-142 “阵列几何体——圆形阵列”对话框

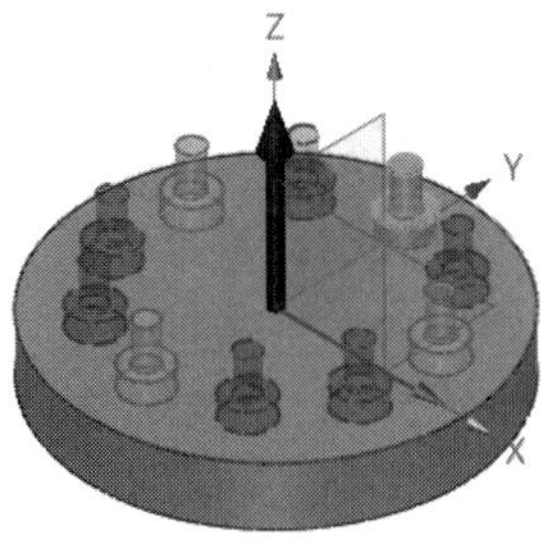

图 2-143　排除的不具备最小间距的实例

（6）对准：对齐阵列内的每个实例。

1）基准对齐：阵列时，每个实例与基体对象对齐。

2）阵列对齐：在圆形阵列中，该选项用于使每个实例与旋转轴对齐。在曲线上阵列中，该选项通过匹配在定位点的曲线的法向来对齐实例。

3．多边形阵列

该方法可创建单个或多个对象的多边形阵列。

单击“多边形”按钮，打开图 2-144 所示的对话框。该对话框中部分选项的含义如下。

（1）边：为多边形阵列指定要阵列的多边形边的数目，最小为 3。

（2）间距：控制多边形阵列的方式，是通过每边数还是实例间距来创建阵列。

1）每边数：选择此项后，可在下面的“数目”文本框中输入数目来控制多边形每条边上阵列对象之间的间距，操作示例如图 2-145 所示。

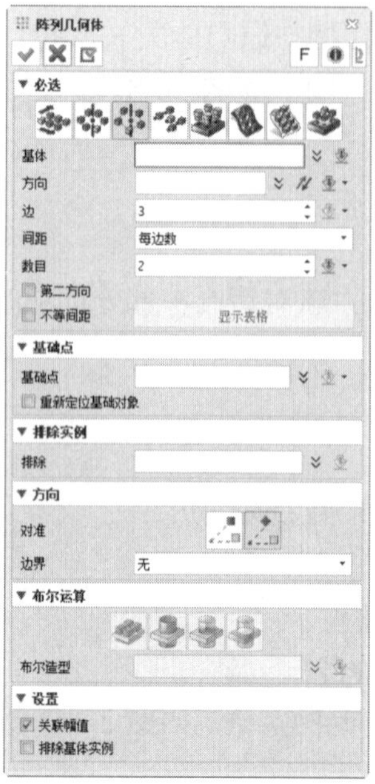

图 2-144 “阵列几何体——多边形阵列”对话框

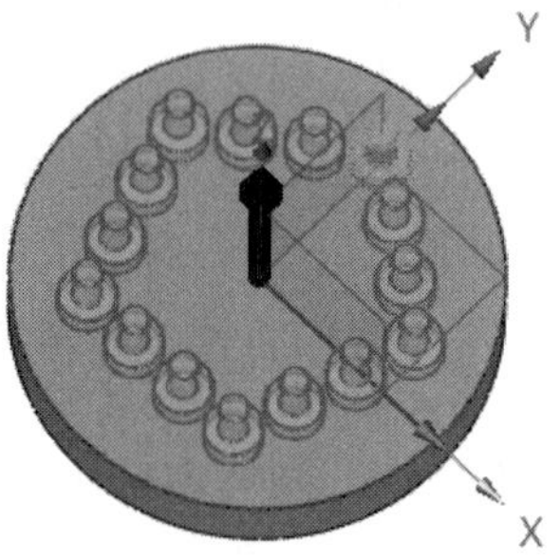

图 2-145 按每边数创建多边形阵列操作示例

2）实例间距：选择此项后，可在下面的“间距”文本框中输入间距值，为多边形阵列生成每边所需阵列的数目。

4．点到点阵列

该方法可创建单个或多个对象的不规则阵列。可将任何实例阵列到所选点上。

单击“点到点”按钮，打开图 2-146 所示的对话框。该对话框中部分选项的含义如下。

（1）目标点：选择一个参考点用于定位阵列中的每个实例。

（2）在面上：选择放置阵列的表面，然后单击确定目标点，操作示例如图 2-147 所示。

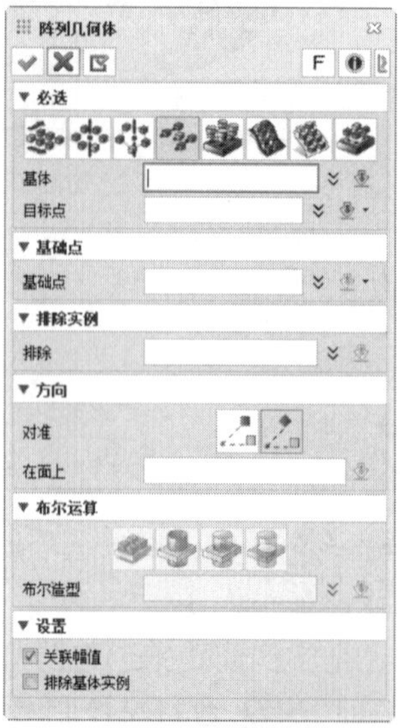

图 2-146 “阵列几何体——点到点阵列”对话框

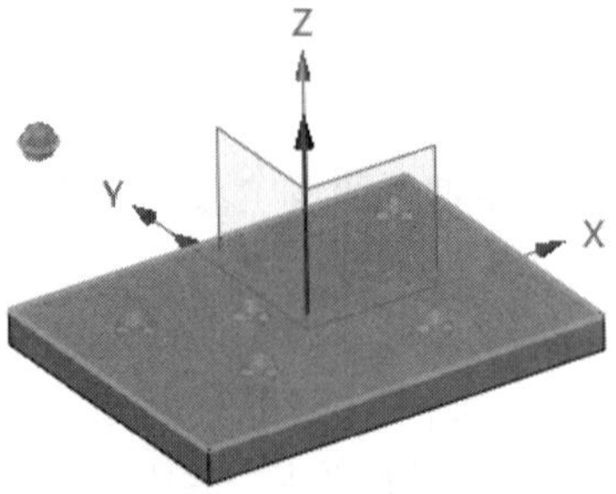

图 2-147 点到点阵列操作示例

5．在阵列

该方法根据前一个阵列的参数设置对所选对象进行阵列。该阵列的特征（方向、数目、间距等）与所选阵列的相同。

单击“在阵列”按钮，打开图 2-148 所示的对话框，操作示例如图 2-149 所示。

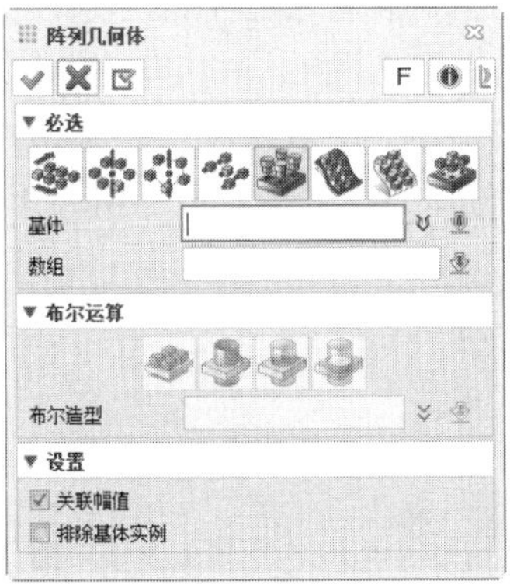

图 2-148　“阵列几何体——在阵列”对话框

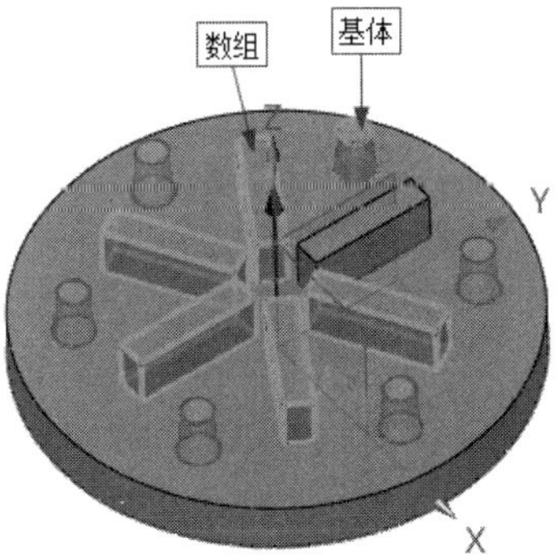

图 2-149　在阵列操作示例

6．在曲线上阵列

该方法通过输入一条或多条曲线，创建一个 3D 阵列。第一条曲线用于指定第一个方向。这些曲线会自动限制阵列中的实例数量，以适应边界。

单击“在曲线上”按钮，打开图 2-150 所示的对话框。该对话框中部分选项的含义如下。在曲线上阵列操作示例如图 2-151 所示。

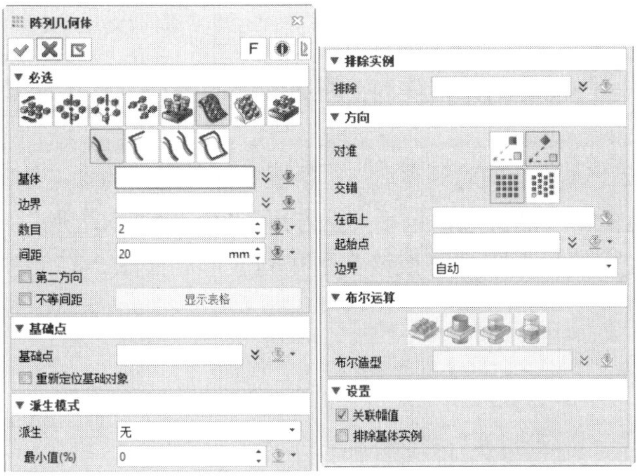

图 2-150　“阵列几何体——在曲线上阵列”对话框

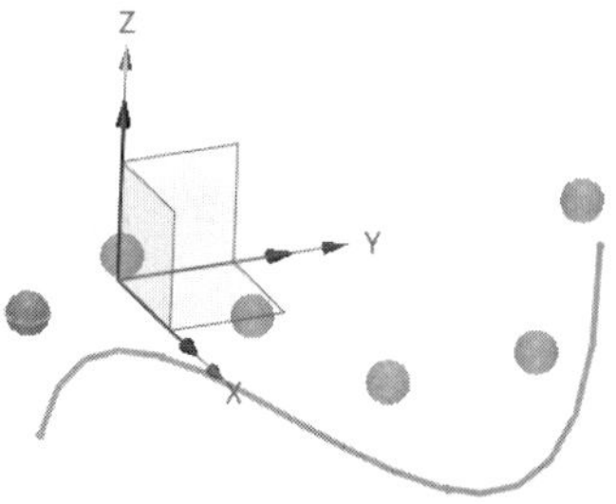

图 2-151　在曲线上阵列操作示例

（1）边界：选择用于定义和限制阵列的边界曲线。第一条曲线用于指定第一个方向。可根据选择的是“1 曲线”、“2 曲线”、“跨越 2 曲线”还是“2-41 曲线”选择边界。

（2）数目：设置第一方向阵列的数目。但因受边界的限制，该数目不一定是最终的阵列数。

（3）起始点：选择阵列开始的起点。

（4）边界：用于控制阵列对象在边界上的位置，包括“自动”“到位”和“移动”3 个选项。

7. 在面上阵列

该方法可在一个现有曲面上创建一个 3D 阵列。该曲面会自动限制阵列中的实例数量，以适应边界 U 和边界 V。

单击“在面上”按钮，打开图 2-152 所示的对话框。该对话框中部分选项的含义如下。

（1）面：选择用于放置阵列的面。

（2）数目：设置第一方向阵列的数目。但因受面的限制，该数目不一定是最终的阵列数。如图 2-153 所示设置的第一方向阵列数为 8，第二方向阵列数为 6，实际结果因受面的限制均比设置的数目少。

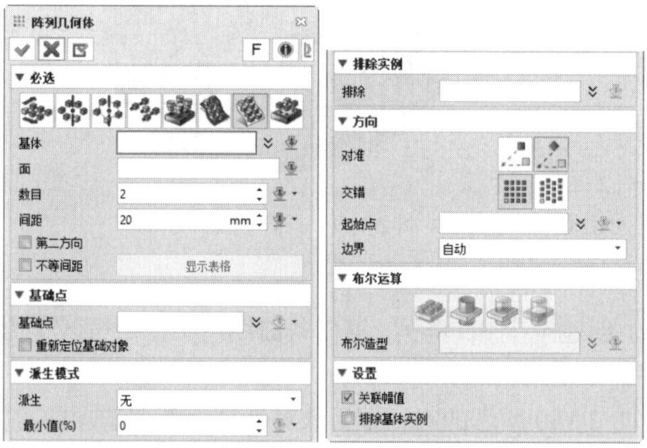

图 2-152 “阵列几何体——在面上阵列”对话框

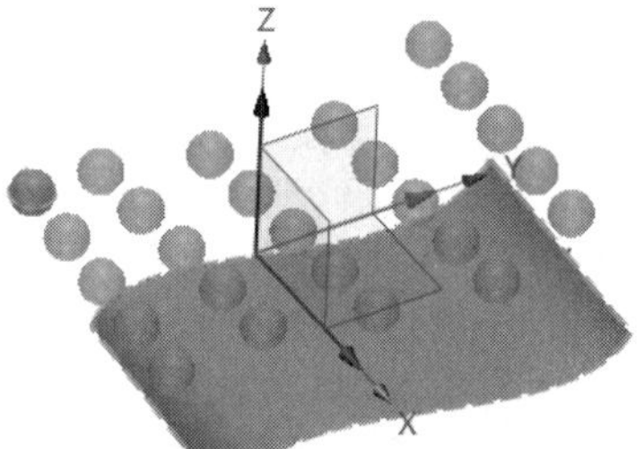

图 2-153 在面上阵列操作示例

8. 填充阵列

该方法可在指定的草图区域创建一个 3D 阵列。该阵列会根据设置的类型、旋转角度、间距等自动填充指定的草图区域。

单击“填充阵列”按钮，打开图 2-154 所示的对话框。该对话框中部分选项的含义如下。

（1）类型：用户可在下拉列表中选择相应的类型，包括“正方形”“菱形”“六边形”“同心圆”“螺旋”及“沿草图曲线”，所生成的填充阵列将按该类型排列成形。如图 2-155 为阵列形状为正方形的操作示例。

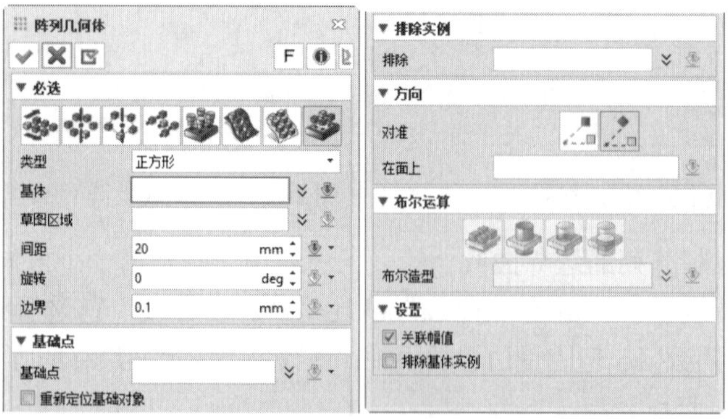

图 2-154 “阵列几何体——填充阵列”对话框

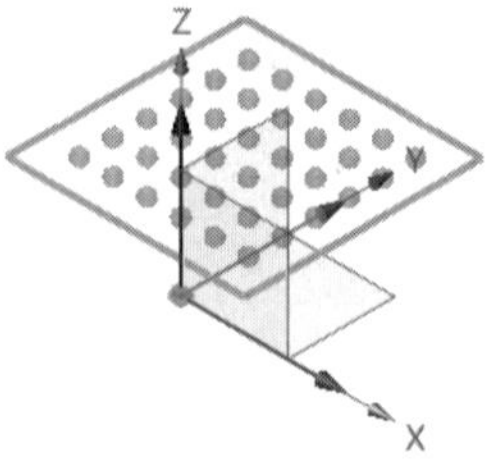

图 2-155 填充阵列操作示例

（2）草图区域：选择需要填充阵列的草图或草图块，即指定填充区域。

（3）边界：设置用于定义和限制填充阵列的边界距离。

三、阵列特征

使用此命令，可对特征、草图进行阵列。

单击“造型”选项卡“基础编辑”面板中的“阵列特征”按钮，系统弹出“阵列特征”对话框，如图 2-156 所示。该对话框中提供了 9 种不同类型的阵列方法，每种方法都需要不同类型的输入。前 8 种阵列类型与“阵列几何体”中介绍的阵列类型基本相同，不同之处在于在每种阵列类型中增加了“变量阵列”选项组，这里我们只对“变量阵列”进行介绍。

单击“按变量参数”按钮，打开图 2-157 所示的对话框。该方法可通过草图尺寸参数化来驱动阵列。对话框中部分选项的含义如下。

图 2-156　“阵列特征”对话框

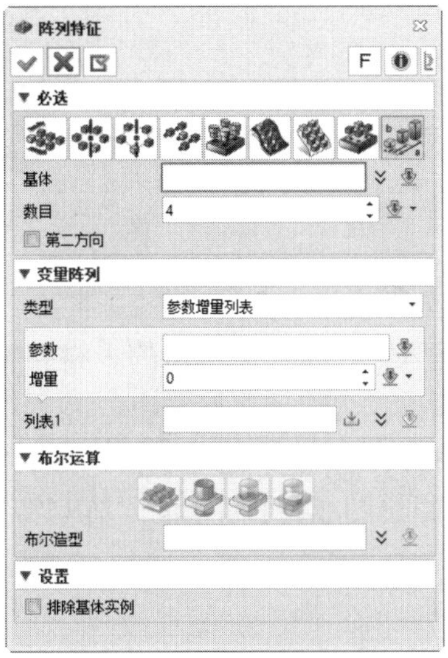

图 2-157　“阵列特征——按变量参数阵列”对话框

（1）无：不创建变化阵列。

（2）参数增量列表：通过参数尺寸的增量来创建变化阵列。

1）参数：选择要变化的参数。在这里选择的是定义特征的尺寸。

2）增量：为指定的参数设置变化的增量。

3）列表：罗列上面所定义的所有参数和增量。

（3）参数增量表：通过表格来控制变量阵列的尺寸变化增量。

选择“参数增量表”选项，如图 2-158 所示。单击“变量表”按钮，系统弹出图 2-159

所示的“阵列特征变量表”对话框，以表格方式来定义基于选择的基体所包含的特征参数的增量。如图 2-160 为根据图 2-159 所示的变量表创建的阵列。

图 2-158　选择“参数增量表”选项

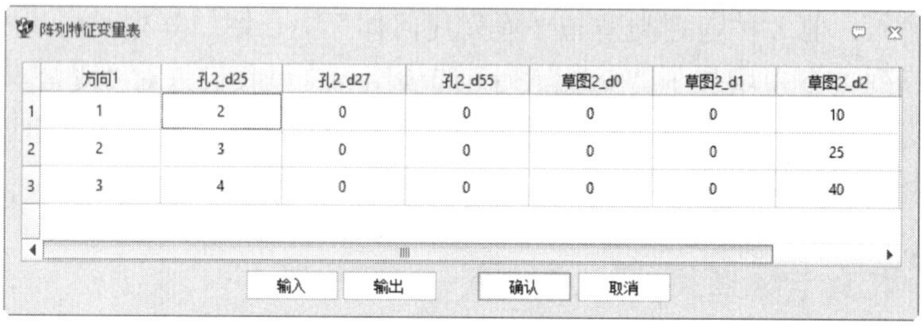

	方向1	孔2_d25	孔2_d27	孔2_d55	草图2_d0	草图2_d1	草图2_d2
1	1	2	0	0	0	0	10
2	2	3	0	0	0	0	25
3	3	4	0	0	0	0	40

图 2-159　“阵列特征变量表”对话框

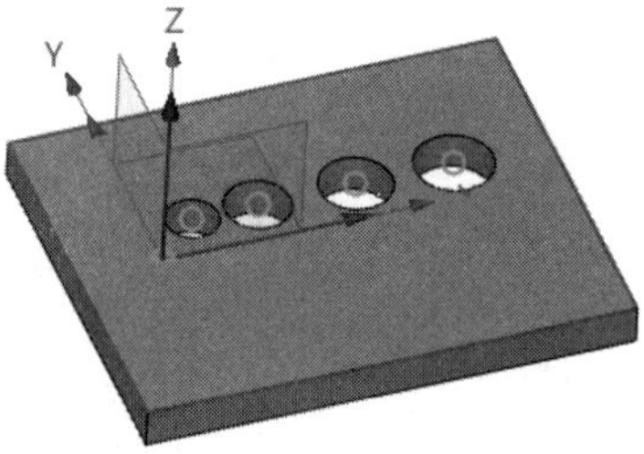

图 2-160　根据参数增量表创建的阵列

对变量类型进行介绍。

1）输入：可将下面输出的表格编辑尺寸增量后再进行导入。

2）输出：可将该表格导出，然后用 Excel 打开编辑该表格文件。

（4）实例参数表：通过表格来控制实例的变量阵列的尺寸定义值。单击“变量表”按钮，系统弹出图 2-161 所示的“阵列特征变量表”对话框，修改孔的直径尺寸和定位尺寸，结果如图 2-162 所示。

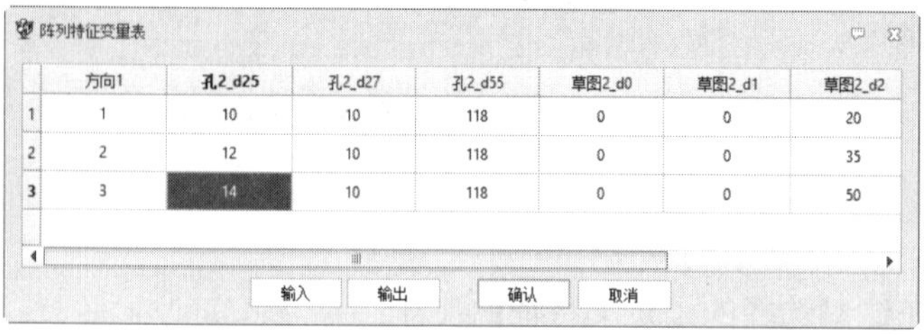

	方向1	孔2_d25	孔2_d27	孔2_d55	草图2_d0	草图2_d1	草图2_d2
1	1	10	10	118	0	0	20
2	2	12	10	118	0	0	35
3	3	14	10	118	0	0	50

图 2-161　“阵列特征变量表”对话框

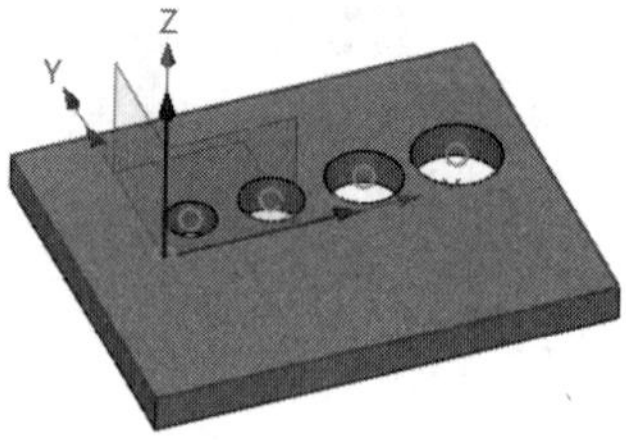

图 2-162　根据实例参数表创建的阵列

四、镜像几何体和镜像特征

使用“镜像几何体”命令可以镜像以下对象的任意组合：造型、零件、曲线、点、草图、基准面等。

使用“镜像特征”命令镜像特征。

单击“造型”选项卡“基础编辑”面板中的“镜像几何体”按钮，系统弹出“镜像几何体”对话框，如图 2-163 所示。镜像几何体操作示例如图 2-164 所示。

图 2-163　“镜像几何体”对话框

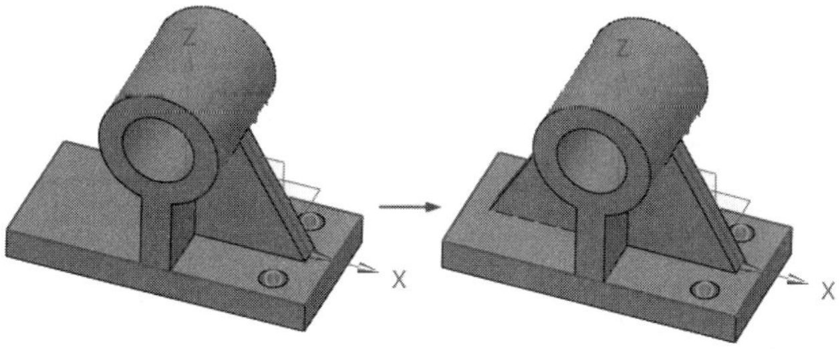

图 2-164　镜像几何体操作示例

单击“造型”选项卡“基础编辑”面板中的“镜像特征”按钮，系统弹出“镜像特征”对话框，如图 2-165 所示。镜像特征操作示例如图 2-166 所示。

图 2-165　“镜像特征”对话框

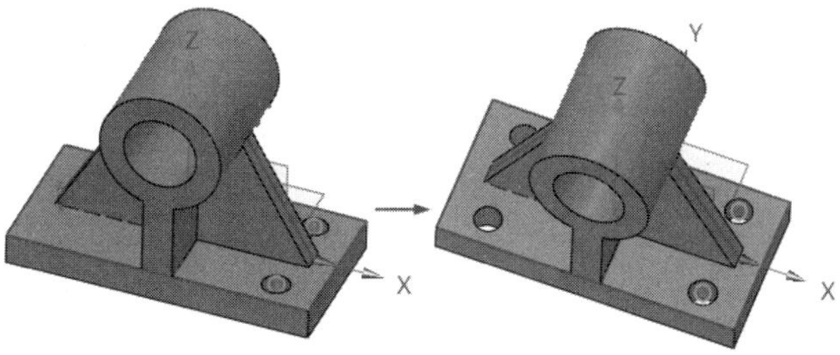

图 2-166　镜像特征操作示例

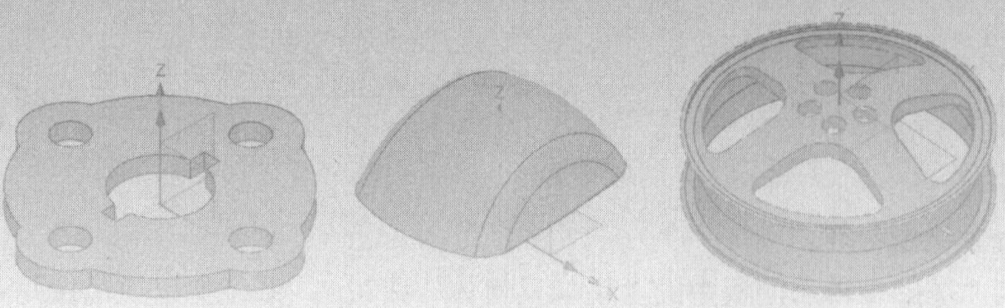

项目三

空间曲线与曲面造型

项目描述

本项目通过 4 个任务的学习，教会学员空间曲线和曲面造型命令的使用，以及曲面的编辑等基本操作。

任务一是瓶子设计，该任务的目标是让学员通过瓶子设计，探索中望 3D 卓越的曲面造型能力和空间曲线设计工具。此任务旨在强化学员对复杂三维几何构建的掌握，并提升对产品设计细节的把控能力。

任务二是轮毂设计，该任务的目标是引导学员通过轮毂设计这一具体案例，掌握中望 3D 中的关键建模命令，包括“投影到面”“曲线分割”“曲面修剪”及“直纹曲面”。此任务不仅旨在提升学员对软件操作技巧的熟练度，也着重培养他们在复杂几何形状构建中的设计能力。

任务三是叶轮设计，该任务的重点是学习“投影到面”“曲线列表”等命令的使用；掌握“边界曲线”“放样”命令的使用；提升学员对复杂曲面处理的理解和应用能力。

任务四是小水瓶设计，在本任务中学员将复习并巩固如何利用“拉伸”和“U/V 曲面”命令生成复杂的三维曲面；学习“合并投影”“曲线修剪”“投影到面”“分割边”“反转曲面方向”“修剪平面”“缝合”“抽壳”“隐藏”命令的使用。通过学习和掌握这些命令和操作方法，学员可以更好地处理复杂的三维曲面设计任务，并提高他们的设计技能。

整体而言，这些任务的目标是通过实际的产品设计案例，使学员能够在中望 3D 环境中，系统地学习和实践高级的曲面建模技术，逐步建立起复杂产品设计的综合能力。

任务一 瓶子设计

任务导入

本任务是绘制图 3-1 所示的瓶子。

微课视频

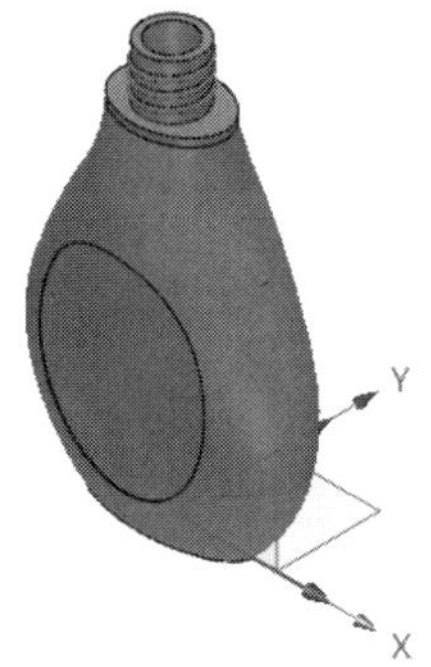

图 3-1　瓶子

学习目标

1．学习基准面的创建；

2．掌握 U/V 曲面、圆顶、曲面加厚、FEM 面的创建。

思路分析

本任务的目标是创建瓶子。首先绘制草图创建 U/V 曲面，然后利用“圆顶”命令创建瓶底，再对曲面进行加厚，接下来利用“拉伸”和“FEM 面”命令创建瓶身上的凹槽部分，最后利用“螺纹”命令创建孔口螺纹。

操作步骤

（1）绘制草图 1。以默认 CSYS_XY 平面为草绘基准面，绘制草图 1，如图 3-2 所示。

（2）创建平面 1。单击“造型”选项卡“基准面”面板中的“基准面”按钮，系统弹出“基准面”对话框，以 XY 面为参考向上偏移 130，结果如图 3-3 所示。

（3）绘制草图 2。以平面 1 为草绘基准面，绘制草图 2，如图 3-4 所示。

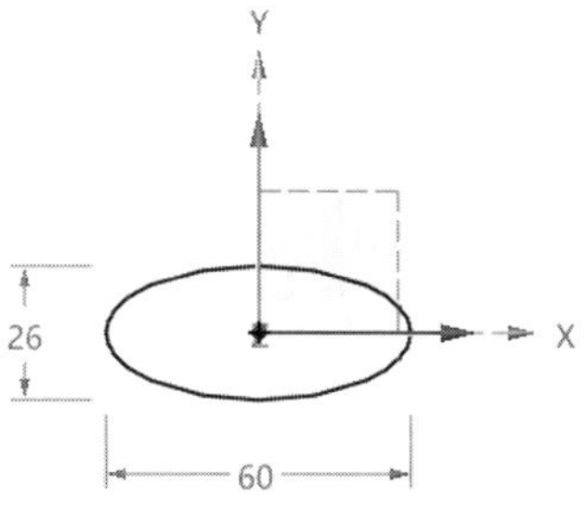

图 3-2　绘制草图 1

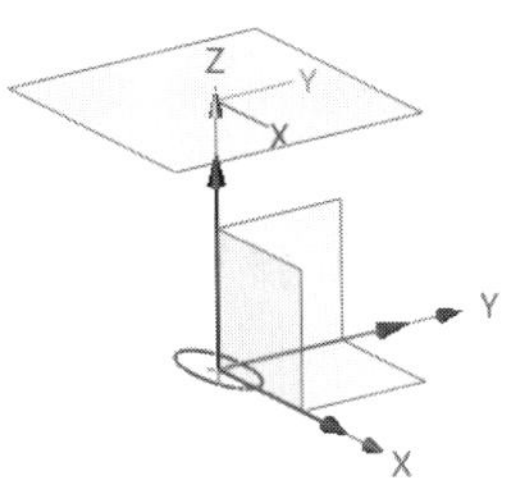

图 3-3　创建平面 1

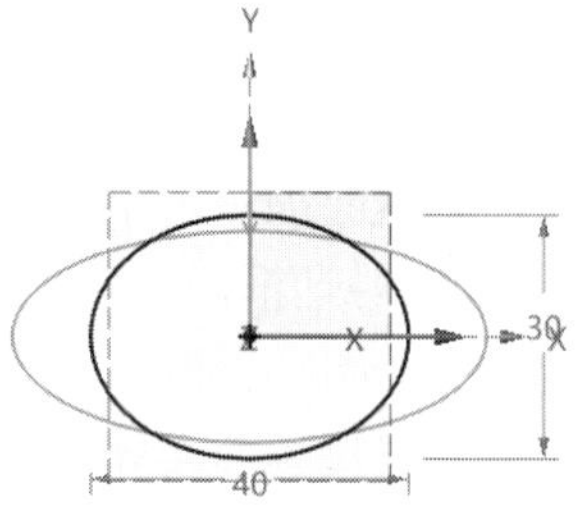

图 3-4　绘制草图 2

（4）绘制草图 3。以默认 CSYS_XZ 平面为草绘基准面，绘制草图 3，如图 3-5 所示。

（5）镜像 1。单击“造型”选项卡“基础编辑”面板中的“镜像特征”按钮，系统弹出“镜像特征”对话框，选择草图 3，以 YZ 面为镜像平面进行镜像，结果如图 3-6 所示。

（6）绘制草图 4。以默认 CSYS_YZ 平面为草绘基准面，绘制草图 4，如图 3-7 所示。

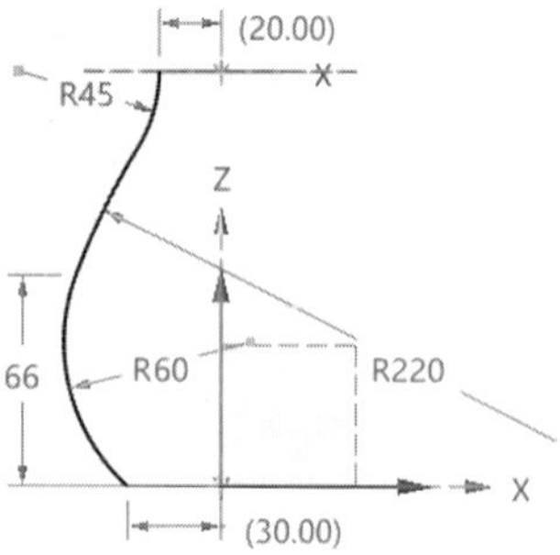

图 3-5　绘制草图 3

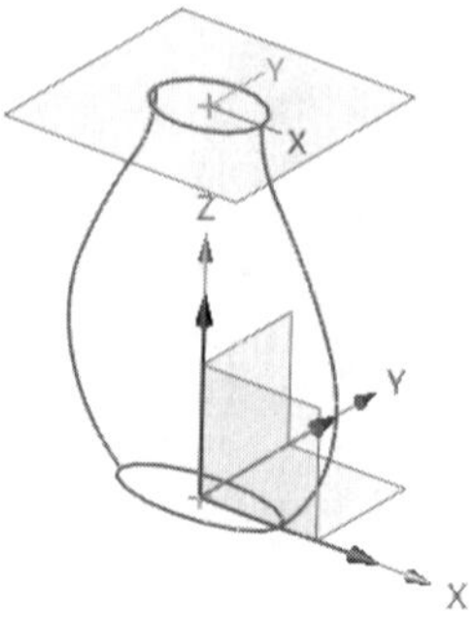

图 3-6　镜像 1

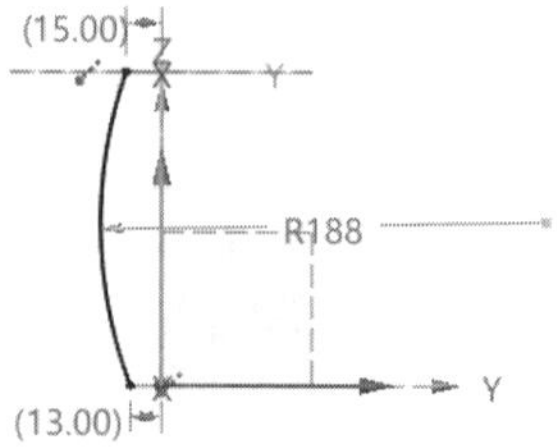

图 3-7　绘制草图 4

（7）镜像 2。单击“造型”选项卡“基础编辑”面板中的“镜像特征”按钮，系统弹出“镜像特征”对话框，选择草图 4，以 XZ 面为镜像平面进行镜像，结果如图 3-8 所示。

（8）创建 U/V 曲面。单击“曲面”选项卡“基础面”面板中的“U/V 曲面”按钮，系统弹出“U/V 曲面”对话框，依次选择草图 3、草图 4、镜像 1 和镜像 2 曲线，然后依次选择草图 1 和草图 2，如图 3-9 所示。单击“确定”按钮，结果如图 3-10 所示。

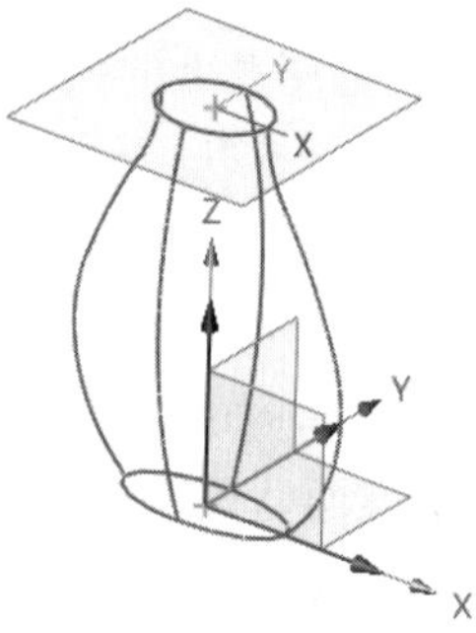

图 3-8　镜像 2

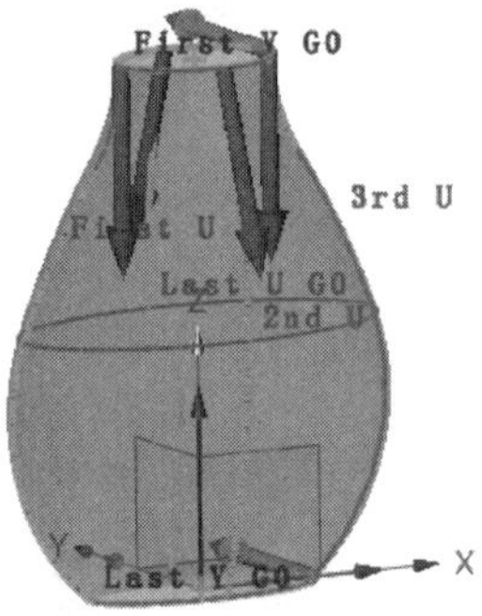

图 3-9　选择曲线

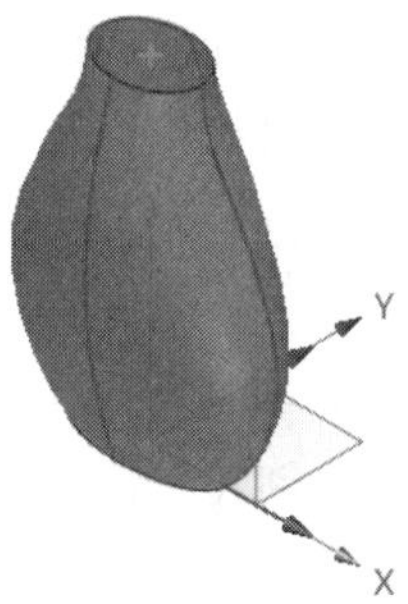

图 3-10　创建 U/V 曲面

（9）创建圆顶。单击“曲面”选项卡“基础面”面板中的“圆顶”按钮，系统弹出“圆顶”对话框，选择图 3-11 所示的底面边界，高度设置为“2”，方向选择 Z 轴。

（10）曲面加厚。单击“造型”选项卡“编辑模型”面板中的“加厚”按钮，系统弹出“加厚”对话框，分别选择 U/V 曲面和修剪平面进行加厚，厚度设置为“单侧 2”，结果如图 3-12 所示。

（11）创建拉伸实体 1。单击“造型”选项卡“基础造型”面板中的“拉伸”按钮，系统弹出“拉伸”对话框，选择图 3-13 所示孔口的轮廓线进行拉伸，拉伸高度设置为“3”，布尔运算选择“加运算”，布尔造型选择整个实体。

（12)绘制草图 5。以默认 CSYS_XZ 平面为草绘基准面，绘制草图 5，如图 3-14 所示。

（13）创建拉伸切除特征。单击“造型”选项卡“基础造型”面板中的“拉伸”按钮，系统弹出“拉伸”对话框，选择草图 5，拉伸高度设置为“30”，布尔运算选择“减运算”，布尔造型选择整个实体。单击“确定”按钮，结果如图 3-15 所示。

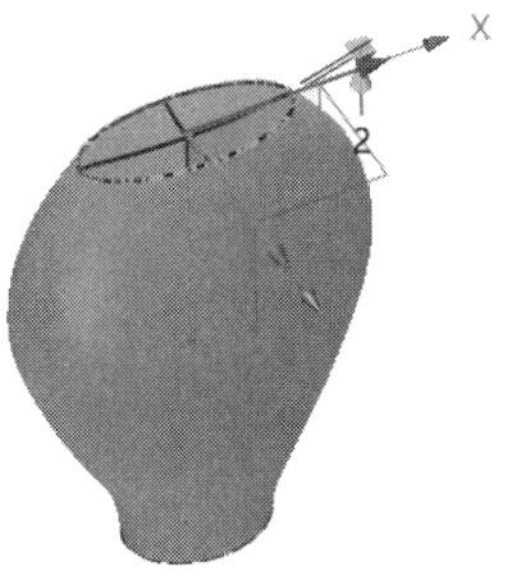

图 3-11　选择底面边界

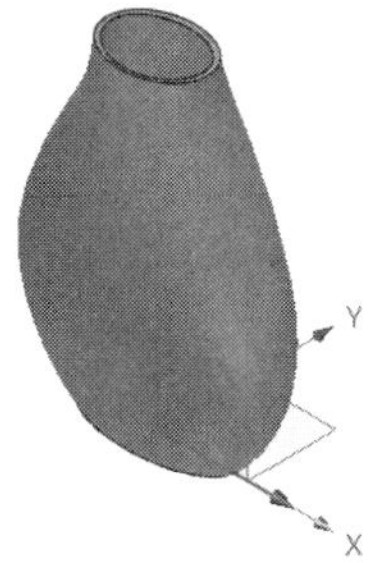

图 3-12　曲面加厚

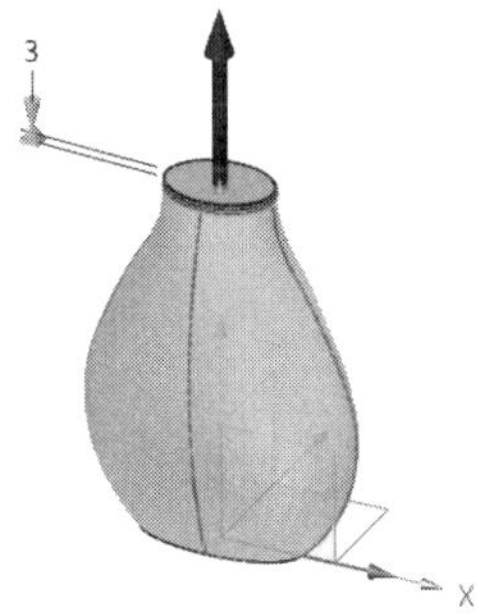

图 3-13　选择轮廓线

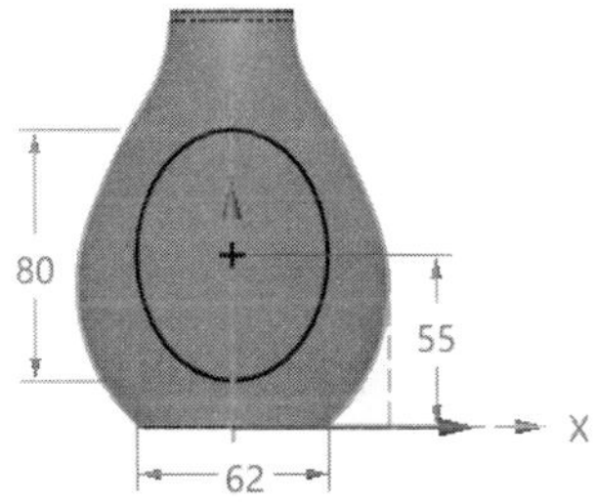

图 3-14　绘制草图 5

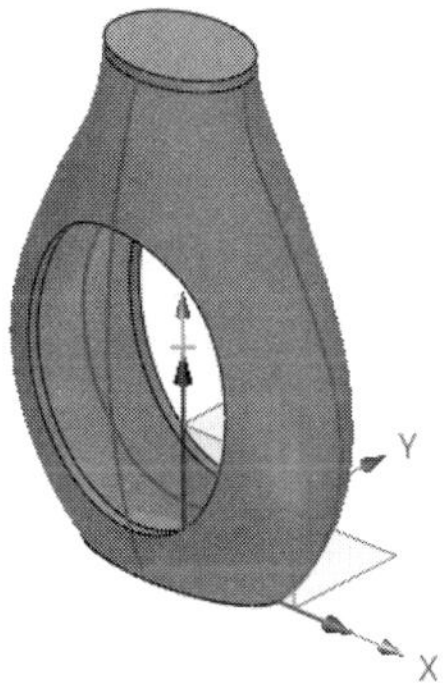

图 3-15　创建拉伸切除特征

（14）隐藏草图。单击 DA 工具栏中的“隐藏”按钮，系统弹出“隐藏”对话框，再选择工具栏的“过滤器列表”中选择草图，然后在绘图区框选所有图素，选中所有草图进行隐藏。

（15）绘制点。单击“线框”选项卡“绘图”面板中的“点”按钮＋，系统弹出“点”对话框，以绝对坐标绘制点，坐标值为（0，−23.5，55），结果如图 3-16 所示。

（16）创建 FEM 面。单击“曲面”选项卡“基础面”面板中的“FEM 面”按钮，系统弹出“FEM 面”对话框，选择图 3-17 所示的内侧边线，然后单击“点”列表框，在绘图区选择点，弹簧常数设置为“2.0”，抗弯系数设置为“5.0”，单击“确定”按钮，结果如图 3-18 所示。

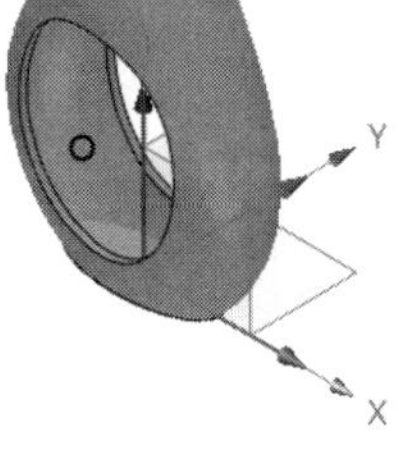

图 3-16　绘制点

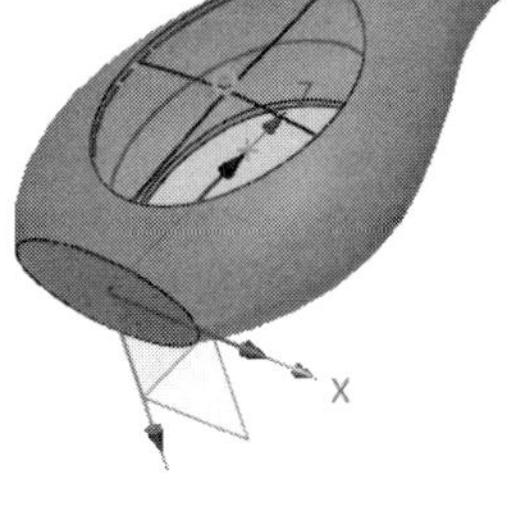

图 3-17　选择内侧边线和点

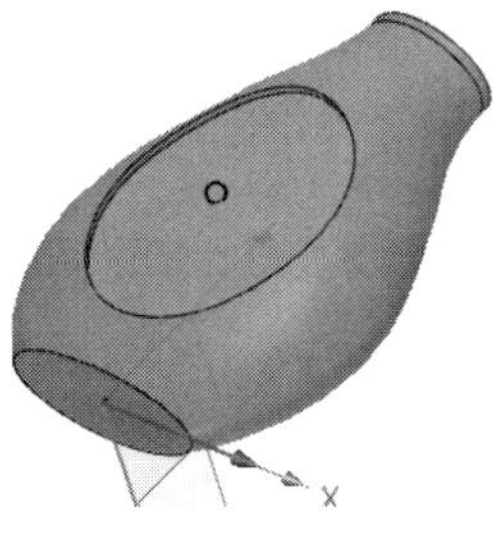

图 3-18　创建 FEM 面

（17）曲面加厚。单击“造型”选项卡“编辑模型”面板中的“加厚”按钮，系统弹出“加厚”对话框，分别选择 FEM 面进行加厚，厚度设置为单侧−1.5，结果如图 3-19 所示。

（18）镜像几何体。单击“造型”选项卡“基础编辑”面板中的“镜像几何体”按钮，系统弹出“镜像几何体”对话框，选择加厚实体，以 XZ 面为镜像平面进行镜像，结果如图 3-20 所示。

（19）绘制草图 6。以拉伸实体 1 的顶面为草绘基准面，绘制草图 6，如图 3-21 所示。

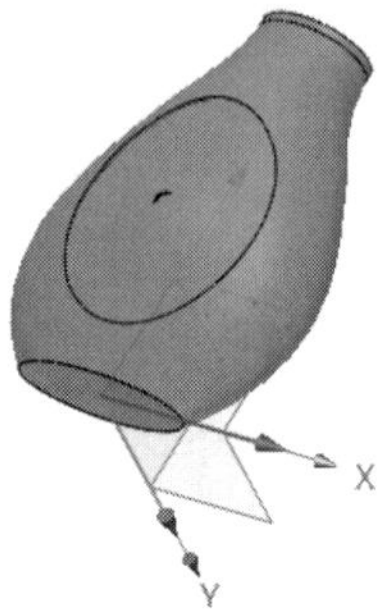

图 3-19　曲面加厚

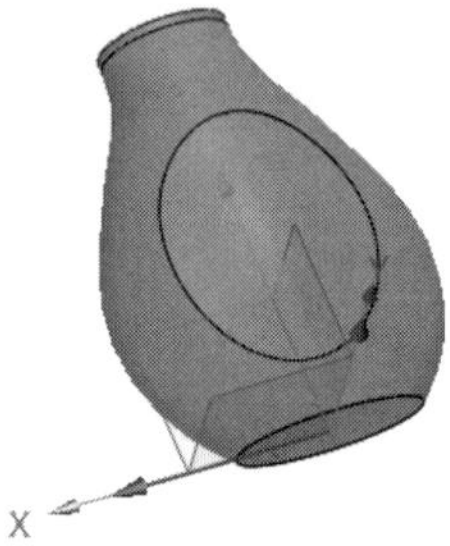

图 3-20　镜像几何体

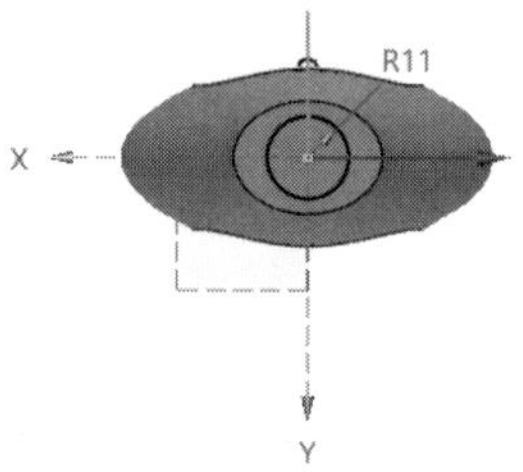

图 3-21　绘制草图 6

（20）创建拉伸实体 2。单击“造型”选项卡“基础造型”面板中的“拉伸”按钮，系统弹出“拉伸”对话框，选择草图 6，拉伸高度设置为“20”。布尔运算选择“加运算”，布尔造型选择整个实体。单击“确定”按钮，结果如图 3-22 所示。

（21）创建孔。单击“造型”选项卡“基础造型”面板中的“圆柱体”按钮，系统弹出“圆柱体”对话框，以拉伸实体 2 的顶面圆心为中心创建半径为 8、高度为-43 的圆柱体，布尔运算选择“减运算”，布尔造型选择整个实体。单击“确定”按钮，结果如图 3-23 所示。

（22）绘制草图 7。以默认 CSYS_XZ 平面为草绘基准面，绘制草图 7，如图 3-24 所示。

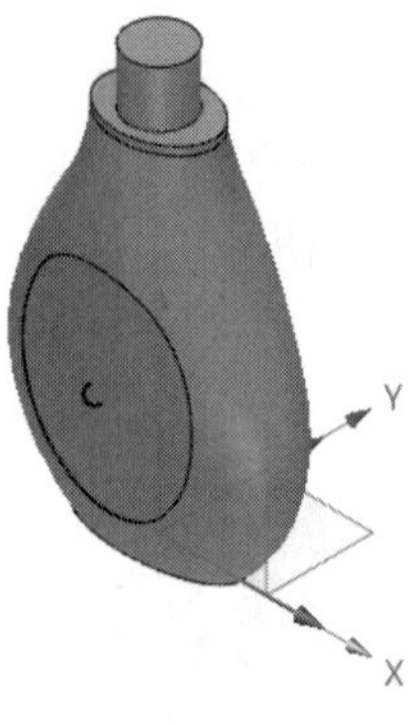

图 3-22　创建拉伸实体 2

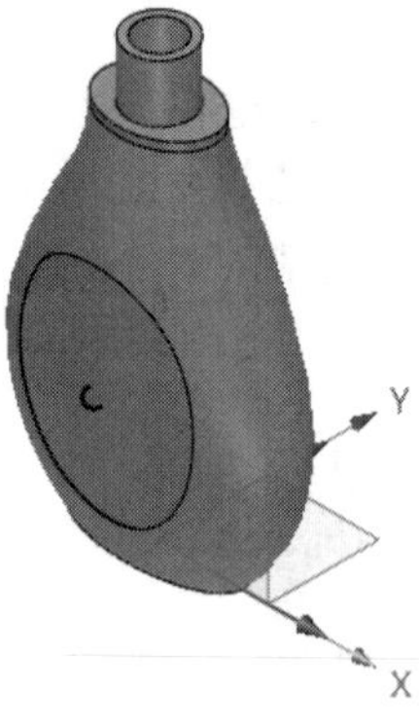

图 3-23　创建孔

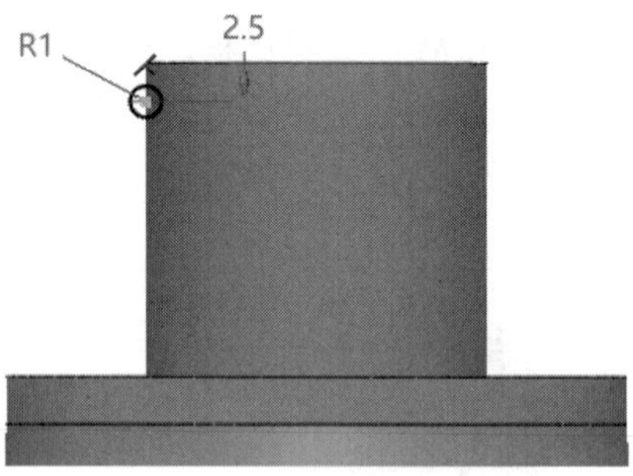

图 3-24　绘制草图 7

（23）创建螺纹。单击“造型”选项卡“工程特征”面板中的“螺纹”按钮，系统弹出“螺纹”对话框，选择圆柱面，然后选择草图 7，匝数设置为“3”，距离为“5”，布尔运算选择“加运算”，布尔造型选择整个实体，两端收尾半径设置为“8”，如图 3-25 所示。单击“确定”按钮，结果如图 3-26 所示。

（24）创建倒角。单击“造型”选项卡“工程特征”面板中的“倒角”按钮，系统弹出“倒角”对话框，选择圆柱体的边线，倒角距离设置为“1”，结果如图 3-27 所示。

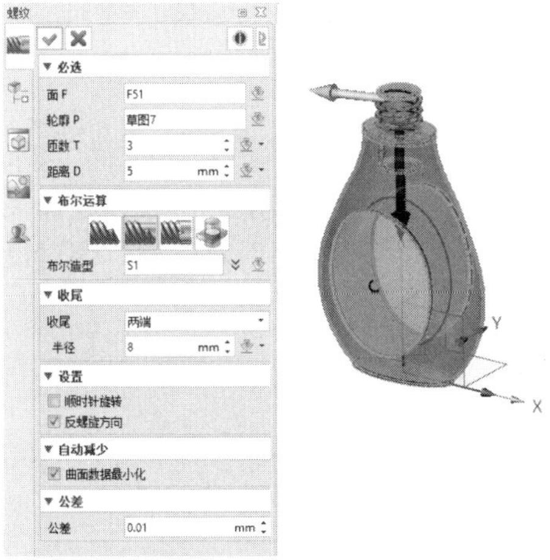

图 3-25　螺纹参数设置

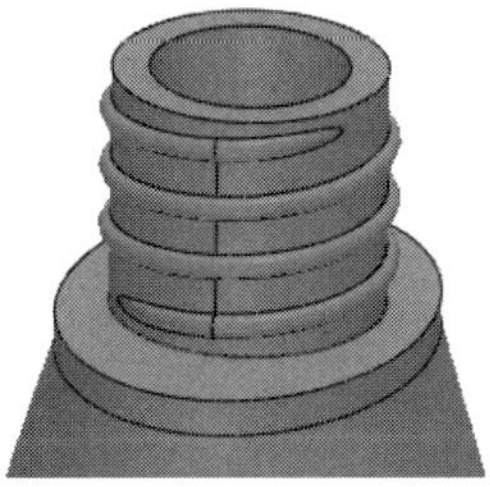

图 3-26　创建螺纹

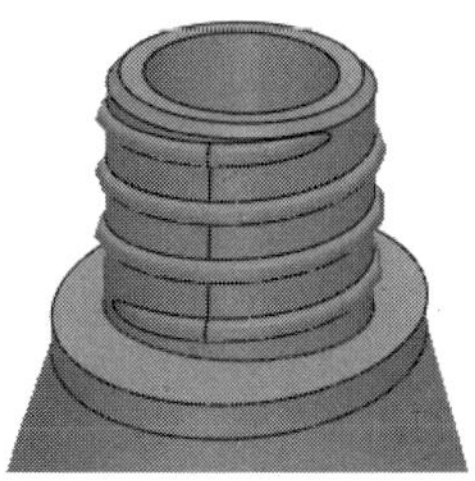

图 3-27　创建倒角

知识拓展

一、基准特征

基准特征是零件建模的参照特征，其主要用途是辅助 3D 特征的创建，可作为特征截面绘制的参照面、模型定位的参照面和控制点、装配用参照面等。此外基准特征（如坐标系）还可用于计算零件的质量属性，提供制造的操作路径等。基准特征通常是指基准面、基准轴、基准点和基准坐标系。

1．基准面

基准面主要应用于零件图和装配图中，可以利用基准面来绘制草图，生成模型的剖面视图，用于拔模特征中的中性面等。

中望 3D 系统提供了默认 CSYS_XY、默认 CSYS_XZ 和默认 CSYS_YZ 三个相互垂直的基准面。通常情况下，用户在这 3 个基准面上绘制草图，然后使用“特征”命令创建实体模型即可绘制所需要的图形。但是，对于一些特殊的特征，如扫掠特征和放样特征，需要在不同的基准面上绘制草图，这样才能完成模型的构建，这就需要创建新的基准面。

单击“造型/曲面/线框”选项卡“基准面”面板中的“基准面”按钮，或者选择菜单栏中的“插入”→“基准面”命令，系统弹出图 3-28 所示的“基准面”对话框。该对话框中提供了 7 种基准面的创建方法。

（1）几何体：通过选中的参考几何体创建基准面，参考几何体包括点、线、边、轴及面。

（2）偏移平面法：用户指定平面或基准面进行偏移来创建基准面。

（3）与平面成角度：用户指定参考平面、旋转轴及旋转角度来创建与参考平面成一定角度的基准面。

（4）3 点平面：用户最多指定 3 个点来创建基准面，所创建的基准面的法向可沿默认的 3 个轴向。

（5）在曲线上：用户指定参考曲线/边来创建基准面，支持对曲线上位置的控制，包括百分比与距离两种方式。

（6）视图平面：此方法通过指定一个原点来创建一个与当前视图平行的基准面。

（7）动态：此方法通过指定一个位置来创建一个基准面。

2．基准轴

使用此命令插入一个新的基准轴。基准轴包含一个方向、起点和长度。

单击“造型/曲面/线框”选项卡“基准面”面板中的“基准轴”按钮，或者选择菜单栏中的“插入”→“基准轴”命令，系统弹出图 3-29 所示的“基准轴”对话框。该对话框中提供了 7 种基准轴的创建方法。

图 3-28 “基准面”对话框

图 3-29 “基准轴”对话框

（1）几何体：选择最多两个参考对象来创建基准轴，参考对象包括点、线、边、轴、面等。勾选“长度”复选框，可设置基准轴的长度，基准轴的默认长度为整体包络框的长度，操作示例如图 3-30（a）所示。

（2）中心轴：选择一个面或一条曲线，系统会自动在该平面/曲线的中心插入一个基准轴。勾选“长度”复选框可设置基准轴的长度，操作示例如图 3-30（b）所示。

（3）两点：此方法通过指定两个点来创建一个基准轴，操作示例如图 3-30（c）所示。

（4）点和方向：此方法通过指定一个原点和方向来创建一个基准轴。基准轴可选与该方向平行或垂直，操作示例如图 3-30（d）所示。

（5）相交面：此方法通过选择两个面的相交线来创建基准轴，可设置基准轴的长度，操作示例如图 3-30（e）所示。

（6）角平分线：此方法是在两相交直线形成的角平分线上或补角角平分线上创建一个基准轴。勾选“长度”复选框可设置基准轴的长度，操作示例如图 3-30（f）所示。

（7）在曲线上：此方法通过指定曲线或边线创建与曲线或边线上的某点相切、垂直，或者与另一对象垂直或平行的基准轴，操作示例如图 3-30（g）所示。

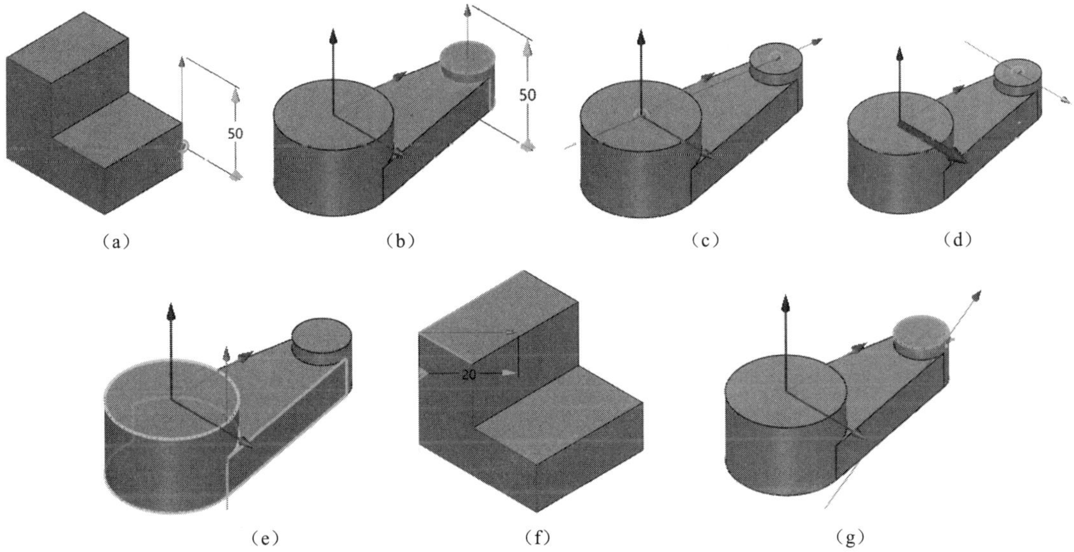

图 3-30　基准轴操作示例

（a）几何体；（b）中心轴；（c）两点；（d）点和方向；（e）相交面；（f）角平分线；（g）在曲线上

3．默认 CSYS

在中望 3D 中默认的基准是默认 CSYS，即默认坐标系，它也是系统提供的世界坐标系，如图 3-31 所示。

在默认坐标系中显示的坐标轴可以在“视觉”管理器中进行打开/关闭，如图 3-32 所示。双击“视觉”管理器中的“中心点三重轴显示”按钮，可打开/关闭绘图区中心点的坐标轴。双击“视觉”管理器中的“左下角三重轴显示”按钮，可打开/关闭绘图区左下角的坐标轴。

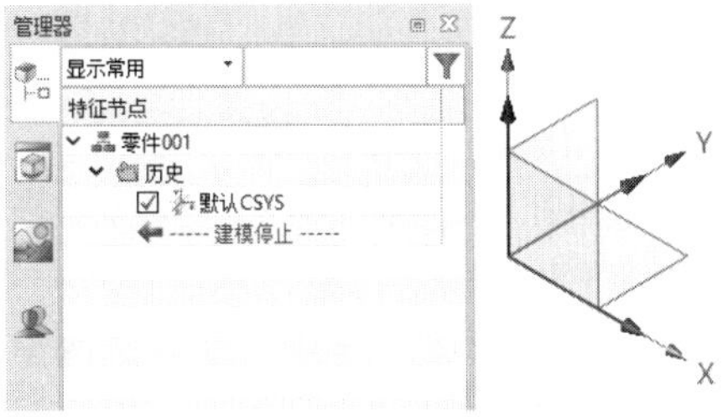

图 3-31　默认坐标系

图 3-32　“视觉”管理器

4．基准 CSYS

使用此命令插入一个新的基准坐标系。用户可以采用基准坐标系建立一个参考坐标系。基准 CSYS 由原点、X/Y/Z 3 个基准轴、3 个基准面组成。原点可类似一般点实体，可作为点捕捉等参考；3 个基准轴可作为独立实体，可作为一般方向的参考使用；3 个基准面可作为一般的基准面使用；基准坐标系整体可作为独立的实体使用。

在绘图区绘制 3 个基准轴、3 个基准面、一个原点，并且标记各基准轴的名称（即 X、Y、Z）。在默认情况下，基准坐标系作为整体选择，默认颜色为棕色。

单击“造型/曲面/线框”选项卡“基准面”面板中的“基准 CSYS”按钮，或者选择菜单栏中的“插入”→“基准 CSYS”命令，系统弹出图 3-33 所示的“基准 CSYS”对话框。该对话框中提供了 7 种基准 CSYS 的创建方法。

图 3-33 “基准 CSYS”对话框

（1）几何体：选择最多 3 个参考几何体直接智能创建一个坐标系。3 个参考几何体一次性输入，不需单击或单击鼠标中键跳转。可选择的参考几何体有几何，如点（顶点、草图点、线框点、3D 草图点）、方向（边、轴、草图线、线框）、面（平面、曲面）和坐标系（绝对坐标系、基准坐标系）。

若选择一条曲线或边，则无须附加输入。基准坐标系将在选中点处与该曲线/边垂直。

若选择一个面，则无须附加输入。基准坐标系将在选中点处与该面相切。

若选中其他基准坐标系，选择该平面的原点或单击鼠标中键将其定位在选中基准坐标系的原点。如图 3-34（a）为几何体法创建的基准 CSYS。

（2）3 点：此方法通过指定 3 个点确定一个基准坐标系。选择一个点，确定基准坐标系的原点，再选择两个点，分别确定 X 轴和 Y 轴，操作示例如图 3-34（b）所示。

（3）3 平面：此方法通过指定 3 个平面确定一个基准坐标系。所选的 3 个平面需彼此相交，操作示例如图 3-34（c）所示。

（4）原点及 2 方向：此方法通过指定原点及两个矢量（直线、边线、轴线）创建一个基准坐标系，操作示例如图 3-34（d）所示。

（5）平面、点及方向：此方法通过指定 Z 轴平面、坐标原点及 X 轴创建一个基准坐标系，操作示例如图 3-34（e）所示。

（6）视图平面：此方法通过指定一个原点创建一个与当前屏幕平行的基准坐标系，操作示例如图 3-34（f）所示。

（7）动态：此方法通过指定一个位置创建一个基准坐标系，操作示例如图 3-34（g）所示。

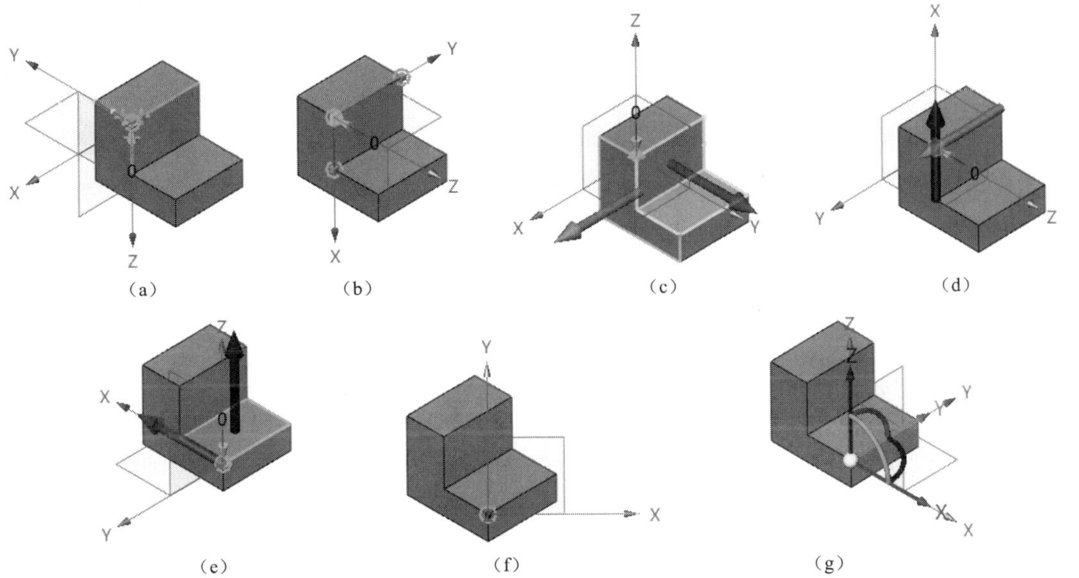

图 3-34　基准 CSYS 操作示例

（a）几何体；（b）3 点；（c）3 平面；（d）原点及 2 方向；（e）平面、点及方向；（f）视图平面；（g）动态

5．LCS（局部坐标系）

使用该命令，局部坐标系将作为激活坐标系。任何坐标的输入，均将参考该局部坐标系，而非默认的全局坐标原点。

单击“造型/曲面/线框”选项卡“基准面”面板中的“LCS”按钮，或者选择菜单栏中的“插入”→“LCS”命令，系统弹出图 3-35 所示的“LCS”对话框。该对话框中提供了 3 种 LCS 的创建方法。

（1）定位 LCS：此方法以默认坐标系定义 LCS 位置，操作示例如图 3-36（a）所示。右击局部坐标系，在弹出的快捷菜单中选择“恢复到默认坐标系”命令可回到默认坐标系。

（2）选择基准面：此方法通过选择一个基准面作为局部坐标系的 XY 平面，操作示例如图 3-36（b）所示。

（3）动态：此方法通过输入原点位置及 3 个坐标轴的方向来创建局部坐标系。通过这种方法创建坐标系，可以在视图区域拖动坐标原点及调整坐标轴方向，操作示例如图 3-36（c）所示。注意：动态创建是以当前位置定义 LCS。

注意：

（1）局部坐标操作不会记录到激活零件的历史中。

（2）采用选择基准面法创建局部坐标系时，如果在设置一个局部坐标系前，没有一个合适的基准面，那么在命令提示“选择基准面作为局部坐标系 XY 平面”时，单击“基准面”列表框后面的下拉按钮，在打开的下拉菜单中选择“插入基准面”命令，系统弹出“基准面”对话框，创建完基准面后，该基准面会自动成为局部坐标系。

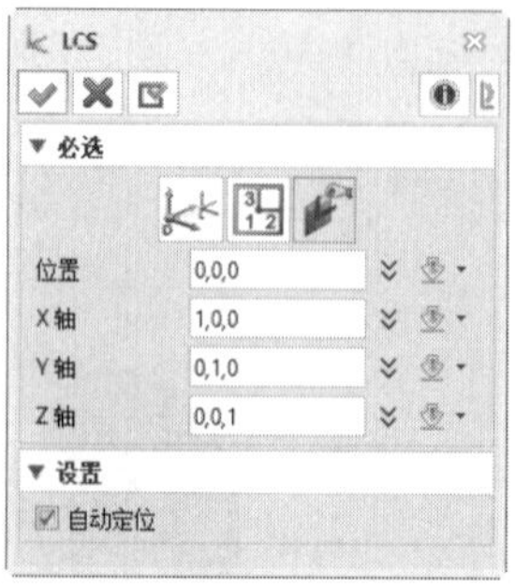

图 3-35 “LCS”对话框

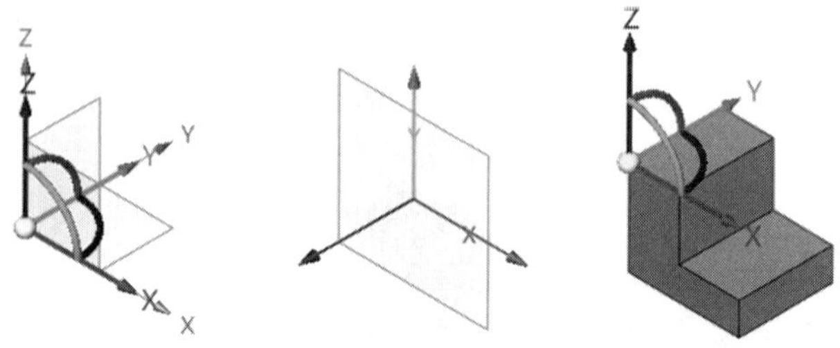

（a）　　（b）　　（c）

图 3-36 局部坐标系操作示例

（a）定位 LCS；（b）选择基准面；（c）动态

二、FEM 面

使用此命令，穿过边界曲线上的点的集合，拟合一个单一的面。

单击“曲面”选项卡“基础面”面板中的“FEM 面”按钮，系统弹出“FEM 面”对话框，如图 3-37 所示。该对话框中部分选项的含义如下。

（1）边界：选择边界曲线。可使用线框曲线、草图、边线和曲线列表。在这些曲线类型的任何组合中，保留相切支持。

（2）U 素线次数、V 素线次数：指定结果面在 U 和 V 方向上的次数。它指的是方程式在各个方向上定义的次数。较低次数的面的精确度较低，需要较少的存储和计算时间。较高次数的面与此相反。在大多数情况下，默认值为“3”将产生优质的面。

（3）曲线：选择控制曲线。

（4）点：选择点定义曲面的内部造型，操作示例如图 3-38 所示。

（5）法向：在点上指定一个可选的曲面法向。

（6）连续方式：指定 FEM 面的连续性方式。可设置为相切连续或曲率连续。

图 3-37 “FEM 面”对话框

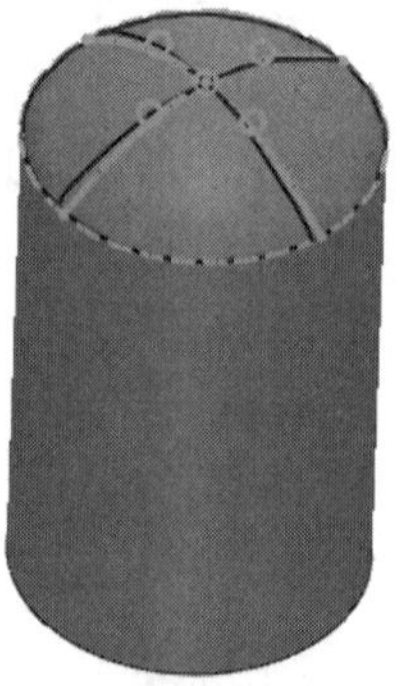

图 3-38 FEM 面操作示例

三、U/V 曲面

使用此命令，通过桥接所有的 U 和 V 曲线组成的网格，创建一个面。U/V 曲线可以为草图、线框曲线或面边线。这些曲线必须相交，但它们的终点可以不相交。

单击“曲面”选项卡“基础面”面板中的“U/V 曲面”按钮，系统弹出“U/V 曲面”对话框，如图 3-39 所示。该对话框中各选项的含义如下。

（1）曲线段：分别选择 U 曲线和 V 曲线的曲线段。单击鼠标中键，则该线段被输入曲线列表。单击其后的“反向”按钮可反转曲线方向。

（2）U 曲线、V 曲线：先在 U 方向选择曲线列表，然后在 V 方向选择。当选择曲线时，选取靠近曲线结束端的点，表示方向相同。结束曲线支持分型线。

（3）不相连曲线段作为新的 U/V 线：默认勾选此复选框，当下一条曲线选择的是一个完全不相连的、不相交的曲线时，它会自动开始一个新的列表。

（4）应用到所有：勾选该复选框，则修改其中一个边界的连续方式时，其他 3 个会同时修改。

（5）起始（结束）U/V 边界：设置边界边线与连接的边和面相切和/或连续。可选择 G0、G1、G2 或法向。当选择 G1 或 G2 时，需要设置与边界相接的面和权重。

（6）拟合公差：为拟合曲线指定公差。

（7）间隙公差：为拼接曲线指定公差。

（8）延伸到交点：勾选该复选框，当所有曲线在一个方向相交于一点时，曲面会延伸到相交点而不是终止在最后一条相交曲线。

U/V 曲面操作示例如图 3-40 所示。

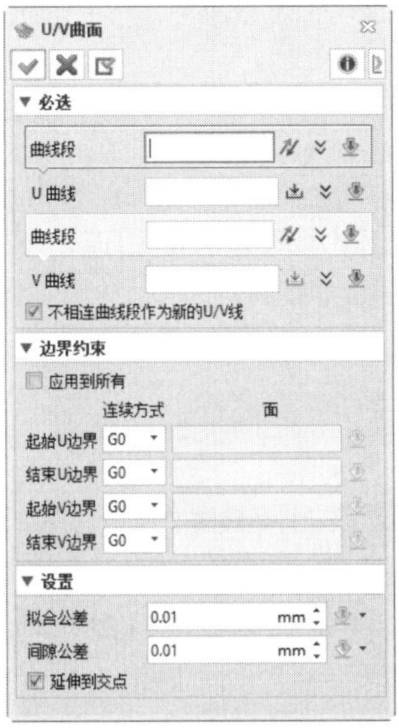

图 3-39　“U/V 曲面”对话框

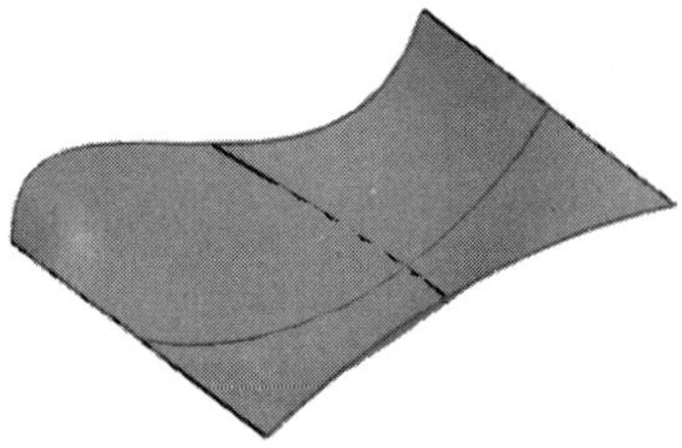

图 3-40　U/V 曲面操作示例

四、圆顶

使用此命令可以从轮廓创建一个圆顶曲面。

单击“曲面”选项卡“基础面”面板中的“圆顶”按钮，系统弹出“圆顶”对话框，如图 3-41 所示。该对话框中提供了 3 种创建圆顶的方法。

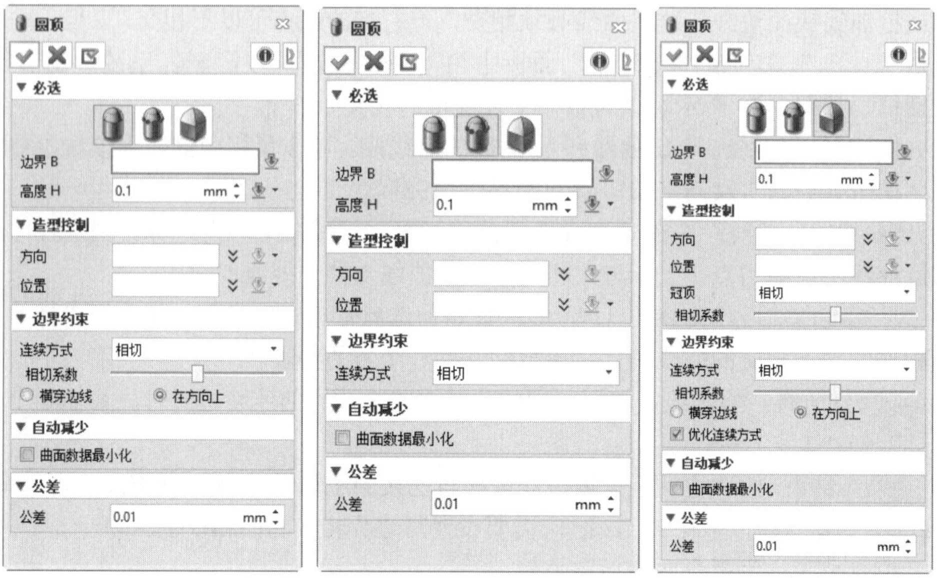

图 3-41 “圆顶”对话框

（1）光滑闭合圆顶：此方法的结果类似于“N 边形面”命令。当为光滑边界的轮廓创建圆顶时，使用该方法最佳，操作示例如图 3-42（a）所示。

1）边界 B：选择一个基础轮廓定义该圆顶。该轮廓可以为一个草图、曲线、面边界或一个曲线列表。

2）高度 H：输入冠顶高度。

3）方向：使用此选项为圆顶指定一个不同的方向。

4）位置：使用此选项为圆顶指定一个不同的位置。

5）连续方式：选择连续方式选项，定义圆顶如何与配对的边缘面相连，然后移动相切系数滑块设置相切或曲率的大小。

①无：不连续。

②相切：圆顶相切于配对的边缘面。可设置相切系数。

③曲率：圆顶与配对的边缘面相切，且曲率连续。

6）横穿边线/在方向上：这两个单选按钮决定放样应该如何横穿轮廓边界。

（2）FEM 圆顶：该方法的结果类似于“FEM 面”命令。当使用该方法时，连续方式选项和相切系数滑块不能使用。当为直线和弧线组合的轮廓创建圆顶时，使用该方法最佳，操作示例如图 3-42（b）所示。

（3）角部圆顶：该方法创建圆顶为 3 曲线放样，而不是单一放样到一个点，操作示例如图 3-42（c）所示。

1）冠顶：设置冠顶选项为相切或曲率，以定义圆顶的顶部冠顶如何与圆顶侧墙相连。

2）优化连续方式：勾选该复选框，使该圆顶特征尽量与所选轮廓保持曲率连续。

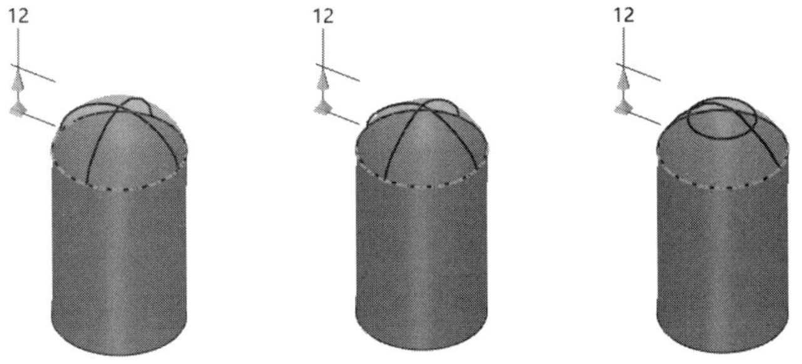

（a）　　　　（b）　　　　（c）

图 3-42　圆顶操作示例

（a）光滑闭合圆顶；（b）FEM 圆顶；（c）角部圆顶

五、加厚

使用该命令将一个开放造型（非实体），通过曲面偏置及创建侧面生成实体。该命令将参照偏置曲面的法向，创建有厚度的实体，并允许用户创建不同厚度的结构。

单击“造型”选项卡“编辑模型”面板中的“加厚”按钮，系统弹出“加厚”对话框，如图 3-43 所示。该对话框中部分选项的含义如下。

（1）类型：设置选取对象的方式，有片体和面 2 种方式。

（2）片体 S：指定要加厚的造型，造型有开放造型（片体）或实体造型。

（3）面：指定要加厚的曲面。

（4）单侧/双侧：选择单向加厚或双向加厚。输入偏移值，设定加厚的距离。正值表示沿面的正法向偏置；负值表示沿面的负法向偏置。当选择“单侧”单选按钮时，偏移值不可为 0；当选择“双侧”单选按钮时，两个偏移值不能相同，即厚度不可为 0。

（5）面：选择要加厚的曲面，该曲面可以与“必选”选项组选择的面具有不同的加厚厚度。

（6）单侧/双侧：指定非统一偏置的距离。正值表示沿面的正法向偏置；负值表示沿面的负法向偏置。加厚操作示例如图 3-44 所示。

图 3-43　“加厚”对话框

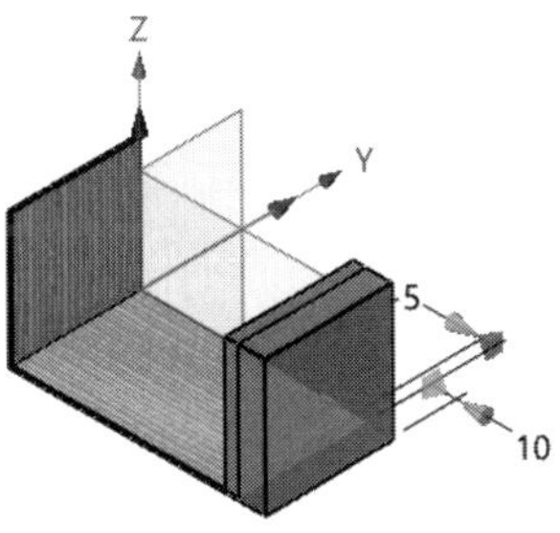

图 3-44　加厚操作示例

任务二 轮毂设计

任务导入

本任务是创建图 3-45 所示的轮毂。

微课视频

图 3-45 轮毂

学习目标

1．学习“投影到面”“曲线分割”和“曲面修剪”命令的使用；

2．掌握直纹曲面的创建方法。

思路分析

本任务的目标是创建轮毂。首先使用“旋转”命令创建旋转曲面，绘制草图，然后创建投影曲线，再利用“曲线分割”命令对旋转曲面进行分割删除，接下来创建投影曲线间的直纹曲面，并对直纹曲面进行阵列，分割曲面并将其删除，最后创建拉伸曲面并进行修剪。

操作步骤

（1）绘制草图 1。单击“造型”选项卡“基础造型”面板中的“草图”按钮，系统弹出“草图”对话框，选择“默认 CSYS_XZ”平面作为草绘基准面，绘制草图 1，如图 3-46 所示。

（2）创建旋转曲面 1。单击“造型”选项卡“基础造型”面板中的“旋转”按钮，系统弹出“旋转”对话框，选择草图 1，创建旋转曲面，如图 3-47 所示。

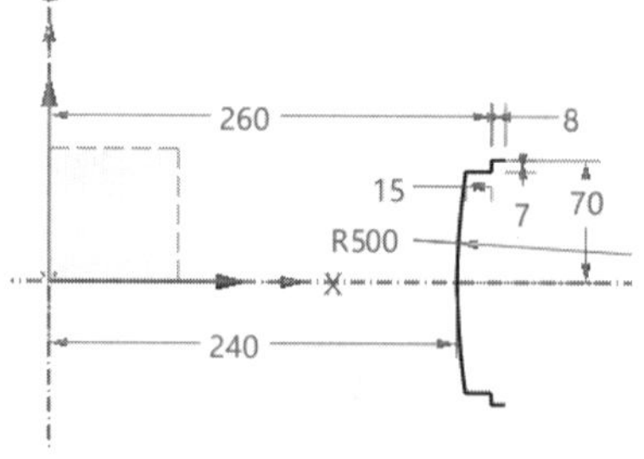

图 3-46 绘制草图 1

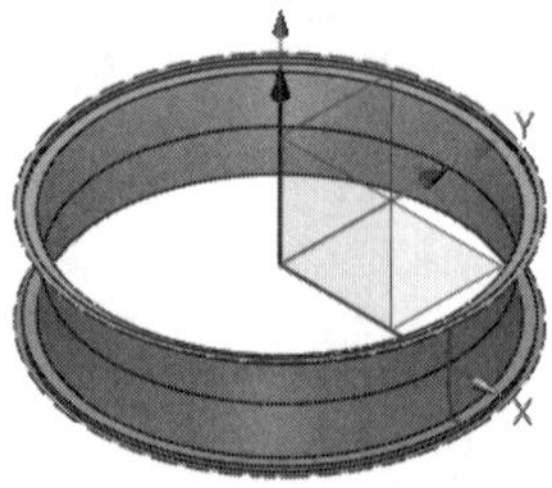

图 3-47 创建旋转曲面 1

（3）绘制草图 2。单击“造型”选项卡“基础造型”面板中的“草图”按钮，系统弹出“草图”对话框，选择“默认 CSYS_XZ”平面作为草绘基准面，绘制草图 2，如图 3-48 所示。

（4）创建旋转曲面 2。单击“造型”选项卡“基础造型”面板中的“旋转”按钮，系统弹出“旋转”对话框，选择草图 1，创建旋转曲面，如图 3-49 所示。

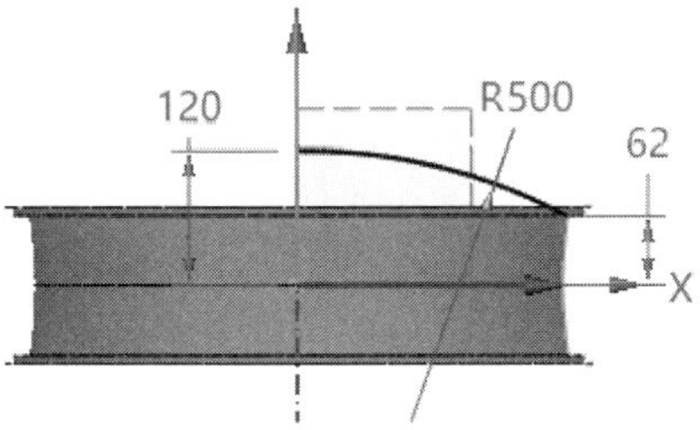

图 3-48　绘制草图 2

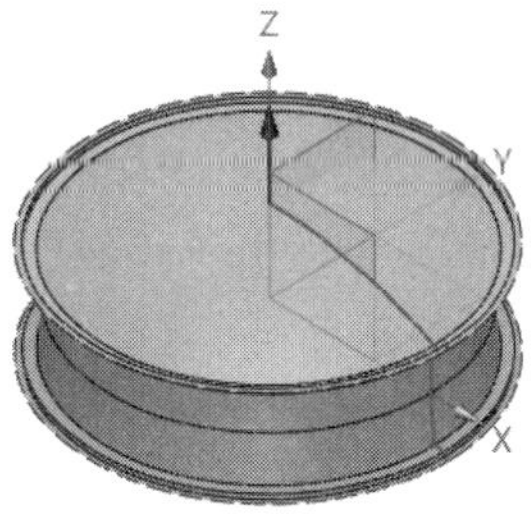

图 3-49　创建旋转曲面 2

（5）绘制草图 3。单击“造型”选项卡“基础造型”面板中的“草图”按钮，系统弹出“草图”对话框，选择“默认 CSYS_XZ”平面作为草绘基准面，绘制草图 3，如图 3-50 所示。

（6）创建旋转曲面 3。隐藏步骤（4）中创建的旋转曲面 2。单击“造型”选项卡“基础造型”面板中的“旋转”按钮，系统弹出“旋转”对话框，选择草图 1，创建旋转曲面，如图 3-51 所示。

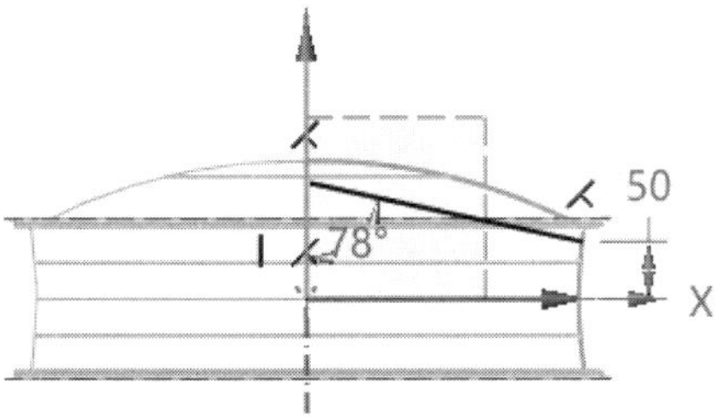

图 3-50　绘制草图 3

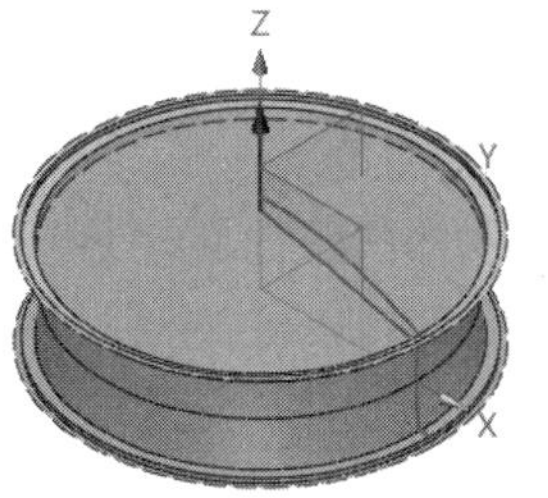

图 3-51　创建旋转曲面 3

（7）绘制草图 4。单击“造型”选项卡“基础造型”面板中的“草图”按钮，系统弹出“草图”对话框，选择“默认 CSYS_XY”平面作为草绘基准面，绘制草图 4，如图 3-52 所示。

（8）创建投影曲线 1。单击“线框”选项卡“曲线”面板中的“投影到面”按钮，弹出“投影到面”对话框，选择草图 4 曲线，选择旋转曲面 3，如图 3-53 所示，投影方向选择 Z 轴，生成投影曲线。

（9）曲线分割 1。单击“曲面”选项卡“编辑面”面板中的“曲线分割”按钮，系统弹出“曲线分割”对话框，选择旋转曲面 3 和投影曲线 1，投影选择“面法向”，单击“确定”按钮，删除分割后的曲面，结果如图 3-54 所示。

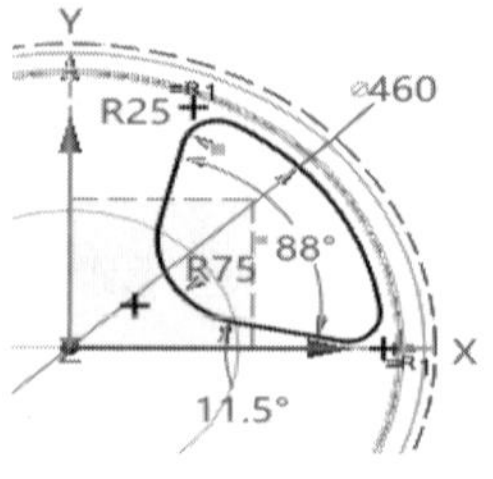

图 3-52　绘制草图 4

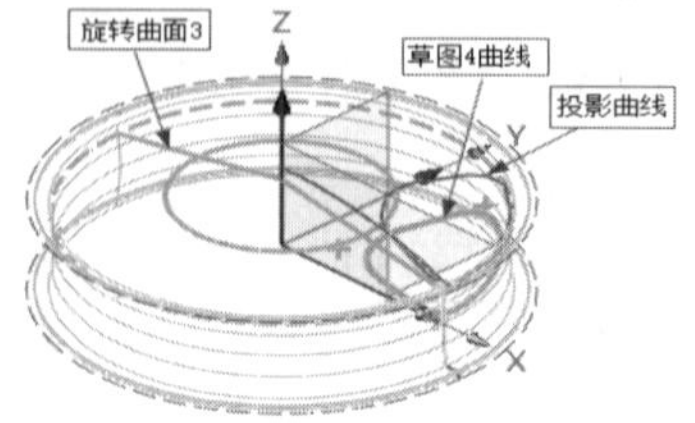

图 3-53 选择面和曲线

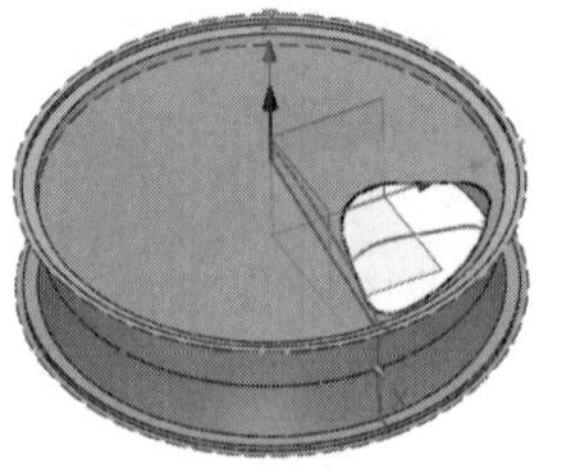

图 3-54　曲线分割 1 结果

（10）创建投影曲线 2。显示旋转曲面 2。单击“线框”选项卡“曲线”面板中的“投影到面”按钮，弹出“投影到面”对话框，选择草图 4 曲线，选择旋转曲面 2，如图 3-55 所示，生成投影曲线。

（11）曲线分割 2。单击“曲面”选项卡“编辑面”面板中的“曲线分割”按钮，系统弹出“曲线分割”对话框，选择旋转曲面 2 和投影曲线 2，投影选择“面法向”，单击“确定”按钮，删除分割后的曲面，结果如图 3-56 所示。

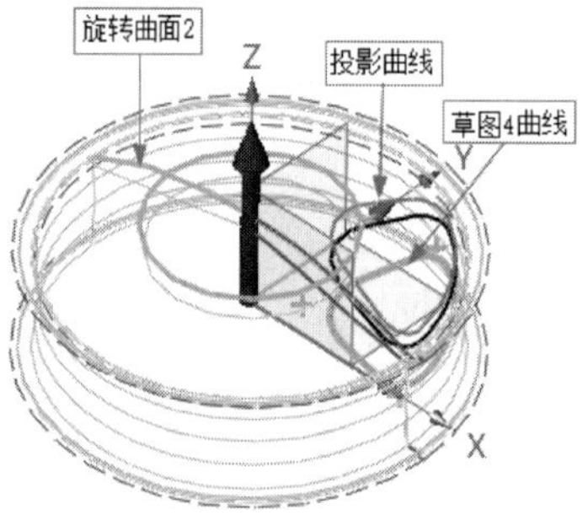

图 3-55　选择面和曲线

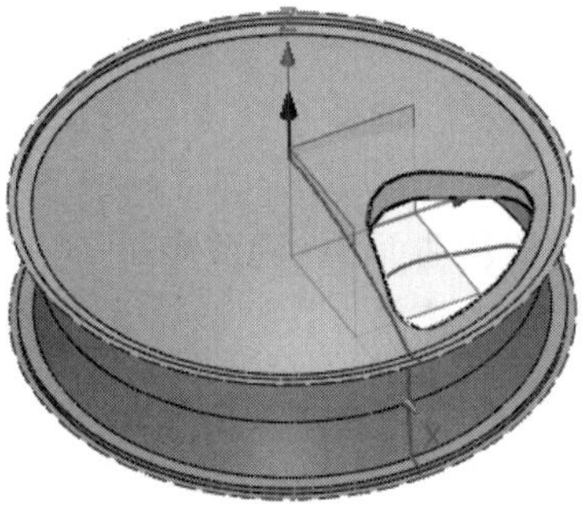

图 3-56　曲线分割 2 结果

（12）创建直纹曲面。单击“曲面”选项卡“基础面”面板中的“直纹曲面”按钮，系统弹出“直纹曲面”对话框，选择图 3-57 所示的“曲线列表 1”作为路径 1、“曲线列表 2”作为路径 2，单击“确定”按钮，结果如图 3-58 所示。

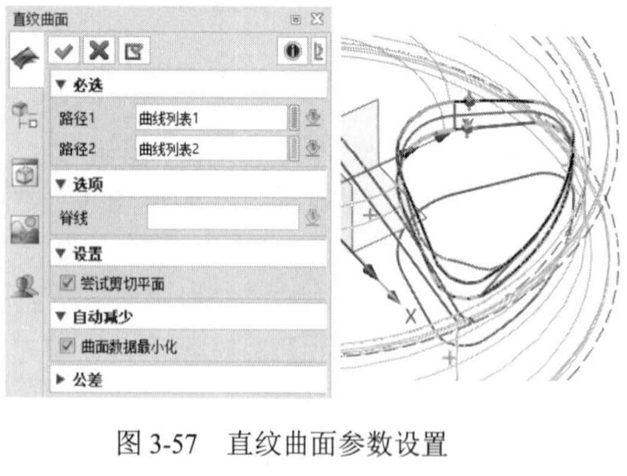

图 3-57　直纹曲面参数设置

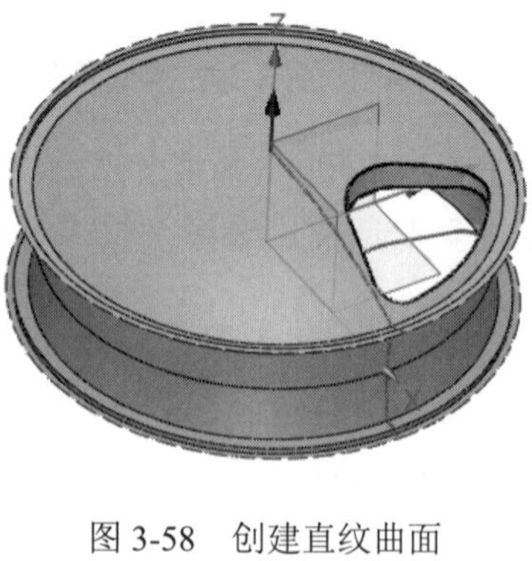

图 3-58　创建直纹曲面

（13）阵列特征。在“历史”管理器中选择“投影 1”、“投影 2”和“曲面 1_高级”特征，单击“造型”选项卡“基础编辑”面板中的“阵列特征”按钮，系统弹出“阵列特征”对话框，选择阵列中心轴为 Z 轴，数目设置为“4”，角度为“90”，结果如图 3-59 所示。

（14）创建分割曲面。参照步骤（9）继续用“曲线分割”命令对曲面进行分割并删除多余曲面，结果如图 3-60 所示。

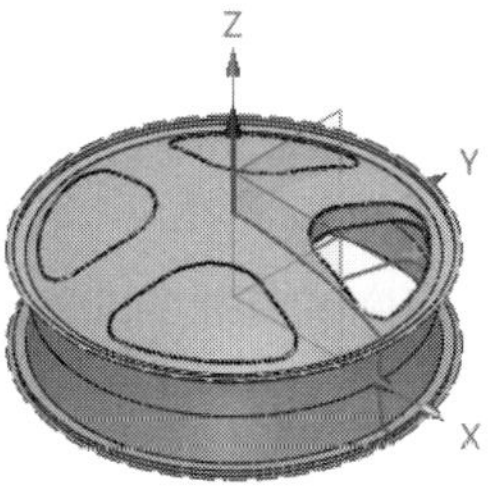

图 3-59　阵列特征

图 3-60　创建分割曲面

（15）绘制草图 5。单击“造型”选项卡“基础造型”面板中的“草图”按钮，系统弹出“草图”对话框，选择“默认 CSYS_XY”平面作为草绘基准面，绘制草图 5，如图 3-61 所示。

（16）创建拉伸曲面。单击“造型”选项卡“基础造型”面板中的“拉伸”按钮，系统弹出“拉伸”对话框，拉伸类型选择“1 边”，结束点设置为“200”，布尔运算选择“基体”，单击“确定”按钮，结果如图 3-62 所示。

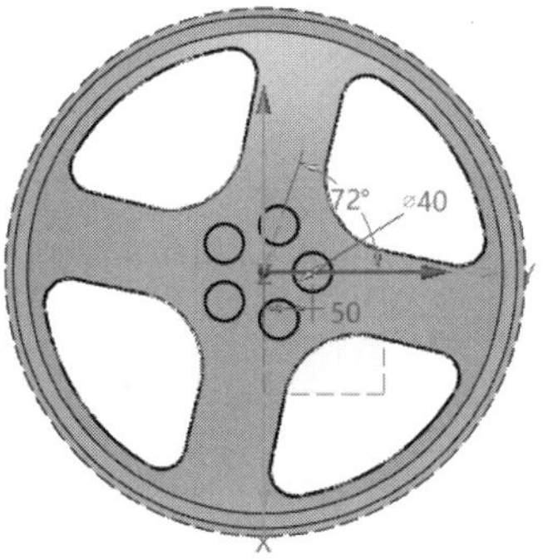

图 3-61　绘制草图 5

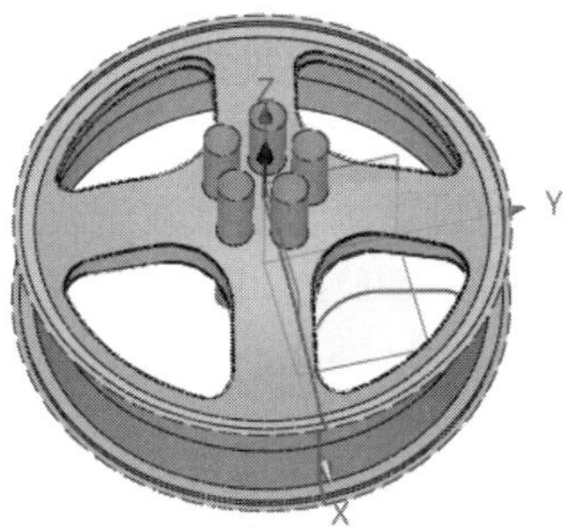

图 3-62　创建拉伸曲面

（17）曲面修剪。单击“曲面”选项卡“编辑面”面板中的“曲面修剪”按钮，系统弹出“曲面修剪”对话框，如图 3-63 所示，选择旋转曲面 2 和旋转曲面 3 作为要修剪的曲面，选择拉伸曲面作为修剪体，取消所有复选框的勾选。单击“确定”按钮，结果如图 3-64 所示。

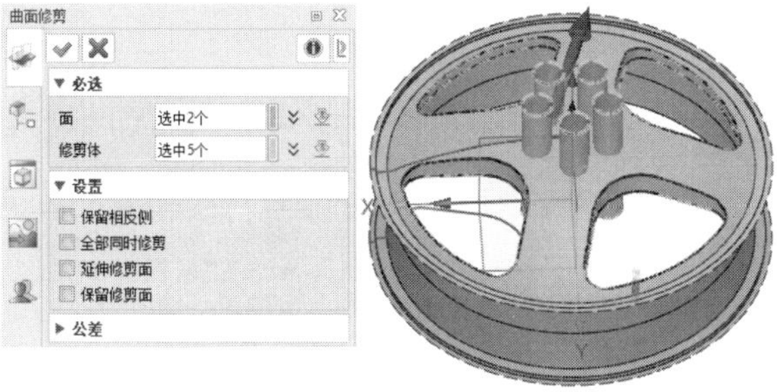

图 3-63　“曲面修剪”对话框

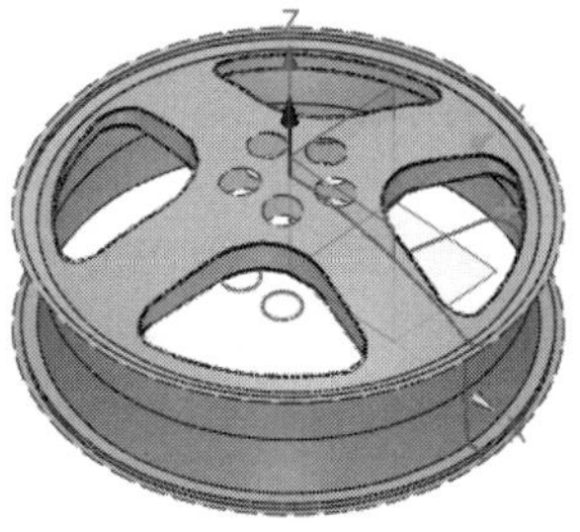

图 3-64　曲面修剪结果

知识拓展

一、投影到面

使用此命令，将曲线或草图投影在面和/或基准面上。默认情况下，曲线垂直于面或平面投影。使用“方向”选项，选择一个不同的投影方向。

单击“线框”选项卡“曲线”面板中的“投影到面”按钮，弹出“投影到面”对话框，如图 3-65 所示。该对话框中部分选项的含义如下。投影到面操作示例如图 3-66 所示。

图 3-65 “投影到面”对话框

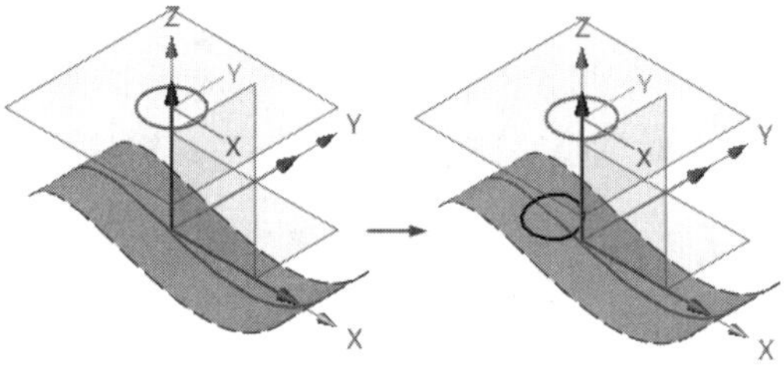

图 3-66 投影到面操作示例

（1）曲线：选择一个草图、一条曲线，或者插入草图。

（2）面：选择曲线投影的面或基准面。

（3）方向：默认情况下，投射方向垂直于表面。使用此选项定义一个不同的投射方向。

（4）双向投影：勾选该复选框，则将曲线投影在所选方向的正向和负向两个方向上。

（5）面边界修剪：勾选该复选框，则仅投影至面的修剪边界。

二、曲线分割

使用此命令，将面或造型在一条曲线或曲线的集合处进行分割。如果曲线互相交叉，则结果面上会反映出分枝。

单击“曲面”选项卡“编辑面”面板中的“曲线分割”按钮，系统弹出“曲线分割”对话框，如图 3-67 所示。该对话框中部分选项的含义如下。曲线分割操作实例如图 3-68 所示。

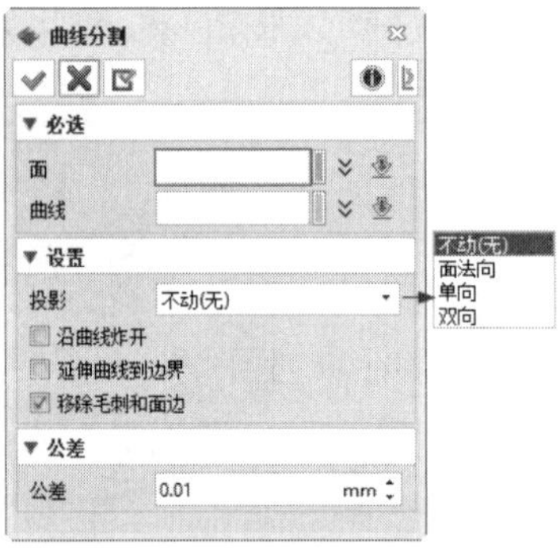

图 3-67 “曲线分割”对话框

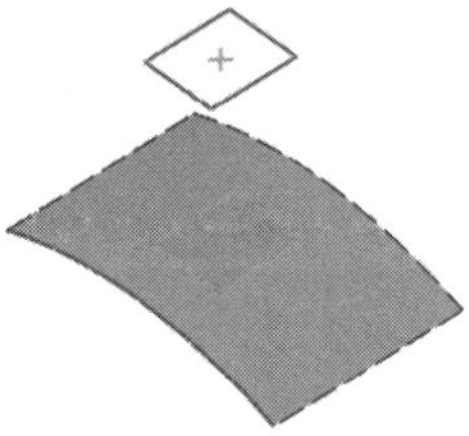

图 3-68 曲线分割操作示例

（1）面：设置选择过滤器为面或造型，然后选择要切割的面或造型。

（2）曲线：选择位于面或造型上的分割曲线。如果该字段为空且所选的面相交，则系统会自动在相交处创建分割曲线。

（3）投影：控制修剪曲线投影在目标面的方法。当命令完成时，此选项总是默认设定回到“不动（无）”。

1）不动（无）：没有投影。曲线必须位于要修剪的面上。

2）面法向：曲线在要修剪的面的法向上投影。

3）单向：设置投影方向为单向。此时需要在“方向”下拉列表中选择投影方向。

4）双向：该选项允许在所选的投影轴的正、负方向同时进行投影。如果修剪曲线与要修剪的面有交叉，则该选项可以简化此修剪过程。

（4）沿曲线炸开：勾选该复选框，则所有新的边缘曲线将不缝合该造型。

（5）延伸曲线到边界：勾选该复选框，则尽可能地将修剪曲线自动延伸至要修剪的曲面集合的边界上。延伸是线性的，并且开始于修剪曲线的端部。

如果“投影”方法设置为“不动（无）”，则勾选该复选框，“投影”方法将被重置为“面法向”。这有助于避免可能出现的曲线延伸问题。

（6）移除毛刺和面边：勾选该复选框，则删除多余的毛刺和分割面的边。一般情况下，建议用户保持默认勾选状态。

三、曲面修剪

使用此命令修剪面或造型与其他面、造型和基准面相交的部分。修剪的对象可以是自己与自己相交。该命令也可以用于修剪一个实体，但获得的结果是一个开放的造型。

单击“曲面”选项卡“编辑面”面板中的“曲面修剪”按钮，系统弹出“曲面修剪”对话框，如图 3-69 所示。该命令与“曲线分割”很相似，不同之处在于，需要选择要保留的部分。曲面修剪操作示例如图 3-70 所示。

图 3-69 “曲面修剪”对话框

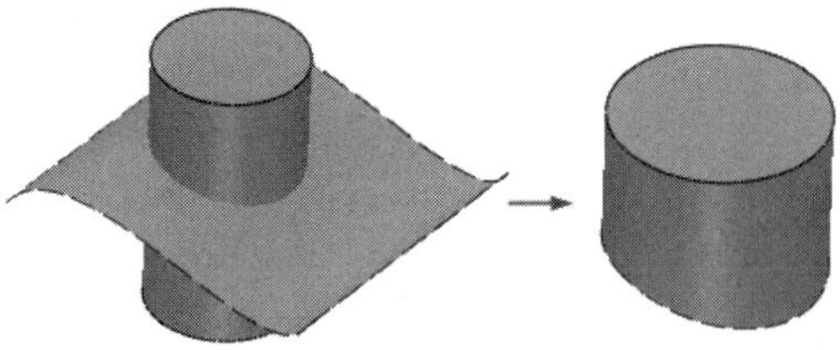

图 3-70　曲面修剪操作示例

四、直纹曲面

使用此命令根据两条曲线路径间的线性横截面创建一个直纹曲面。

单击“曲面”选项卡“基础面”面板中的“直纹曲面”按钮，系统弹出“直纹曲面”对话框，如图 3-71 所示。该对话框中部分选项的含义如下。

（1）路径 1/2：选择曲线路径。

（2）尝试剪切平面：勾选该复选框，当构建直纹曲面的两条线在同一平面上时，构建出来的直纹曲面可以用一个裁剪平面代替；若不勾选该复选框，则直纹曲面按选择的边界生成平面。

直纹曲面操作示例如图 3-72 所示。

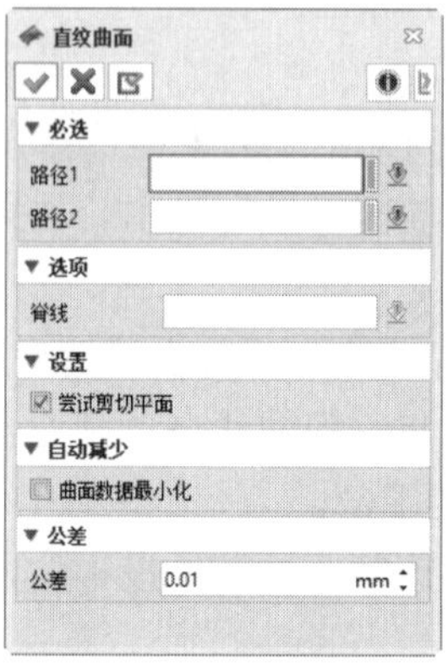

图 3-71 “直纹曲面”对话框

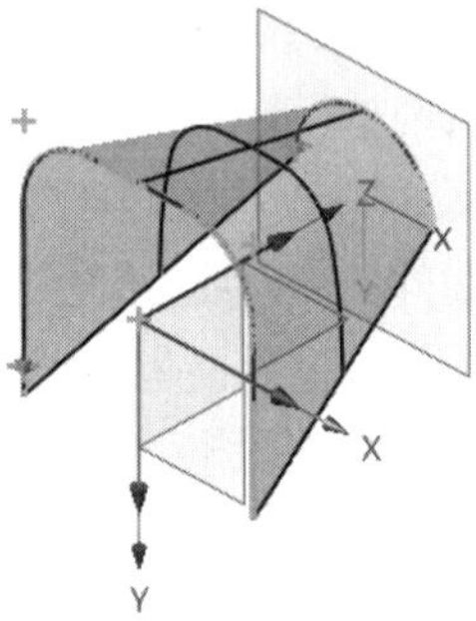

图 3-72 直纹曲面操作示例

任务三 叶轮设计

任务导入

本任务是创建图 3-73 所示的叶轮。

微课视频

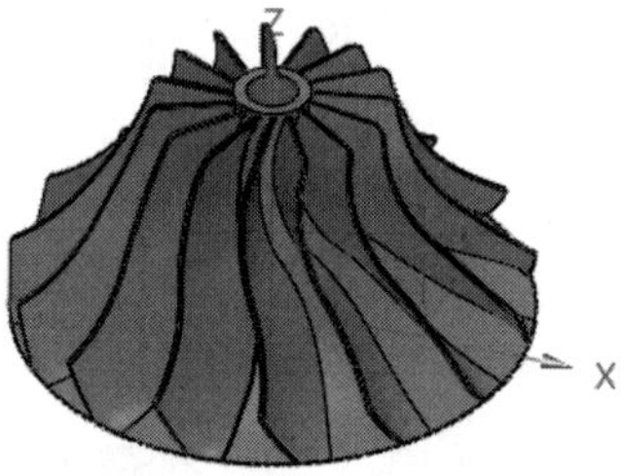

图 3-73 叶轮

学习目标

1. 学习“投影到面”“曲线列表”等命令的使用；
2. 掌握“边界曲线”“放样”命令的使用。

思路分析

本任务的目标是创建叶轮，首先创建旋转实体，再绘制草图，利用“投影到面”和“放样”命令创建放样曲面并对其进行加厚操作，然后对加厚的放样实体进行旋转切除和拉伸切除，接下来将切除后的实体进行圆角并阵列，最后利用“拉伸”和“孔”命令创建底座和中心孔。

操作步骤

（1）绘制草图 1。在默认 CSYS_XZ 平面上绘制草图 1，如图 3-74 所示。

（2）创建旋转实体。单击“造型”选项卡“基础造型”面板中的“旋转”按钮，系统弹出“旋转”对话框，选择草图 1 创建旋转实体，如图 3-75 所示。

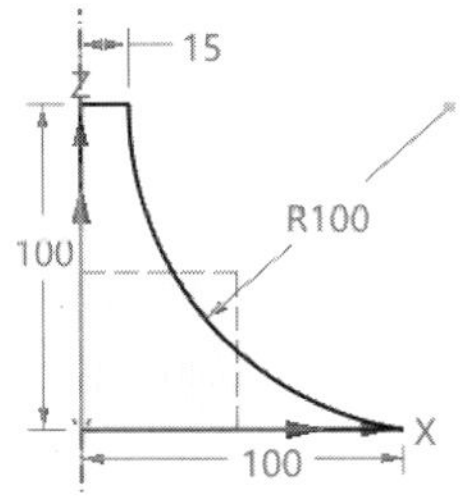

图 3-74　绘制草图 1

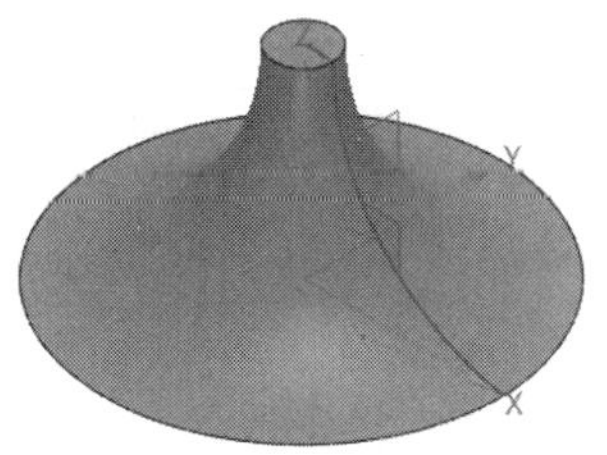

图 3-75　创建旋转实体

（3）绘制草图 2。在默认 CSYS_XZ 平面上绘制草图 2，如图 3-76 所示。

（4）创建投影曲线。单击“线框”选项卡“曲线”面板中的“投影到面”按钮，弹出“投影到面”对话框，选择草图 2 的曲线，再选择旋转曲面，设置投影方向为-Y 轴，结果如图 3-77 所示。

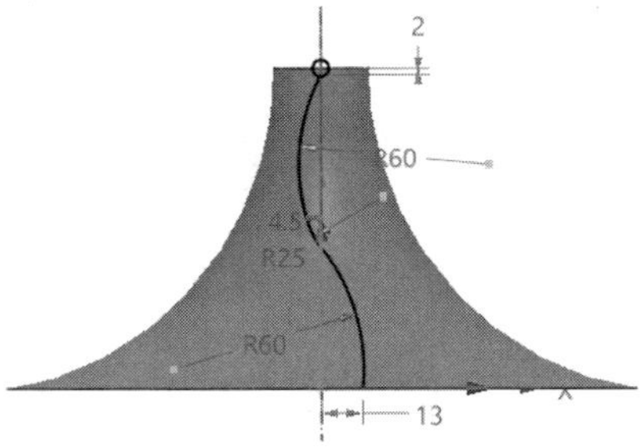

图 3-76　绘制草图 2

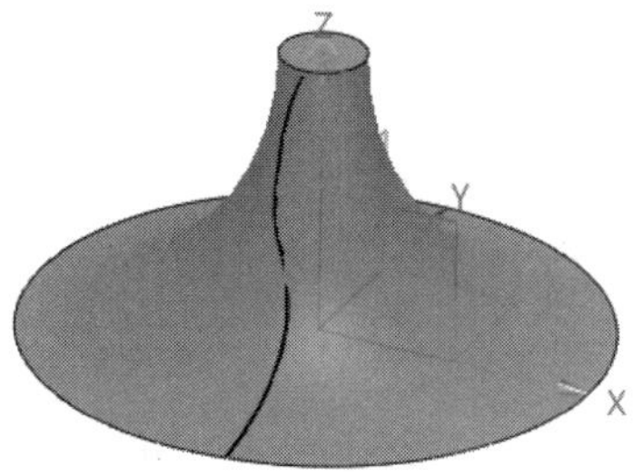

图 3-77　创建投影曲线

（5）创建曲线列表。单击“线框”选项卡“曲线”面板中的“曲线列表”按钮，弹出“曲线列表”对话框，选择投影曲线创建曲线列表。

（6）创建基准面。单击“造型”选项卡“基准面”面板中的“基准面”按钮，弹出“基准面”对话框，以默认 CSYS_XZ 为参照，偏移距离设置为“100”，创建平面 1，如图 3-78 所示。

（7）绘制草图 3。在平面 1 上绘制草图 3，如图 3-79 所示。

（8）创建放样曲面。单击“造型”选项卡“基础造型”面板中的“放样”按钮，系统弹出“放样”对话框，依次选择两条曲线，注意箭头位置和方向一致，布尔运算选择“基体”，结果如图 3-80 所示。

（9）曲面加厚。单击“造型”选项卡“编辑模型”面板中的“加厚”按钮，系统弹出“加厚”对话框，类型选择“片体”，选择上一步创建的放样曲面，选择单侧加厚，偏移设置为“2”，如图 3-81 所示。

（10）绘制草图 4。在默认 CSYS_YZ 平面上绘制草图 4，如图 3-82 所示。

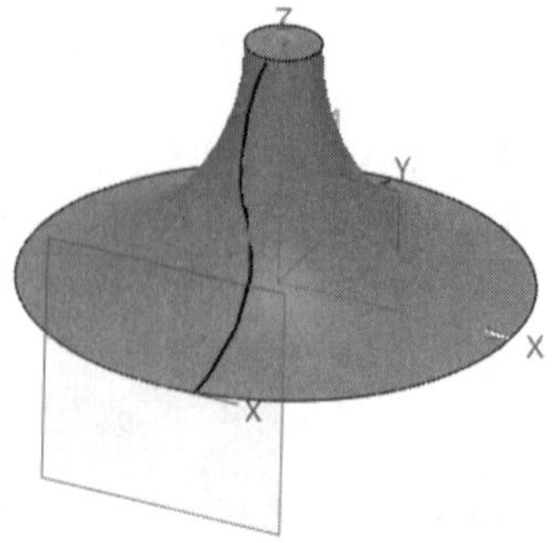

图 3-78　创建平面 1

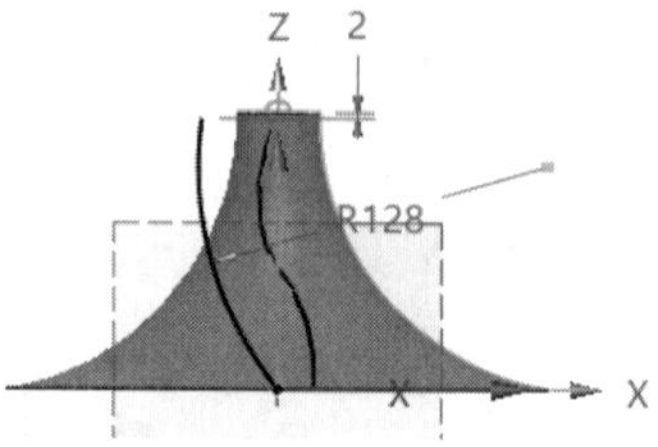

图 3-79　绘制草图 3

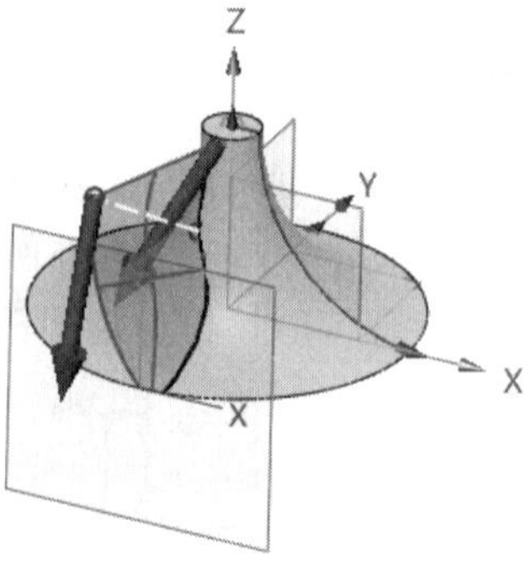

图 3-80　创建放样曲面

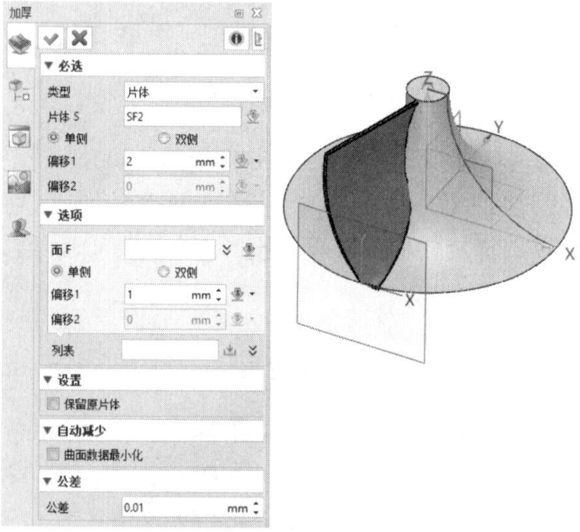

图 3-81　曲面加厚

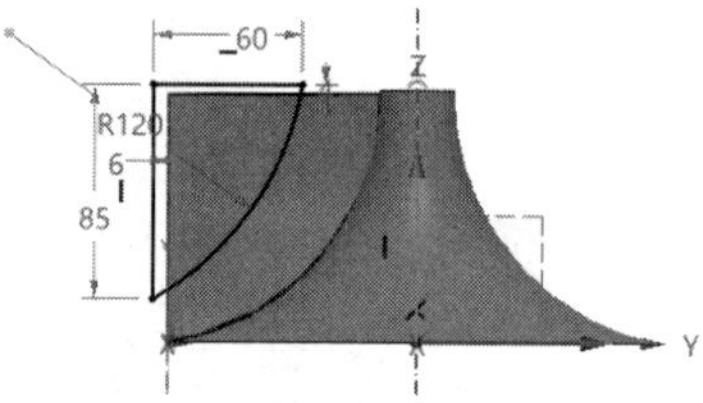

图 3-82　绘制草图 4

（11）创建旋转切除。单击“造型”选项卡“基础造型”面板中的“旋转”按钮，系统弹出“旋转”对话框，选择草图 4，选择 Z 轴作为旋转轴，旋转类型选择“1 边”，结束角度设置为“360”，布尔运算选择“减运算”，布尔造型选择加厚实体，结果如图 3-83 所示。

（12）创建边界曲线。单击“线框”选项卡“曲线”面板中的“边界曲线”按钮，弹出“边界曲线”对话框，选择旋转实体底面边线，结果如图 3-84 所示。

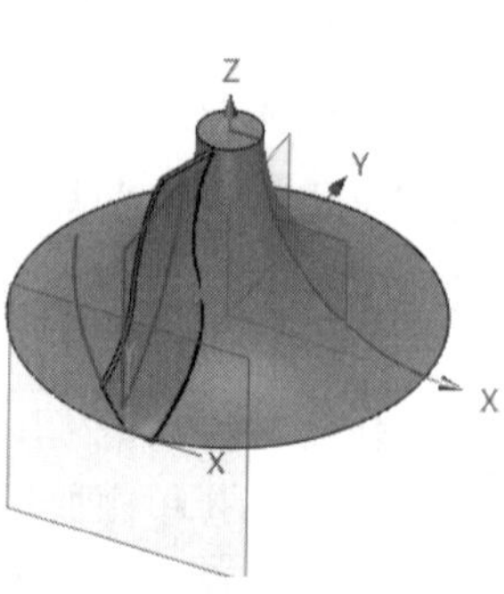

图 3-83　创建旋转切除

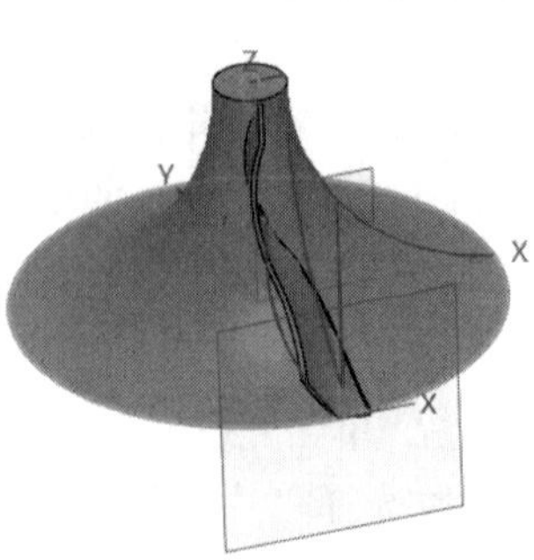

图 3-84　创建边界曲线

（13）创建拉伸切除特征。单击“造型”选项卡“基础造型”面板中的“拉伸”按钮，系统弹出“拉伸”对话框，选择边界曲线，拉伸类型选择“1 边”，结束点设置为“20”，布尔运算选择“减运算”，布尔造型选择加厚实体，如图 3-85 所示。

（14）创建圆角 1。单击“造型”选项卡“工程特征”面板中的“圆角”按钮，系统弹出“圆角”对话框，选择图 3-86 所示的两条边进行圆角，圆角半径设置为“2”，单击“应用”按钮。继续选择图 3-87 所示的边进行圆角，半径设置为“0.5”。

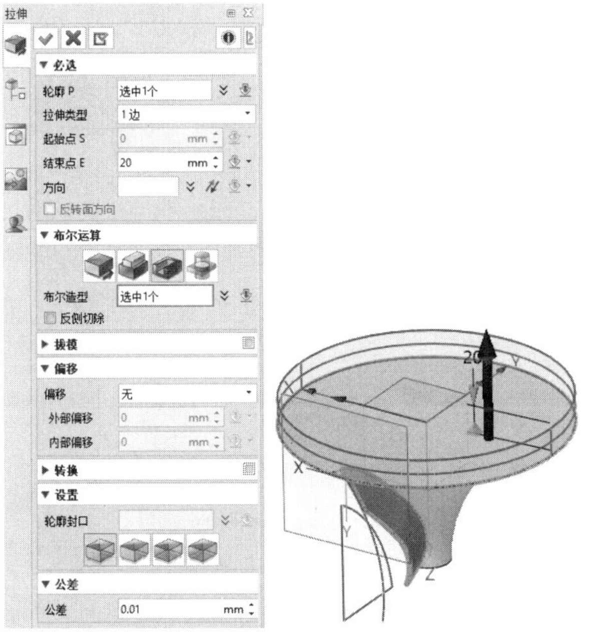

图 3-85　拉伸切除参数设置

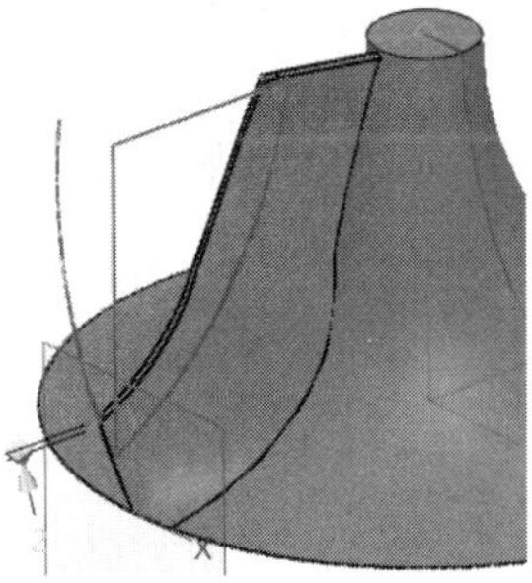

图 3-86　选择圆角边

（15）阵列几何体。单击“造型”选项卡“基础编辑”面板中的“阵列几何体”按钮，系统弹出“阵列几何体”对话框，阵列类型选择圆形阵列，基体选择加厚实体，方向选择 Z 轴，数目设置为“16”，角度为“24”，布尔运算选择“加运算”，布尔造型选择旋转实体，如图 3-88 所示。

（16）绘制草图 5。以旋转实体的底面为草绘基准面，绘制草图 5，如图 3-89 所示。

（17）创建拉伸实体。单击“造型”选项卡“基础造型”面板中的“拉伸”按钮，系统弹出“拉伸”对话框，选择草图 5 进行拉伸，高度设置为“10”，布尔运算选择“加运算”，布尔造型选择旋转实体，结果如图 3-90 所示。

（18）创建圆角 2。单击“造型”选项卡“工程特征”面板中的“圆角”按钮，系统弹出“圆角”对话框，选择图 3-91 所示的两条边进行圆角，圆角半径设置为“2”。

（19）创建孔。单击“造型”选项卡“工程特征”面板中的“孔”按钮，系统弹出“孔”对话框，孔类型选择“常规孔”，选择旋转实体顶面圆心为放置位置，孔造型选择“简单孔”，直径设置为“20”，结束端设置为“通孔”，结果如图 3-92 所示。

（20）隐藏草图和平面。在“历史”管理器中选中所有的草图和平面，右击，在弹出的快捷菜单中选择“隐藏”命令，结果如图 3-93 所示。

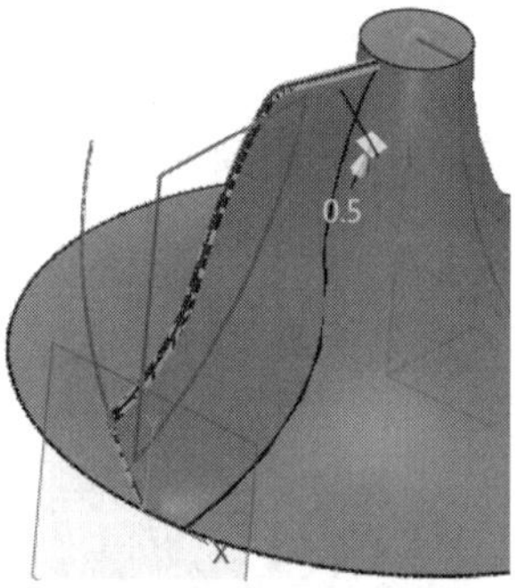

图 3-87　选择圆角边

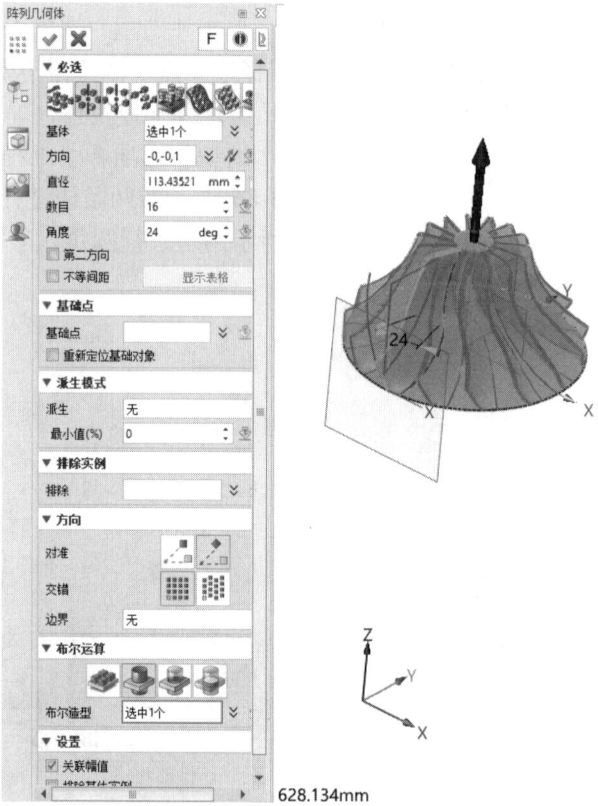

图 3-88　阵列参数设置

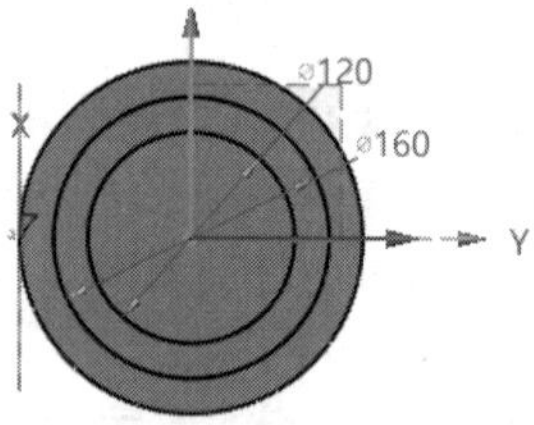

图 3-89　绘制草图 5

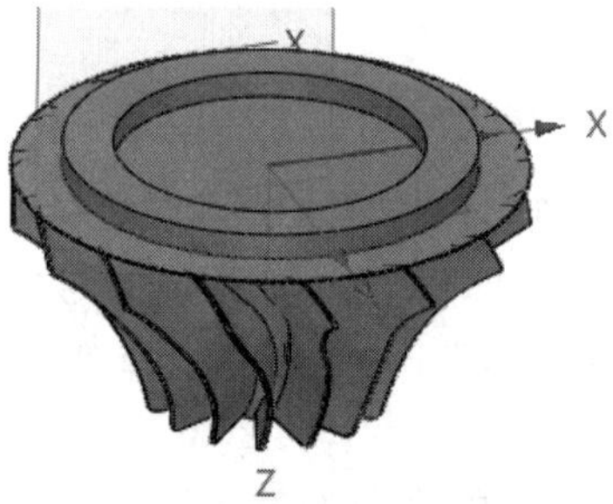

图 3-90　创建拉伸实体

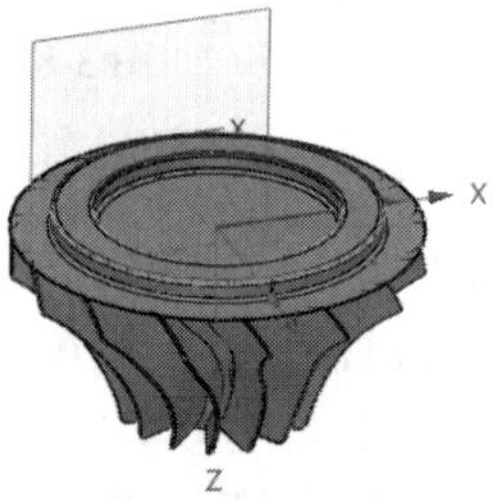

图 3-91　选择圆角边

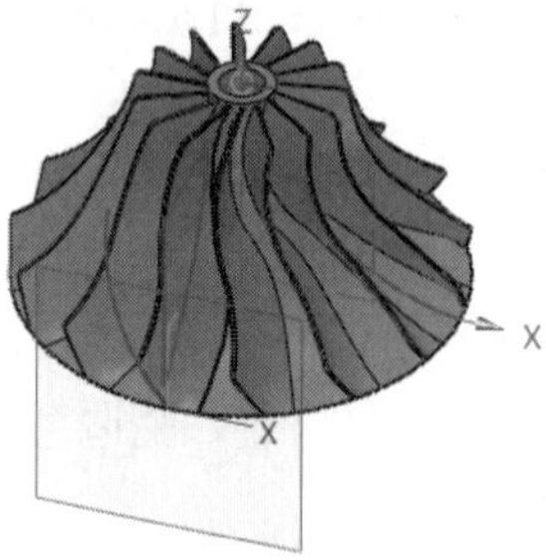

图 3-92　创建孔

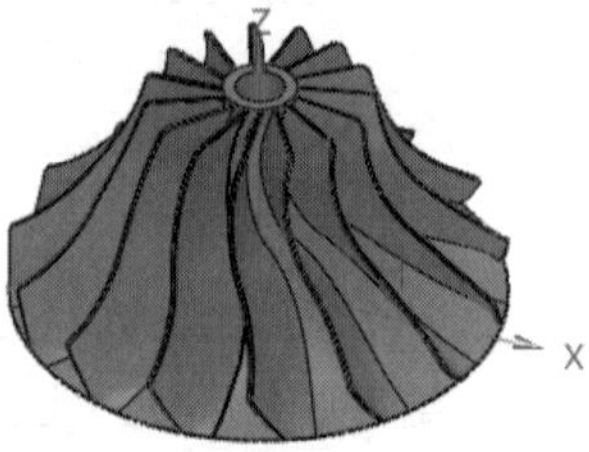

图 3-93　隐藏后的实体

知识拓展

一、投影到面

使用此命令，将曲线或草图投影在面和/或基准面上。默认情况下，曲线垂直于面或平面投影。使用“方向”选项，选择一个不同的投影方向。

单击“线框”选项卡“曲线”面板中的“投影到面”按钮，弹出“投影到面”对话框，如图 3-94 所示。该对话框中部分选项的含义如下。

（1）曲线：选择一个草图、一条曲线，或者插入草图。

（2）面：选择曲线投影的面或基准面。

（3）方向：默认情况下，投射方向垂直于表面。使用此选项定义一个不同的投射方向。如图 3-95 为默认方向投影操作示例。

（4）双向投影：勾选该复选框，则将曲线投影在所选方向的正向和负向两个方向上。

（5）面边界修剪：勾选该复选框，则仅投影至面的修剪边界。

图 3-94 “投影到面”对话框

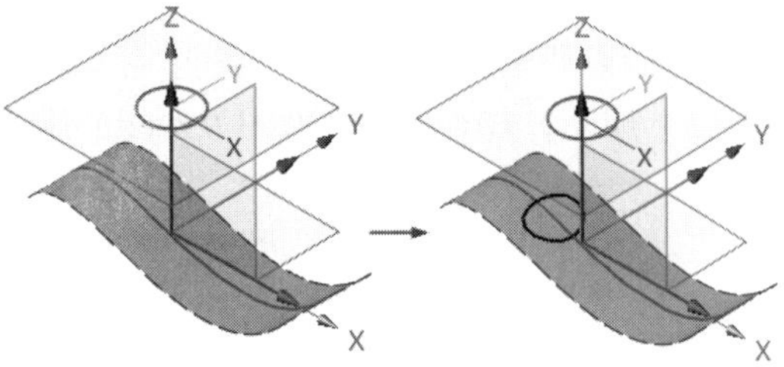

图 3-95 投影到面操作示例

二、曲线列表

在中望 3D 的某些功能中只允许选择一条曲线，而所用曲线是由多条曲线组成的，那么此时就要用“曲线列表”命令进行组合。曲线列表是从一组端到端连接的曲线或边中创建一个曲线列表。此命令仅作为选择目的使用，也在许多命令里作为输入选项。

单击“线框”选项卡“曲线”面板中的“曲线列表”按钮，弹出“曲线列表”对话框，如图 3-96 所示。该对话框中提供了 2 种创建曲线列表的方法，含义如下。

（1）来源于整个实体：使用该选项，从一组端到端连接的曲线或边中创建一个曲线列表。此命令可使多条曲线合并为一个单项选择，在创建曲面时可使用此命令。

（2）来源于相交的部分实体：该选项可自动找到所选几何体的交点，然后仅使用到交点部分曲线作为曲线列表的一部分，这样用户可以基于同一个曲线集，生成不同的曲线列表，从而得到不同的几何体。

图 3-97 为曲线列表操作示例。

图 3-96 “曲线列表”对话框

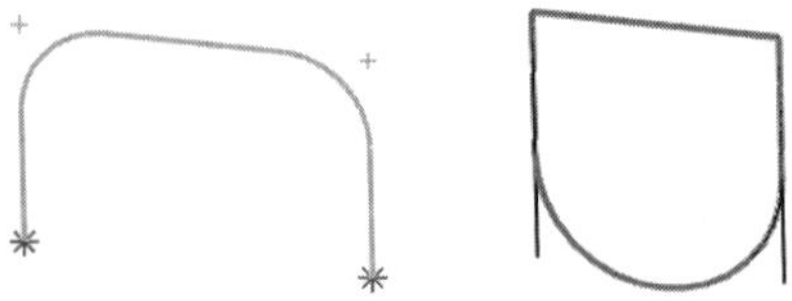

图 3-97 曲线列表操作示例

三、放样

放样是指连接多个剖面或轮廓形成的基体、凸台或切除，通过在轮廓之间进行过渡来生成特征。

单击“造型”选项卡“基础造型”面板中的“放样”按钮，系统弹出“放样”对话框，如图 3-98（a）所示。下面对该对话框中的部分选项进行介绍。

（1）必选。

1）放样类型。

①轮廓：按照需要的放样顺序来选择轮廓，确保放样的箭头指向同一个方向。此时，“必选”选项组如图 3-98（a）所示，操作示例如图 3-99（a）所示。

②起点和轮廓：选择放样的起点并按顺序选择要放样的轮廓。此时，“必选”选项组如图 3-98（b）所示，操作示例如图 3-99（b）所示。

③终点和轮廓：按顺序选择要放样的轮廓并选择放样的终点。此时，“必选”选项组如图 3-98（c）所示，操作示例如图 3-99（c）所示。

④首尾端点和轮廓：选择放样的起点和终点及要放样的轮廓。此时，“必选”选项组如图 3-98（d）所示，操作示例如图 3-99（d）所示。

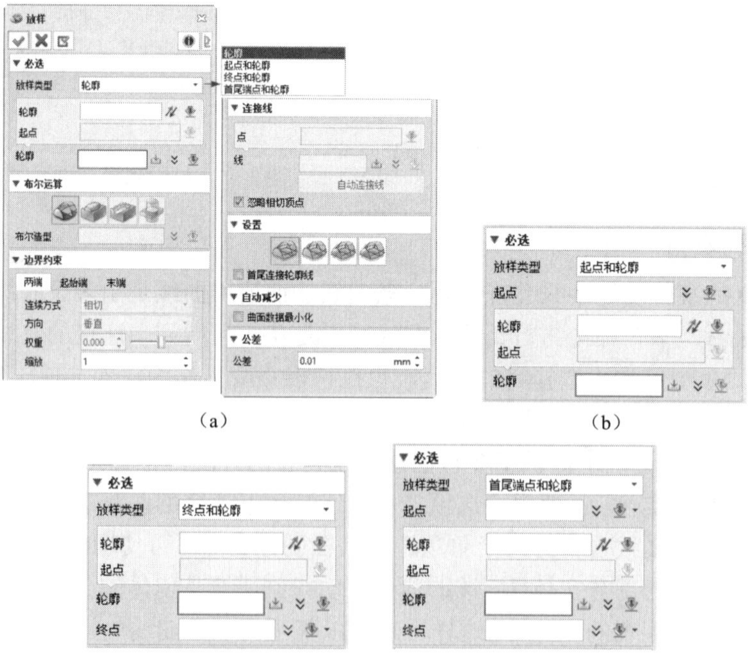

（a）（b）（c）（d）

图 3-98 “放样”对话框

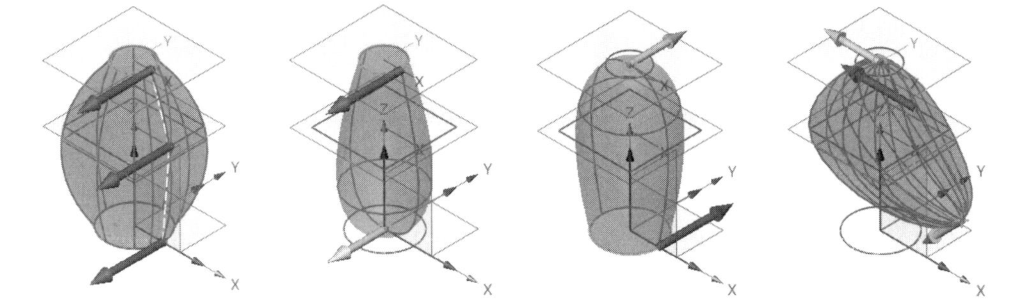

（a） （b） （c） （d）

图 3-99 放样类型操作示例

（a）轮廓；（b）起点和轮廓；（c）终点和轮廓；（d）首尾端点和轮廓

2）轮廓：选择要放样的轮廓，可以是草图、曲线或边等。一个轮廓选择完成后，单击鼠标中键，继续选择下一个轮廓。

3）起点：选择放样的起点。

4）终点：选择放样的终点。

4）轮廓：显示选中的轮廓数。

（2）边界约束。

1）“两端”选项卡。

①连续方式：在放样的两端指定连续性级别。可供选择连续方式有以下几个。

- 无：此连续方式仅用于强制放样两端边线位置，操作示例如图 3-100（a）所示。
- 相切：此连续方式仅用于强制放样两端边位置，并使在放样与两端边线的面相切连续，操作示例如图 3-100（b）所示。
- 曲率：此连续方式仅用于强制放样两端边线位置，并使在放样与两端边线的面相切连续和曲率连续，操作示例如图 3-100（c）所示。
- 流：此连续方式仅用于强制放样两端边线位置，并使在放样与两端边线的面 G3 曲率变化率连续，操作示例如图 3-100（d）所示。

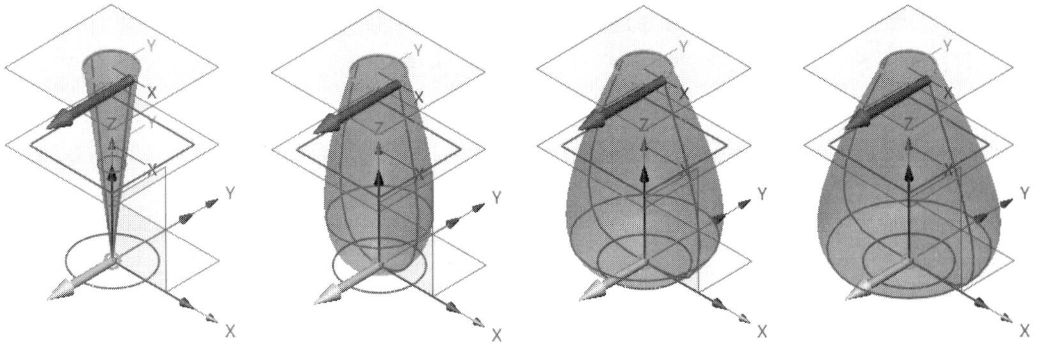

（a） （b） （c） （d）

图 3-100 连续方式操作示例

（a）无；（b）相切；（c）曲率；（d）流

②方向：使用此选项定义放样在开始和结束轮廓采用的方向。默认情况下，方向垂直于轮廓平面。

③权重：该选项决定了强制相切影响的放样量（例如放样回到它的正常曲率前有多长）。移动权重滑块指定权重值。当移动权重滑块时，放样结果的预览回应也在自动调整。

④缩放：此缩放因子是对使用权重滑块的补充。只有当权重滑块的极限位置在设计任务中不够时，才需使用此缩放因子。

2）“起始端”和“末端”选项卡。

单击“起始端”选项卡，如图 3-101 所示。“末端”选项卡和“起始端”选项卡的选项相同。“起始端”选项卡中的大多数选项可参照“两端”选项卡，下面仅对“侧面”选项进行介绍。

侧面：切换哪个面用于相切。如果上面的连续方式设置为“无”，当在边缘上只有单一的面时，该选项是灰色的。

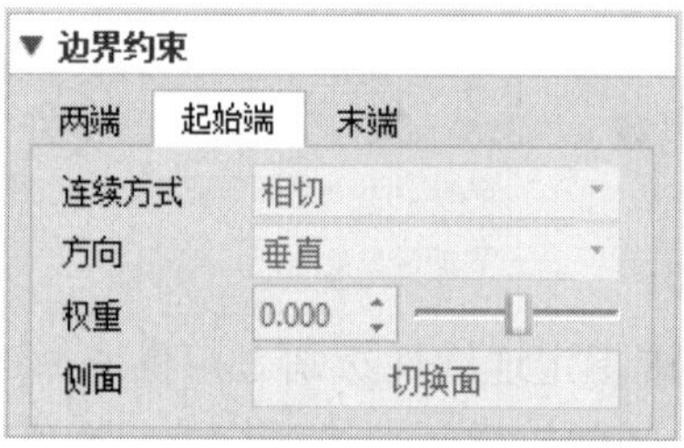

图 3-101 “起始端”选项卡

（2）连接线。

连接线用于在“放样”命令中匹配轮廓。需要注意的是，如果从“放样”命令中退出，则所有已创建的连接线将被撤销。

1）点：使用该选项选择两个点连接成线。

2）线：使用该选项存储多条连接线。用户可在此处添加、修改或删除连接线。

3）自动连接线：单击该按钮创建一组默认连接线。该按钮与预览一起，可让用户预览在执行“标准放样”命令时轮廓如何相互匹配（无连接线情况下）。有时这样的预览会提醒用户，放样在尝试匹配轮廓时遇到的问题。

4）忽略相切顶点：如果不想在草图轮廓上使用顶点相切，则勾选此复选框。如果勾选此复选框，则放样的面将跨过切线顶点。

四、边界曲线

使用此命令，从现有的面边线创建曲线。在某些情况下，系统识别圆和圆弧边线，并创建适当的曲线类型。

单击“线框”选项卡“曲线”面板中的“边界曲线”按钮，弹出“边界曲线”对话框，如图 3-102 所示。边界曲线操作示例如图 3-103 所示。

图 3-102　“边界曲线”对话框

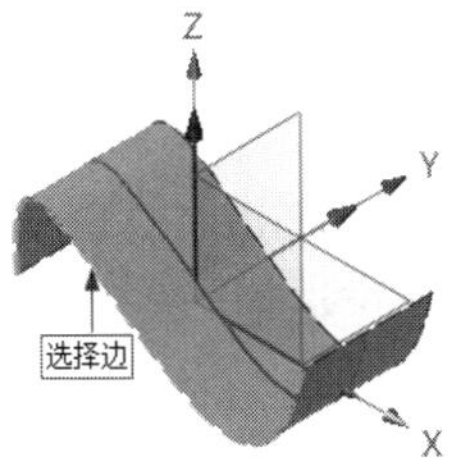

图 3-103　边界曲线操作示例

任务四　小水瓶设计

任务导入

本任务是绘制图 3-104 所示的小水瓶。

微课视频

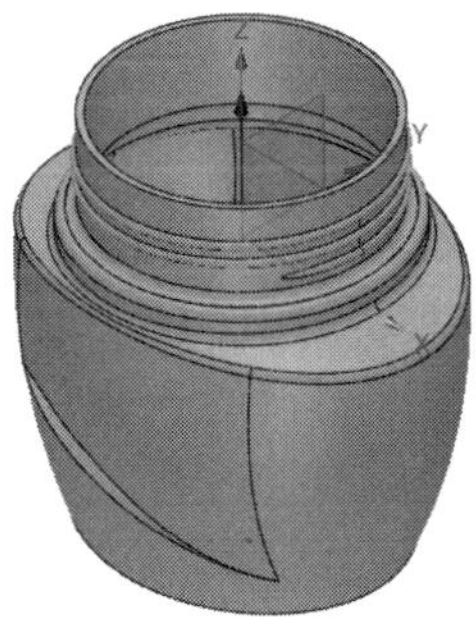

图 3-104　小水瓶

学习目标

1. 学习“合并投影”“曲线修剪”“投影到面”和“分割边”命令的使用；
2. 学习“反转曲面方向”“修剪平面”“缝合”等编辑面命令的操作方法；
3. 掌握“抽壳”“隐藏”命令的使用。

思路分析

本任务的目标是绘制小水瓶。首先创建拉伸实体，然后创建 UV 曲面并对其进行修剪，接下来创建 UV 曲面进行补面，再创建修剪平面并对所有曲面进行缝合，然后创建拉伸凸台和拉伸切除特征并进行圆角和抽壳，最后创建瓶口螺纹。

操作步骤

（1）新建文件。单击“快速入门”选项卡“开始”面板中的“新建”按钮，系统弹出“新建文件”对话框，选择“零件/装配”选项，设置文件名称为“小水瓶”，单击“确认”按钮，进入零件设计界面。

（2）绘制草图 1。单击“造型”选项卡“基础造型”面板中的“草图”按钮，系统弹出“草图”对话框，在绘图区选择“默认 CSYS_XY”平面为草绘基准面，单击“确定”按钮✔，进入草绘环境，绘制草图 1，如图 3-105 所示。

（3）创建平面 1。单击“造型/曲面/线框”选项卡“基准面”面板中的“基准面”按钮，系统弹出“基准面”对话框，选择基准面的绘制方式为“偏移平面”，选择“默认 CSYS_YZ”平面为基准面，设置偏移距离为“40”，如图 3-106 所示。单击“确定”按钮✔，平面 1 创建完成。

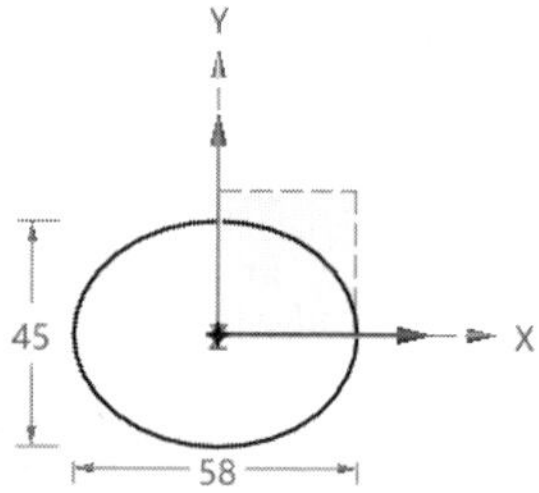

图 3-105　绘制草图 1

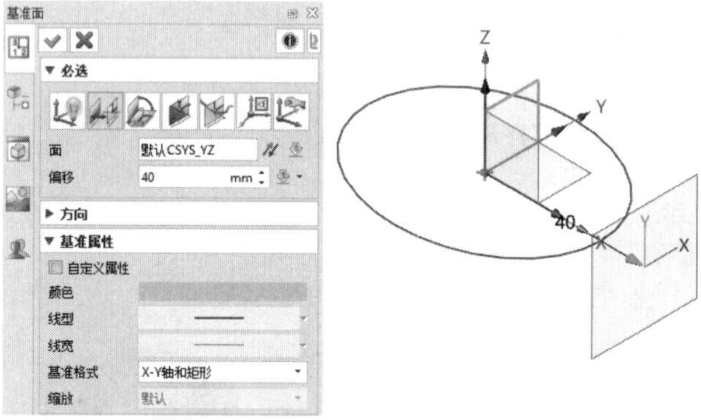

图 3-106　平面 1 参数设置

（4）绘制草图 2。单击“造型”选项卡“基础造型”面板中的“草图”按钮，系统弹出“草图”对话框，在绘图区选项“平面 1”作为草绘基准面，单击“确定”按钮✔，进入草绘环境，绘制草图 2，如图 3-107 所示。

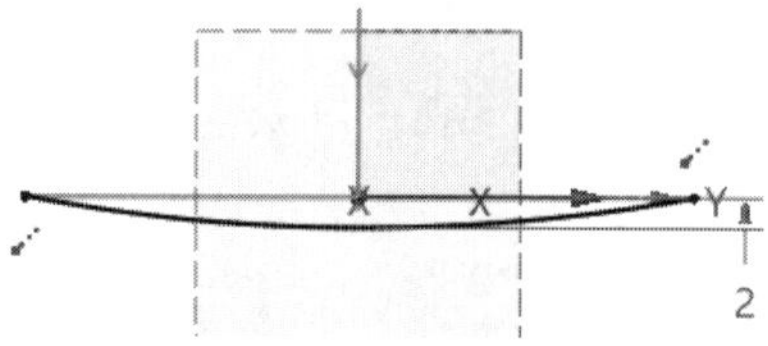

图 3-107　绘制草图 2

（5）合并投影。单击“线框”选项卡“曲线”面板中的“合并投影”按钮，弹出“合并投影”对话框，曲线 1 选择“草图 1”，投影方向选择-Z 轴，曲线 2 选择“草图 2”，投影方向选择-X 轴，如图 3-108 所示。单击“确定”按钮✔，隐藏草图 1、草图 2 和平面 1 后的结果如图 3-109 所示。

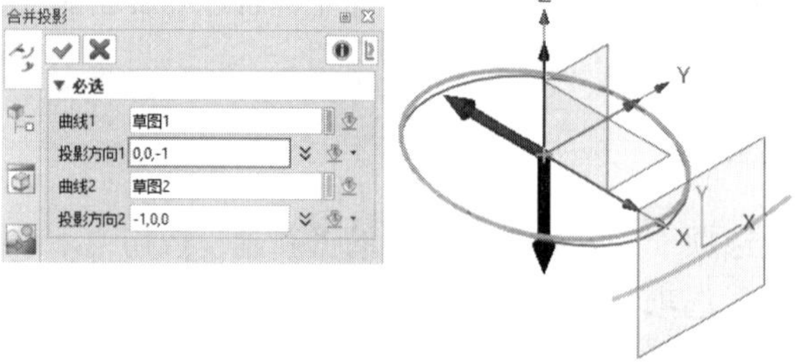

图 3-108　合并投影参数设置

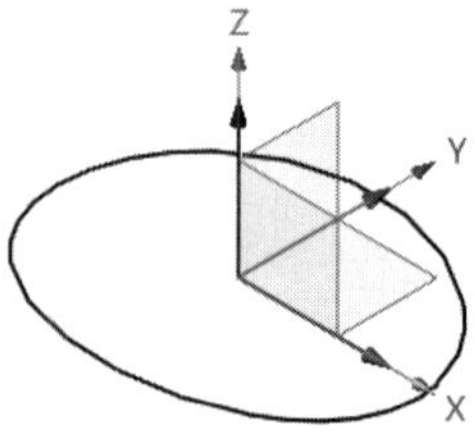

图 3-109　合并投影

（6）创建拉伸基体。单击“造型”选项卡“基础造型”面板中的“拉伸”按钮，系统弹出“拉伸”对话框，单击“轮廓 P”后面的“下拉”按钮，在弹出的下拉列表中选择“草图”选项，如图 3-110 所示。系统弹出“草图”对话框，单击鼠标中键，系统自动选择“默认 CSYS_XY”平面作为草绘基准面，绘制草图 3，如图 3-111 所示。单击“退出”按钮，返回“拉伸”对话框，设置拉伸类型为“2 边”，起始点设置为“1”，结束点设置为“4.6”，轮廓封口选择“开放”，如图 3-112 所示。单击“确定”按钮，结果如图 3-113 所示。

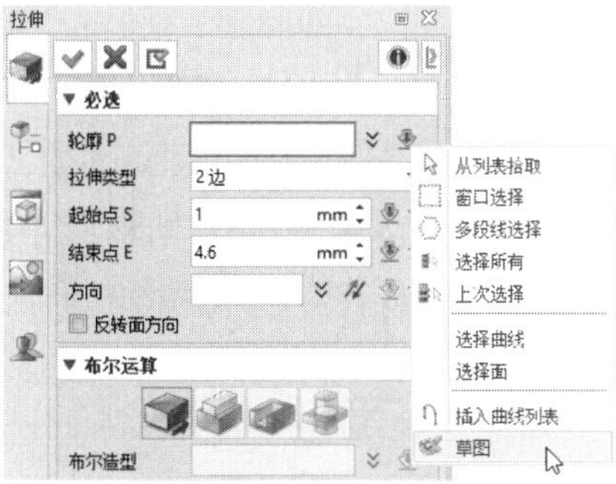

图 3-110　选择“草图”选项

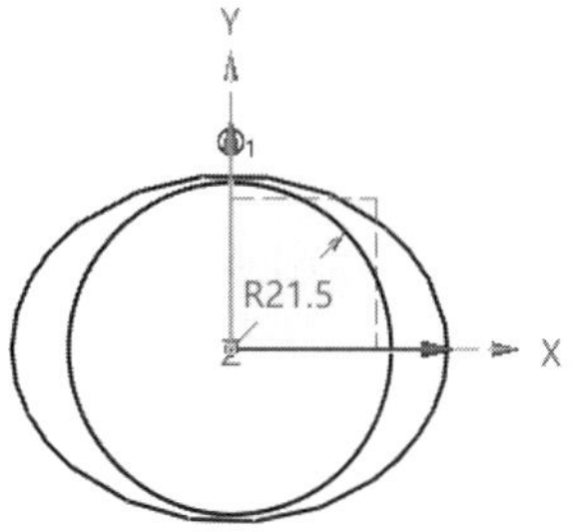

图 3-111　绘制草图 3

图 3-112　拉伸参数设置

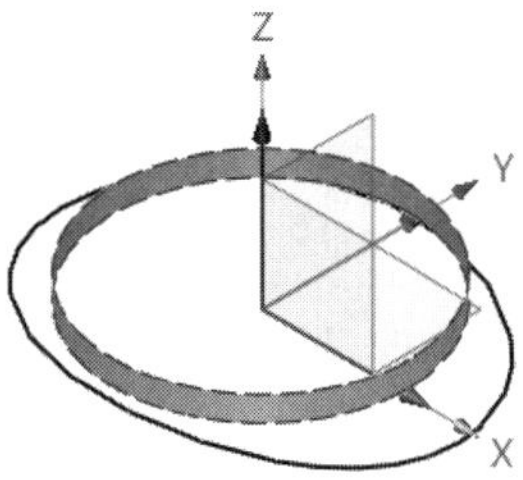

图 3-113　创建拉伸基体

（7）绘制草图 4。单击“造型”选项卡“基础造型”面板中的“草图”按钮，系统弹出“草图”对话框，在绘图区选择“默认 CSYS_XZ”平面作为草绘基准面，单击“确定”按钮，进入草绘环境，绘制草图 4，如图 3-114 所示。

（8）绘制草图 5。单击“造型”选项卡“基础造型”面板中的“草图”按钮，系统弹出“草图”对话框，在绘图区选择“默认 CSYS_YZ”平面作为草绘基准面，单击“确定”按钮，进入草绘环境，绘制草图 5，如图 3-115 所示。

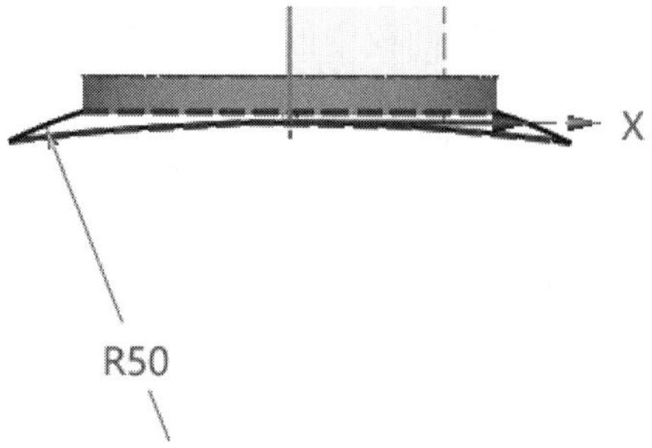

图 3-114　绘制草图 4

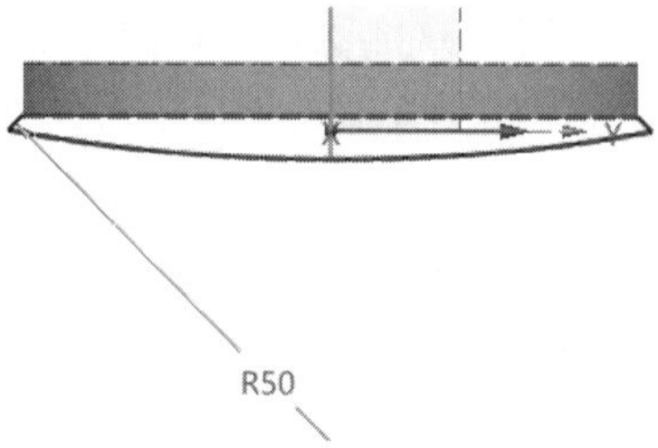

图 3-115　绘制草图 5

（9）创建 U/V 曲面 1。单击“曲面”选项卡“基础面”面板中的“U/V 曲面”按钮，系统弹出“U/V 曲面”对话框，在选择工具栏的“过滤器列表”中选择“曲线”，然后 U 方向选择草图 4 和草图 5 的 4 条曲线，V 方向选择草图 3 和合并投影曲线的两条曲线，如图 3-116 所示。单击“确定”按钮，结果如图 3-117 所示。

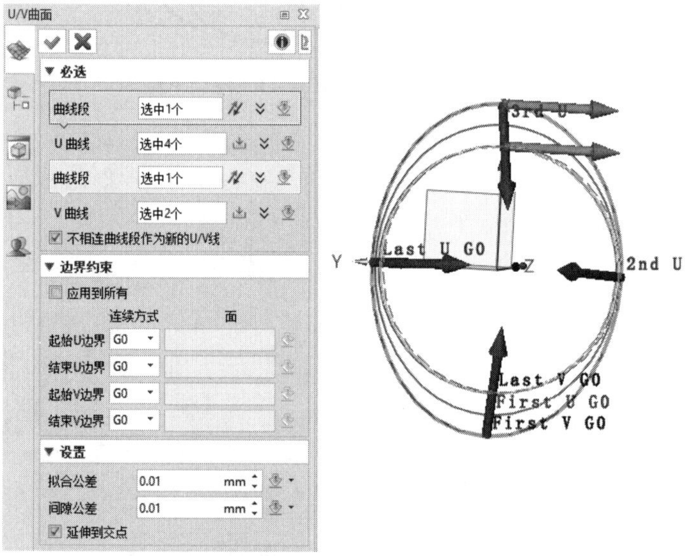

图 3-116　U/V 曲面 1 参数设置

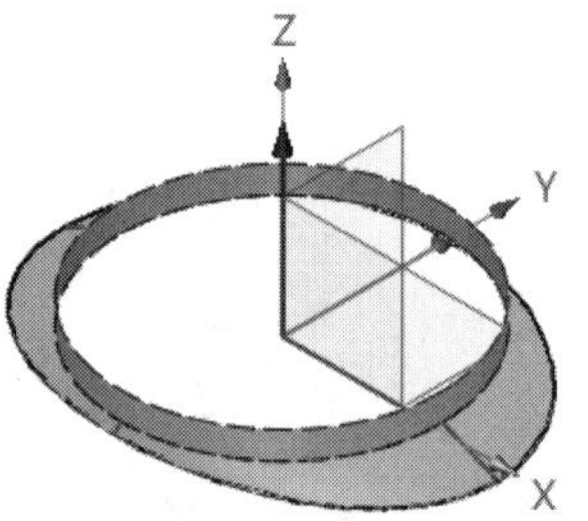

图 3-117　创建 U/V 曲面 1

（10）创建平面 2。单击“造型/曲面/线框”选项卡“基准面”面板中的“基准面”按钮，系统弹出“基准面”对话框，选择基准面的绘制方式为“偏移平面”，选择“默认 CSYS_XY”平面为基准面，设置偏移距离为“-38”，单击“确定”按钮，平面 2 创建完成，如图 3-118 所示。

（11）绘制草图 6。单击“造型”选项卡“基础造型”面板中的“草图”按钮，系统弹出“草图”对话框，在绘图区选择“平面 2”作为草绘基准面，单击“确定”按钮，进入草绘环境，绘制草图 6，如图 3-119 所示。

（12）绘制草图 7。单击“造型”选项卡“基础造型”面板中的“草图”按钮，系统弹出“草图”对话框，在绘图区选择“默认 CSYS_XZ”平面作为草绘基准面，单击“确定”按钮，进入草绘环境，绘制草图 7，如图 3-120 所示。

（13）绘制草图 8。单击“造型”选项卡“基础造型”面板中的“草图”按钮，系统弹出“草图”对话框，在绘图区选择“默认 CSYS_YZ”平面作为草绘基准面，单击“确定”按钮，进入草绘环境，绘制草图 8，如图 3-121 所示。

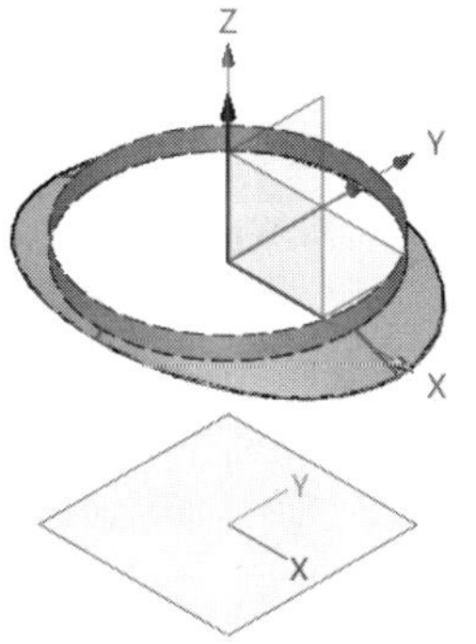

图 3-118　创建平面 2

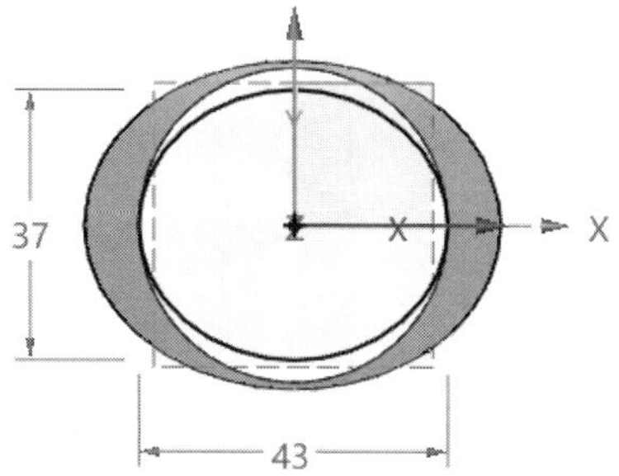

图 3-119　绘制草图 6

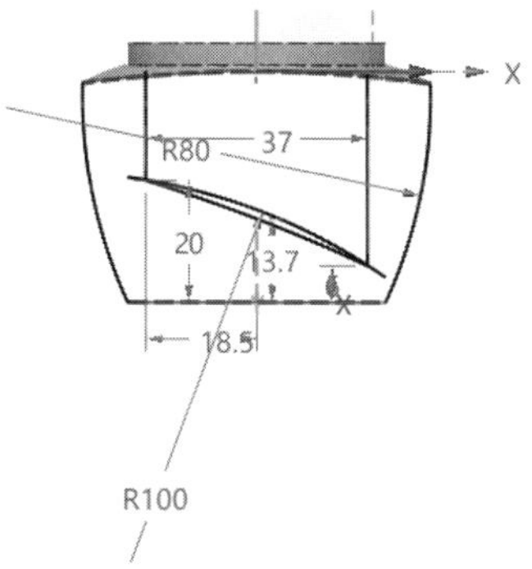

图 3-120　绘制草图 7

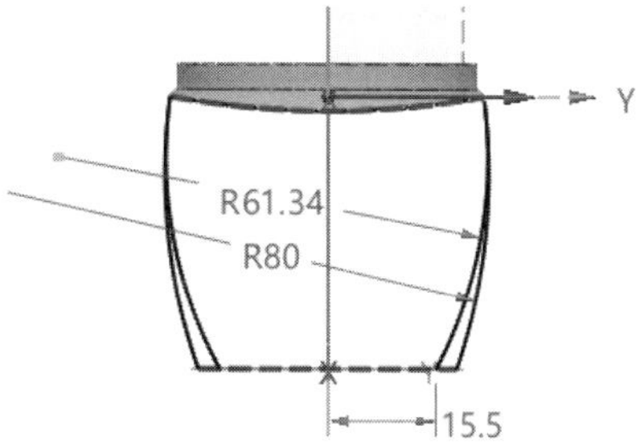

图 3-121　绘制草图 8

（14）创建 U/V 曲面 2。单击“曲面”选项卡“基础面”面板中的“U/V 曲面”按钮，系统弹出“U/V 曲面”对话框，在选择工具栏的“过滤器列表”中选择“曲线”，然后 U 方向选择草图 7 和草图 8 中的 4 条曲线，V 方向选择草图 6 和合并投影曲线的两条曲线，如图 3-122 所示。单击“确定”按钮，结果如图 3-123 所示。

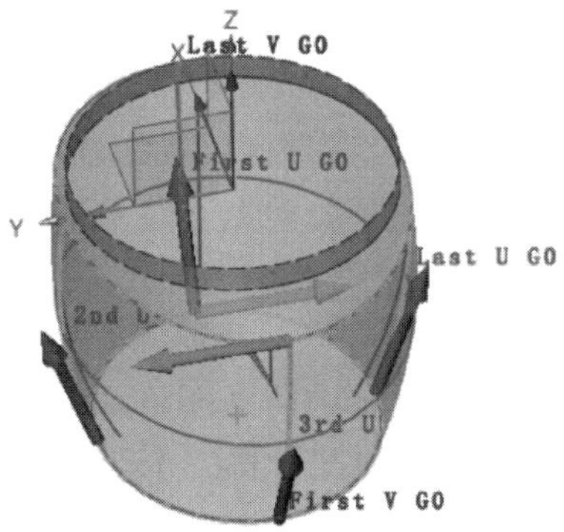

图 3-122　选择曲线

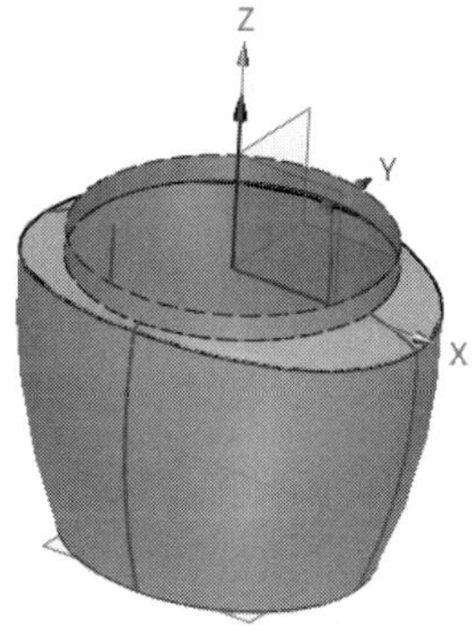

图 3-123　创建 U/V 曲面 2

（15）修剪曲面。单击“曲面”选项卡“编辑面”面板中的“曲线修剪”按钮，系统弹出“曲线修剪”对话框，选择 U/V 曲面 2 为被修剪的面，在选择工具栏的“过滤器列表”中选择“曲线”，然后选择图 3-124 所示的曲线，与之相连的曲线则全被选中，单击“确定”按钮，结果如图 3-125 所示。

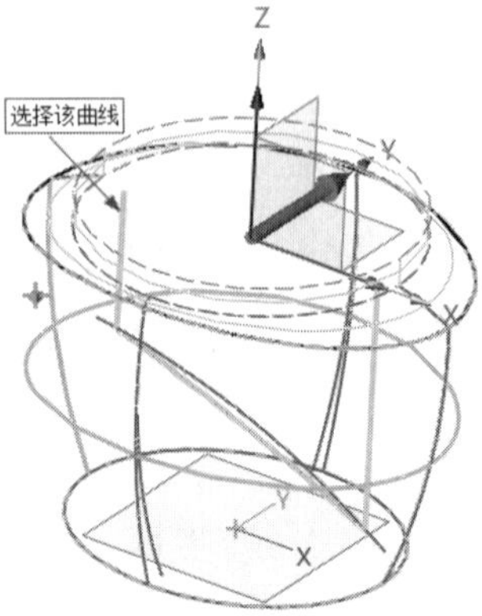

图 3-124　选择面和曲线

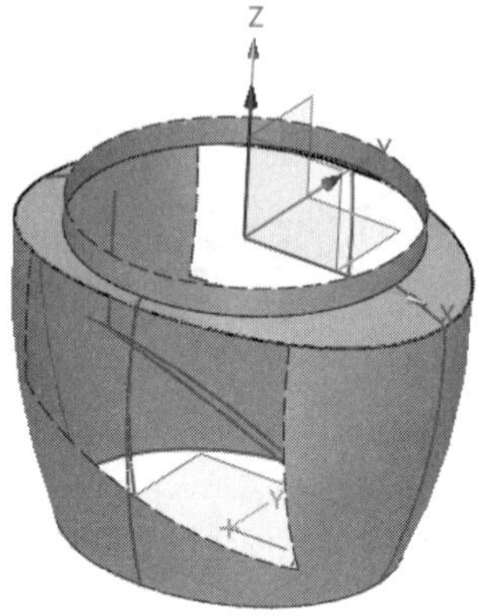

图 3-125　修剪结果

（16）创建投影曲线。单击“线框”选项卡“曲线”面板中的“投影到面”按钮，弹出“投影到面”对话框，选择图 3-126 所示的面 1 和曲线 1 进行投影，投影方向为-Y 轴，生成投影曲线，如图 3-127 所示。

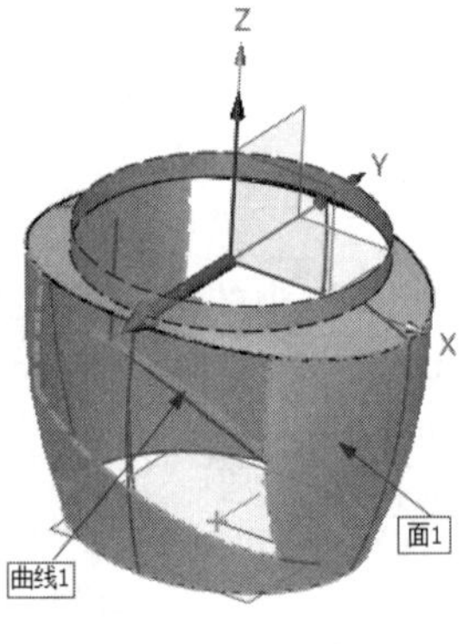

图 3-126　选择投影面和曲线

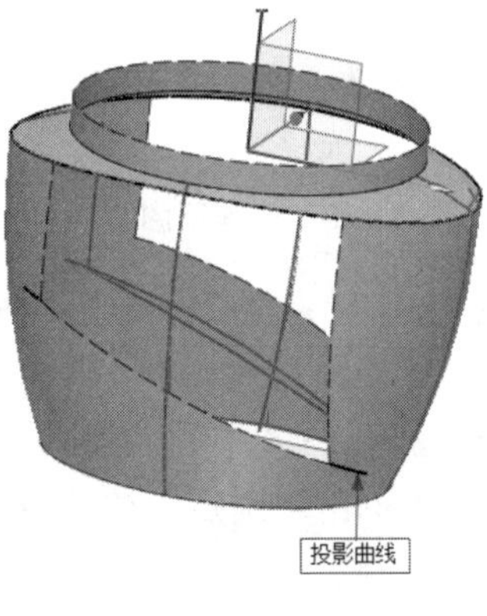

图 3-127　投影曲线

（17）创建拉伸曲面。单击“造型”选项卡“基础造型”面板中的“拉伸”按钮，系统弹出“拉伸”对话框，轮廓选择图 3-126 中的曲线 1，设置拉伸类型为“2 边”，起始点设置为“32.2”，结束点设置为“4.6”，如图 3-128 所示。单击“确定”按钮，结果如图 3-129 所示。

（18）绘制样条曲线。单击“线框”选项卡“曲线”面板中的“样条曲线”按钮，系统弹出“样条曲线”对话框，选择“通过点”选项，选择图 3-130 所示的 3 点绘制曲线，并调整两端点与两端曲线相切。

（19）分割边。单击“曲面”选项卡“编辑面”面板中的“分割边”按钮，系统弹出“分割边”对话框，选择图 3-131 所示的边，将其在点 1 处分割。采用同样的方法，再将边在图 3-132 所示的点 2 处分割。

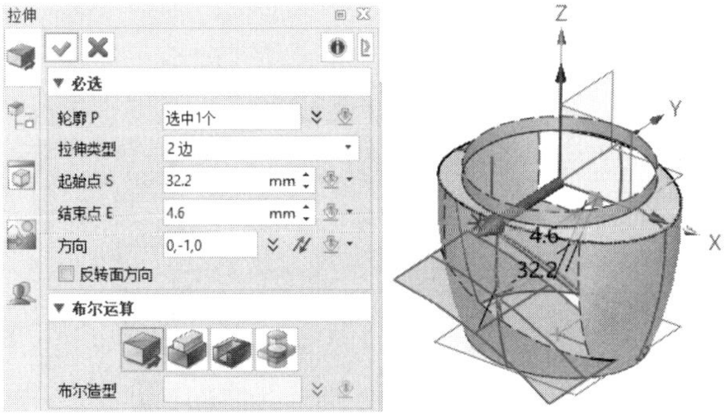

图 3-128　拉伸曲面参数设置

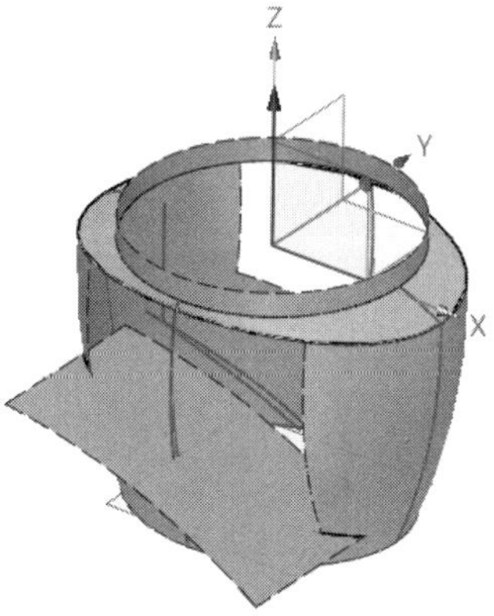

图 3-129　创建拉伸曲面

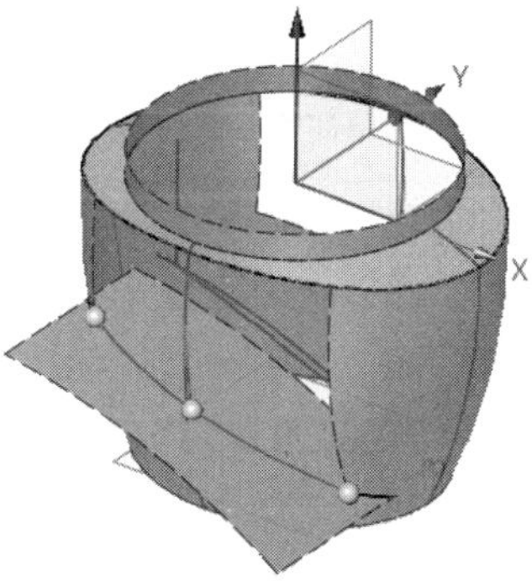

图 3-130　选择 3 点

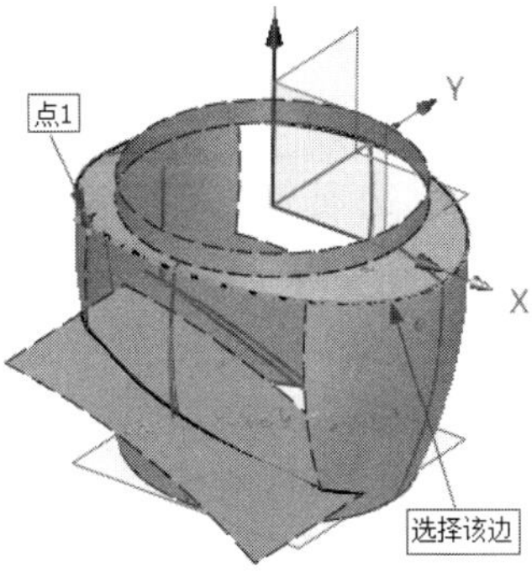

图 3-131　选择边和点 1

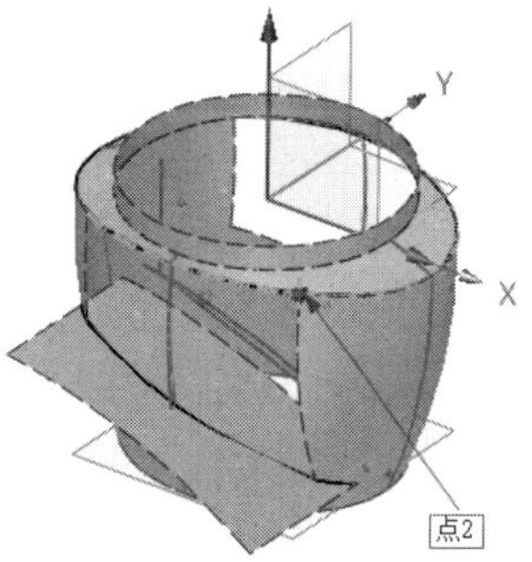

图 3-132　选择点 2

（20）创建 U/V 曲面 3。单击“曲面”选项卡“基础面”面板中的“U/V 曲面”按钮，系统弹出“U/V 曲面”对话框，然后选择 U 方向的边和曲线，选择 V 方向的边和曲线，如图 3-133 所示。单击“确定”按钮，结果如图 3-134 所示。

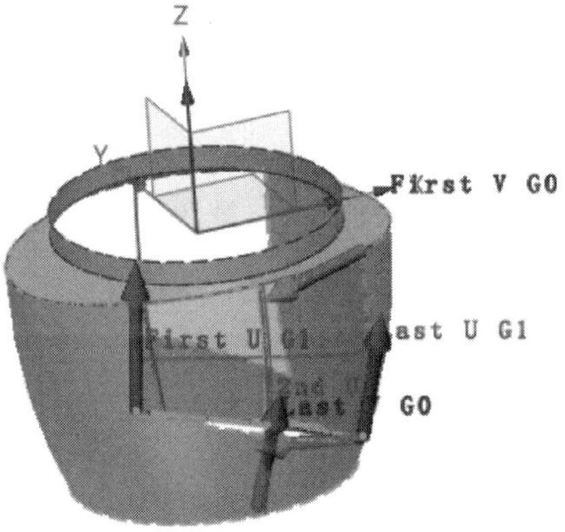

图 3-133　选择边和曲线

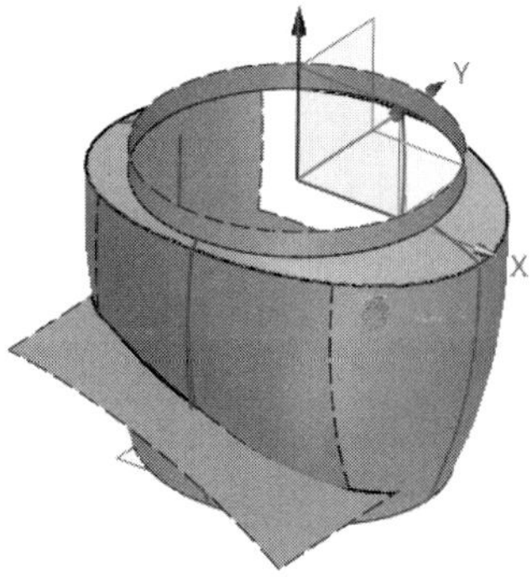

图 3-134　创建 U/V 曲面 3

注意：选择边和曲线时注意选择工具工具栏中的“过滤器列表”中的“曲线”和“边”的切换。

（21）创建 U/V 曲面 4。单击“曲面”选项卡“基础面”面板中的“U/V 曲面”按钮，系统弹出“U/V 曲面”对话框，然后选择 U 方向的边和曲线，选择 V 方向的边和曲线，如图 3-135 所示。单击“确定”按钮，结果如图 3-136 所示。

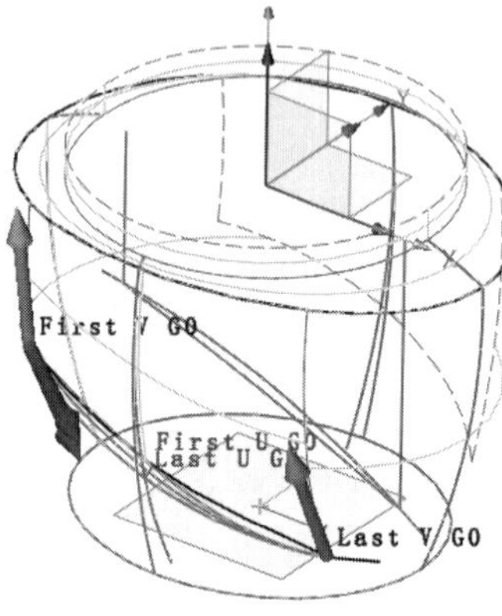

图 3-135　选择边和曲线

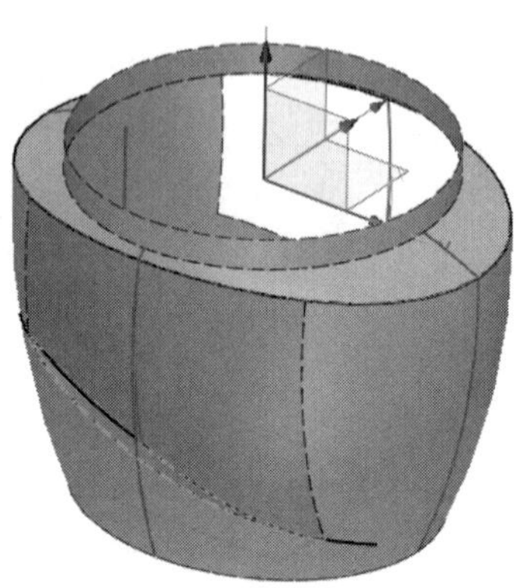

图 3-136　创建 U/V 曲面 4

（22）镜像几何体。单击“曲面”选项卡“基础编辑”面板中的“镜像几何体”按钮，系统弹出“镜像几何体”对话框，选择 U/V 曲面 3 和 U/V 曲面 4 进行镜像，镜像平面选择默认 CSYS_XZ 平面，结果如图 3-137 所示。

（23）反转曲面方向。单击“曲面”选项卡“编辑面”面板中的“反转曲面方向”按钮，系统弹出“反转曲面方向”对话框，选择 U/V 曲面 3 和 U/V 曲面 4，单击“确定”按钮，结果如图 3-138 所示。

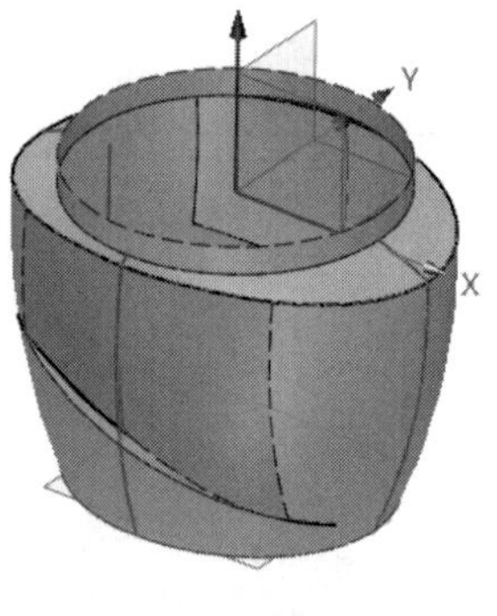

图 3-137　镜像几何体

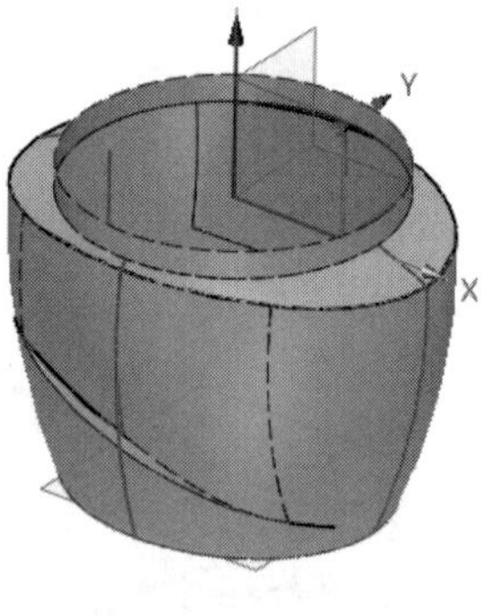

图 3-138　反转曲面方向

（24）创建修剪平面 1。单击“曲面”选项卡“基础面”面板中的“修剪平面”按钮，系统弹出“修剪平面”对话框，选择图 3-139 所示的曲线创建平面，结果如图 3-140 所示。

（25）创建修剪平面 2。采用同样的方法，选择图 3-141 所示的曲线创建修剪平面 2。

（26）曲面缝合。单击“曲面”选项卡“编辑面”面板中的“缝合”按钮，系统弹出“缝合”对话框，选择修剪后的 U/V 曲面 2 作为基体，选择所有曲面作为合并体，单击“确定”按钮，缝合完成。

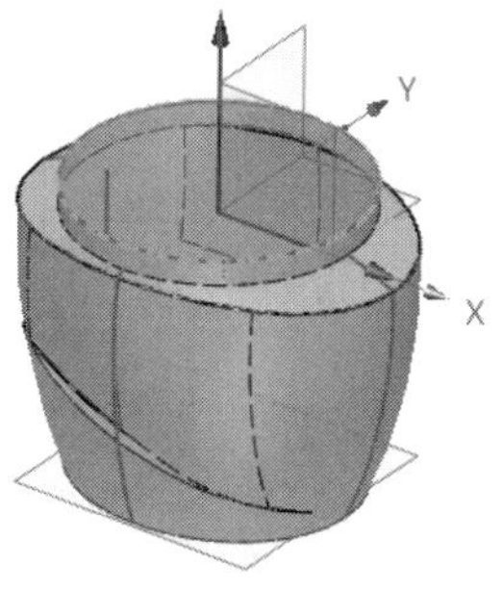

图 3-139　选择曲线

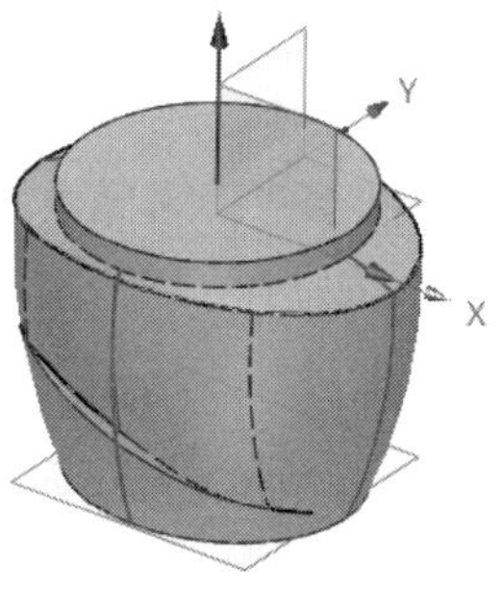

图 3-140　创建修剪平面 1

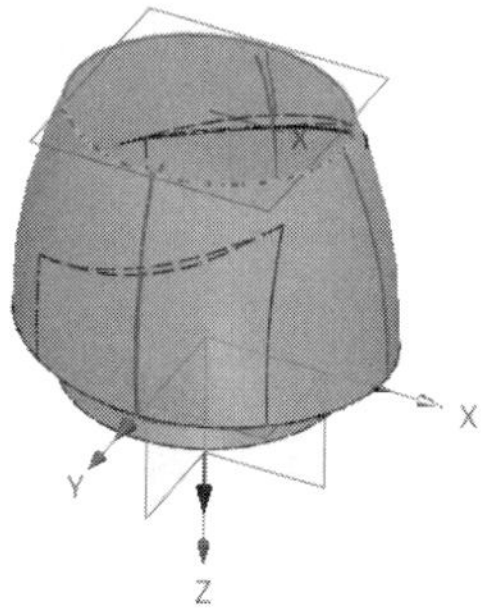

图 3-141　选择曲线

（27）创建拉伸实体。单击“造型”选项卡“基础造型”面板中的“拉伸”按钮，系统弹出“拉伸”对话框，单击“轮廓”后面的“下拉”按钮，在弹出的下拉列表中选择“草图”选项，系统弹出“草图”对话框，选择修剪平面 1 作为草绘基准面，绘制草图，如图 3-142 所示。单击“退出”按钮，返回“拉伸”对话框，设置拉伸类型为“1 边”，结束点设置为“12.8”，轮廓封口选择“两端封闭”，单击“确定”按钮，结果如图 3-143 所示。

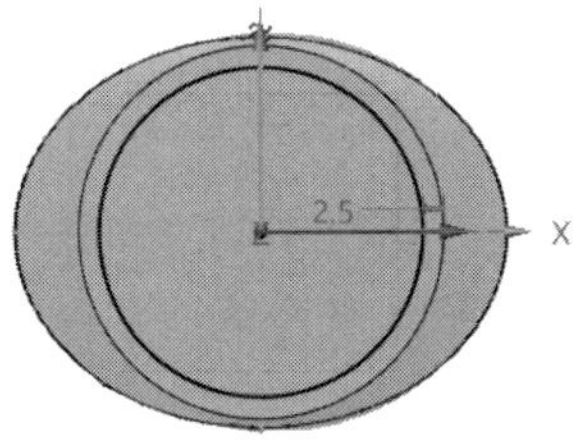

图 3-142　绘制拉伸草图

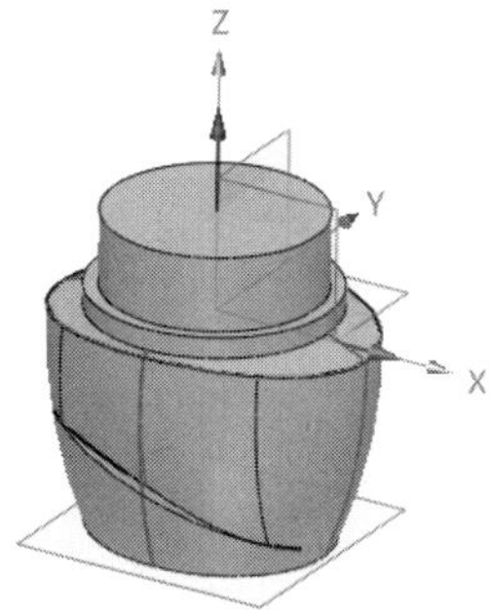

图 3-143　创建拉伸实体

（28）创建拉伸切除特征。单击“造型”选项卡“基础造型”面板中的“拉伸”按钮，系统弹出“拉伸”对话框，单击“轮廓”后面的“下拉”按钮，在弹出的下拉列表中选择“草图”选项，系统弹出“草图”对话框，选择修剪平面 1 作为草绘基准面，绘制草图，如图 3-144 所示。单击“退出”按钮，返回“拉伸”对话框，设置拉伸类型为“1 边”，结束点设置为“2”，轮廓封口选择“两端封闭”，单击“确定”按钮，结果如图 3-145 所示。

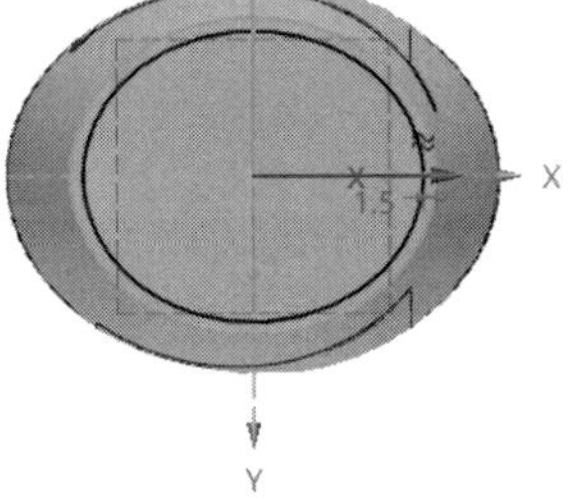

图 3-144　绘制拉伸切除草图

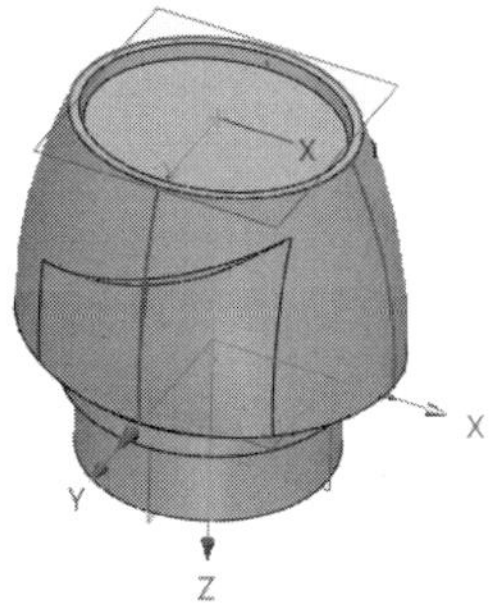

图 3-145　创建拉伸切除特征

（29）创建圆角。单击“造型”选项卡“工程特征”面板中的“圆角”按钮，系统弹出“圆角”对话框，选择图 3-146 所示的边进行圆角，半径设置为“1.2”。

（30）创建抽壳。单击“造型”选项卡“编辑模型”面板中的“抽壳”按钮，系统弹出“抽壳”对话框，选择实体，设置抽壳厚度为“−1”，选择顶面为开放面，如图 3-147 所示。单击“确定”按钮，结果如图 3-148 所示。

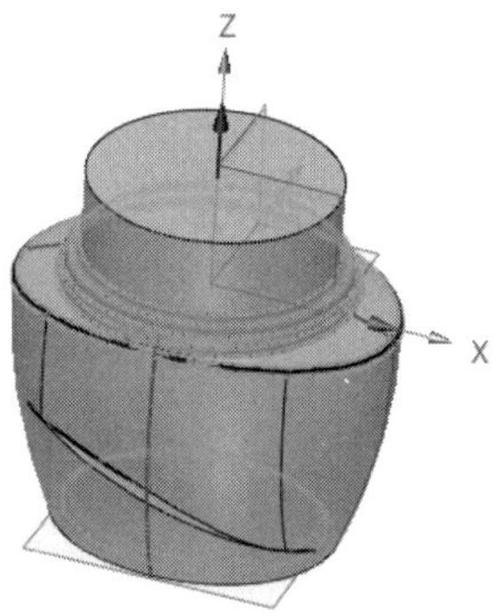

图 3-146　选择圆角边

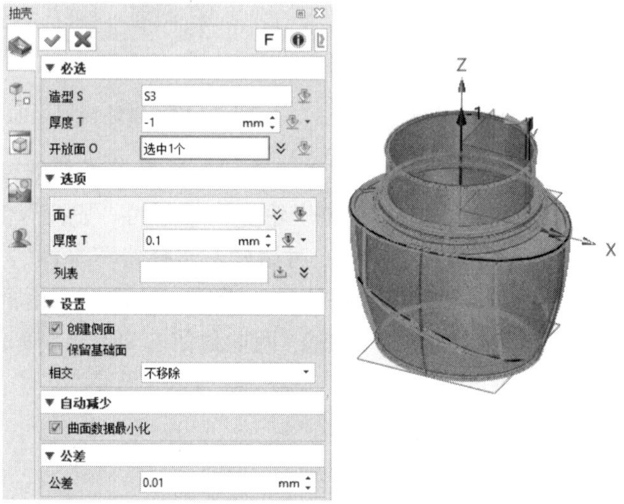

图 3-147　抽壳参数设置

（31）绘制草图 9。单击“造型”选项卡“基础造型”面板中的“草图”按钮，系统弹出“草图”对话框，在绘图区选择“默认 CSYS_XZ”平面作为草绘基准面，单击“确定”按钮，进入草绘环境，绘制草图 9，如图 3-149 所示。

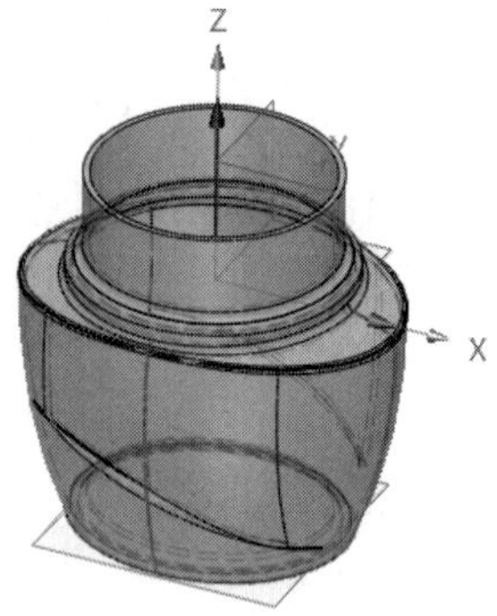

图 3-148　创建抽壳

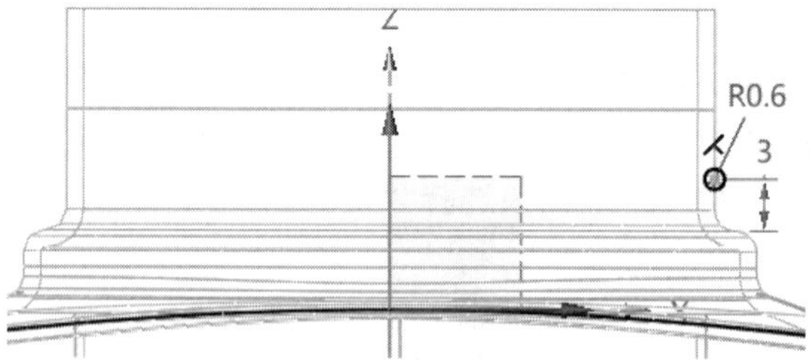

图 3-149　绘制草图 9

（32）创建螺纹。单击“造型”选项卡“工程特征”面板中的“螺纹”按钮，系统弹出“螺纹”对话框，面选择瓶口圆柱面，轮廓选择草图 9，匝数设置为“2.5”，距离设置为“2.5”，布尔运算设置为“加运算”，布尔造型选择实体，收尾选择“两端”，半径设置为“15”，单击“确定”按钮，结果如图 3-150 所示。

（33）隐藏草图和平面。单击 DA 工具栏中的“隐藏”按钮，在选择工具栏的“过滤器列表”中的选择“草图”，框选绘图区中的所有草图，将其隐藏。采用同样的方法，隐藏所有曲线和平面，结果如图 3-151 所示。

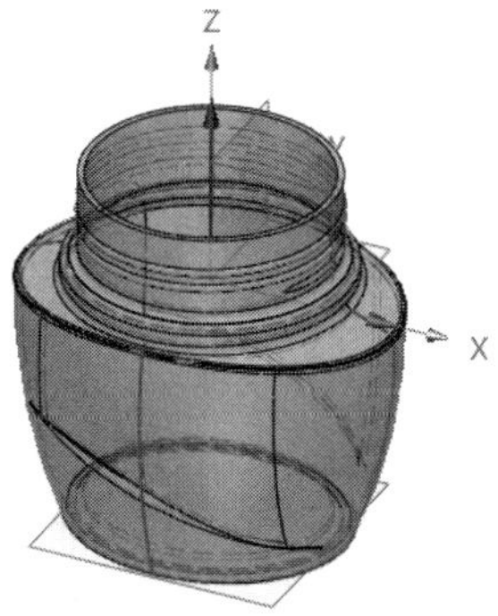

图 3-150　创建螺纹

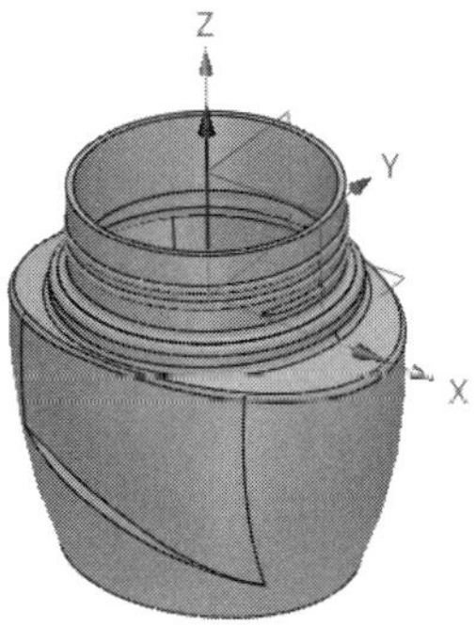

图 3-151　隐藏草图和平面

知识拓展

一、合并投影

该命令通过投影两条曲线来创建一条或多条新曲线。新曲线为曲线投影的相交部分，所以两条曲线的投影必须相交，否则提示命令执行失败。

单击“线框”选项卡“曲线”面板中的“合并投影”按钮，弹出“合并投影”对话框，如图 3-152 所示。该对话框中各选项的含义如下。

（1）曲线 1：选择要投影的第一条曲线，可以是任意线框曲线、草图曲线或面边。

（2）投影方向 1：指定曲线 1 的投影方向。默认将曲线投影在所选方向的正向和负向两个方向上。

（3）曲线 2：选择要投影的第二条曲线。

（4）投影方向 2：指定曲线 2 的投影方向。

合并投影操作示例如图 3-153 所示。

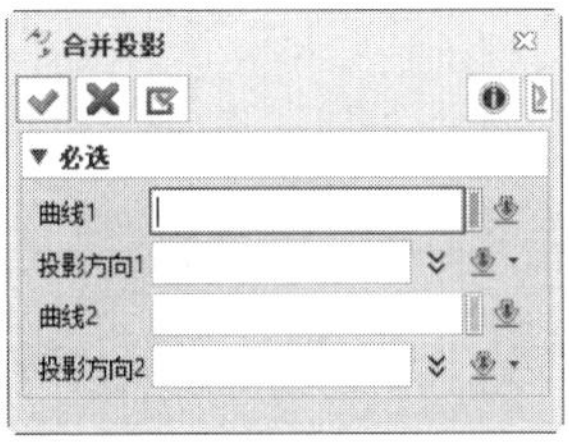

图 3-152　“合并投影”对话框

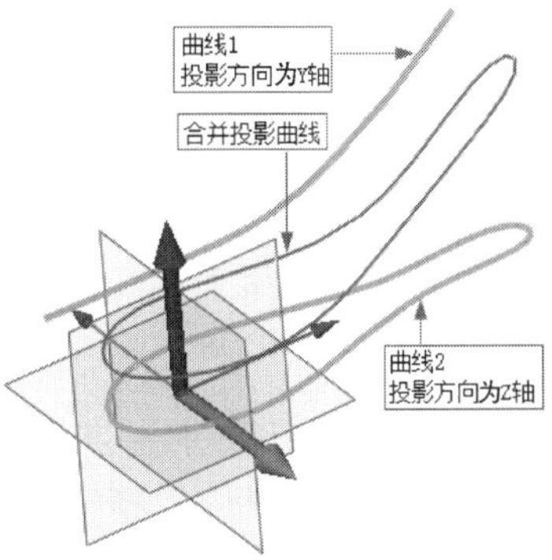

图 3-153　合并投影操作示例

二、曲线修剪

使用此命令，用一条曲线或曲线的集合将面或造型修剪。曲线可以互相交叉，但是分支将会从修剪后的面上移除（修剪面将被清理）。

单击“曲面”选项卡“编辑面”面板中的“曲线修剪”按钮，系统弹出“曲线修剪”对话框，如图 3-154 所示。曲线修剪操作示例如图 3-155 所示。

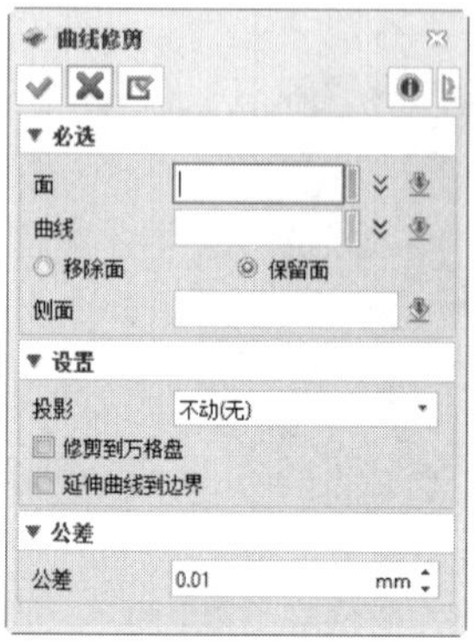

图 3-154 “曲线修剪”对话框

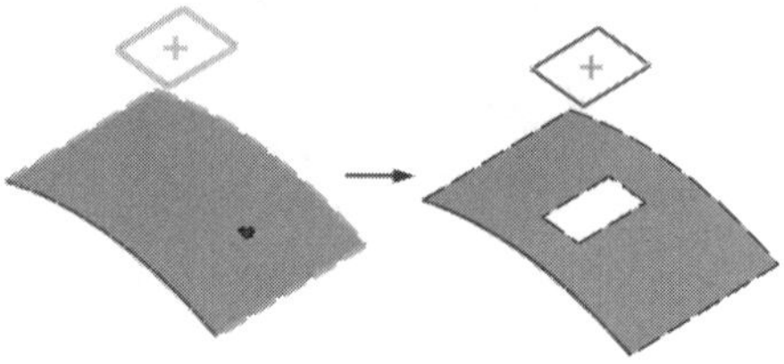

图 3-155 曲线修剪操作示例

三、投影到面

使用此命令，将曲线或草图投影在面和/或基准面上。默认情况下，曲线垂直于面或平面投影。使用“方向”选项，可以定义一个不同的投影方向。

单击“线框”选项卡“曲线”面板中的“投影到面”按钮，弹出“投影到面”对话框，如图 3-156 所示。该对话框中部分选项的含义如下。

（1）曲线：选择一个草图、一条曲线，或者插入草图。

（2）面：选择曲线投影的面或基准面。

（3）方向：默认情况下，投射方向垂直于表面。使用此选项定义一个不同的投射方向。如图 3-157 为默认方向投影操作示例。

（4）双向投影：勾选该复选框，则将曲线投影在所选方向的正向和负向两个方向上。

（5）面边界修剪：勾选该复选框，则仅投影至面的修剪边界。

图 3-156 “投影到面”对话框

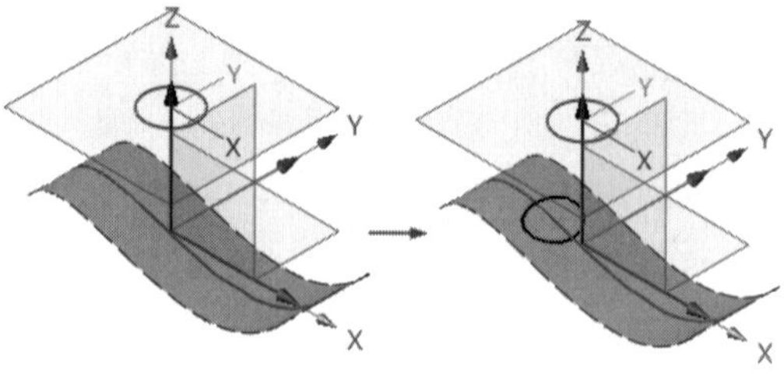

图 3-157 投影曲线操作示例

四、分割边

使用这个命令在所选点上分割面的边。首先选择面的边，然后选择分割点。

单击“曲面”选项卡“编辑面”面板中的“分割边”按钮，选择面，系统弹出“分割边”对话框，如图 3-158 所示。分割边操作示例如图 3-159 所示。

图 3-158 “分割边”对话框

图 3-159　分割边操作示例

五、镜像几何体和镜像特征

使用“镜像几何体”命令可以镜像以下对象的任意组合：造型、零件、曲线、点、草图、基准面等。

使用“镜像特征”命令镜像特征。

单击“造型”选项卡“基础编辑”面板中的“镜像几何体”按钮，系统弹出“镜像几何体”对话框，如图 3-160 所示。镜像几何体操作示例如图 3-161 所示。

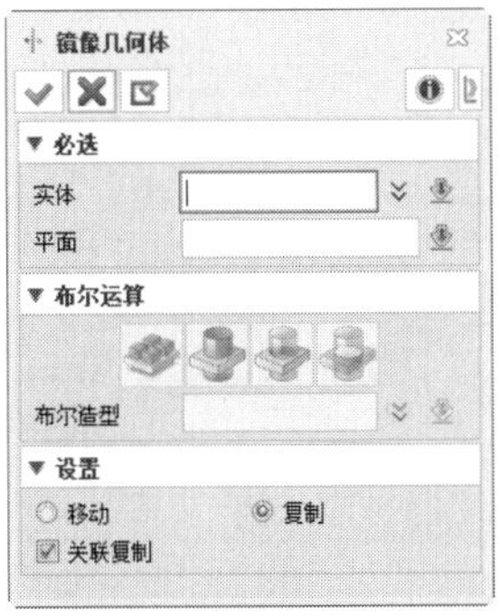

图 3-160 “镜像几何体”对话框

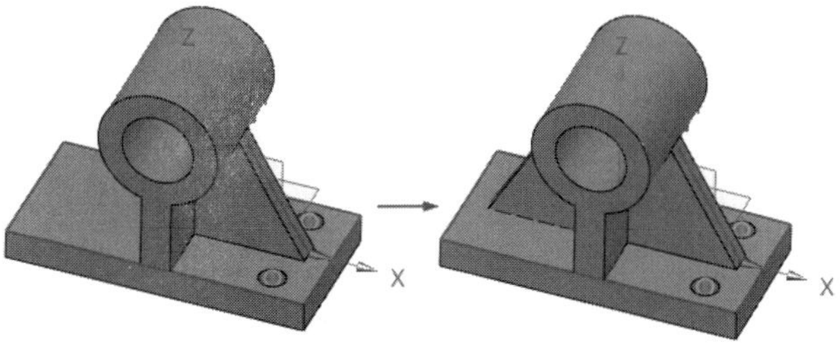

图 3-161　镜像几何体操作示例

单击“造型”选项卡“基础编辑”面板中的“镜像特征”按钮，系统弹出“镜像特征”对话框，如图 3-162 所示。镜像特征操作示例如图 3-163 所示。

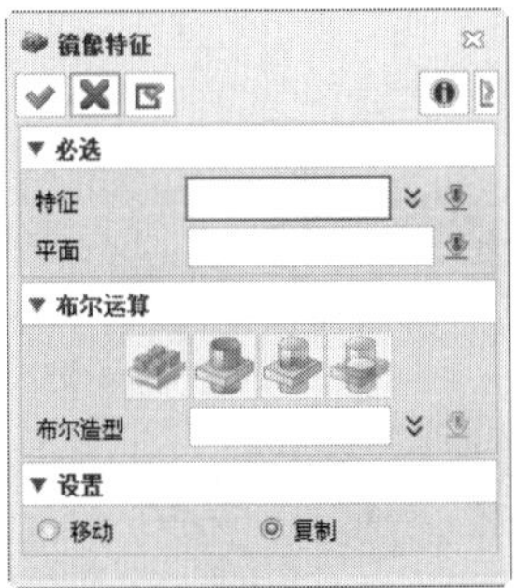

图 3-162 “镜像特征”对话框

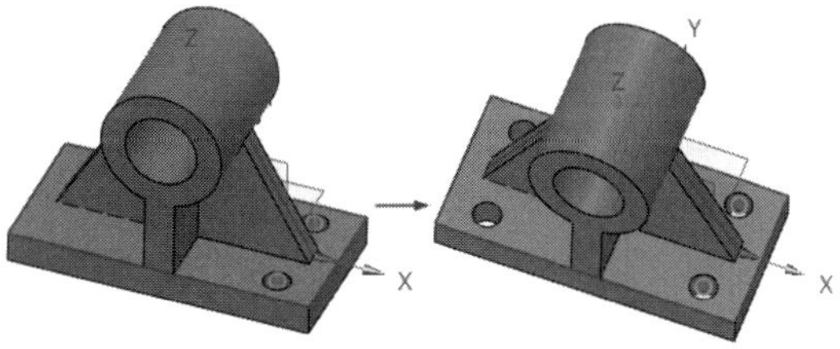

图 3-163　镜像特征操作示例

六、反转曲面方向

使用这个命令来反转面或造型的法线方向。方向的箭头表示面或造型当前的方向。

单击“曲面”选项卡“编辑面”面板中的“反转曲面方向”按钮，系统弹出“反转曲面方向”对话框，如图 3-164 所示。反转曲面方向操作示例如图 3-165 所示。

图 3-164 “反转曲面方向”对话框

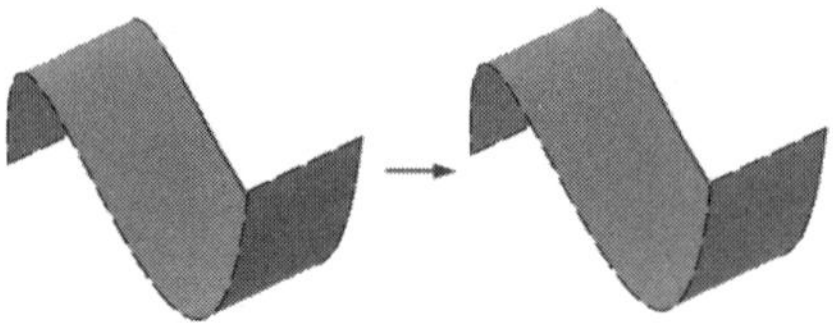

图 3-165 反转曲面方向操作示例

七、修剪平面

使用此命令创建一个修剪了一组边界曲线的二维平面。

单击“曲面”选项卡“基础面”面板中的“修剪平面”按钮，系统弹出“修剪平面”对话框，如图 3-166 所示。修剪平面操作示例如图 3-167 所示。

图 3-166 “修剪平面”对话框

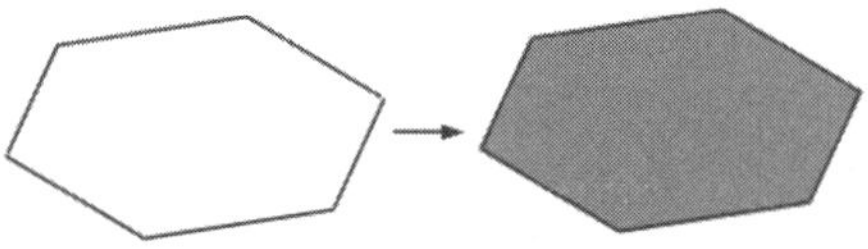

图 3-167 修剪平面操作示例

八、缝合

使用这个命令缝合相连的边为单一的闭合实体，来创建一个新的特征。面的边缘必须相交才能缝合。

单击“曲面”选项卡“编辑面”面板中的“缝合”按钮，系统弹出“缝合”对话框，如图 3-168 所示。缝合操作示例如图 3-169 所示。

图 3-168 “缝合”对话框

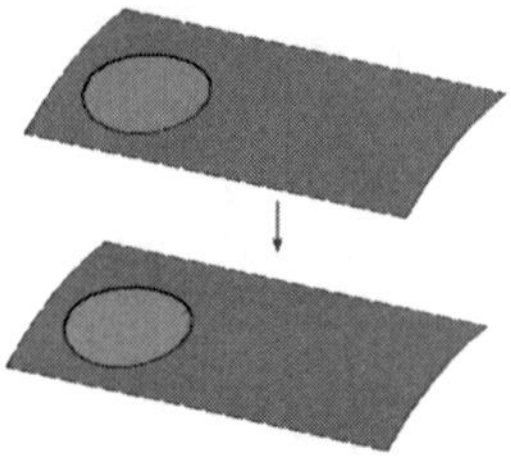

图 3-169 缝合操作示例

九、抽壳

使用该命令从造型中创建一个抽壳特征。

单击“造型”选项卡“编辑模型”面板中的“抽壳”按钮，系统弹出“抽壳”对话框，如图 3-170 所示。该对话框中部分选项的含义如下。

（1）造型 S：选择要抽壳的造型。

（2）厚度 T：指定壳体的厚度。正值表示加厚方向向外偏移，负值表示加厚方向向内偏移。

（3）开放面 O：选择需要删除的面，或者单击鼠标中键跳过该选项。

（4）面：选择面，可以在该面上设置不同的抽壳厚度。

抽壳操作示例如图 3-171 所示。

图 3-170　“抽壳”对话框

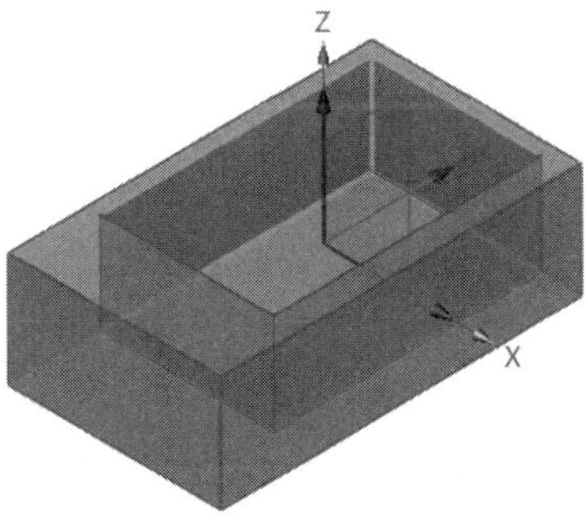

图 3-171　抽壳操作示例

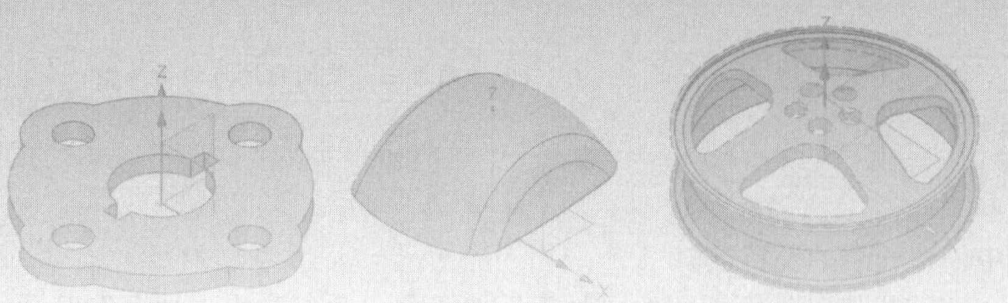

项目四

2 轴铣削加工和钻孔

项目描述

本项目通过两个精心设计的加工任务，为学员深入介绍 2 轴铣削和钻孔加工的关键操作与命令。

在任务一中，我们以垫片加工为核心，旨在让学员掌握新建加工方案的流程，并学会如何添加坯料。在此过程中，学员将深入了解二维轮廓加工中的“轮廓加工”命令，以及在处理二维内腔时，如何灵活运用“单向平行”和“螺旋”加工命令。此外，学员还将通过实践，熟练掌握使用普通钻进行加工的技巧。

任务二则聚焦于基座加工，其目标是引导学员借助这一实际案例，全面掌握中望 3D 中“2 轴铣削”加工命令的高级应用。这包括斜面加工、倒角加工、等高外形加工、Z 字型加工及 VoluMill2x 加工等多种技术。同时，此任务强调了智能加工命令“2 轴铣削”的重要性，并要求学员熟悉其操作。在钻孔方面，学员将进一步了解“中心钻”“啄钻”“沉孔钻”和“攻螺纹”等命令的实际应用，确保能够高效、准确地完成加工任务。

总之，通过这两个任务，学员不仅能够掌握关键命令，还能培养出对 2 轴铣削和钻孔加工的深度认识和实际操作能力。

任务一 垫片加工

任务导入

本任务是对图 4-1 所示的垫片进行轮廓加工、面加工、钻孔加工和螺旋加工，加工结果如图 4-2 所示。

微课视频

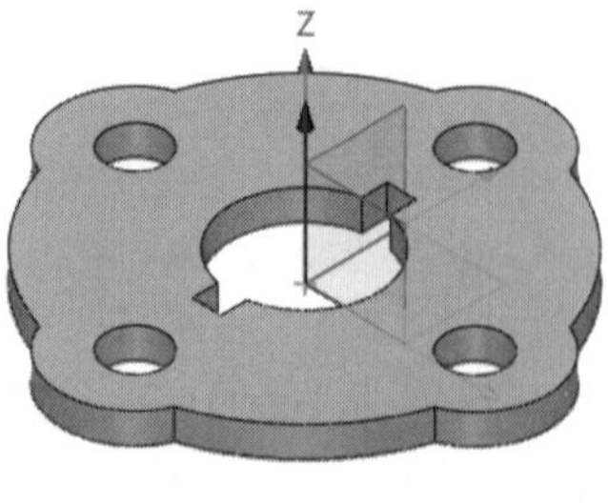

图 4-1 垫片

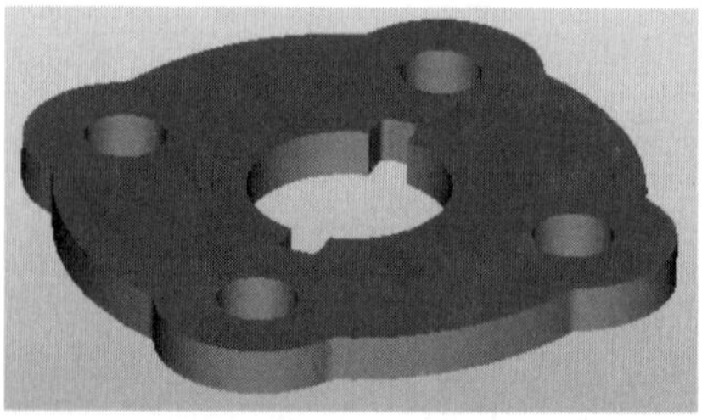

图 4-2 垫片加工结果

学习目标

1．熟悉新建加工方案、添加坯料等操作；

2．掌握轮廓、单向平行、螺旋、普通钻等加工工具的使用。

思路分析

本任务的目标是进行垫片加工。首先打开源文件，创建加工方案，添加坯料，然后进行轮廓加工、面加工和槽加工，最后进行孔加工。

操作步骤

1．创建坯料

（1）打开文件。打开“垫片”源文件，如图 4-3 所示。

（2）进入加工界面。单击 DA 工具栏中的“加工方案”按钮，系统弹出“选择模板”对话框，选择“空白”，单击“确认”按钮，进入加工界面。

（3）添加坯料。单击“加工系统”选项卡“加工系统”面板中的“添加坯料”按钮，系统弹出“添加坯料”对话框，选择坯料类型为“圆柱体”，轴向设置为 Z 轴，修改坯料半径为“51”，长度为“8”，如图 4-4 所示。单击“确定”按钮，系统弹出“ZW3D”对话框，如图 4-5 所示。单击“否”按钮，显示坯料。

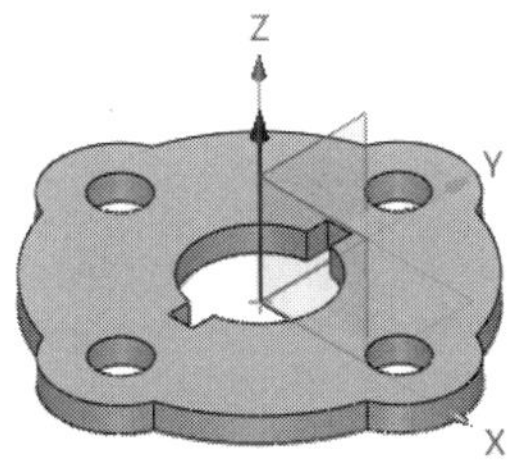

图 4-3　“垫片”源文件

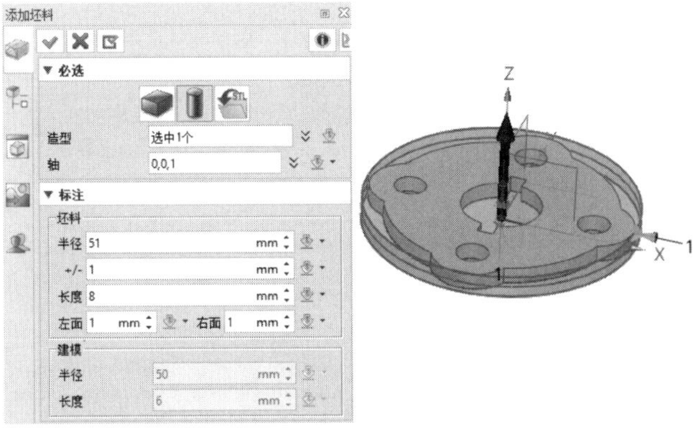

图 4-4　设置坯料参数

2．轮廓切削

（1）主要参数设置。单击“2 轴铣削”选项卡“二维轮廓”面板中的“轮廓”按钮，系统弹出“轮廓切削 1”对话框，如图 4-6 所示。单击“添加”按钮，系统弹出“选择特征”对话框 1，如图 4-7 所示。选择零件，单击“新建”按钮，系统弹出“选择特征”对话框 2，选择“轮廓”，如图 4-8 所示。单击“确定”按钮，根据系统提示选择零件组件，系统弹出“轮廓”对话框，输入类型选择“曲线”，在绘图区选择外轮廓曲线，如图 4-9 所示。单击“确定”按钮，系统弹出“轮廓特征”对话框，如图 4-10 所示。将轮廓属性设置为“闭合”，刀具位置选择“外侧”。单击“确认”按钮，返回“轮廓切削 1”对话框，单击“确定”按钮，铣削轮廓定义完成。

图 4-5 “ZW3D”对话框

图 4-6 “轮廓切削 1”对话框

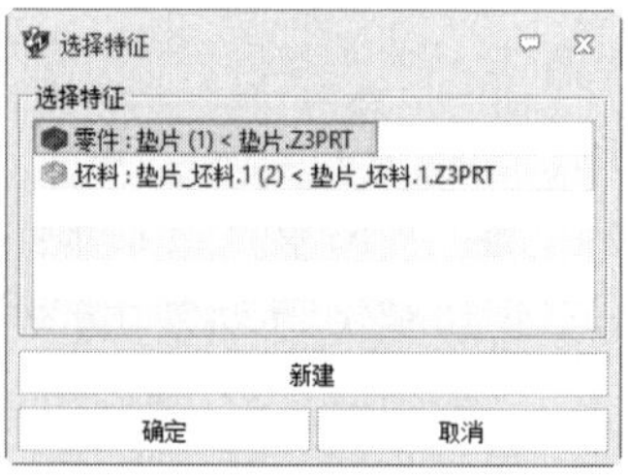

图 4-7 “选择特征”对话框 1

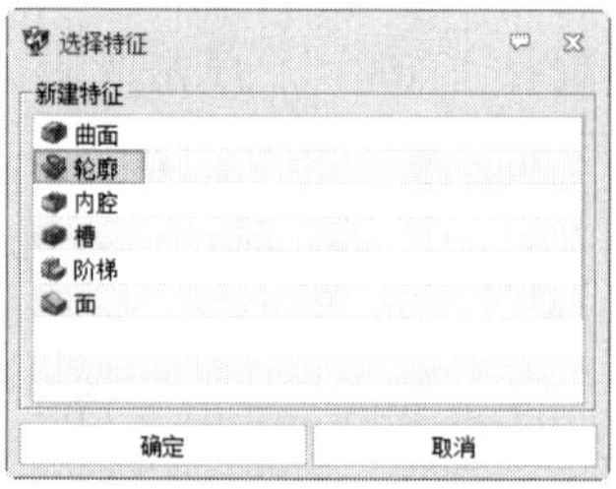

图 4-8 “选择特征”对话框 2

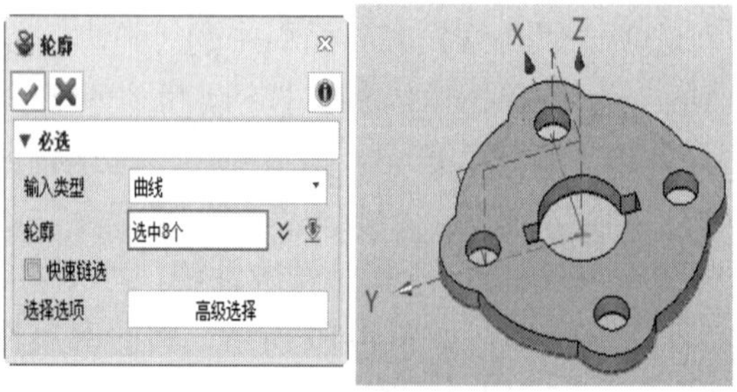

图 4-9 “轮廓”对话框

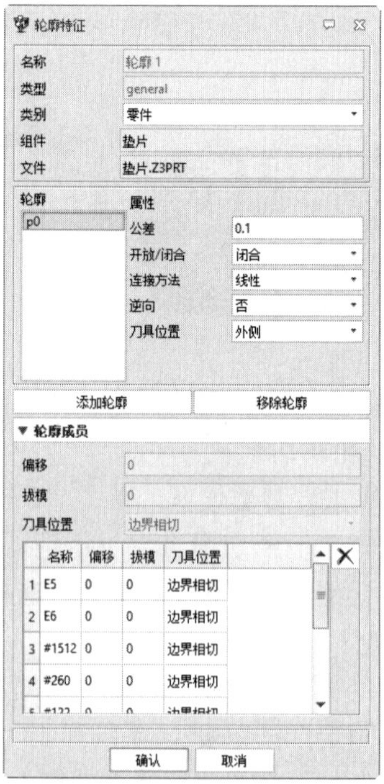

图 4-10 “轮廓特征”对话框

（2）定义刀具。在“计划”管理器中右击“刀具（undefined）”，在弹出的快捷菜单中选择“选择”命令，如图 4-11 所示。系统弹出“创建刀具”对话框，如图 4-12 所示，选择“铣削”和“铣刀”。单击“确定”按钮✔，系统弹出“刀具”对话框，名称采用默认，铣刀类型选择“侧铣刀”，设置半径为“0”，其他参数采用默认，如图 4-13 所示。单击“确定”按钮，刀具 1 定义完成。

图 4-11　选择“选择”命令

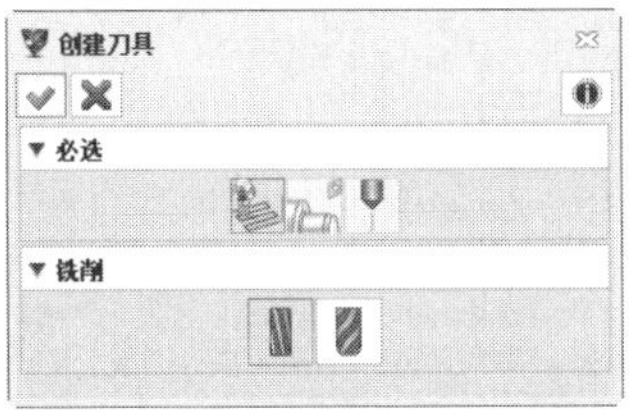

图 4-12　“创建刀具”对话框

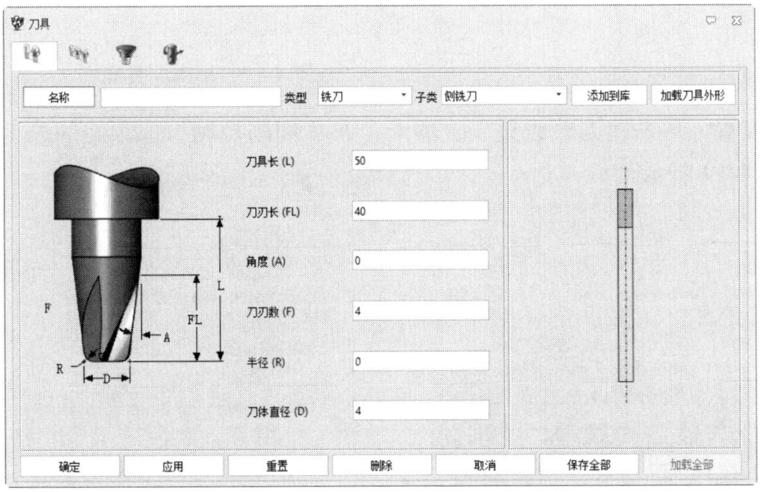

图 4-13　设置刀具参数

（3）计算刀具轨迹。在“计划”管理器中右击“轮廓切削 1”，在弹出的快捷菜单中选择“计算”命令，如图 4-14 所示。生成刀具轨迹，如图 4-15 所示。

（4）设置限制参数，如图 4-18 所示。在“计划”管理器中双击“轮廓切削 1”，系统弹出“轮廓切削 1”对话框，单击“限制参数”选项卡，类型选择“绝对”，单击“顶部”按钮，系统弹出“点”对话框，单击“点”文本框右侧的“下拉”按钮，将光标放置在零件表面，右击，在弹出的快捷菜单中选择“从列表拾取”命令，系统弹出“从列表拾取”对话框，选择图 4-16 所示的零件表面。单击“轮廓切削 1”对话框“限制参数”选项卡中的“底部”按钮，系统弹出“点”对话框，在绘图区坯料底面单击选择一点，结果如图 4-17 所示。

图 4-14　选择“计算”命令

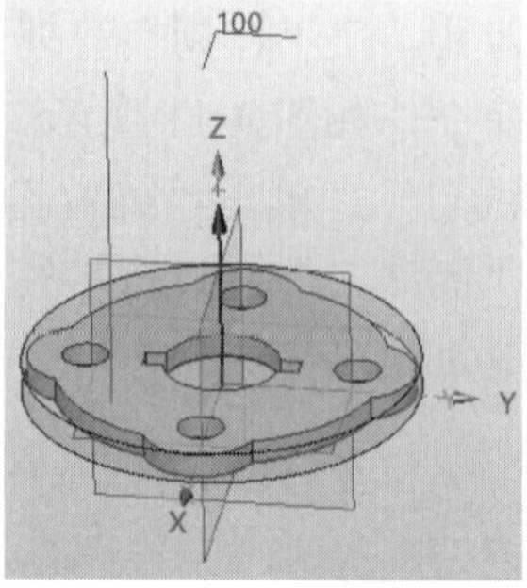

图 4-15　刀具轨迹

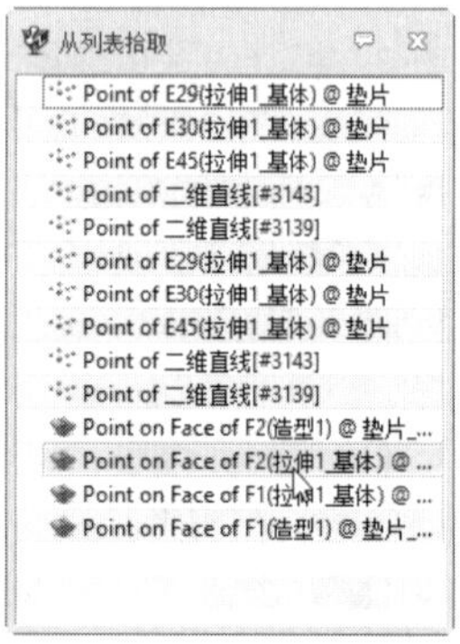

图 4-16　选择零件表面

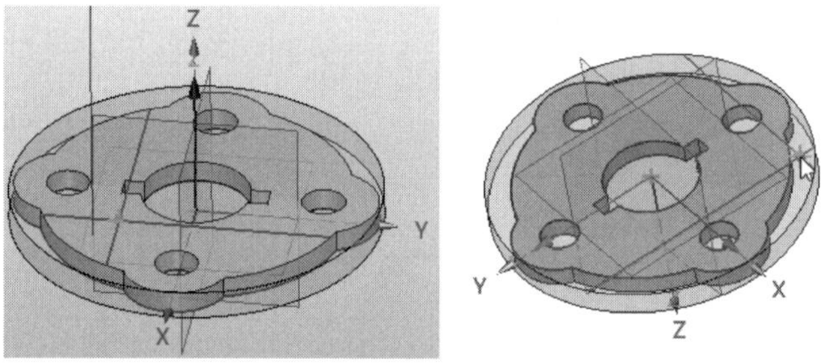

图 4-17　单击坯料底面

（5）刀轨设置。单击“刀轨设置”选项卡，在“切削控制”选项组的加工侧选择“右，外侧”，如图 4-19 所示。

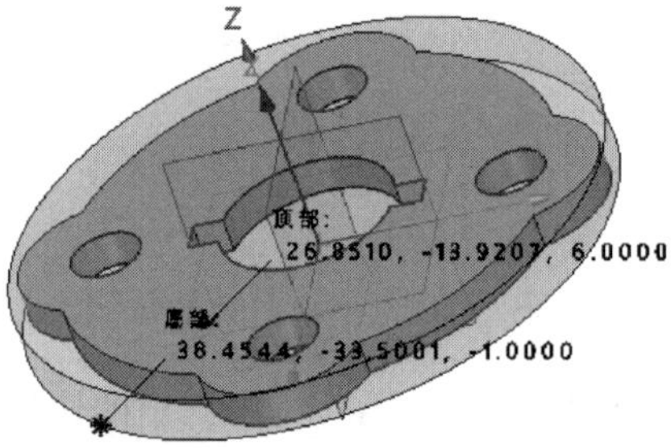

图 4-18　设置限制参数

图 4-19　设置刀轨

（6）公差和步距设置。单击“公差和步距”选项卡，侧面余量设置为“0”，刀具步进量设置为刀具直径的 80%，切削数设置为“3”，下切类型选择“均匀深度”，下切步距设置为“2”，如图 4-20 所示。

（7）设置进刀点。单击“刀轨设置”选项卡下的“点设置”选项，单击“起刀点”按钮，系统弹出“点”对话框，在绘图区选择图 4-21 所示的点作为进刀点（又称起刀点）。

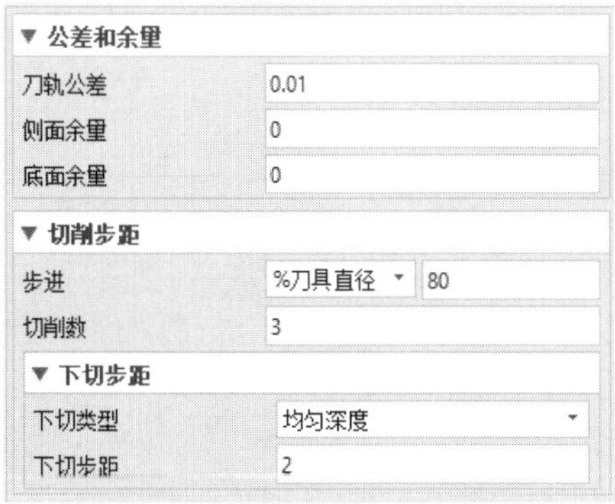

图 4-20　公差和步距设置

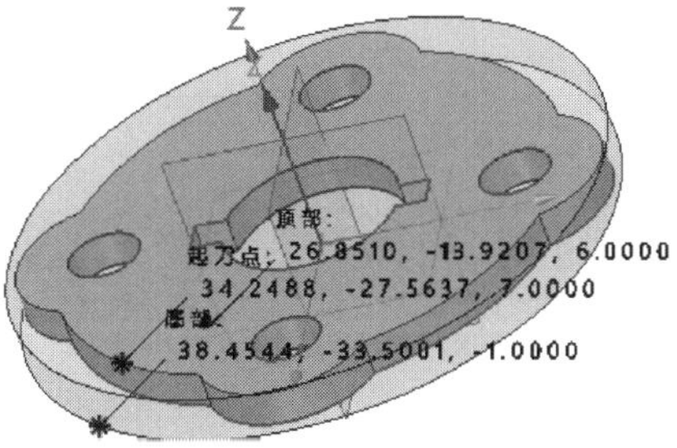

图 4-21　选择进刀点

（8）进退刀设置。单击“连接和进退刀”选项卡，进退刀模式选择“智能”，安全平面高度设置为“50”，进刀方式选择“圆形线性”，进刀长度 1 设置为“8”，进刀圆弧半径设置为“8”，进刀倾斜角度设置为“30”，单击“复制到退刀”按钮，将设置的参数复制到“退刀”选项组。退刀重叠距离设置为“2”，如图 4-22 所示。

（9）计算刀轨。参数设置完成，单击“计算”按钮，重新计算刀具轨迹，结果如图 4-23 所示。单击“确定”按钮在“计划”管理器中生成“轮廓切削 1”工序。

图 4-22　进退刀设置

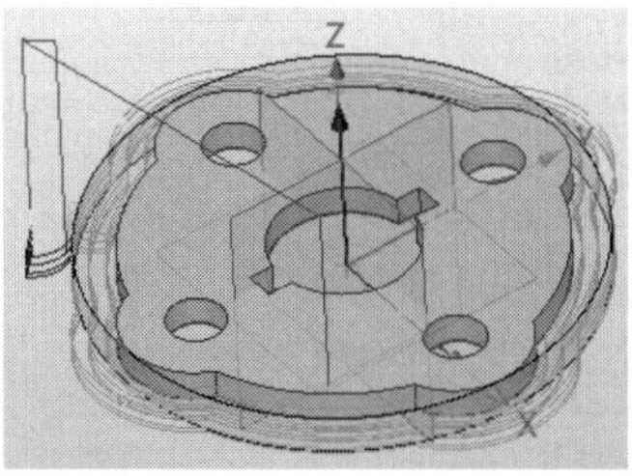

图 4-23　轮廓切削刀具轨迹

3．面加工

（1）隐藏刀具轨迹。双击“计划”管理器中“轮廓切削 1”前的“方框”按钮□，隐藏轮廓切削刀具轨迹。

（2）隐藏坯料。在“计划”管理器中右击“坯料：垫片_坯料”，在弹出的快捷菜单中选择“显示/隐藏”命令，如图 4-24 所示。隐藏坯料。

（3）隐藏特征。打开“垫片.Z3PRT”源文件窗口，在“历史”管理器中右击“组合 1_移除”，在弹出的快捷菜单中选择“抑制”命令，如图 4-25 所示。

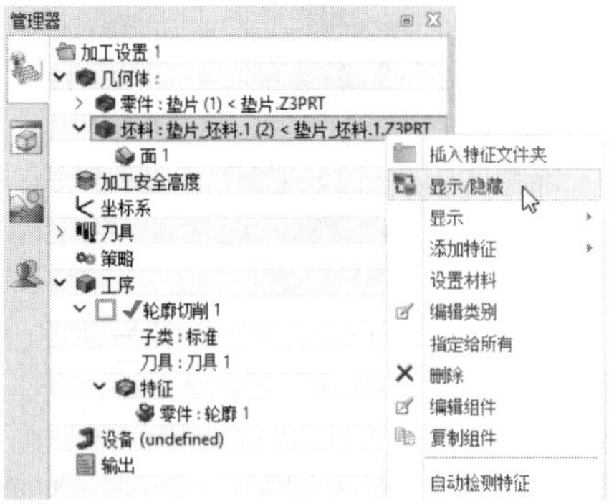

图 4-24　选择“显示/隐藏”命令

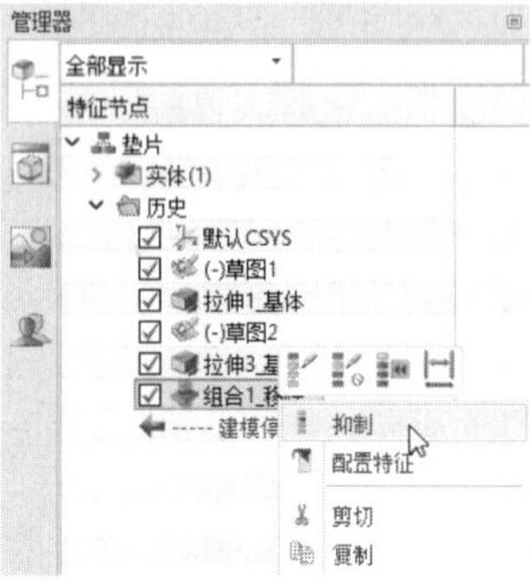

图 4-25　选择“抑制”命令

（4）主要参数设置。打开“垫片.Z3CAM”窗口，单击“2 轴铣削”选项卡“二维内腔”面板中的“单向平行”按钮，系统弹出“单向平行切削 1”对话框，如图 4-26 所示。单击“添加”按钮，系统弹出“选择特征”对话框 1，如图 4-27 所示，选择零件坯料。单击“新建”按钮，系统弹出“选择特征”对话框 2，如图 4-28 所示，选择“面”。单击“确定”按钮，在绘图区选择零件上表面，如图 4-29 所示。单击“确定”按钮，系统弹出“平面特征”对话框，如图 4-30 所示，侧面选择“自动”。单击“确认”按钮，返回“单向平行切削 1”对话框。

（5）定义刀具。单击“刀具”按钮，系统弹出“刀具列表”对话框，如图 4-31 所示，选择“刀具 1”。

图 4-26　“单向平行切削 1”对话框

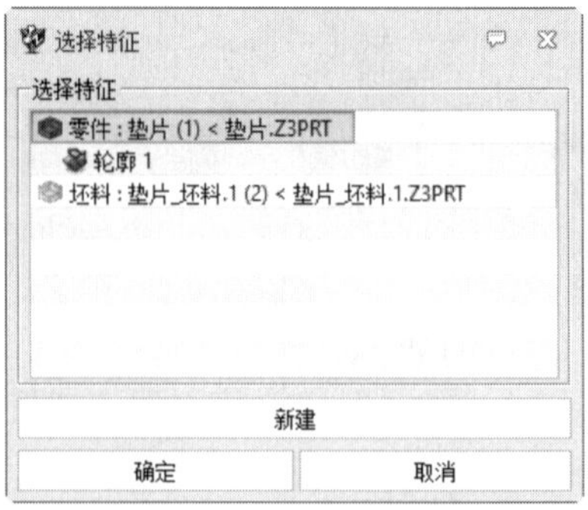

图 4-27　“选择特征”对话框 1

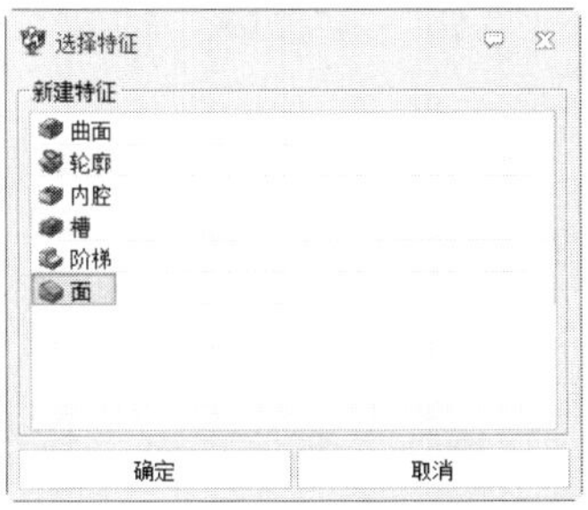

图 4-28 “选择特征”对话框 2

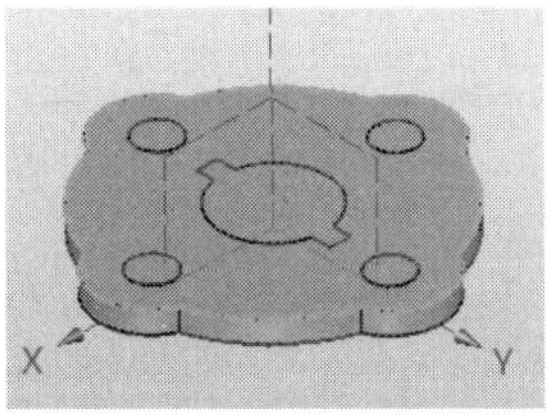

图 4-29 选择零件上面

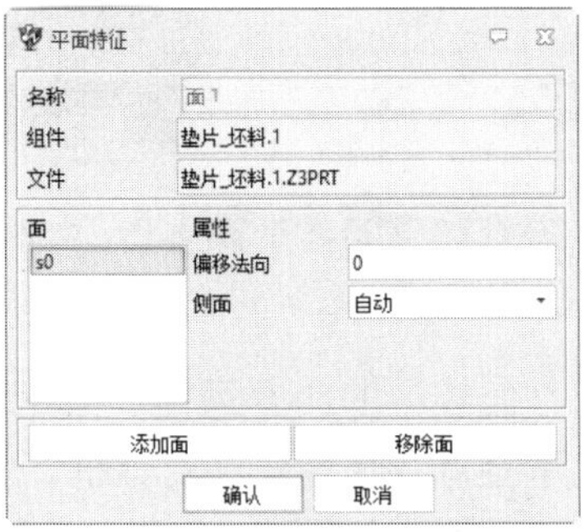

图 4-30 “平面特征”对话框

图 4-31 “刀具列表”对话框

（6）进退刀设置。单击“连接和进退刀”选项卡，进退刀模式选择“智能”，安全平面高度设置为“50”，进刀方式选择“直线”，插削高度设置为“5”，进刀类型选择“无”，单击“复制到退刀”按钮，将设置的参数复制到“退刀”选项组，如图 4-32 所示。

（7）计算刀轨。参数设置完成，单击“计算”按钮，重新计算刀具轨迹，结果如图 4-33 所示。单击“确定”按钮，在“计划”管理器中生成“单向平行切削 1”工序。

图 4-32 平行铣削刀具轨迹

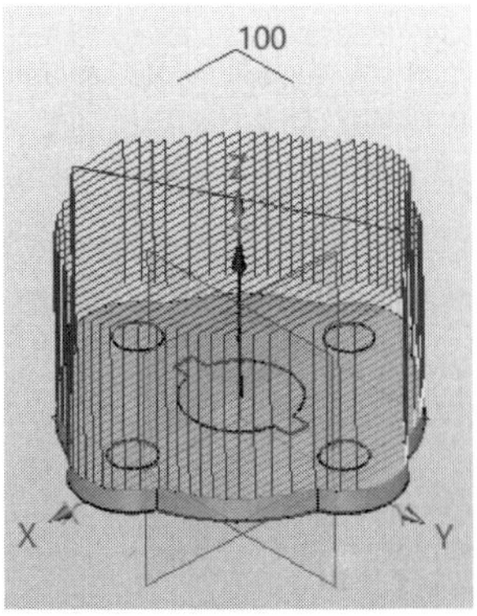

图 4-33 面加工刀具轨迹

（8）实体仿真加工。在“计划”管理器中选中“轮廓切削 1”和“单向平行切削 1”工序，右击，在弹出的快捷菜单中选择“实体仿真”命令，如图 4-34 所示。系统弹出“实体仿真进程”对话框，如图 4-35 所示。单击“播放”按钮，加工结果如图 4-36 所示。

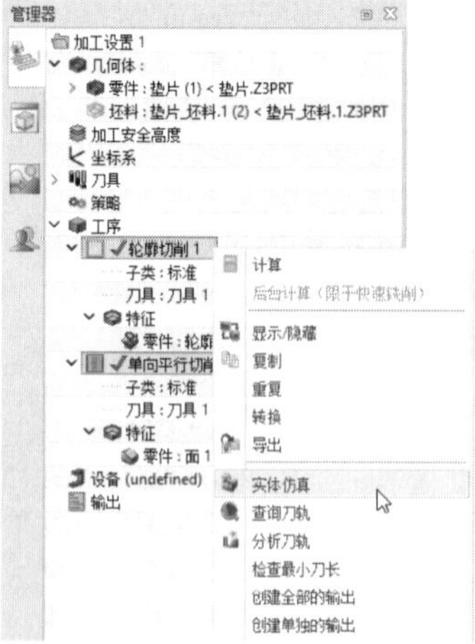

图 4-34　选择“实体仿真”命令

图 4-35　“实体仿真进程”对话框

图 4-36　实体仿真加工结果

4．普通钻孔加工

（1）创建刀具。单击“钻孔”选项卡“钻孔”面板中的“普通钻”按钮，系统弹出“普通钻 1”对话框，单击“刀具”按钮，系统弹出“刀具列表”对话框，如图 4-37 所示。单击“管理”按钮，系统弹出“创建刀具”对话框，如图 4-38 所示，选择“标准钻头”。单击“确定”按钮，系统弹出“刀具”对话框，如图 4-39 所示，将切削直径设置为“12”。单击“确定”按钮，刀具设置完成。

图 4-37　“刀具列表”对话框

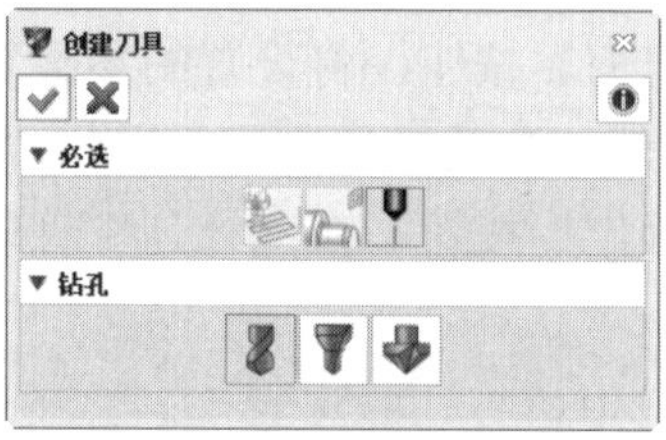

图 4-38　“创建刀具”对话框

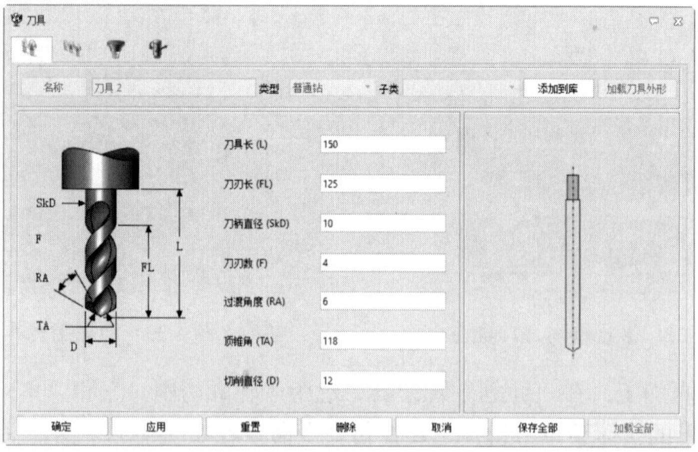

图 4-39　“刀具”对话框

(2)设置主要参数。在"主要参数"选项卡中单击"添加"按钮,系统弹出"选择特征"对话框 1,选择"零件:垫片 1",单击"新建"按钮,系统弹出"选择特征"对话框 2,选择"孔",如图 4-40 所示。单击"确定"按钮,系统弹出"孔"对话框,在 DA 工具栏中将"过滤器列表"设置为"圆",在绘图区选择图 4-41 所示的圆。单击"确定"按钮 ✓ ,系统弹出"孔特征"对话框。将孔的直径设置为"12",如图 4-42 所示。单击"确认"按钮,弹出"普通钻 1"对话框。

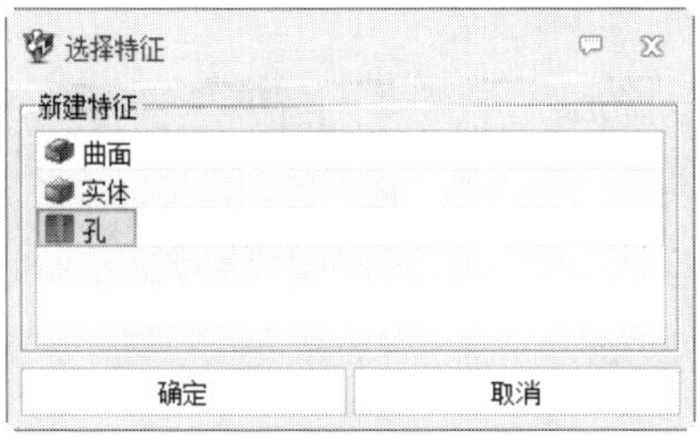

图 4-40 "选择特征"对话框 2

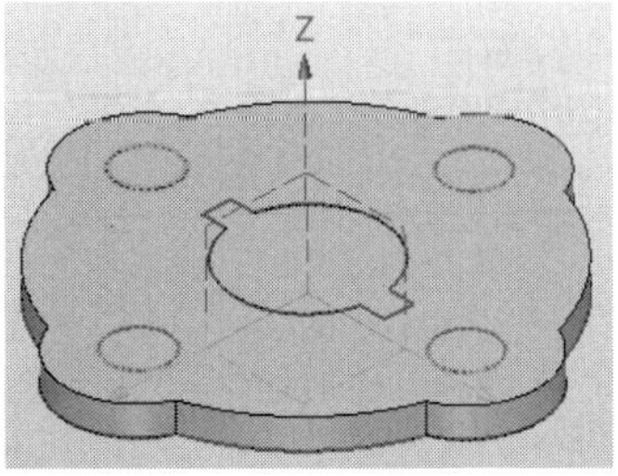

图 4-41 选择圆

(3)设置切削深度和余量。单击"深度和余量"选项卡,将最大切削深度设置为"6",穿过深度设置为"5",如图 4-43 所示。

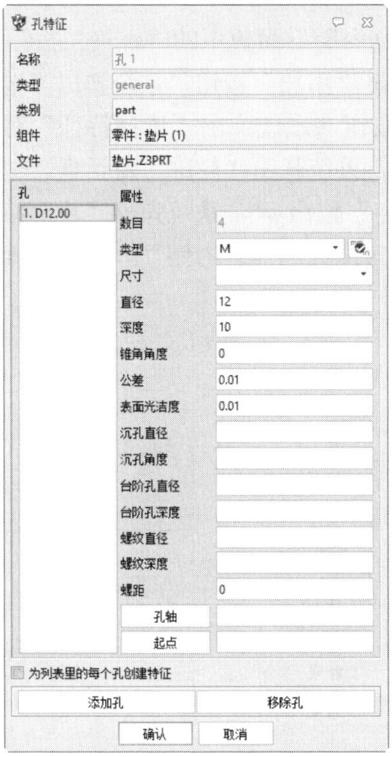

图 4-42 "孔特征"对话框

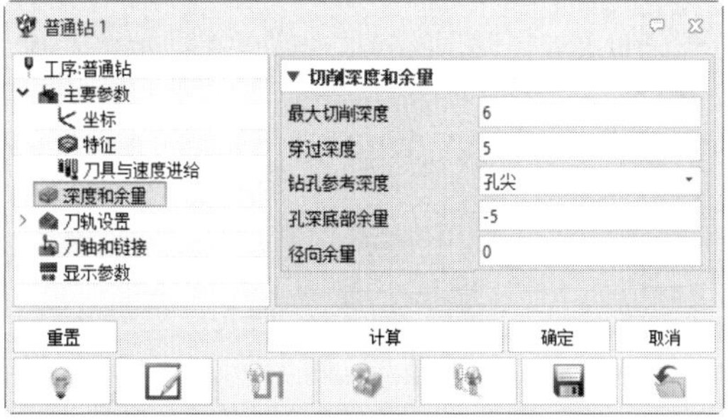

图 4-43 设置切削深度和余量

(4) 刀轨设置。单击"刀轨设置"选项卡,将最小安全平面设置为"10",停歇时间设置为"1",局部过切检查设置为"是",如图 4-44 所示。

（5）计算刀轨。参数设置完成，单击“计算”按钮，重新计算刀具轨迹，结果如图 4-45 所示。单击“确定”按钮，在“计划”管理器中生成“普通钻 1”工序。

（6）实体仿真加工。在“计划”管理器中选中“轮廓切削 1”“单向平行切削 1”和“普通钻 1”工序，右击，在弹出的快捷菜单中选择“实体仿真”命令，系统弹出“实体仿真进程”对话框，单击“播放”按钮▶，加工结果如图 4-46 所示。

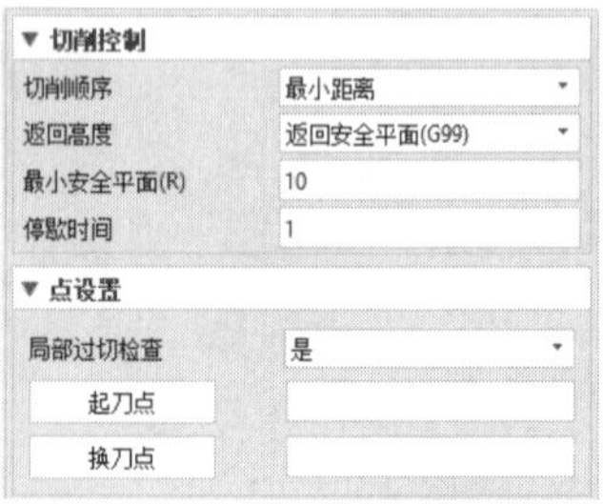

图 4-44　刀轨设置

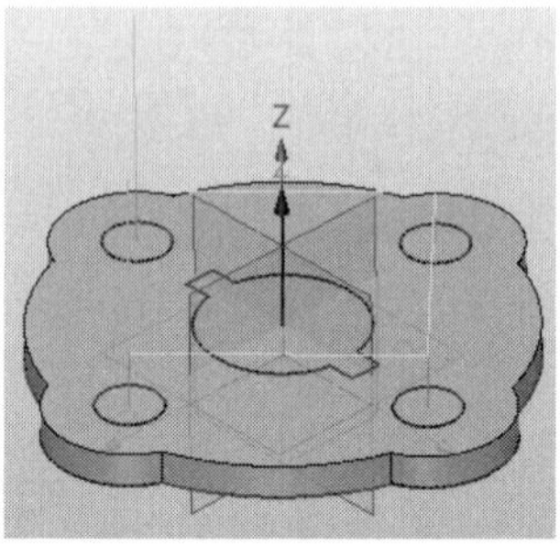

图 4-45　普通钻刀具轨迹

图 4-46　实体仿真加工结果

5．螺旋铣削

（1）隐藏刀具轨迹。双击“计划”管理器中“轮廓切削 1”前的“方框”按钮□，隐藏轮廓切削刀具轨迹。

（2）设置主要参数。单击“2 轴铣削”选项卡“二维内腔”面板中的“螺旋”按钮，系统弹出“螺旋切削 1”对话框，如图 4-47 所示。单击“添加”按钮，系统弹出“选择特征”对话框 1，选择“零件：垫片”，单击“新建”按钮，系统弹出“选择特征”对话框 2，如图 4-48 所示，选择“轮廓”。单击“确定”按钮，系统弹出“轮廓”对话框，输入类型选择“曲线”，选择图 4-49 所示的曲线，单击“确定”按钮✔，系统弹出“轮廓特征”对话框，如图 4-50 所示。开放/闭合选择“闭合”，刀具位置选择“内侧”。单击“确认”按钮，返回“螺旋切削 1”对话框。

图 4-47　“螺旋切削 1”对话框

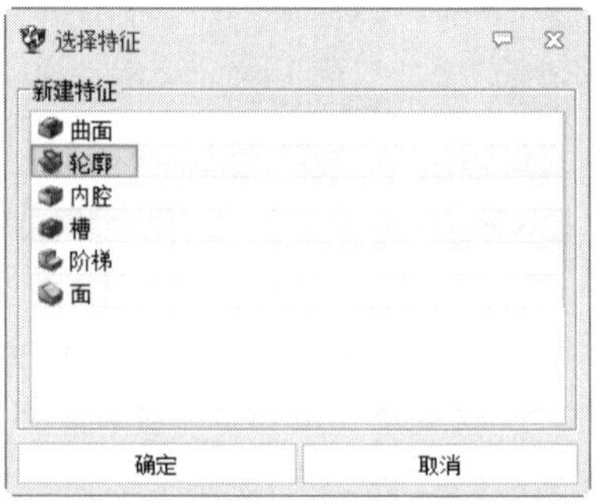

图 4-48　“选择特征”对话框 2

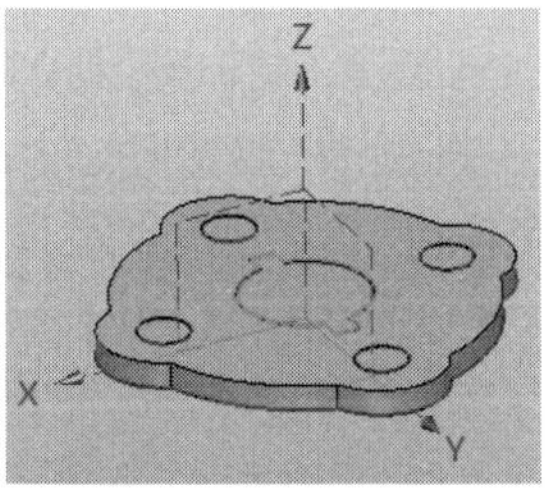

图 4-49 选择曲线

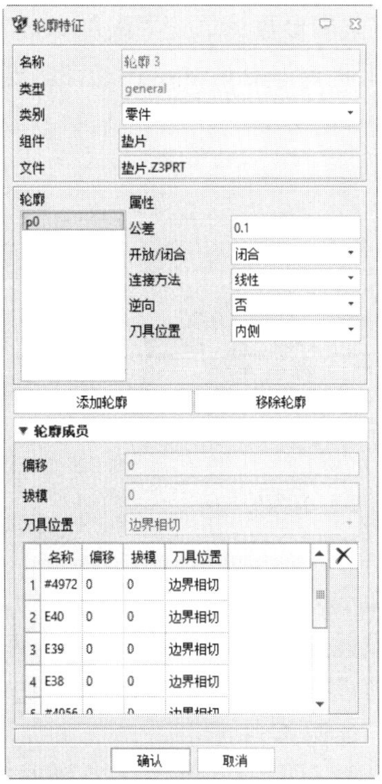

图 4-50 “轮廓特征”对话框

（3）定义刀具。单击“刀具”按钮，系统弹出“刀具列表”对话框，单击“管理”按钮，系统弹出“创建刀具”对话框，选择“铣刀”，单击“确定”按钮，系统弹出“刀具”对话框，类型选择“铣刀”，子类型选择“侧铣刀”，将半径设置为“0”，刀体直径设置为“5”，如图 4-51 所示。单击“确定”按钮，刀具设置完成。

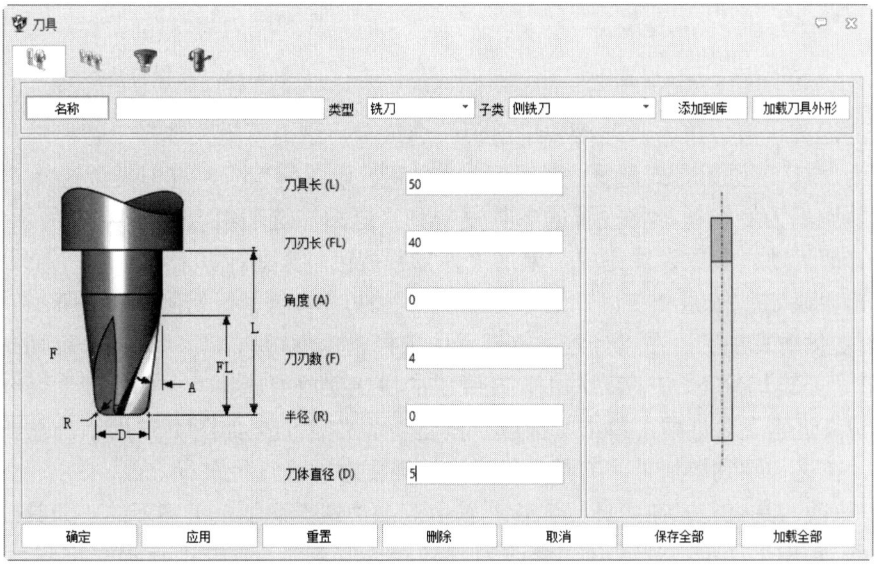

图 4-51　设置刀具参数

(4)设置限制参数。单击"限制参数"选项卡,类型设置为"绝对",单击"顶部"按钮,系统弹出"点"对话框,在绘图区选择零件上表面上一点。在"底部"文本框中输入"-5"。如图 4-52 所示。

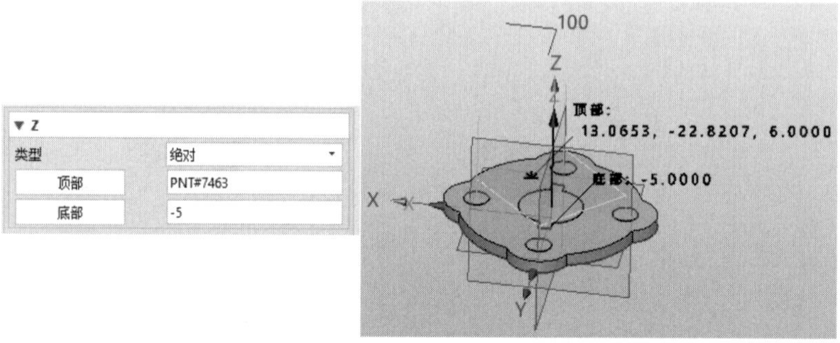

图 4-52 设置限制参数

- (5)设置公差和步距。单击"公差和步距"选项卡,将侧面余量和底面余量均设置为"0",步进设置为刀具直径的60%,下切类型选择"均匀深度",下切步距设置为"2"。
- (6) 刀轨设置。单击"刀轨设置"选项卡,将刀轨样式设置为"逐步向内",清边方式选择"无",如图 4-53 所示。
- (7)设置转角参数。单击"刀轨设置"选项卡中的"转角控制"选项,将凹形转角设置为"圆角",清边半径设置为刀具直径的10%,圆角减速距离设置为"5",如图4-54所示。

图 4-53 刀轨设置

图 4-54 设置转角参数

- (8) 进退刀设置。单击"连接和进退刀"选项卡,进退刀模式选择"智能",安全平面高度设置为"50",进刀方式选择"直线",插削高度设置为"5",进刀类型选择"无"■,单击"复制到退刀"按钮,将设置的参数复制到"退刀"选项组,如图 4-55 所示。
- (9) 计算刀轨。参数设置完成,单击"计算"按钮,重新计算刀具轨迹,结果如图 4-56 所示。单击"确定"按钮,在"计划"管理器中生成"单向平行切削 1"工序。
- (10) 实体仿真加工。在"计划"管理器中选择"轮廓切削 1""单向平行切削 1""普通钻 1"和"螺旋切削 1"工序,右击,在弹出的快捷菜单中选择"实体仿真"命令,系统弹出"实体仿真进程"对话框,单击"播放"按钮 ▶,加工结果如图 4-57 所示。从加工结果中可以看出,在进行螺纹切削时,刀具直径过大,需要对刀具直径进行修改。
- (11) 修改刀具直径。在"计划"管理器中双击"螺旋切削"工序下的"刀具:刀具 3"图标,系统弹出"刀具"对话框,修改刀具直径为"2"。单击"确定"按钮,系统弹出"ZW3D"对话框,如图 4-58 所示。

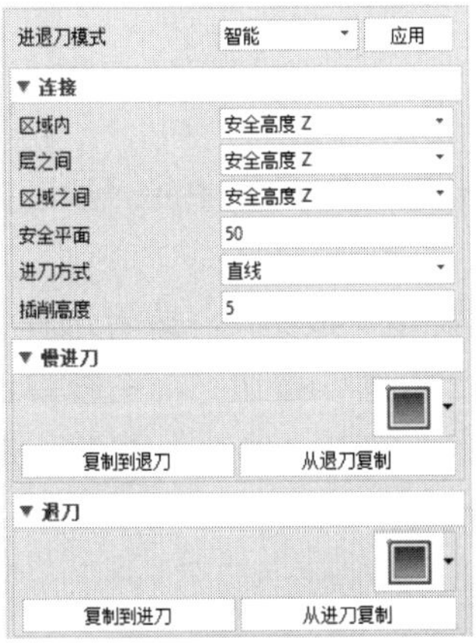

图 4-55　进退刀设置

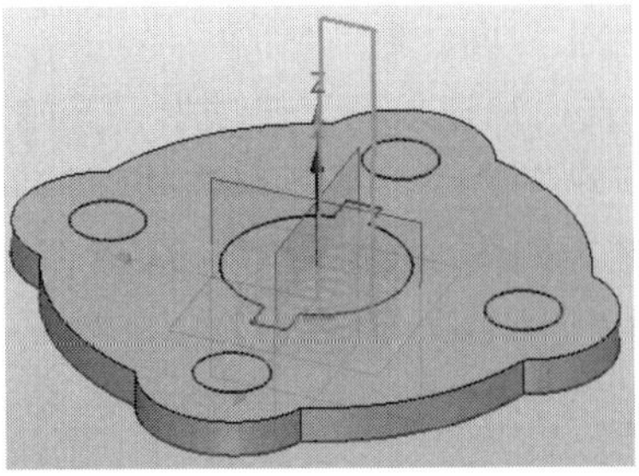

图 4-56　螺旋切削刀具轨迹

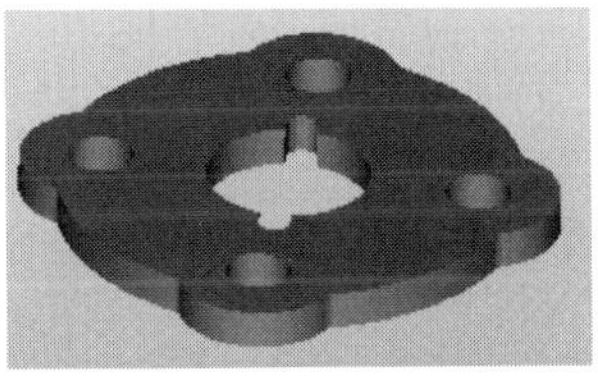

图 4-57　实体仿真加工结果

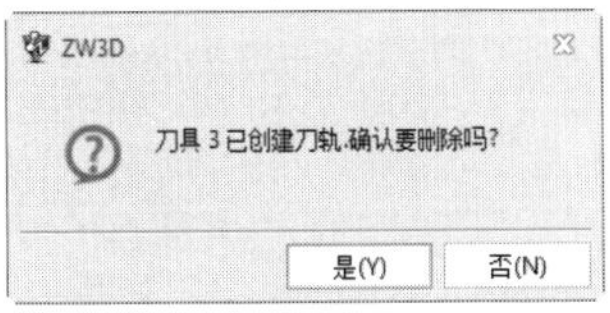

图 4-58 “ZW3D”对话框

（12）重新计算刀轨。在“计划”管理器中右击“螺旋切削 1”工序，在弹出的快捷菜单中选择“计算”命令，重新生成刀具轨迹。

（13）实体仿真加工。在“计划”管理器中选择“轮廓切削 1”“单向平行切削 1”“普通钻 1”和“螺旋切削 1”工序，右击，在弹出的快捷菜单中选择“实体仿真”命令，系统弹出“实体仿真进程”对话框，单击“播放”按钮▶，加工结果如图 4-59 所示。

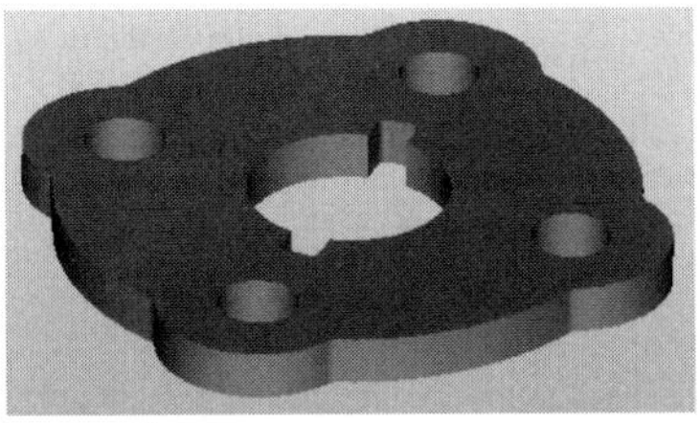

图 4-59　实体仿真加工结果

知识拓展

一、打开文件

CAM 模块中使用的零件可以是实体或二维图形，也可以是两者混合。用户可以使用 CAD 模块创建零件，也可以导入一个由其他 3D 建模软件（如 NX、SolidWorks、CATIA 等）生成的零件。

单击快速访问工具栏中的“打开”按钮，系统弹出“打开”对话框，选择要打开的文件。

二、界面布局

进入 CAM 模块的方法有以下两种。

（1）若采用已经创建好的零件进行加工，则可单击 DA 工具栏中的“加工方案”按钮，进入加工界面。

（2）单击“快速入门”选项卡“开始”面板中的“新建”按钮，或者选择“文件”菜单中的“新建”命令，或者单击快速访问工具栏中的“新建”按钮，系统弹出“新建文件”对话框，如图 4-60 所示。选择“加工方案”，单击“确认”按钮，进入加工界面，如图 4-61 所示。

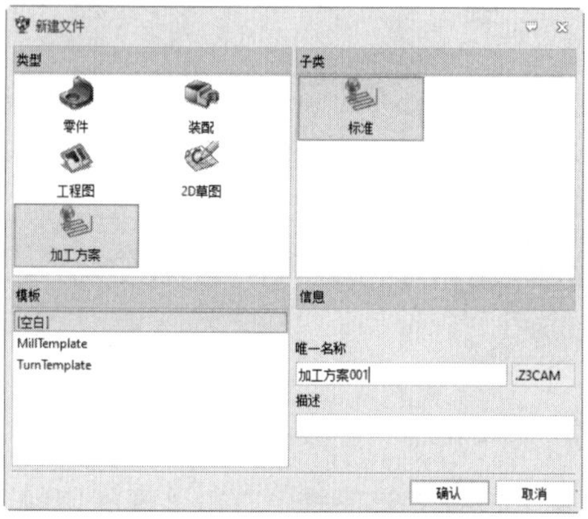

图 4-60 “新建文件”对话框

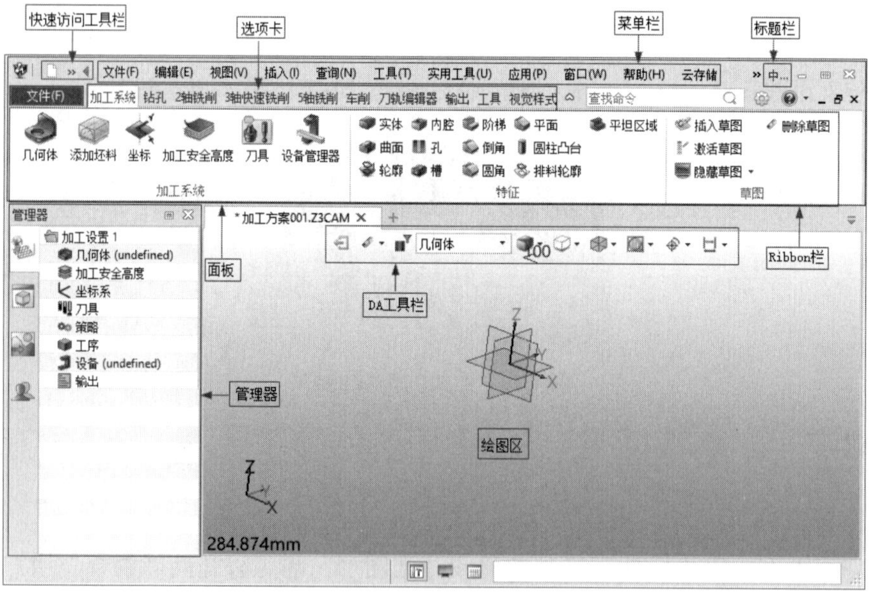

图 4-61 加工界面

图 4-61 展示了打开文件时，中望 3D CAM 窗口的典型布局。加工界面中各部分的含义如下。

（1）Ribbon 栏：所有创建工序需要用到的功能都在 Ribbon 栏上。Ribbon 栏包含了菜单栏、选项卡、快速访问工具栏、标题栏和面板几部分内容。

（2）管理器：用户可以在这里控制和查看整个加工流程。管理器的主要结构如下。

1）几何体（undefined）：所有的几何体和加工特征都会显示在这里，包括零件、坯料和其他对象。用户可以对它们进行选择、添加或删除、显示或隐藏、设置属性或添加特征等操作。

2）加工安全高度：用于定义刀具的加工安全距离。

3）坐标系：插入和管理局部坐标系，它们可以用作编程坐标系。

4）策略：右击此区域可以插入孔策略或加工策略。

5）工序：用户可以在此区域管理所有的工序，包括设置参数、选择刀具、计算工序及实体仿真。

6）设备（undefined）：定义后期配置。

7）输出：控制 NC 代码的输出。

（3）DA 工具栏：包括许多有用的工具，如退出、属性过滤器、显示模式等。

（4）绘图区：该区域显示几何体及工序。

右击 “加工设置 1”或管理器中的任何文本，系统弹出快捷菜单，选择“自定义菜单”命令，如图 4-62 所示。用户可以自定义菜单。

图 4-62　右键快捷菜单

另外，双击管理器的文本或其前面的小图标，结果会有所不同。双击图标将隐藏或显示工具路径，双击文本将进入工序参数窗口。右击文本将打开快捷菜单。

三、添加坯料

在零件准备好之后，进入 CAM 模块的后第一件事情就是添加一个坯料。中望 3D 提供了以下两种方式创建坯料。

方法 1：直接创建坯料。

单击“加工系统”选项卡“加工系统”面板中的“添加坯料”按钮，系统弹出“添加坯料”对话框，如图 4-63 所示。该对话框中部分选项的含义如下。

（1）坯料类型：系统提供了六面体、圆柱体或外部的 STL 造型 3 种坯料类型。

（2）造型：选择要包围的面、造型或点块。

（3）平面：选择用于定向坯料的参考平面。该平面可以是一个基准面、平的面或草图。如果参考平面平行于 XY，则可跳过该选项。预览提示会显示这个坯料特征。

方法 2：插入几何体。

插入一个几何体作为坯料。几何体可以来自同一个 Z3 文件的不同对象，也可以来自外部文件。

单击“加工系统”选项卡“加工系统”面板中的“几何体”按钮，系统弹出“实体浏览器”对话框，如图 4-64 所示。选择要作为坯料插入的几何体，插入之后把插入的几何体设置为坯料类别。

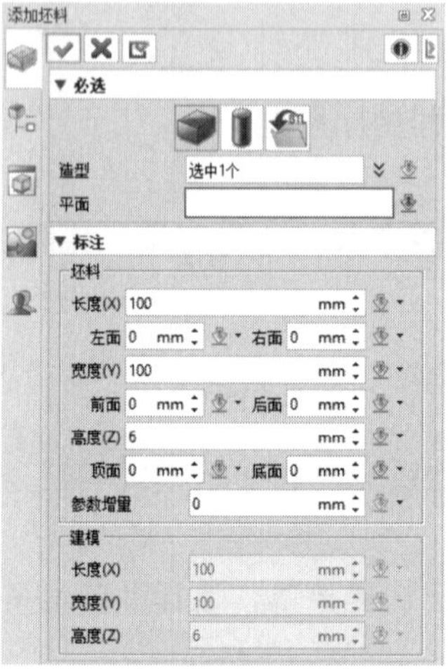

图 4-63 “添加坯料”对话框

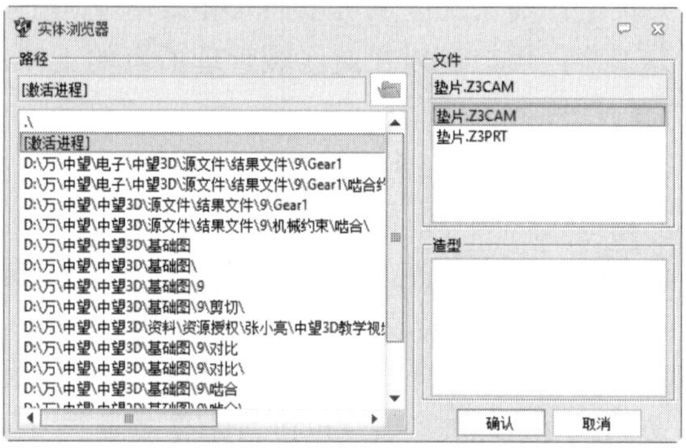

图 4-64 “实体浏览器”对话框

四、轮廓切削

执行轮廓切削工序时，对任意数量的开放或闭合曲线边界（CAM 轮廓特征）或包含几何体轮廓的 CAM 组件进行切削。只要刀具位置参数设置为“在边界上”，同样支持自相交轮廓。

单击“2 轴铣削”选项卡“二维轮廓”面板中的“轮廓”按钮，系统弹出“轮廓切削 1”对话框，如图 4-65 所示。下面对该对话框中的各选项卡进行介绍。

图 4-65 “轮廓切削 1”对话框

1. “主要参数”选项卡

（1）坐标。

1）坐标：定义该工序在加工系统中的替代坐标系。

2）编辑：编辑当前坐标系，如果没有，则创建一个新坐标系。

（2）特征。

1）添加：添加或创建特征用于计算刀轨。

2）移除：移除选定的特征。

3）编辑：编辑选定的特征。

（3）刀具与速度进给。

单击该选项，打开图 4-66 所示的选项卡。

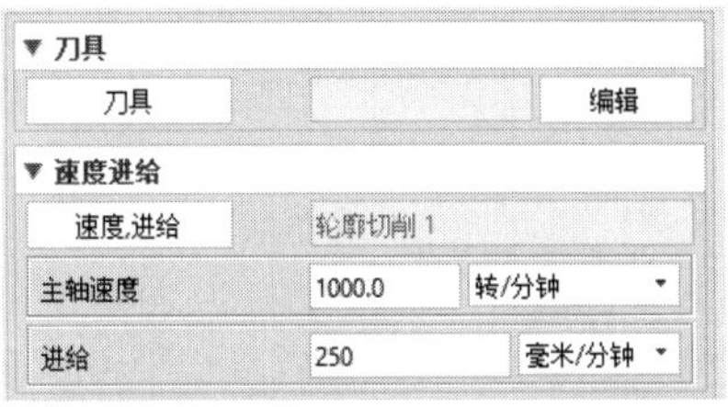

图 4-66 “主要参数——刀具与速度进给”选项卡

1）刀具：添加或创建一个刀具来进行加工。

2）编辑：编辑当前刀具，如果没有选择刀具，则创建一个新刀具。

3）速度，进给：使用 CAM 速度进给管理器对话框，单击该按钮为该工序的刀具运动设置主轴速度和进给速度。

2．“限制参数”选项卡

单击该选项卡，如图 4-67 所示。该选项卡中各选项的含义如下。

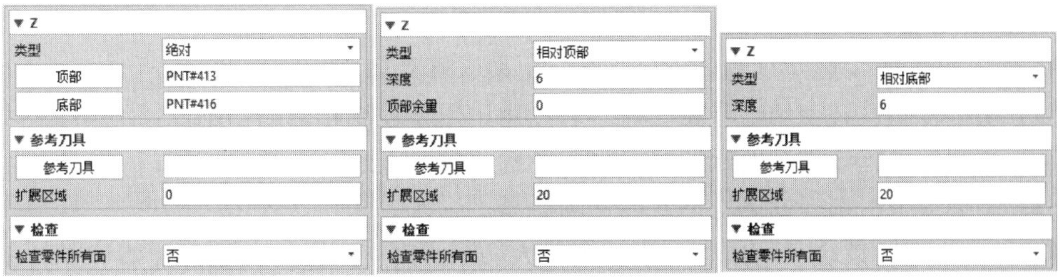

图 4-67 “限制参数”选项卡

（1）类型：指定加工的坯料范围，包括绝对、相对顶部和相对底部。

（2）顶部：单击此按钮设置零件的顶部。如果通过现有 CAM 特征能得知顶部，那么就不会用到这个按钮。输入一个 Z 值、绝对坐标值（x，y，z），或者从绘图区中选一个点。

（3）底部：单击此按钮设置零件的底部。

（4）参考刀具：当前工序使用较小的刀具，对于较大的参考刀具无法进入切削区域的遗留材料进行切削。要求被参考的刀具必须比当前工序的刀具大。

（5）扩展区域：用于指定生成刀轨的加工范围，指定距离将沿特征轮廓的相切方向延伸。

（6）顶部余量：零件顶部的偏移量，从偏移后的位置开始加工。

（7）底部余量：零件底部的偏移量，将加工到偏移后的位置。

（8）深度：指定零件的高度。

（9）检查零件所有面：选择“是”，在计算刀轨时会考虑已创建的零件特征（无论零件特征是否已被添加到该工序），以避免刀具与零件特征发生碰撞。

3．“公差和步距”选项卡

单击该选项卡，如图 4-68 所示。该选项卡中各选项的含义如下。

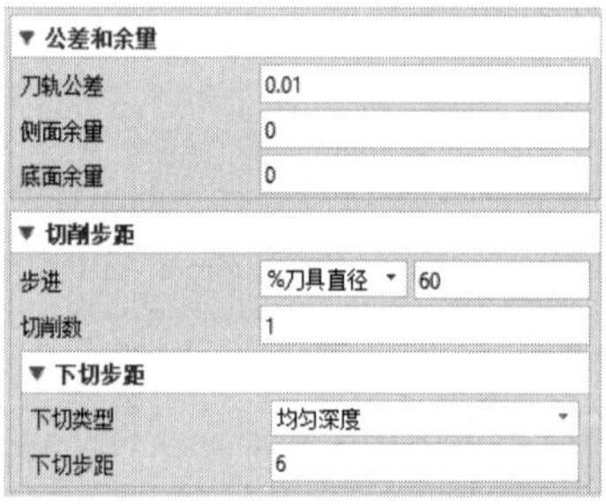

图 4-68 “公差和步距”选项卡

（1）刀轨公差：在曲线上应用的弦高度公差，用于控制刀轨点的密度。

（2）侧面余量：定义了到零件边界的最终精切削厚度，或者是边界清理切削（可选）后的剩余材料。

（3）底部余量：定义加工完成后在零件底部剩余的加工余量（+/-）。

（4）步进：当“切削量”表明有多于一个切削时，相邻切削之间的间距。

1）绝对值：使用此距离。

2）刀痕高度：计算刀具到该刀痕高度之间的距离。

3）%刀具直径：根据刀具直径和该百分比来计算距离。

（5）切削步距：该值结合步距类型一起使用，用于控制相邻的切削。

（6）切削数：指定切削的次数，仅限于轮廓、倒角、螺线及螺纹切削。

（7）下切类型：选择向下切削时的切削类型。

1）均匀深度：此选项对所有深度使用最大切削深度，从区域的顶部开始计算（参考下面的坯料数据）。

2）不均匀：第一刀切削使用第一次 Z 字型切削（见下文），在切削区域最低点的上方使用最后一次 Z 字型切削，然后为剩下的切削深度均匀地划分切削区域。

3）底面：在切削区域的最低深度走刀一次。

4）底面和孤岛顶面：类似于底面，但是它还会为每一个岛屿的顶面作一次切削。

5）孤岛顶面：在每个岛屿顶面的深度处作一次切削。

（8）下切步距：用于决定 Z 轴线上切削高度的标准切削深度。

（9）最小切深：切削不可能达到如此小的一个深度，除非这些切削是在岛屿顶端深度发生。

（10）第一切深：仅适用于切削顶面的非均匀深度切削。

（11）最后切深：仅适用于切削底面的非均匀深度切削。

4. “刀轨设置”选项卡

单击该选项卡，如图 4-69 所示。该选项卡中各选项的含义如下。

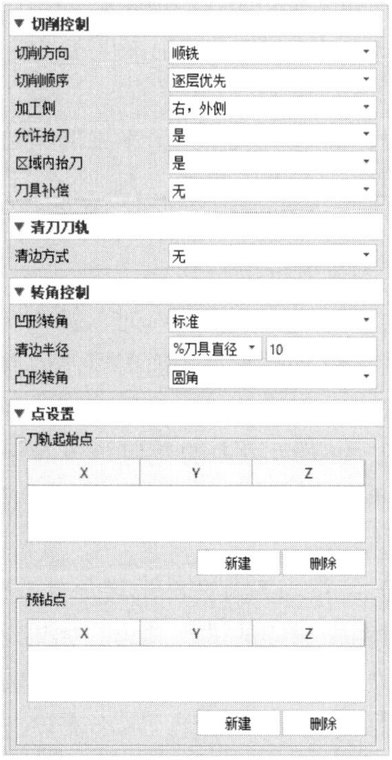

图 4-69 “刀轨设置 ”选项卡

（1）切削方向：设置切削刀轨的方向，包括顺铣、逆铣和 Z 字型。

（2）切削顺序：设置刀具切削顺序。

1）逐层优先：在进入下一层之前，移除一层（Z 深度）的所有材料。

2）区域优先：在进入下一区域之前，移除一个边界区域（所有深度）的所有材料。此选项仅与多于一个要加工的 Z 层时相关。

（3）加工侧：对于轮廓切削和斜面切削，此选项用于确定刀具在轮廓的左，内侧还是右，外侧。

（4）允许抬刀：设置加工下一层时是否抬刀。

（5）区域内抬刀：设置刀具从一个加工区域转到另一个加工区域时是否抬刀。如果刀具移动时没有必要抬刀，则刀具将抬高至区域上方的安全高度加上进刀垂直安全距离的高度。

（6）刀具补偿：此选项指定在生成激活刀具轨迹时是否输出“刀具补偿”的语句。

1）无：没有刀具补偿，只会输出刀尖点。

2）刀具补偿：使用小偏距刀具半径补偿。仿真时会显示刀尖点，并会输出到 CL 文件中。

3）半径补偿：使用（全偏距）刀具半径补偿。仿真时会显示刀尖点和处理后的零件边界，但只会输出处理后的零件边界到 CL 文件中。

（7）清边方式：设置在零件边界上做出一个最终清理方式。

1）无：不创建最终清理轨迹。

2）当前层清除：完成当前层 Z 高度的区域粗加工后，在当前层执行清边精加工。

3）多层清除：完成所有粗加工后，执行多层清边精加工。如果切削刀具刀刃的长度不足（即比切削深度要短），则此选项将按切削深度参数定义的加工层，来执行边界清理切削。

4）单一清除：完成所有粗加工后，执行一个单独的清边精加工。

5）仅清边：仅生成清边刀轨，不生成粗加工刀轨。

（8）凹形转角：指的是当刀具在凹形转角处改变方向时插入的运动。

1）标准：插入一个简单的刀具方向的变化。

2）牙刺式切削：当步距大于刀具直径的 50%时，插入一个清除切削之间材料的运动。

3）D 环：插入圆弧运动来转变刀具方向（远离零件边界）。

4）圆角：选择该选项，对两个相连的段进行圆角。如果这两段长度不是太短，则用当前步长作为半径进行圆角操作。如果两段中的任何一段对于圆角太短，则取步长的一半作为半径再进行两次尝试。如果两段连接足够光滑，则不需要圆角操作。用此选项可以创建较光顺的刀位轨迹。

（9）凸形转角（轮廓切削）：指当刀具在凸形转角处改变方向时插入的运动。

1）圆角：选择该选项，对两个相连的进行圆角。如果这两段长度不是太短，则用当前步长作为半径进行圆角操作。如果两段中的任何一段对于圆角太短，则取步长的一半作为半径再进行两次尝试。如果两段连接足够光滑，则不需要圆角操作。用此选项可以创建较光顺的刀位轨迹。

2）延伸相切：延伸角部切线。

3）打圆尖角：延伸角部，但是圆化尖角。一个比最小凸角角度小的凸角转弯处被认为是一个尖角。

4）D 环：插入圆弧运动来转变刀具方向（远离零件边界）。

（10）刀轨起始点：指定边界上开始切削的首选区域。这些点只需在需求的起始点附近，边界上的最近点将是切削开始的位置。

（11）预钻点：指定执行此刀具轨迹之前钻孔操作将产生进刀孔的位置。每个深度的所有刀具动作都将适当地利用这些进刀孔。

5．“连接和进退刀”选项卡

单击该选项卡，如图 4-70 所示。该选项卡中各选项的含义如下。

（1）区域内：为同一区域内生成的工序设置连接类型。

1）安全高度 Z：始终提升至设置的安全平面高度。

2）前一个平面：运刀的时候（非切削时），使刀在刚切削的区域加上安全高度的深度内运动。

3）直接穿越：直接应用到下一刀开始，有可能过切零件。

4）坯料平面：提升刀具到选定区域顶点加上安全高度的距离。

（2）层之间：为层与层之间的工序设置连接类型。其选项的含义同上。

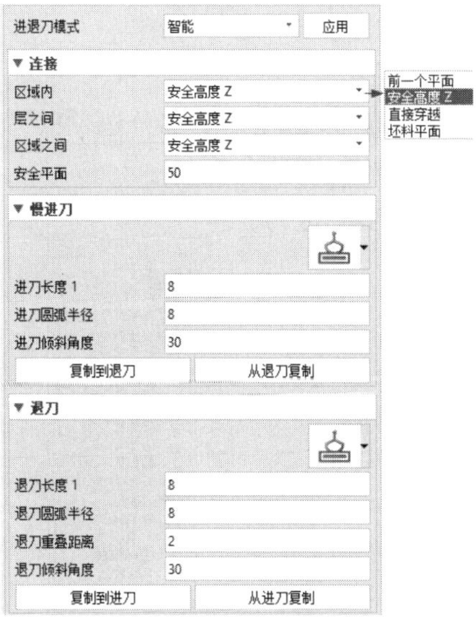

图 4-70　“连接和进退刀”选项卡

（3）区域之间：为不同区域之间生成的工序设置连接类型，包括安全高度 Z、前一个平面和坯料平面。

（4）安全平面：为当前工序设置安全平面的高度。

（5）进刀类型：设置进刀类型。

1）线性：添加一线性进刀。

2）线性，线性：添加一根线性线（带进刀水平安全距离）到线性进刀。

3）圆弧，线性：添加的动作将垂直于进退刀动作的切线矢量。线段的长度由“进刀水平安全距离”参数控制。它是一个由“进刀圆弧半径”参数定义的 90 度圆弧。

4）圆弧，线性，线性：进刀将从一个预钻点开始到直线的起刀点，直线是相切于圆弧，而此圆弧又相切于刀轨。退刀动作将为此的相反路径。此选项需要预钻孔。

5）圆弧，倾斜：进刀将从一个预钻点开始到一圆弧的起刀点，而此圆弧相切于刀轨。退刀动作将为此的相反轨迹。此选项需要预钻孔

6）无：不添加进刀/退刀运动过程中的进刀方式。

（6）进刀长度 1：用于线性——线性类型，设置相切于刀轨方向的进刀距离长度。

（7）进刀圆弧半径：指定进刀弧长半径。仅当进刀、退刀（见上面）设置为圆弧或弧线时才使用。

（8）进刀倾斜角度：此参数（以度计算）用作控制刀轨的切角，角度范围为 0º～90º。

“退刀”选项组与“进刀”选项组的含义相同，这里不再赘述。

五、单向平行

单向平行切削是一种平面铣（区域清理）或型腔铣技术，除切削均在同一方向外，与 Z 字型切削相似。其每切削一次，刀具提升一次。

单击“2 轴铣削”选项卡“二维内腔”面板中的“单向平行”按钮，系统弹出“单向平行切削 1”对话框，如图 4-71 所示。该对话框中的大部分选项在介绍“轮廓”命令时已

经进行了详细的讲解，这里仅对部分选项卡进行介绍。

1．“刀轨设置 ”选项卡

单击该选项卡，如图 4-72 所示。该选项卡中部分选项的含义如下。

（1）刀轨角度：设置切削方向控制刀轨角度。

（2）空中进刀：设置是否进行空中进刀。

图 4-71 “单向平行切削 1”对话框

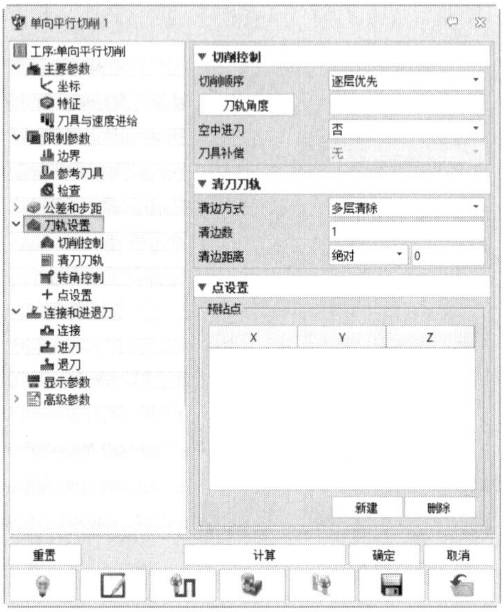

图 4-72 “刀轨设置 ”选项卡

2．“清刀刀轨”选项

单击“刀轨设置”选项卡下的“清刀刀轨”选项组，如图 4-73 所示。该选项组中部分选项的含义如下。

图 4-73 “清刀刀轨”选项组

（1）清边数：设置清边次数。

（2）清边距离：设置边界清理切削后剩余材料的偏移距离。

（3）清理岛侧：指定是否应在孤岛边界上做出一条最终清理轨迹。如果选择“是”，那么沿着孤岛边界将有两条轨迹。

（4）清理岛顶：对于不同深度的多条轨迹，引导刀具在每个孤岛的顶部做出一条精整轨迹，确保所有余量均被清理。

六、普通钻

此工序用于钻普通孔，切削过程中没有退刀，直接加工到孔底。

单击“钻孔”选项卡“钻孔”面板中的“普通钻”按钮，系统弹出“普通钻 1”对话框，如图 4-74 所示。下面对该对话框中的部分选项进行介绍。

1．“深度和余量”选项卡

单击该选项卡，如图 4-75 所示。该选项卡中的部分选项的含义如下。

图 4-74 “普通钻 1”对话框

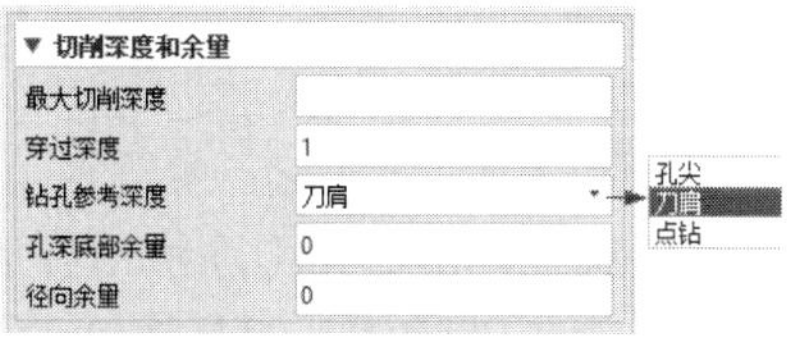

图 4-75 “深度和余量”选项卡

（1）最大切削深度：在退刀排屑之前，刀具可深入孔中的最大深度。

（2）穿过深度：切削深度在通孔底部以下的深度。

（3）钻孔参考深度：该参数决定了刀具上应该到达切削深度的位置。

1）孔尖：确保刀具的顶点不低于切削深度的尖点。

2）刀肩：确保在切削深度下，保持完整的直径。

3）点钻：钻削深度由孔和刀具及刀具顶尖角之间较小的直径决定。

如果刀具的直径大于或等于孔的直径（A 和 B），当达到孔的直径时，钻削停止。如果刀具的直径小于孔的直径（C），当达到刀具的直径时，钻削停止。

（4）孔深底部余量：在孔底部保留的余量，不加工。

（5）径向余量：增加到孔侧边的偏移量。加工出来的直径为孔的直径减去 2 倍的径向余量。

2．“切削控制”选项组

单击“切削控制”选项，展开“切削控制”选项组，如图 4-76 所示。该选项组中部分选项的含义如下。

（1）切削顺序：设置加工孔的顺序。

1）选择顺序：该顺序即是策略内孔特征的选择顺序，以及这些特征定义的顺序。

2）最小距离：在合理的时间范围内，可以找到的孔之间的最短刀轨距离。

3）最小距离/刀具轴向。

4）X Z 字型：以 X 轴上的优先级排序。

5）X 单向：以 X 轴上的优先级排序，先选择 Y 值较小的孔。

6）Y Z 字型：以 Y 轴上的优先级排序。

7）Y 单向：以 Y 轴上的优先级排序，先选择 X 值较小的孔。

（2）返回高度：钻削工序包含以下几个步骤。刀具先从初始点移动到安全高度点；然后以指定的进给速度移到控制点，开始钻削过程。从初始点到钻削控制点的距离由加工系统管理器中的“安全高度”定义。使用该参数设置刀具的返回高度为初始高度（G98）或安全高度点（G99）（即最小安全平面（R））。

（3）最小安全平面（R）：孔顶上方的距离，切削运动从这里开始进入孔。

（4）停歇时间：为了完成加工，保持刀具在孔底部的持续时间。

3.“刀轴和链接”选项卡

单击该选项卡，如图 4-77 所示。该选项卡中各选项的含义如下。

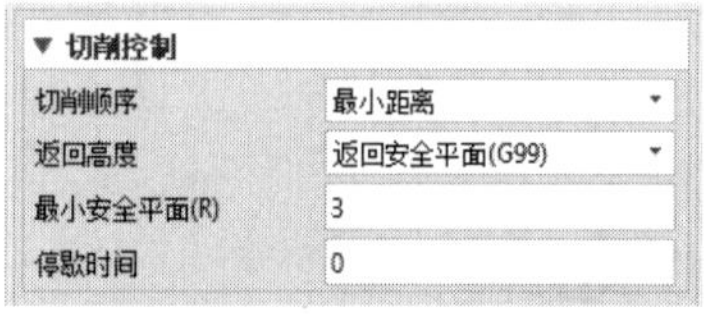

图 4-76 “切削控制”选项组

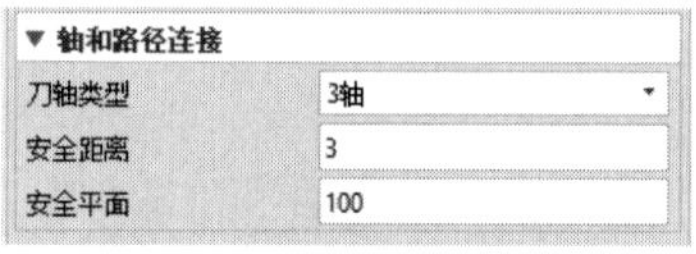

图 4-77 “刀轴和链接”选项卡

（1）刀轴类型：设定孔工序所需要的轴的数目。选择 3 轴来创建 3 轴或 5 轴固定面刀具轨迹。选择 5 轴来创建仿真刀具轨迹。不同孔之间的穿越运动将由线形或圆弧形运动组成。

中望 3D 自动计算孔的方位，无论孔是由点、圆弧、圆柱体，还是由基于几何的孔特征数据定义。全局碰撞避让是自动的。

（2）安全距离：设置刀具安全移动的高度距离零件顶面的距离。

（3）安全平面：为当前工序设置安全平面的高度。

七、螺旋铣削

单击“2 轴铣削”选项卡“二维内腔”面板中的“螺旋”按钮，系统弹出“螺旋切削 1”对话框，如图 4-78 所示。该对话框中部分选项的含义如下。

单击“刀轨设置”选项卡，如图 4-79 所示。

图 4-78 “螺旋切削 1”对话框

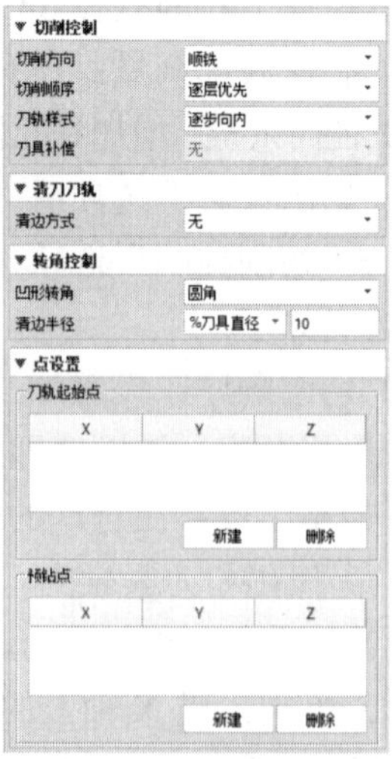

图 4-79 “刀轨设置”选项卡

刀轨样式：选择端面切削的轨迹样式，包括 Z 字型、单向、逐步向内、逐步向外、向内和向外 6 种轨迹样式。

任务二 基座加工

任务导入

本任务是对图 4-80 所示的基座进行加工，加工结果如图 4-81 所示。

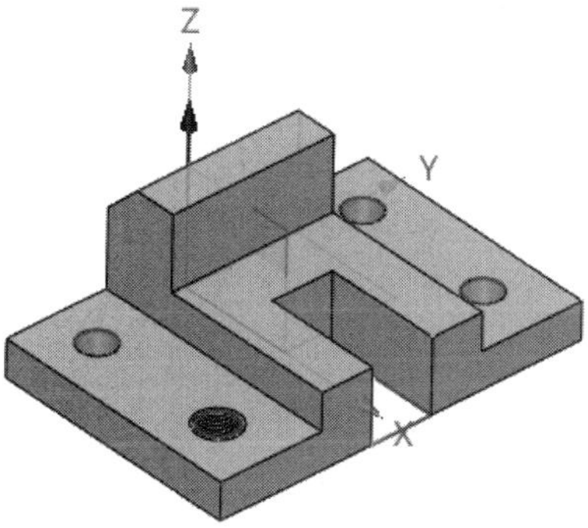

图 4-80 基座

图 4-81 基座加工结果

学习目标

1．学习“斜面”“倒角”“顶面”“Z 字形”“VoluMill2x”和“2 轴铣削”等二维轮廓和二维内腔加工命令的使用；

2．掌握常用的“中心钻”“啄钻”“沉孔钻”和“攻螺纹”等孔加工命令的使用。

思路分析

本任务的目标是基座加工。首先打开源文件，创建方案，添加坯料，然后进行面加工，最后进行孔加工并攻螺纹。

操作步骤

1．创建坯料

（1）打开文件。打开“基座”源文件。

（2）进入加工界面。单击 DA 工具栏中的“加工方案”按钮，系统弹出“选择模板”对话框，选择“空白”，单击“确认”按钮，进入加工界面。

（3）添加坯料。单击“加工系统”选项卡“加工系统”面板中的“添加坯料”按钮，系统弹出“添加坯料”对话框，选择坯料类型为“STL”，单击“打开”按钮，系统弹出“选择文件输入”对话框，选择“基座.stl”文件，单击“打开”按钮，返回“添加坯料”对话框，单击“确定”按钮，系统弹出“ZW3D”对话框，单击“否”按钮，显示坯料，如图 4-82 所示。

（4）隐藏坯料。在“计划”管理器中右击“坯料：基座_坯料”，在弹出的快捷菜单中选择“显示/隐藏”命令，隐藏坯料。

2．斜面加工

（1）设置主要参数。单击“2 轴铣削”选项卡“二维轮廓”面板中的“斜面”按钮，系统弹出“斜面切削 1”对话框，如图 4-83 所示。单击“添加”按钮，系统弹出“选择特征”对话框 1，选择基座零件，单击“新建”按钮，系统弹出“选择特征”对话框 2，如图 4-84 所示，选择“轮廓”。单击“确定”按钮，系统弹出“轮廓”对话框，根据系统提示选择零件组件，系统弹出“轮廓”对话框，输入类型选择“曲线”，在绘图区选择边界作为轮廓曲线，如图 4-85 所示。单击“确定”按钮，系统弹出“轮廓特征”对话框。将轮廓属性设置为“闭合”，连接方法选择“圆形”，刀具位置选择“内侧”。在“轮廓成员”选项组中设置刀具位置，除了图 4-85 所示的边界 1 的刀具位置为“边界相切”，其余边界的刀具位置均设置为“越过边界”，如图 4-86 所示。单击“确认”按钮，返回“斜面切削 1”对话框。

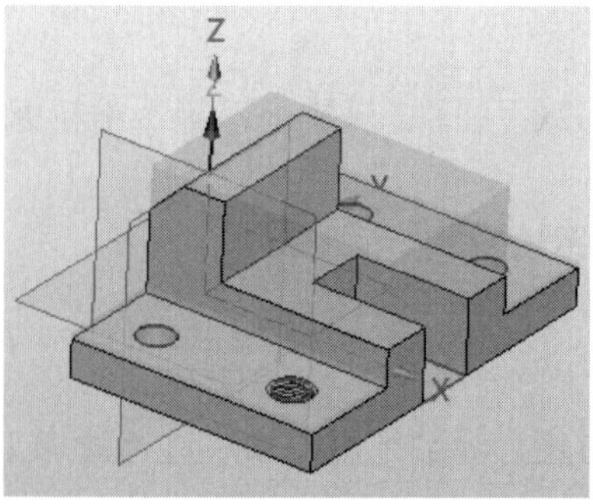

图 4-82　添加坯料

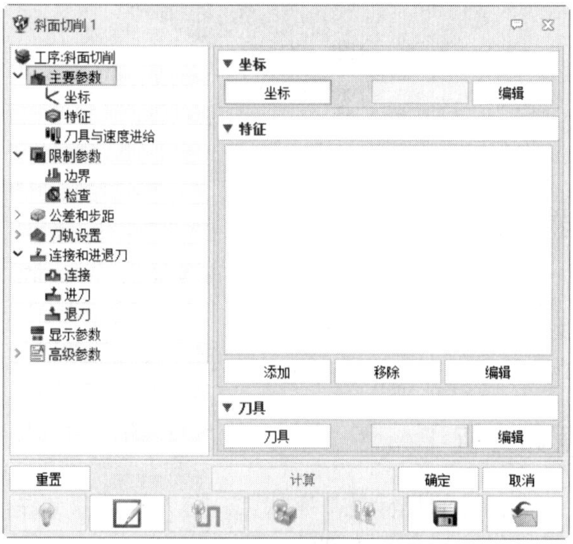

图 4-83　“斜面切削 1”对话框

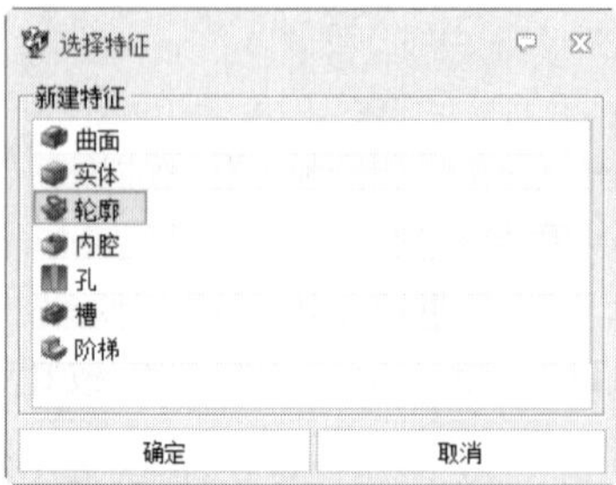

图 4-84　“选择特征”对话框 2

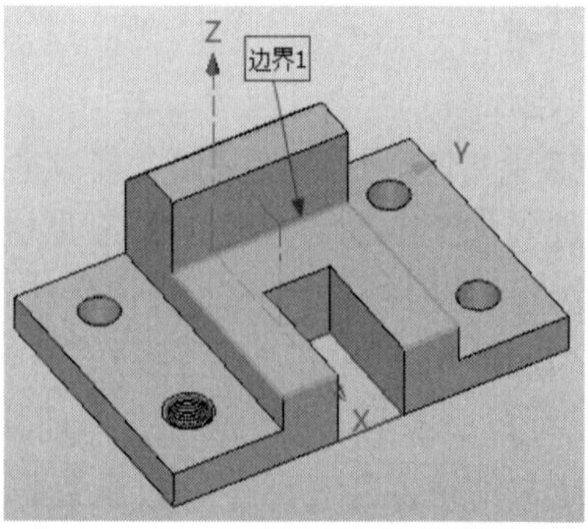

图 4-85　选择轮廓曲线

图 4-86 “轮廓特征”对话框

（2）定义刀具。单击“刀具”按钮，系统弹出“刀具列表”对话框，单击“管理”按钮，系统弹出“创建刀具”对话框，选择“铣削”和“铣刀”，单击“确定”按钮✔，系统弹出“刀具”对话框，类型选择“铣刀”，子类选择“端铣刀”，半径设置为“0”，刀体直径设置为“6”，如图 4-87 所示。单击“确定”按钮，刀具 1 定义完成。

（3）设置限制参数。单击“限制参数”选项卡，类型选择“绝对”，分别单击“顶部”和“底部”按钮，选择顶部点和底部点，如图 4-88 所示。

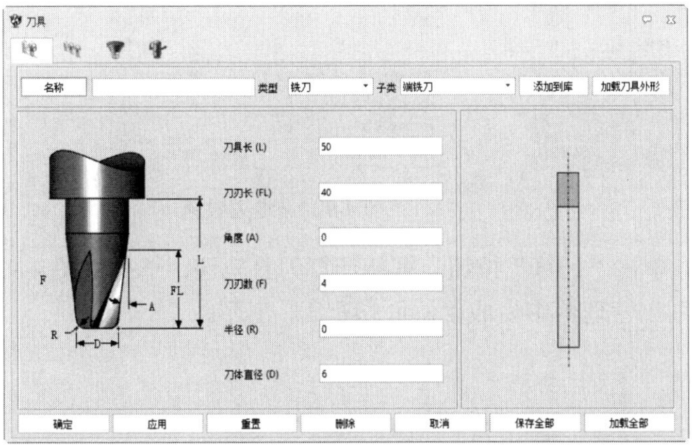

图 4-87 设置刀具参数

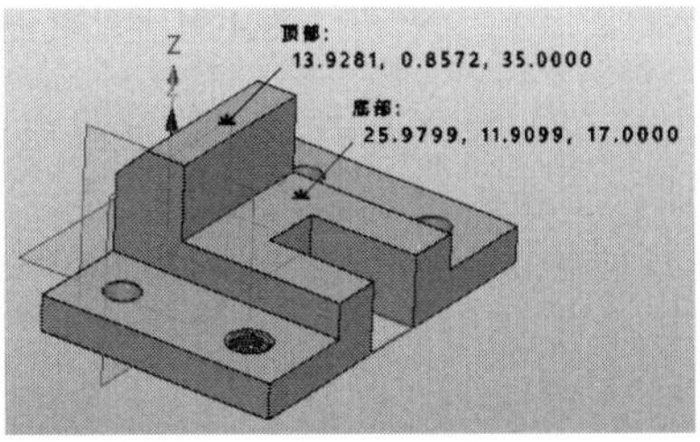

图 4-88 选择顶部点和底部点

（4）公差和步距设置。单击“公差和步距”选项卡，侧面余量设置为“0”，刀具步进选择“绝对值”，步进量设置为“4”，切削数设置为“7”，斜坡类型选择“螺距”，斜坡间距设置为“2”，如图 4-89 所示。

（5）刀轨设置。单击“刀轨设置”选项卡，切削方向选择“顺铣”，加工侧选择“左，内侧”，边界清理选择“否”，如图 4-90 所示。

（6）设置进刀点。单击“刀轨设置”选项卡下的“点设置”选项，单击“起刀点”按钮，系统弹出“点”对话框，在绘图区选择图 4-91 所示的点作为进刀点。

（7）进退刀设置。单击“连接和进退刀”选项卡，进退刀模式选择“智能”，安全平面设置为“50”，进刀类型选择“线性 线性”，进刀长度 1 设置为“6.5”，进刀长度 2 设置为“0”，单击“复制到退刀”按钮，如图 4-92 所示。

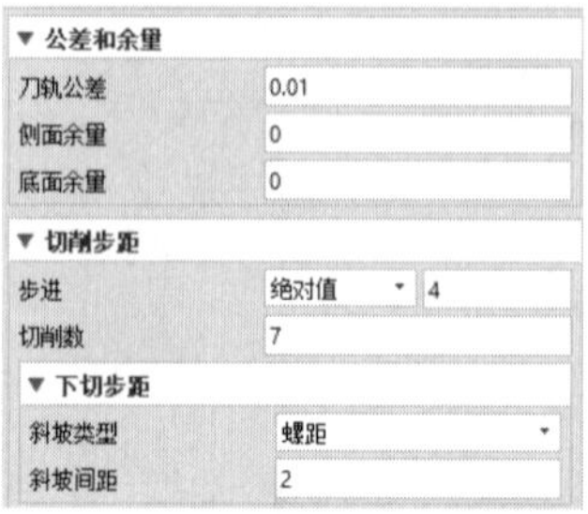

图 4-89　公差和步距设置

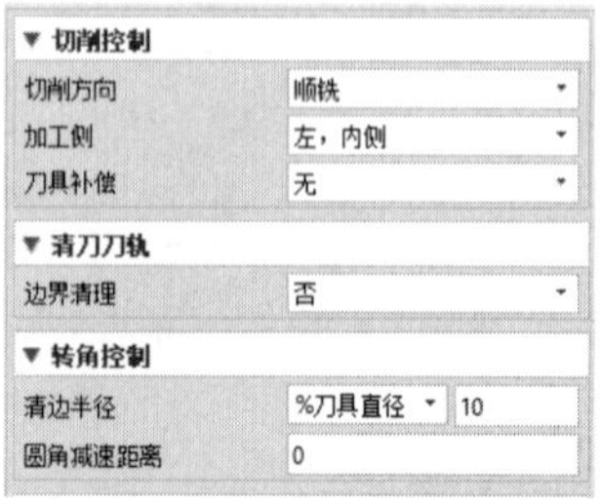

图 4-90　刀轨设置

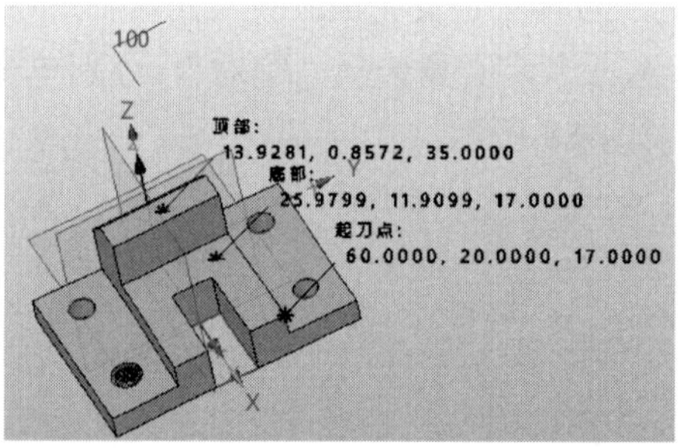

图 4-91　设置进刀点

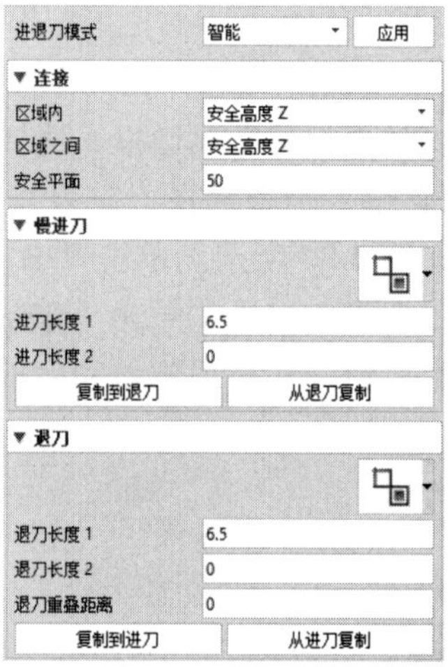

图 4-92 进退刀设置

（8）计算刀轨。参数设置完成，单击“计算”按钮，重新计算刀具轨迹，结果如图 4-93 所示，单击“确定”按钮。在“计划”管理器中生成“斜面切削 1”工序。

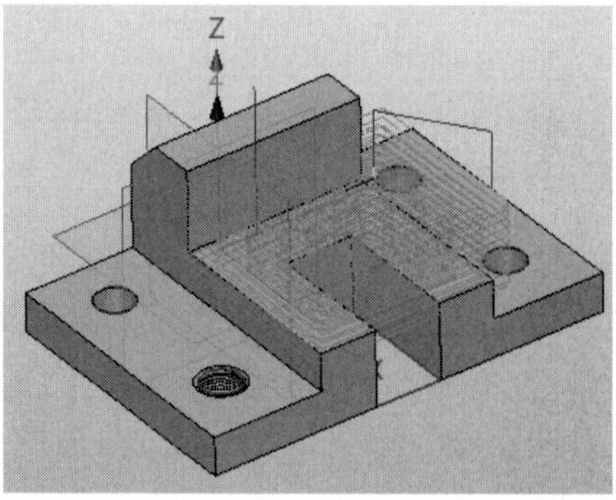

图 4-93　斜面刀具轨迹

3．倒角加工

（1）设置主要参数。隐藏“斜面切削 1”刀具轨迹。单击“2 轴铣削”选项卡“转角切除”面板中的“倒角”按钮，系统弹出“倒角切削1”对话框，如图4-94所示。单击“添加”按钮，系统弹出“选择特征”对话框1，选择基座零件，单击“新建”按钮，系统弹出“选择特征”对话框2，如图4-95所示，选择“倒角”。单击“确定”按钮，系统弹出“倒角”对话框，选择图4-96所示的曲线，单击“确定”按钮，系统弹出“倒角特征”对话框，如图4-97所示，加工侧选择“左，内侧”。单击“确认”按钮，返回“倒角切削1”对话框。

图4-94 “倒角切削1”对话框

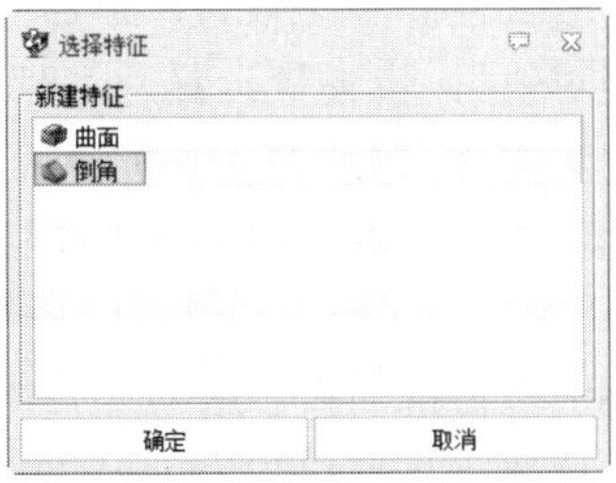

图4-95 “选择特征”对话框2

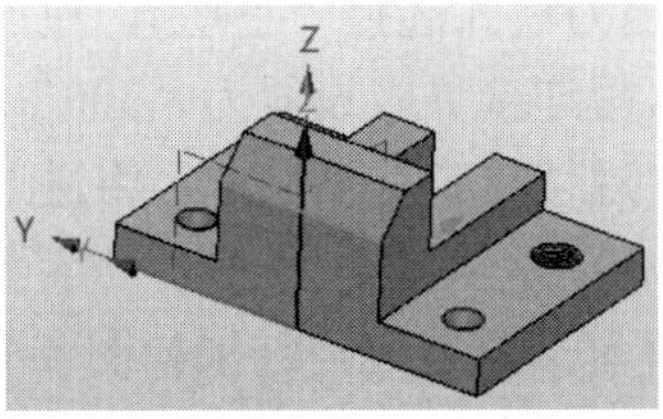

图4-96 选择曲线

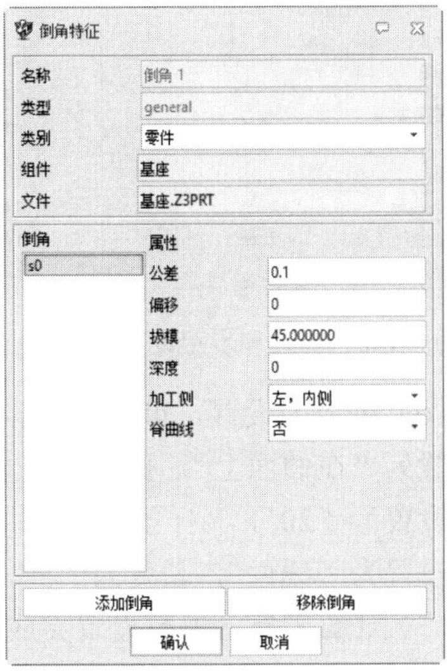

图4-97 “倒角特征”对话框

（2）定义刀具。单击“刀具”按钮，系统弹出“刀具列表”对话框，单击“管理”按钮，系统弹出“创建刀具”对话框，如图4-98所示，选择“铣削”和“倒角刀”。单击“确定”按钮，系统弹出“刀具”对话框，参数采用默认，如图4-99所示。单击“确定”按钮，刀具1定义完成。

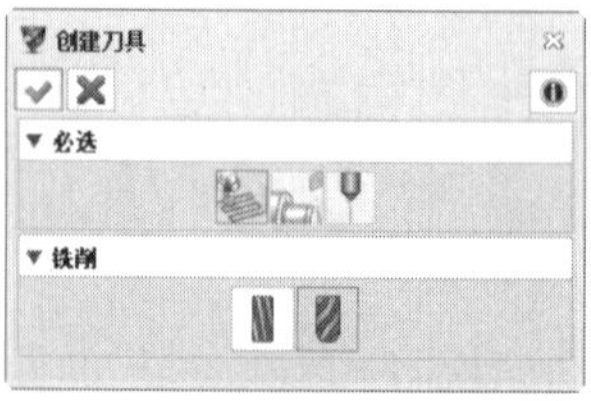

图 4-98 “创建刀具”对话框

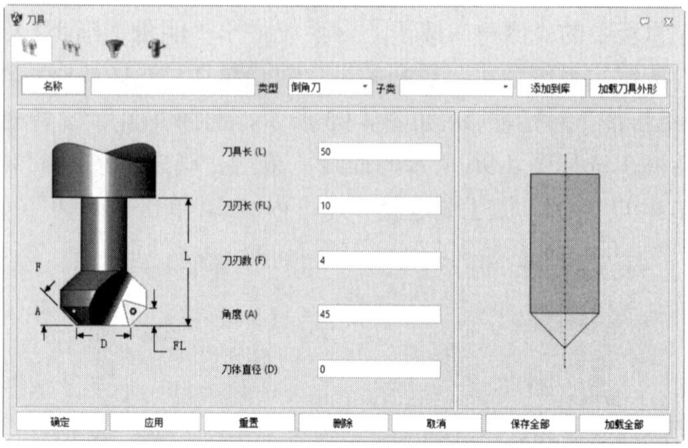

图 4-99 “刀具”对话框

（3）公差和步距设置。单击“公差和步距”选项卡，侧面余量设置为“0”，刀具步进选择“绝对值”，步进量设置为“8”，切削数设置为“1”，下切类型选择“均匀深度”，下切步距设置为“10”，如图 4-100 所示。

（4）刀轨设置。单击“刀轨设置”选项卡，切削顺序选择“区域优先”，结果如图 4-101 所示。

（5）设置进刀点。单击“刀轨设置”选项卡下的“点设置”选项，单击“起刀点”按钮，系统弹出“点”对话框，在绘图区选择图 4-102 所示的点作为进刀点。

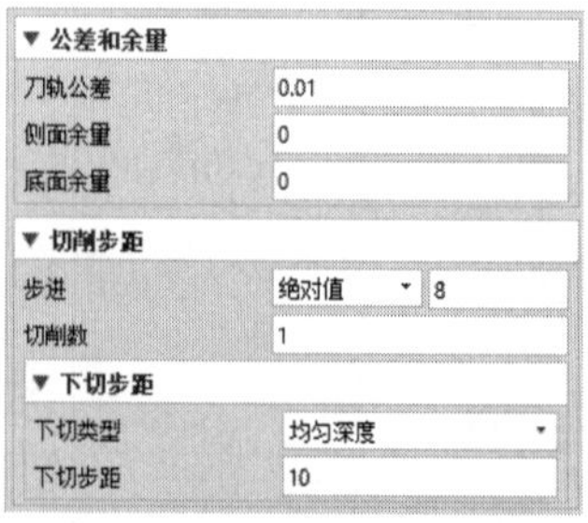

图 4-100 公差和步距设置

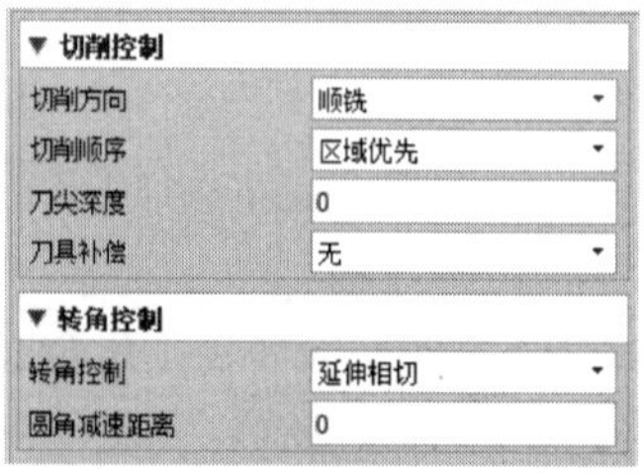

图 4-101 刀轨设置

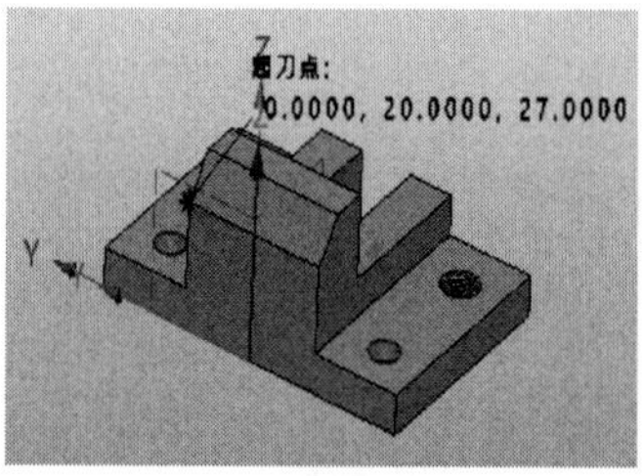

图 4-102 设置进刀点

（6）进退刀设置。单击“连接和进退刀”选项卡，进退刀模式选择“手动”，短连接方式设置为“在曲面上”，长连接方式设置为“安全高度”，%短连接界限设置为“300”，安全距离设置为“20”，%样条曲线的曲率设置为“50”，勾选“过切检查”复选框，将进退刀类型均设置为“线性”，长度为“5”，角度为“0”，如图 4-103 所示。

（7）计算刀轨。参数设置完成，单击“计算”按钮，计算刀具轨迹，结果如图 4-104 所示，单击“确定”按钮。在“计划”管理器中生成“倒角切削 1”工序。

4．顶面加工

（1）设置主要参数。隐藏所有刀具轨迹。单击“2 轴铣削”选项卡“二维面”面板中的“顶面”按钮，系统弹出“顶面 1”对话框，如图 4-105 所示。单击“添加”按钮，系统弹出“选择特征”对话框 1，选择基座零件，单击“新建”按钮，系统弹出“选择特征”对话框 2，如图 4-106 所示，选择“面”。单击“确定”按钮，系统弹出“平面”对话框，在绘图区选择面，如图 4-107 所示。单击“确定”按钮✔，系统弹出“平面特征”对话框，如图 4-108 所示，设置侧面为“自动”。单击“确认”按钮，返回“顶面 1”对话框。

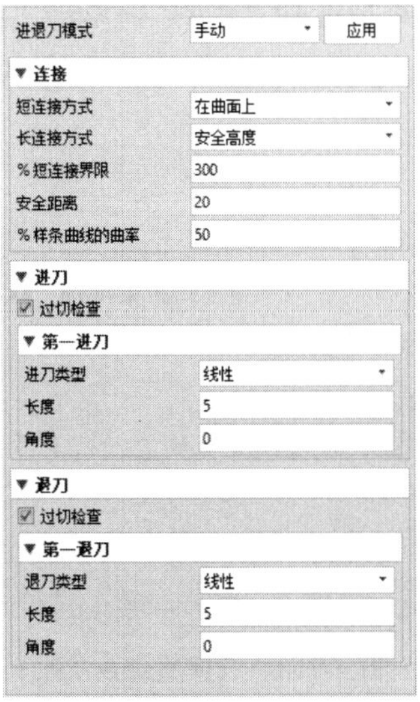

图 4-103　进退刀设置

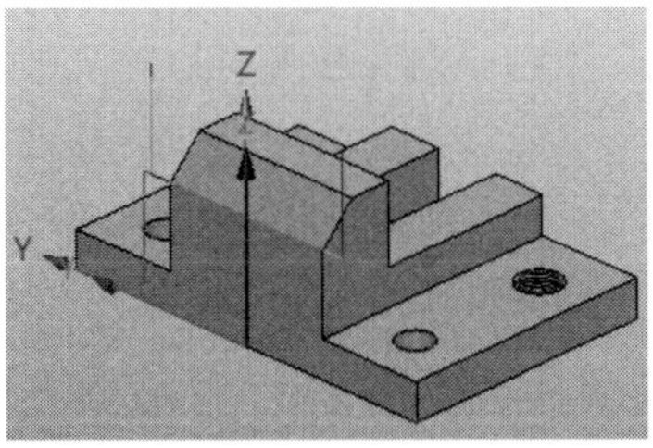

图 4-104　倒角切削刀具轨迹

图 4-105　“顶面 1”对话框

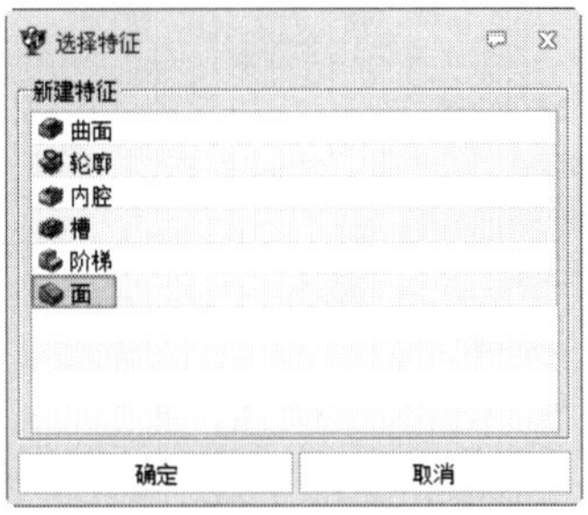

图 4-106“选择特征”对话框 2

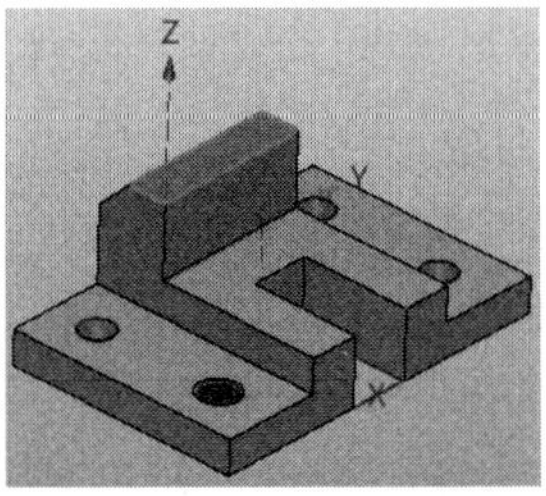

图 4-107　选择面

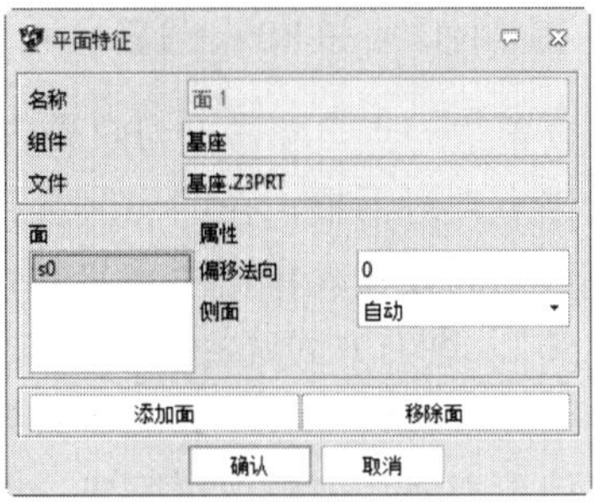

图 4-108　“平面特征”对话框

（2）定义刀具。单击“刀具”按钮，系统弹出“刀具列表”对话框，选择“刀具 1”，如图 4-109 所示。

（3）设置限制参数。单击“限制参数”选项卡，类型选择“绝对”，单击“底部”按钮，选择底部点，如图 4-110 所示。

图 4-109　选择“刀具 1”

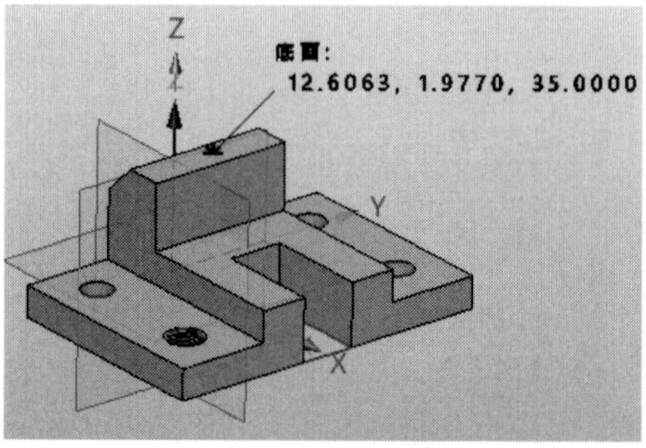

图 4-110　选择底部点

（4）公差和步距设置。单击“公差和步距”选项卡，侧面和底面余量均设置为“0”，刀具步进选择“绝对值”，步进量设置为“4”，下切类型选择“均匀深度”，下切步距设置为“3”，如图 4-111 所示。

（5）刀轨设置。单击“刀轨设置”选项卡，切削方向选择“顺铣”，刀轨样式选择“Z 字型”，加工面类型选择“顶部区域”，清边方式选择“无”，如图 4-112 所示。

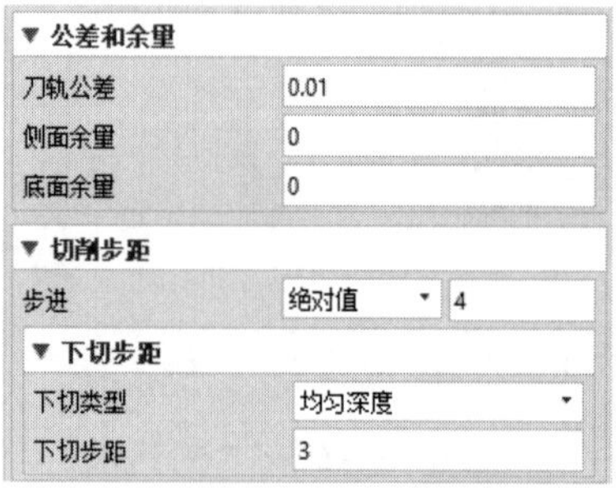

图 4-111　公差和步距设置

图 4-112　刀轨设置

（6）设置进刀点。单击“刀轨设置”选项卡下的“点设置”选项，单击“起刀点”按钮，系统弹出“点”对话框，在绘图区选择图 4-113 所示的点作为进刀点。

（7）进退刀设置。单击“连接和进退刀”选项卡，进退刀模式选择“智能”，安全平面设置为“50”，进刀方式选择“直线”，进刀长度设置为“6.5”，单击“复制到退刀”按钮，退刀重叠距离设置为“4”，如图 4-114 所示。

（8）计算刀轨。参数设置完成，单击“计算”按钮，计算刀具轨迹，结果如图 4-115 所示，单击“确定”按钮。在“计划”管理器中生成“顶面切削 1”工序。

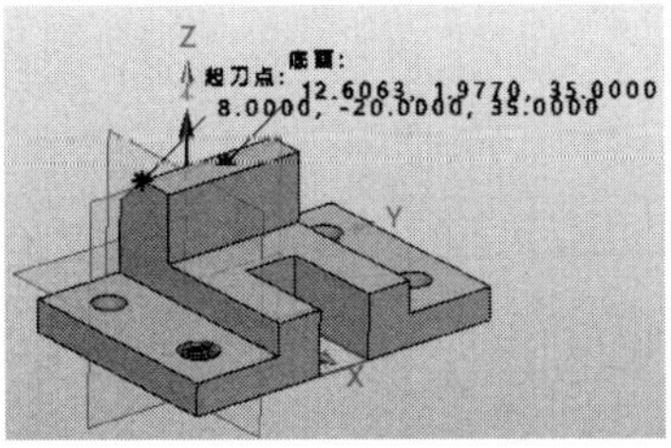

图 4-113　设置进刀点

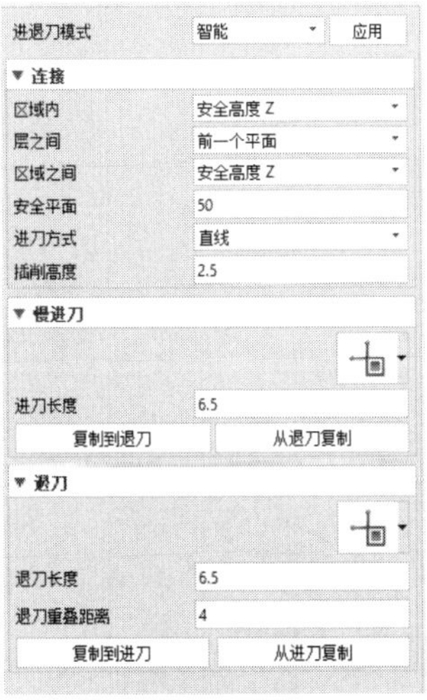

图 4-114　进退刀设置

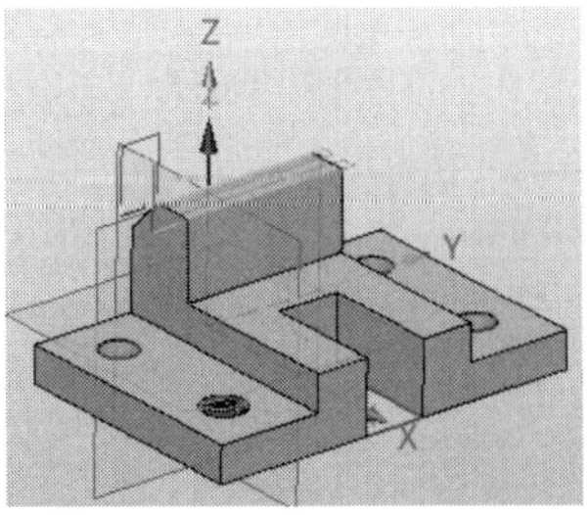

图 4-115　顶面加工刀具轨迹

5．等高外形加工

（1）设置主要参数。隐藏所有刀具轨迹。单击“2 轴铣削”选项卡“二维内腔”面板中的“等高外形”按钮，系统弹出“等高外形切削 1”对话框，如图 4-116 所示。单击“添加”按钮，系统弹出“选择特征”对话框 1，选择基座零件，单击“新建”按钮，系统弹出“选择特征”对话框 2，选择“轮廓”，单击“确定”按钮，系统弹出“轮廓”对话框，输入类型选择“曲线”，在绘图区选择图 4-117 所示的轮廓曲线。单击“确定”按钮，系统弹出“轮廓特征”对话框。开放/闭合选择“开放”，连接方法选择“线性”，刀具位置选择“自动侧”，选择图 4-118 所示的边界将其刀具位置设置为“越过边界”，单击“确认”按钮，返回“等高外形切削 1”对话框。

图 4-116　“等高外形切削 1”对话框

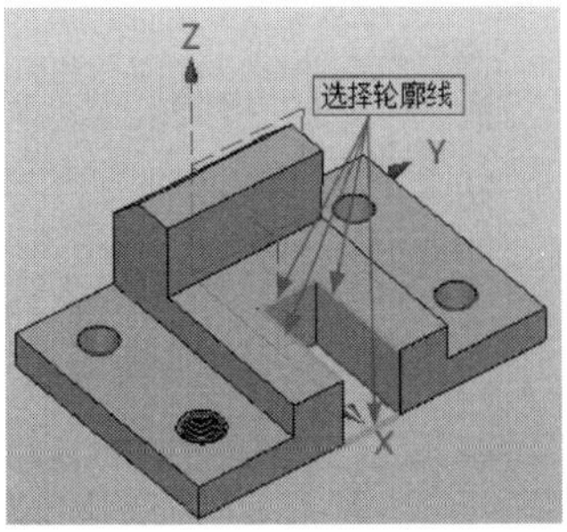

图 4-117　选择轮廓曲线

（2）定义刀具。单击“刀具”按钮，系统弹出“刀具列表”对话框，选择“刀具 1”。

（3）设置限制参数。单击“限制参数”选项卡，类型选择“绝对”，单击“顶部”按钮，在台阶面上选择一点，单击“底部”按钮，选择零件底面一点，如图 4-119 所示。

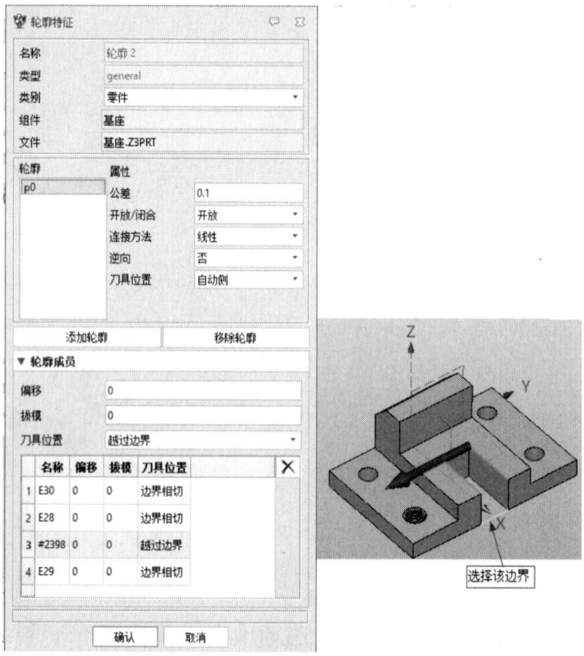

图 4-118 “平面特征”对话框

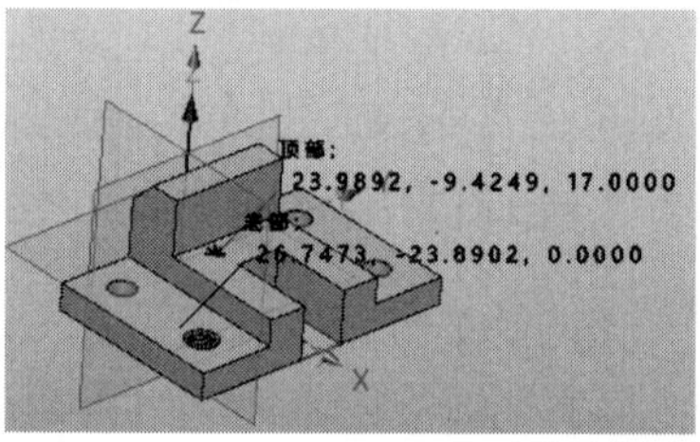

图 4-119 选择顶部点和底部点

（4）公差和步距设置。单击“公差和步距”选项卡，侧面和底面余量均设置为“0”，刀具步进选择“绝对值”，步进量设置为“4”，下切类型选择“均匀深度”，下切步距设置为“5”，如图 4-120 所示。

（5）刀轨设置。单击“刀轨设置”选项卡，切削方向选择“顺铣”，切削顺序选择“区域优先”，刀轨样式选择“平行”，清边方式选择“单一清除”，清边数设置为“1”，清边距离设置为“1”，如图 4-121 所示。

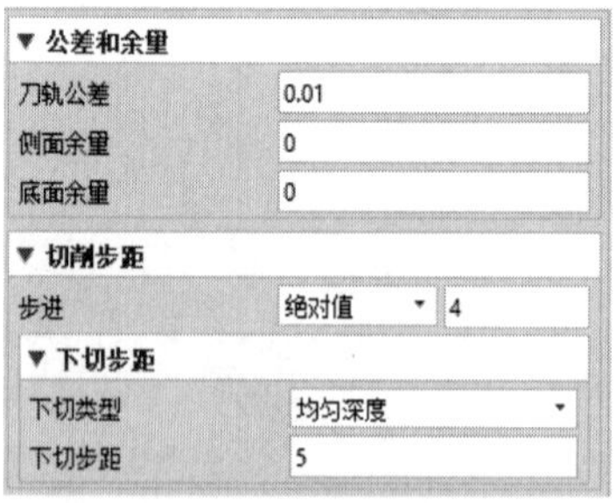

图 4-120 公差和步距设置

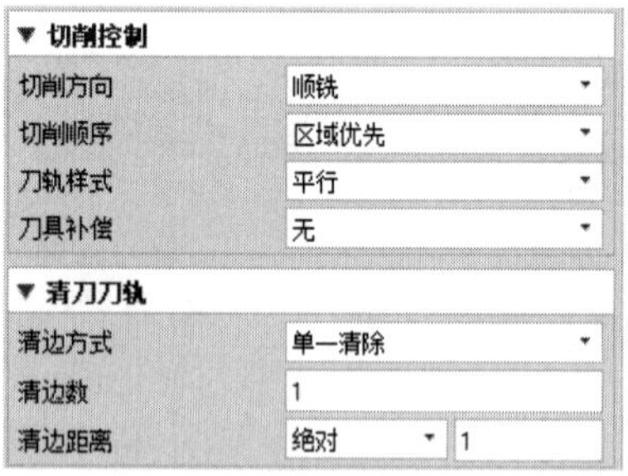

图 4-121 刀轨设置

（6）设置进刀点。单击“刀轨设置”选项卡下的“点设置”选项，单击“起刀点”按钮，系统弹出“点”对话框，在绘图区选择图 4-122 所示的点作为进刀点。

（7）进退刀设置。单击“连接和进退刀”选项卡，进退刀模式选择“智能”，安全平面设置为“50”，进刀方式选择“直线”，插削高度设置为“5”。进刀方式选择“直线”，进刀长度设置为“20”，单击“复制到退刀”按钮，退刀重叠距离设置为“4”，如图 4-123 所示。

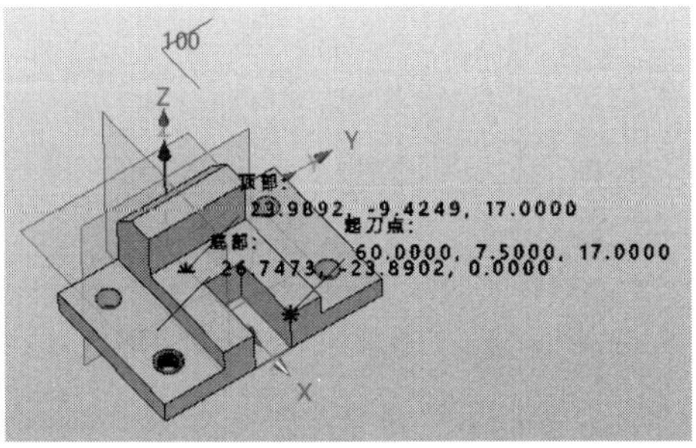

图 4-122　设置进刀点

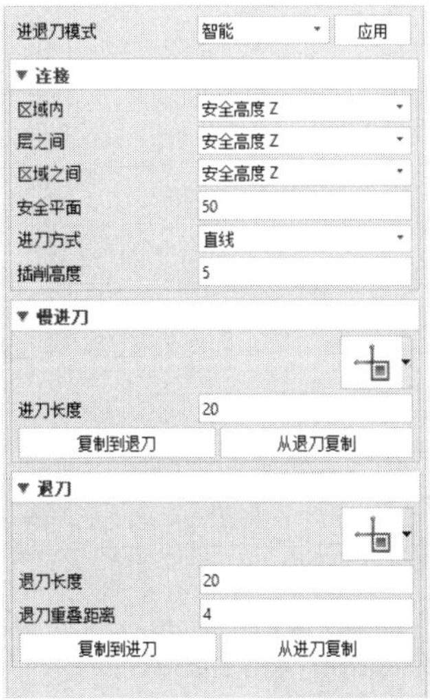

图 4-123　进退刀设置

（8）计算刀轨。参数设置完成，单击“计算”按钮，计算刀具轨迹，结果如图 4-124 所示，单击“确定”按钮。在“计划”管理器中生成“等高外形切削 1”工序。

6．2 轴铣削策略

（1）创建 2 轴铣削策略。隐藏所有刀具轨迹。单击“2 轴铣削”选项卡“策略”面板中的“2 轴铣削”按钮，系统自动在“计划”管理器中显示该策略，如图 4-125 所示。

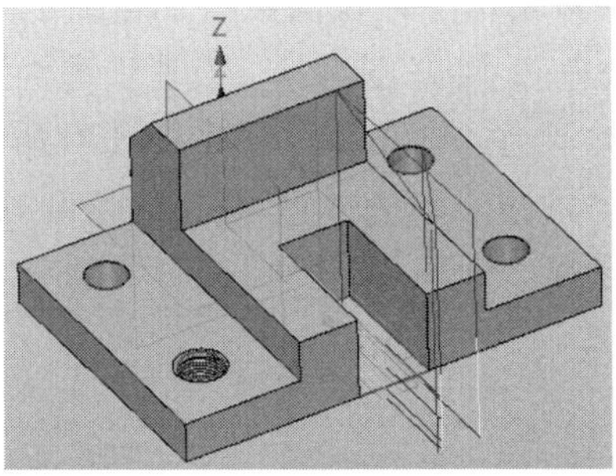

图 4-124　等高外形加工刀具轨迹

图 4-125　“计划”管理器

（2）添加特征。在“计划”管理器中双击“2 轴铣削策略 1”策略下的“特征（undefined）”图标，系统弹出“选择特征”对话框 1，单击“新建”按钮，系统弹出“选择特征”对话框 2，选择“轮廓”，单击“确定”按钮，系统弹出“轮廓”对话框，输入类型选择“曲线”，在绘图区选择图 4-126 所示的边界 1 作为轮廓曲线，单击“确定”按钮，系统弹出“轮廓特征”对话框，如图 4-127 所示，开放/闭合选择“开放”，刀具位置选择“自动侧”，在“轮廓成员”选项组中设置除了图 4-126 所示的边界 1 的所有边界的刀具位置均为“越过边界”。单击“确认”按钮，特征添加完成。

（3）创建工序。在“计划”管理器中右击“2 轴铣削策略 1”图标，在弹出的快捷菜单中选择“创建/计算工序”命令，如图 4-128 所示。此时，在“等高外形切削 1”下方增加了“[2 轴铣削策略 1]轮廓.1”工序，如图 4-129 所示。

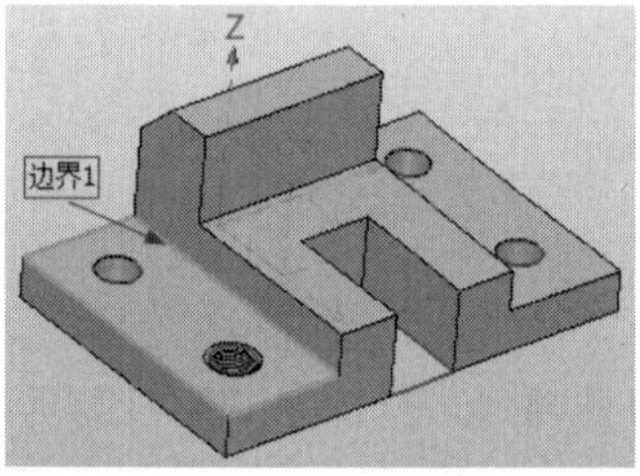

图 4-126　选择轮廓曲线

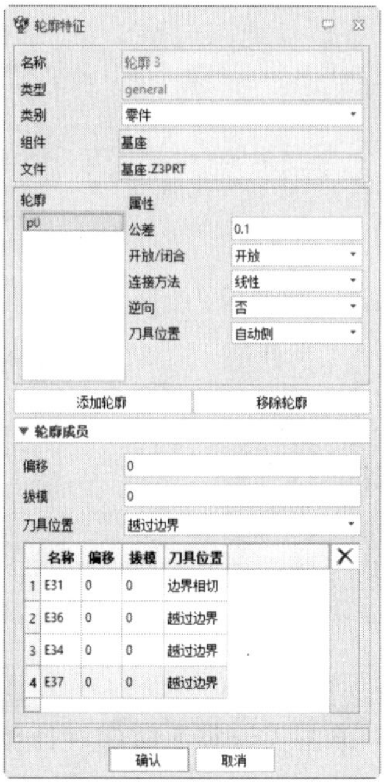

图 4-127　“轮廓特征”对话框

图 4-128　选择“创建/计算工序”命令

（4）定义刀具。在“计划”管理器中双击“[2 轴铣削策略 1]轮廓.1”工序下的“刀具（undefined）”图标，系统弹出“刀具列表”对话框，选择“刀具 1”。

（5）公差和步距设置。在“计划”管理器中双击“[2 轴铣削策略 1]轮廓.1”工序，系统弹出“[2 轴铣削策略 1]轮廓.1”对话框，单击“公差和步距”选项卡，设置步进为”绝对值”，步进量设置为“5”，切削数设置为“6”，下切类型选择“底面”，如图 4-130 所示。

（6）刀轨设置。单击“刀轨设置”选项卡，切削方向选择“顺铣”，切削顺序选择“区域优先”，加工侧选择“左，内侧”，清边方式选择“无”，如图 4-131 所示。

图 4-129　创建工序

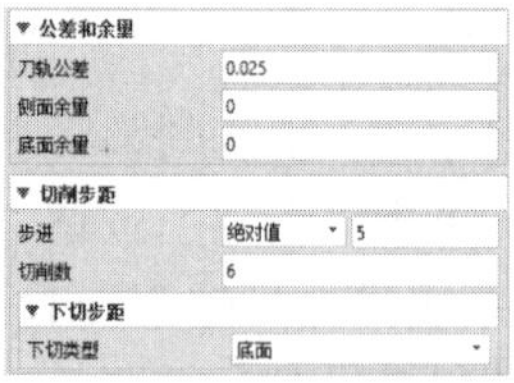

图 4-130　公差和步距设置

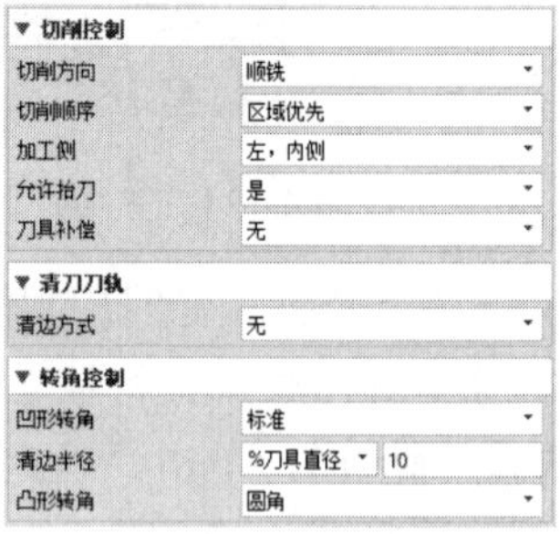

图 4-131　刀轨设置

（7）进退刀设置。单击“连接和进退刀”选项卡，进退刀模式选择“智能”，安全平面设置为“50”，进刀类型选择“线性 线性”，进刀长度 1 设置为“5”，进刀长度 2 设置为“0”，单击“复制到退刀”按钮，退刀重叠距离设置为“2”，如图 4-132 所示。

（8）计算刀轨。参数设置完成，单击“计算”按钮，计算刀具轨迹，结果如图 4-133 所示。

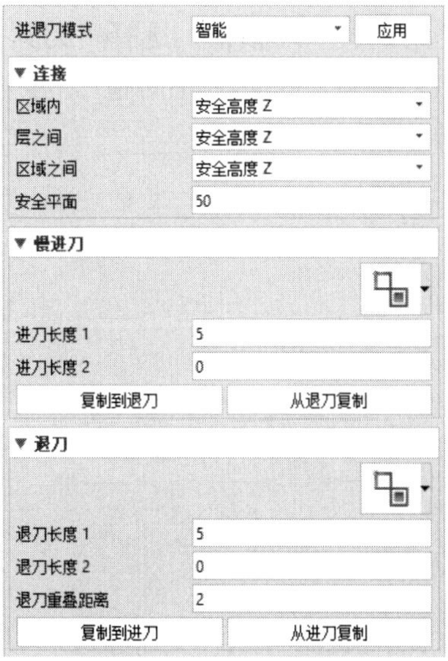

图 4-132　进退刀设置

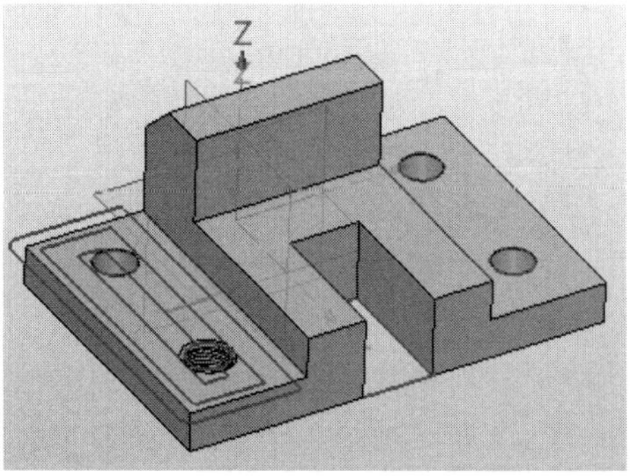

图 4-133　2 轴铣削策略刀具轨迹

7．VoluMill2x（高速加工策略）加工

（1）设置主要参数。单击“2 轴铣削”选项卡“二维内腔”面板中的“VoluMill2x”按钮，系统弹出“VoluMill2x 1”对话框，如图 4-134 所示。单击“添加”按钮，系统弹出“选择特征”对话框 1，选择基座零件，单击“新建”按钮，系统弹出“选择特征”对话框 2，选择“轮廓”，单击“确定”按钮，系统弹出“轮廓”对话框，将输入类型设置为“曲线”，在绘图区选择图 4-135 所示的边界 1 作为轮廓曲线，单击“确定”按钮，系统弹出“轮廓特征”对话框，如图 4-136 所示，开放/闭合选择“开放”，刀具位置选择“自动侧”，在“轮廓成员”选项组中设置除了图 4-135 所示的边界 1 的所有边界的刀具位置均为“越过边界”。单击“确认”按钮，特征添加完成。

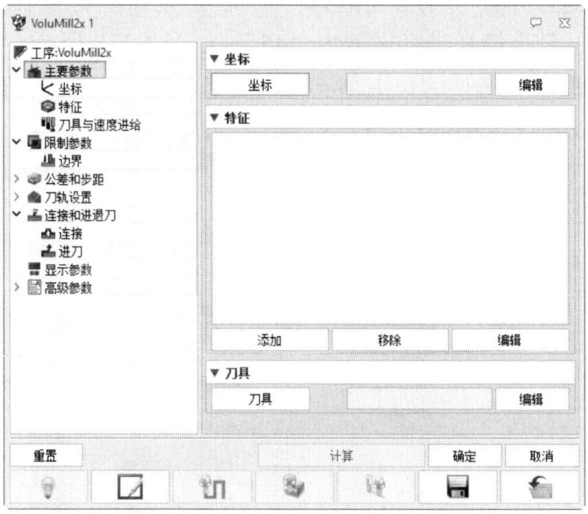

图 4-134　“VoluMill2x 1”对话框

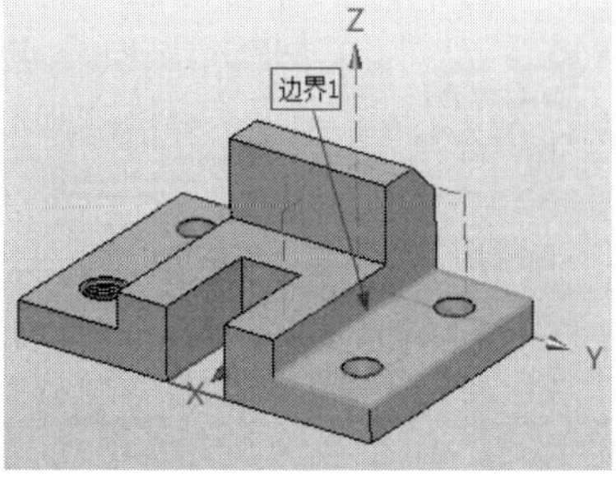

图 4-135　选择曲线

（2）定义刀具。单击“刀具”按钮，系统弹出“刀具列表”对话框，选择“刀具 1”。

（3）公差和步距设置。单击“公差和步距”选项卡，设置步进为“绝对值”，步进量设置“5”，切削数设置为“6”，下切类型选择“底面”，如图 4-137 所示。

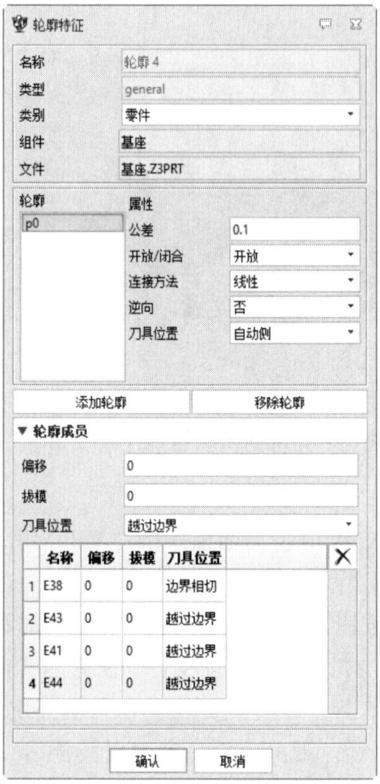

图 4-136 “轮廓特征”对话框

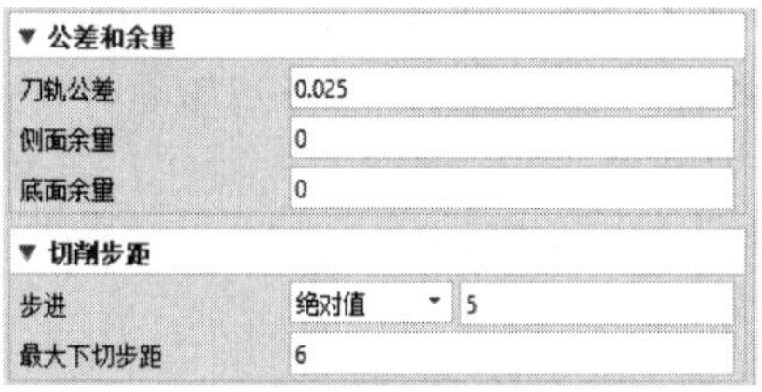

图 4-137 公差和步距设置

（4）刀轨设置。单击“刀轨设置”选项卡，切削方向选择“顺铣”，允许往复加工设置为“是”，切削顺序选择“逐层优先”，%最小摆线半径设置为“45”，如图 4-138 所示。

（5）进退刀设置。单击“连接和进退刀”选项卡，继承安全高度 Z 设置为“是”，安全距离设置为“10”，插削距离设置为“5”，进刀类型选择“螺旋”，角度位置为“20”，如图 4-139 所示。

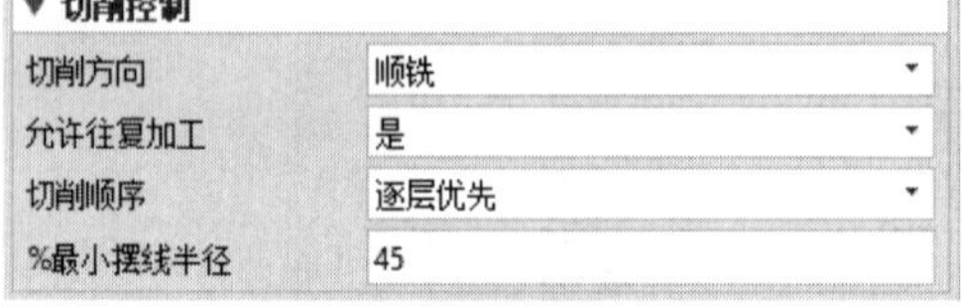

图 4-138 刀轨设置

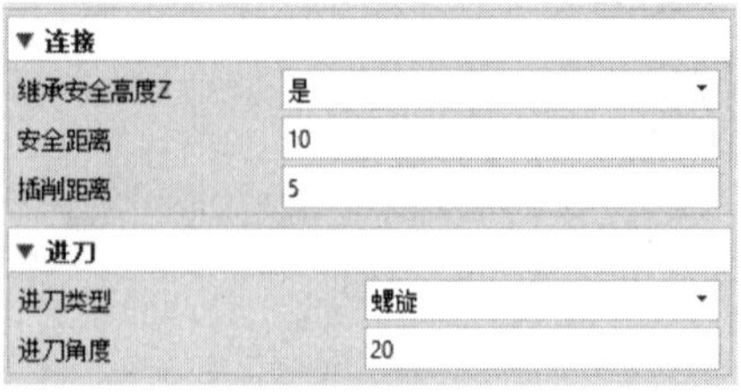

图 4-139 进退刀设置

（6）计算刀轨。参数设置完成，单击“计算”按钮，计算刀具轨迹，结果如图 4-140 所示。

8．Z 字型加工

（1）设置主要参数。单击“2 轴铣削”选项卡“二维内腔”面板中的“Z 字型”按钮，系统弹出“Z 字型平行切削 1”对话框，如图 4-141 所示。单击“添加”按钮，系统弹出“选择特征”对话框 1，选择基座零件，单击“新建”按钮，系统弹出“选择特征”对话框 2，选择“面”，单击“确定”按钮，系统弹出“平面”对话框，在绘图区选择图 4-142 所示的面，单击“确定”按钮，系统弹出“平面特征”对话框，侧面选择“自动”，单击“确认”按钮，特征添加完成。

（2）定义刀具。单击“刀具”按钮，系统弹出“刀具列表”对话框，选择“刀具 1”。

（3）公差和步距设置。单击“公差和步距”选项卡，设置步进为“绝对值”，步进量设置为“5”，下切类型选择“均匀深度”，下切步距设置为“3”，如图 4-143 所示。

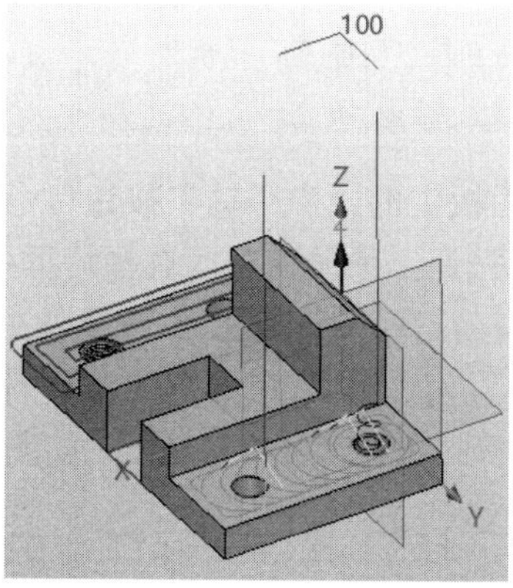

图 4-140 VoluMill2x 加工刀具轨迹

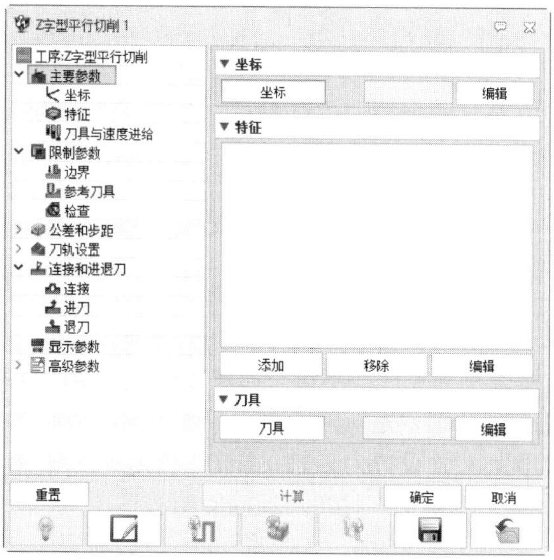

图 4-141 “Z 字型平行切削 1”对话框

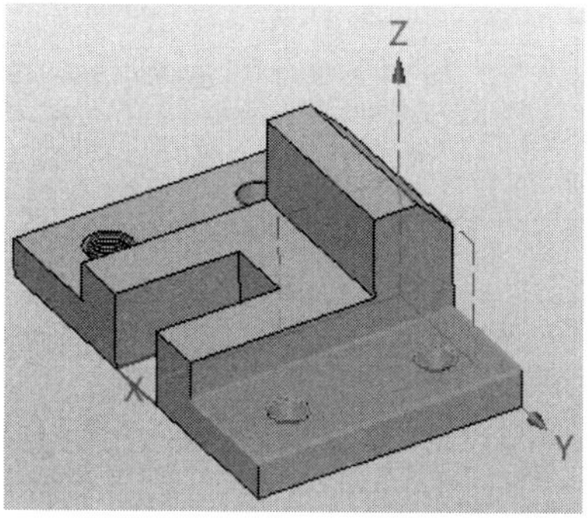

图 4-142 选择面

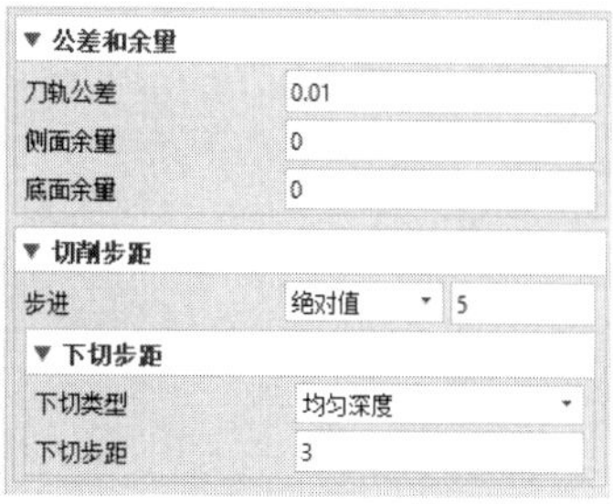

图 4-143 公差和步距设置

（4）进退刀设置。单击“连接和进退刀”选项卡，安全平面设置为“50”，进刀方式设置为“直线”，插削高度设置为“5”，进刀类型选择“线性 线性”，进刀长度设置为“5”，单击“复制到退刀”按钮，退刀重叠距离设置为“4”，如图 4-144 所示。

（5）计算刀轨。参数设置完成，单击“计算”按钮，计算刀具轨迹，结果如图 4-145 所示。

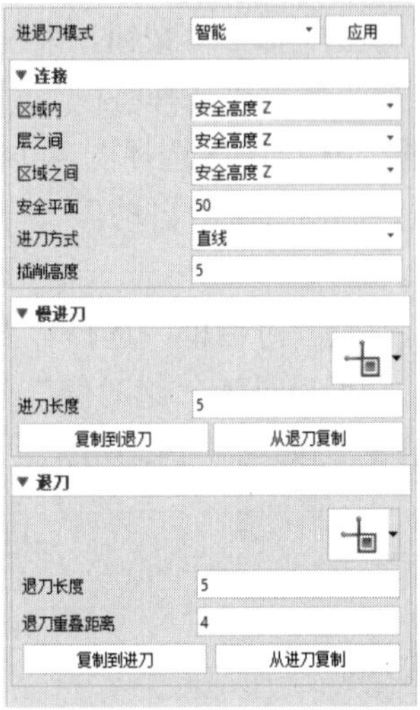

图 4-144　进退刀设置

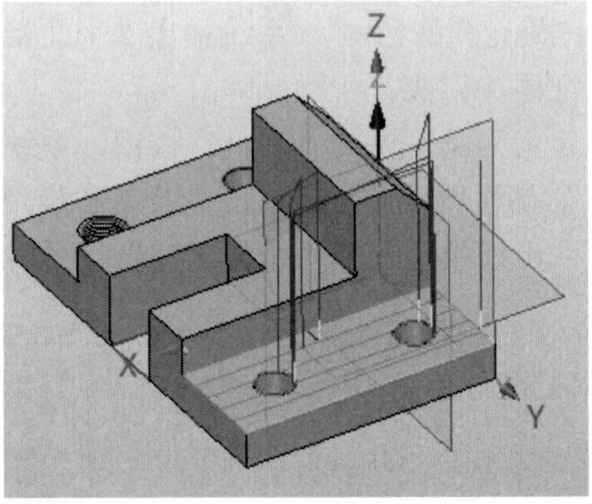

图 4-145　Z 字型加工刀具轨迹

9．中心钻

（1）设置主要参数。单击“钻孔”选项卡“钻孔”面板中的“中心钻”按钮，系统弹出“中心钻 1”对话框，如图 4-146 所示。单击“添加”按钮，系统弹出“选择特征”对话框 1，选择基座零件，单击“新建”按钮，系统弹出“选择特征”对话框 2，选择“孔”，单击“确定”按钮，系统弹出“孔”对话框，将输入类型设置为“圆”，在绘图区选择图 4-147 所示的圆，孔轴设置为 Z 轴，单击“确定”按钮，系统弹出“孔特征”对话框，如图 4-148 所示。单击“确认”按钮，返回“中心钻 1”对话框。

图 4-146　“中心钻 1”对话框

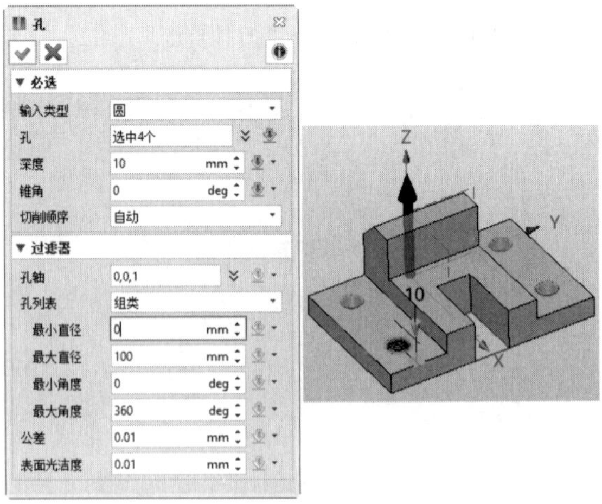

图 4-147　设置孔参数

（2）定义刀具。单击“刀具”按钮，系统弹出“刀具列表”对话框，单击“管理”按钮，系统弹出“创建刀具”对话框，选择“中心钻”，单击“确定”按钮，系统弹出“刀具”对话框，刀具长设置为“50”，其他参数采用默认，单击“确定”按钮，返回“创建刀具”对话框。

（3）设置深度和余量。单击“设置深度和余量”选项卡，设置最大切削深度为“12”，如图 4-149 所示。

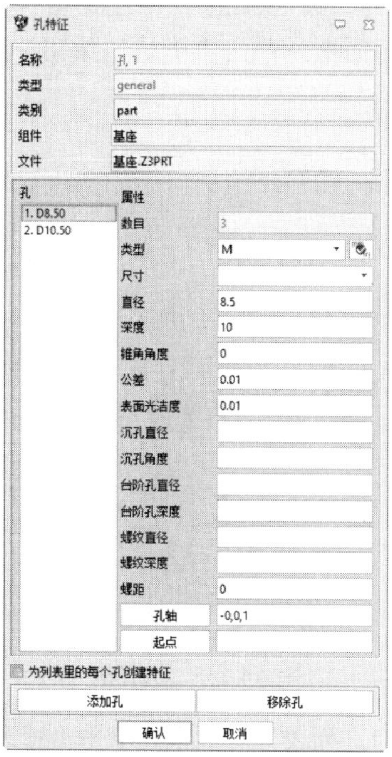

图 4-148 “孔特征”对话框

图 4-149 设置深度和余量

（4）刀轨设置。单击“刀轨设置”选项卡，切削顺序选择“选择顺序”，返回高度设置为“返回安全平面（G99）”，最小安全平面设置为“50”，停歇时间设置为“1”，如图 4-150 所示。

（5）计算刀轨。参数设置完成，单击“计算”按钮，重新计算刀具轨迹，结果如图 4-151 所示。单击“确定”按钮，在“计划”管理器中生成“中心钻 1”工序。

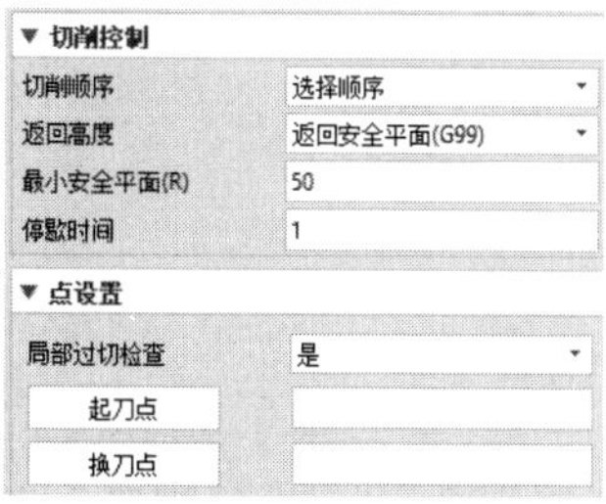

图 4-150 刀轨设置

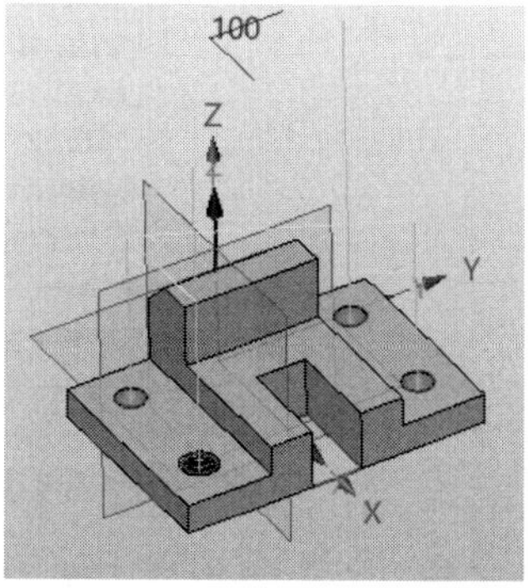

图 4-151 中心钻加工刀具轨迹

10．啄钻

（1）设置主要参数。单击“钻孔”选项卡“钻孔”面板中的“啄钻”按钮，系统弹出“啄钻 1”对话框，如图 4-152 所示。单击“添加”按钮，系统弹出“选择特征”对话框 1，选择基座零件，单击“新建”按钮，系统弹出“选择特征”对话框 2，选择“孔”，单击“确定”按钮，系统弹出“孔”对话框，将输入类型设置为“圆”，在绘图区选择图 4-153 所示的圆，单击“确定”按钮，系统弹出“孔特征”对话框，单击“确认”按钮，返回“啄钻 1”对话框。

图 4-152 “啄钻 1”对话框

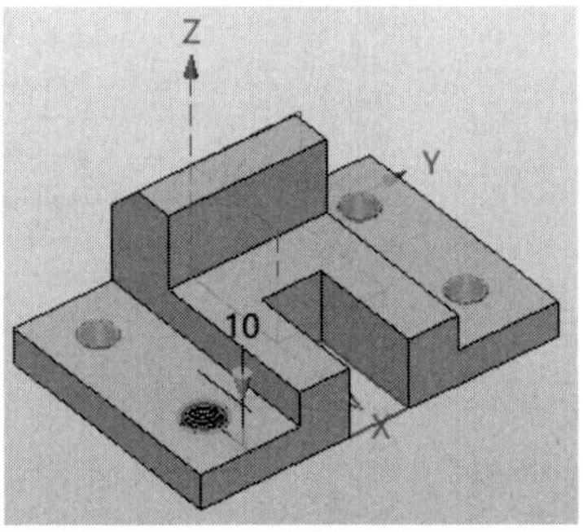

图 4-153 选择圆

（2）定义刀具。单击“刀具”按钮，系统弹出“刀具列表”对话框，单击“管理”按钮，系统弹出“创建刀具”对话框，选择“标准钻头”，单击“确定”按钮，系统弹出“刀具”对话框，切削直径为“8.5”，单击“确定”按钮，返回“创建刀具”对话框。

（3）设置深度和余量。单击“深度和余量”选项卡，设置最大切削深度为“12”，穿过深度设置为“3”，其他参数采用默认，如图 4-154 所示。

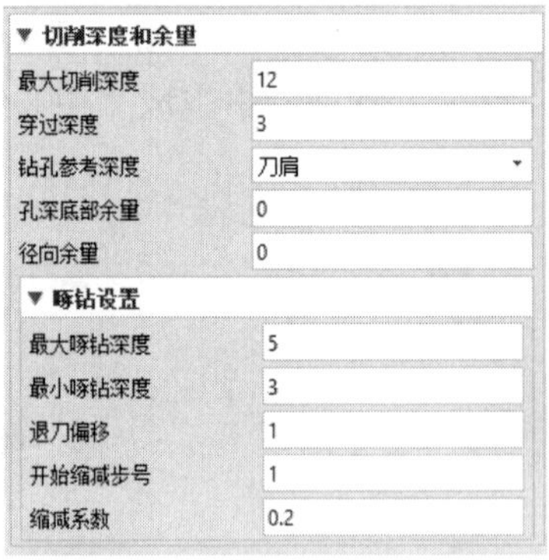

图 4-154 设置深度和余量

（4）刀轨设置。单击“刀轨设置”选项卡，切削顺序选择“选择顺序”，返回高度设置为“返回安全平面（G99）”，最小安全平面设置为“50”，停歇时间设置为“1”，如图 4-155

所示。

（5）计算刀轨。参数设置完成，单击“计算”按钮，重新计算刀具轨迹，结果如图 4-156 所示。单击“确定”按钮，在“计划”管理器中生成“啄钻 1”工序。

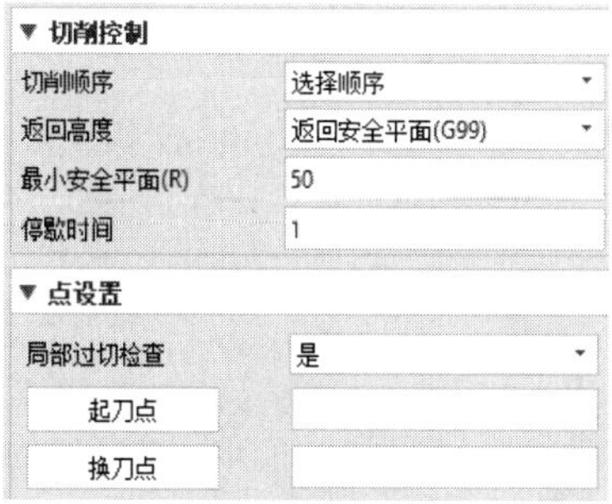

图 4-155　刀轨设置

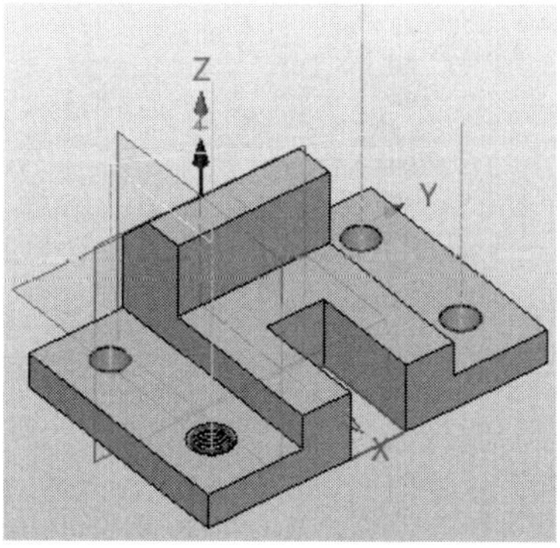

图 4-156　啄钻加工刀具轨迹

11．沉孔钻加工

（1）设置主要参数。单击“钻孔”选项卡“钻孔”面板中的“沉孔钻”按钮，系统弹出“沉孔钻 1”对话框，如图 4-157 所示。单击“添加”按钮，系统弹出“选择特征”对话框 1，选择基座零件，单击“新建”按钮，系统弹出“选择特征”对话框 2，选择“孔”，单击“确定”按钮，系统弹出“孔”对话框，将输入类型设置为“柱面”，在绘图区选择图 4-158 所示的柱面，单击“确定”按钮，系统弹出“孔特征”对话框，如图 4-159 所示，将沉孔直径设置为“10.5”，沉孔角度设置为“90”。单击“确认”按钮，返回“沉孔钻 1”对话框。

（2）定义刀具。单击“刀具”按钮，系统弹出“刀具列表”对话框，单击“管理”按钮，系统弹出“创建刀具”对话框，选择“标准钻头”单击“确定”按钮，系统弹出“刀具”对话框，如图 4-160 所示，设置最大直径为“10.5”。单击“确定”按钮，返回“创建刀具”对话框。

图 4-157　“沉孔钻 1”对话框

图 4-158　选择柱面

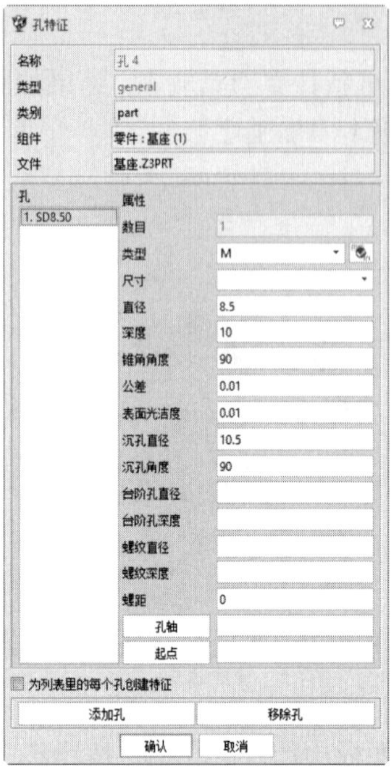

图 4-159 “孔特征”对话框

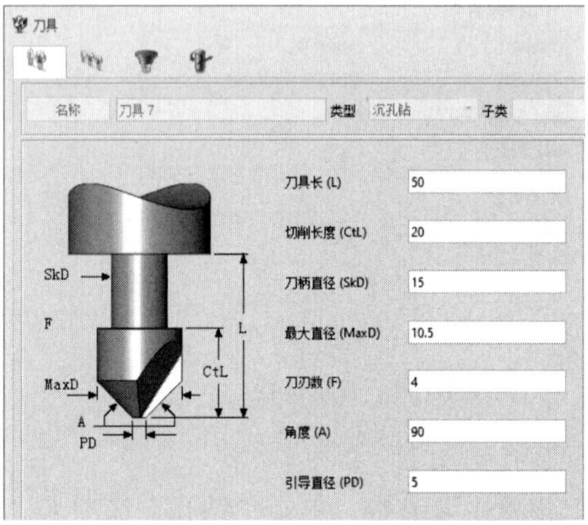

图 4-160 “刀具”对话框

（3）设置深度和余量。单击“设置深度和余量”选项卡，设置最大切削深度为“10”，孔深底部余量和径向余量都设置为“0”，如图 4-161 所示。

（4）刀轨设置。单击“刀轨设置”选项卡，切削顺序选择“选择顺序”，返回高度设置为“返回安全平面（G99）”，最小安全平面设置为“10”，停歇时间设置为“0”，如图 4-162 所示。

（5）刀轴和链接。单击“刀轴和链接”选项卡，刀轴类型选择“3 轴”，安全距离设置为“10”，安全平面设置为“50”。

（6）计算刀轨。参数设置完成，单击“计算”按钮，重新计算刀具轨迹，结果如图 4-163 所示。

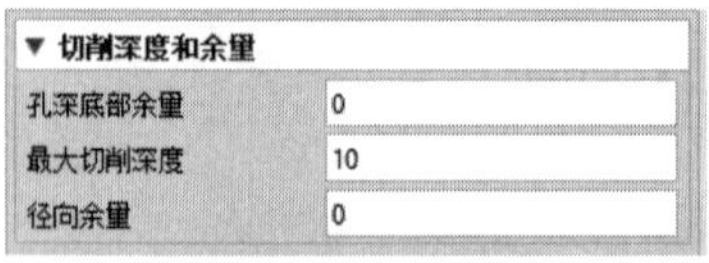

图 4-161 设置深度和余量

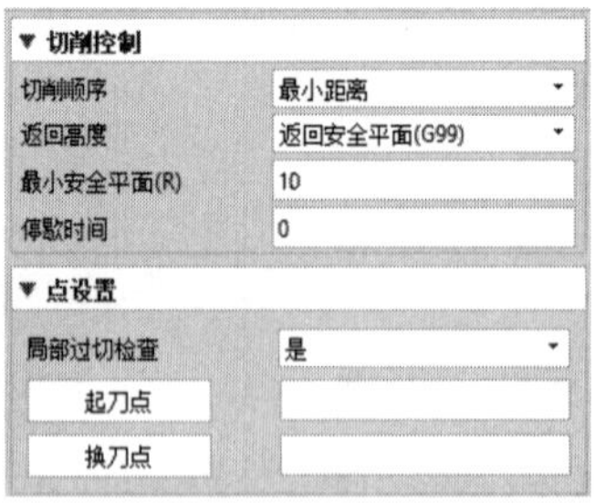

图 4-162 刀轨设置

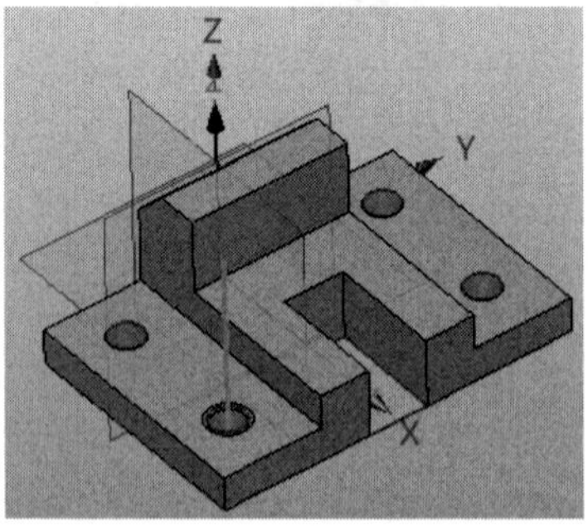

图 4-163 沉孔钻刀具轨迹

12．螺纹加工

（1）隐藏特征。切换到“基座.Z3PRT”窗口。将“倒角 2”特征隐藏。

（2）设置主要参数。单击“钻孔”选项卡“钻孔”面板中的“攻螺纹”按钮，系统弹出“攻螺纹 1”对话框，如图 4-164 所示。单击“添加”按钮，系统弹出“选择特征”对话框 1，选择基座零件，单击“新建”按钮，系统弹出“选择特征”对话框 2，选择“孔”，单击“确定”按钮，系统弹出“孔”对话框，将输入类型设置为“圆”，在绘图区选择图 4-165 所示的圆，单击“确定”按钮，系统弹出“孔特征”对话框，如图 4-166 所示，尺寸选择“M10”。单击“确认”按钮，返回“攻螺纹 1”对话框。

（3）定义刀具。单击“刀具”按钮，系统弹出“刀具列表”对话框，单击“管理”按钮，系统弹出“创建刀具”对话框，选择“标准钻头”，单击“确定”按钮，系统弹出“刀具”对话框，如图 4-167 所示，系统自动将类型设置为“攻螺刀”，螺距设置为“1.5”，起始直径设置为“8.5”，切削直径设置为“10”。单击“确定”按钮，返回“创建刀具”对话框。

图 4-164 “攻螺纹 1”对话框

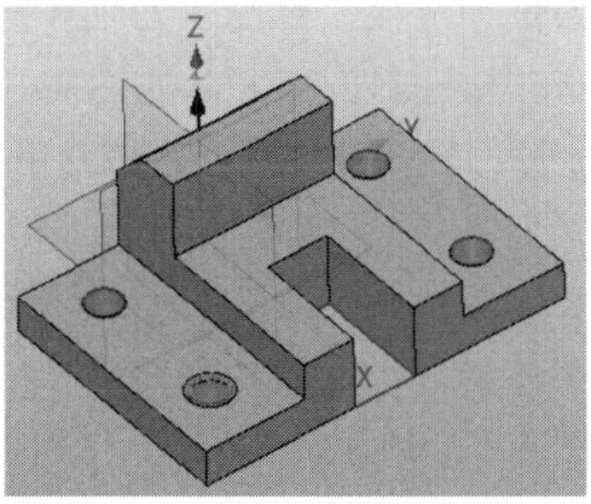

图 4-165 选择圆

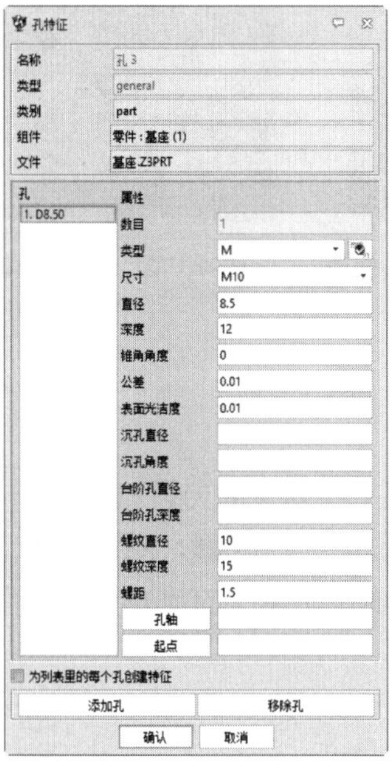

图 4-166 “孔特征”对话框

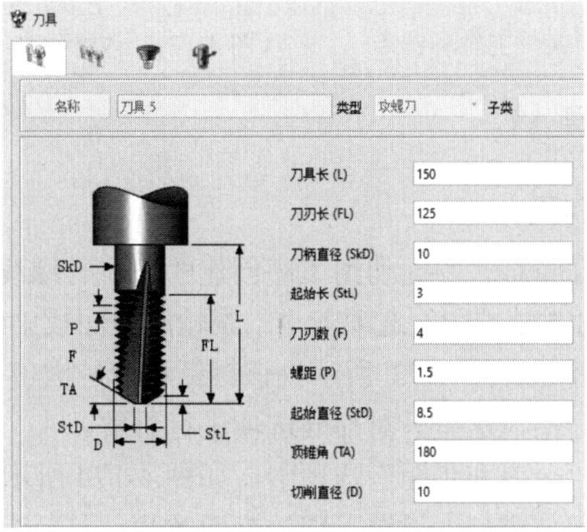

图 4-167 “刀具”对话框

（4）设置深度和余量。单击“设置深度和余量”选项卡，设置最大切削深度为“12”，穿过深度设置为“3”，其他参数采用默认，如图 4-168 所示。

（5）刀轨设置。单击“刀轨设置”选项卡，切削顺序选择“选择顺序”，返回高度设置为“返回安全平面（G99）”，最小安全平面设置为“50”，停歇时间设置为“1”，如图 4-169 所示。

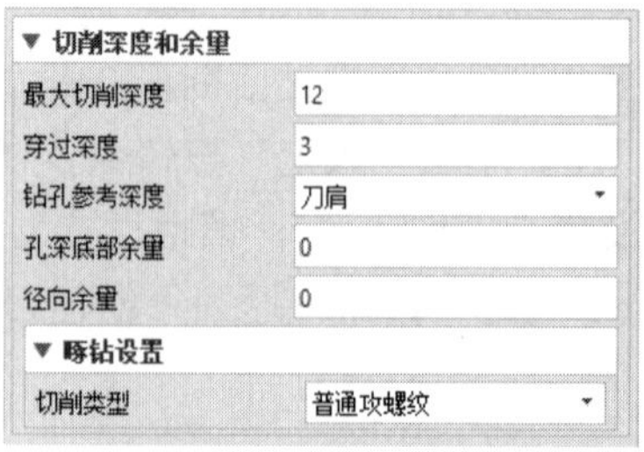

图 4-168　设置深度和余量

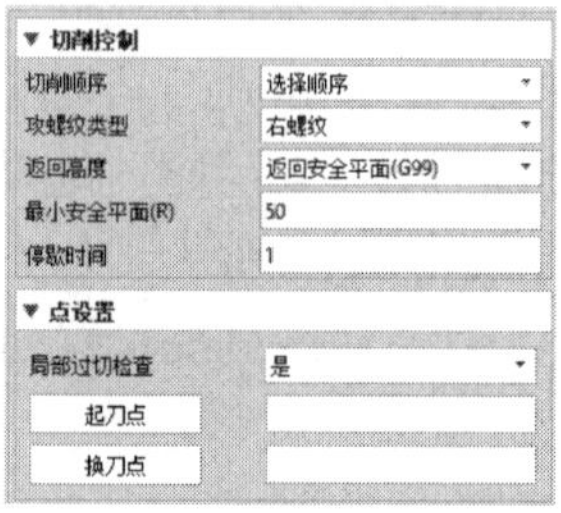

图 4-169　刀轨设置

（6）刀轴和链接。单击“刀轴和链接”选项卡，刀轴类型选择“3 轴”，安全距离设置为“30”，安全平面为“50”，如图 4-170 所示。

（7）计算刀轨。参数设置完成，单击“计算”按钮，重新计算刀具轨迹，结果如图 4-171 所示。

（8）实体仿真加工。在“计划”管理器中选中“工序”图标，右击，在弹出的快捷菜单中选择“实体仿真”命令，系统弹出“实体仿真进程”对话框，单击“播放”按钮▶，加工结果如图 4-172 所示。

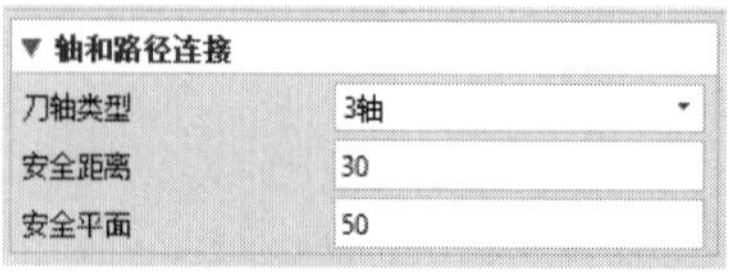

图 4-170　刀轴和链接

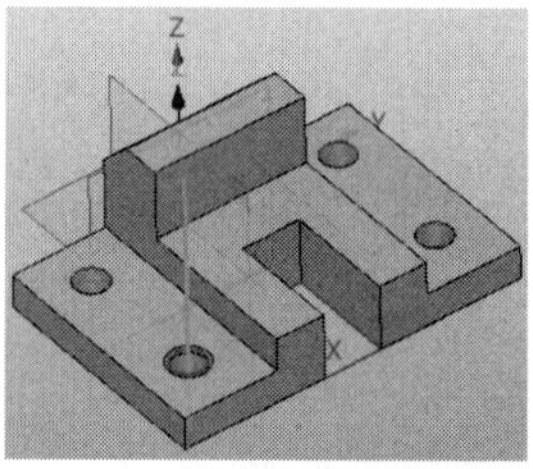

图 4-171　攻螺纹加工刀具轨迹

图 4-172　实体仿真加工结果

知识拓展

一、斜面

对于孔特征，斜面切削工序创建的刀轨与螺线切削工序创建的刀轨相似。

单击“2 轴铣削”选项卡“二维轮廓”面板中的“斜面”按钮，系统弹出“斜面切削 1”对话框，如图 4-173 所示。该对话框中的大部分选项在任务一的“知识拓展”中已经进行了详细介绍，这里只对部分选项进行讲解。

单击“公差和步距”选项卡，如图 4-174 所示。

（1）斜坡类型：设置下切的走刀类型，包括螺距和角度。

（2）斜坡间距/角度：每次下切的进刀量。若该值设置为 0，则切削一层。

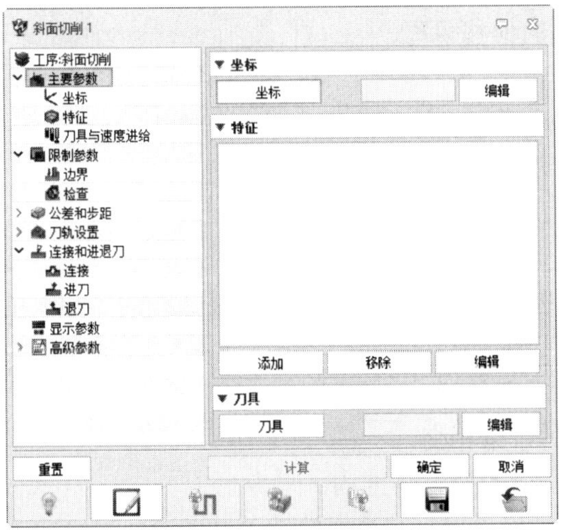

图 4-173　“斜面切削 1”对话框

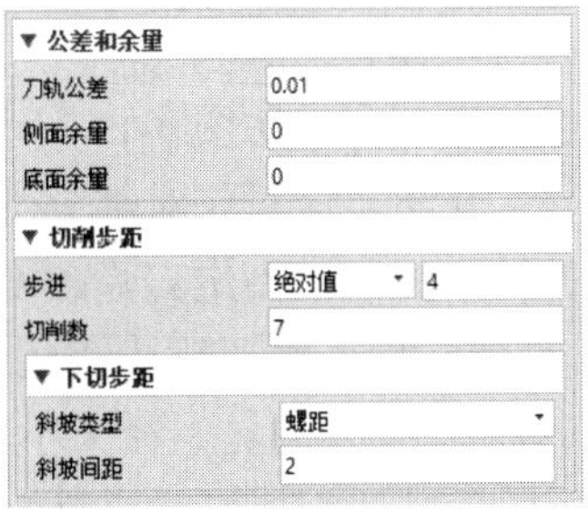

图 4-174　“公差和步距”选项卡

二、倒角

该工序用于加工倒角。

单击“2 轴铣削”选项卡“转角切除”面板中的“倒角”按钮，系统弹出“倒角切削 1”对话框，如图 4-175 所示。该对话框中部分选项的含义如下。

图 4-175　“倒角切削 1”对话框

1.“主要参数”选项卡

（1）顶部：使用此选项卡去设置零件的顶部。如果通过现有 CAM 特征能得知顶部，那么就不会用到这个选项卡。输入一个 Z 值和绝对坐标轴值（x，y，z），或者从绘图区中选一个点。

（2）底部：使用此选项卡去设置零件的底部。

（3）检查零件所有面：选择“是”，在计算刀轨时会考虑已创建的零件特征（无论零件特征是否已添加到该工序），以避免刀具与零件特征发生碰撞。

（4）偏移距离：设置刀具与零件表面的偏移距离。

2．“公差和步距”选项卡

单击该选项卡，如图 4-176 所示。该选项卡中的部分选项的含义如下。

（1）步进：指定切削步进量的设置方法和值。

（2）切削数：设置切削次数。

3．“刀轨设置”选项卡

单击该选项卡，如图 4-177 所示。该选项卡中的大部分选项在任务一的“知识拓展”中已经进行了介绍，这里仅对部分选项进行讲解。

（1）转角控制：指定刀具改变方向时插入的运动。包括：

1）延伸相切：将刀轨切线延伸至与另一条相交。

2）圆角：插入刀具半径大小的圆角，以改变刀具方向。

（2）圆角减速距离：在刀轨中的任何转换之前，减少进给速度的距离。进给速度将在第一个线性运动处，比圆角减速距离大的地方，恢复切削进给速度。

单击“点设置”选项，展开“点设置”选项组，如图 4-178 所示，打开图 4-179 所示的对话框。

1）起刀点：设置刀具开始加工的起点位置。单击该按钮，系统弹出“点”对话框，如图 4-179 所示。该对话框用于选择起刀点。

2）换刀点：设置刀具的换刀位置。单击该按钮，系统同样弹出“点”对话框，该对话框用于选择换刀点。

刀具起刀点和换刀点相互独立。如果起刀点和换刀点设置的位置低于安全平面，则系统会将其提升到安全平面。

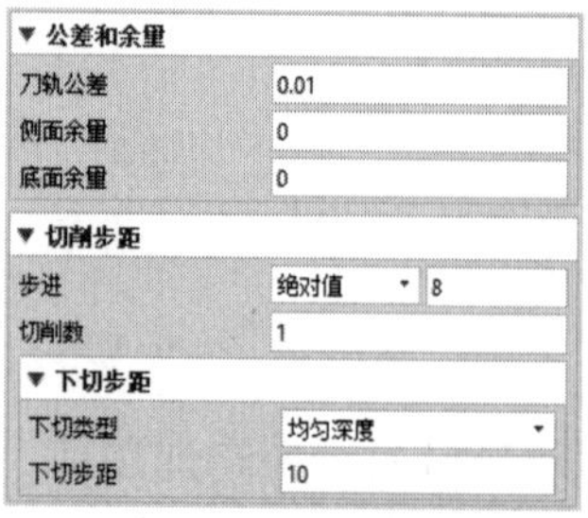

图 4-176 “公差和步距”选项卡

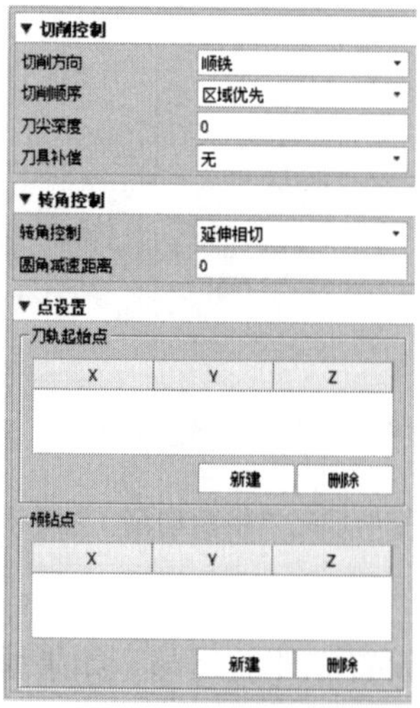

图 4-177 “刀轨设置”选项卡

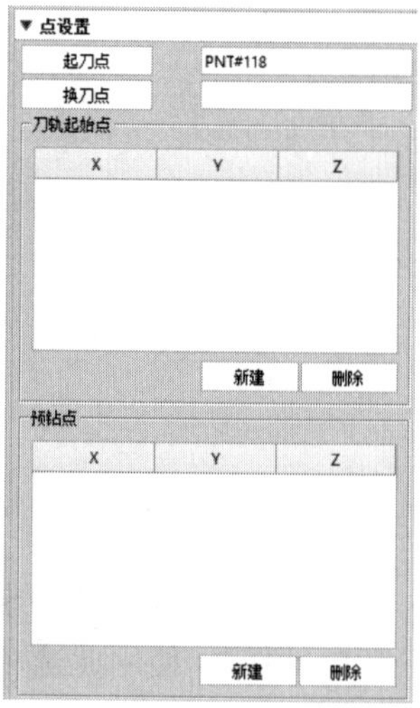

图 4-178 “点设置”选项组

4．“连接和进退刀”选项卡

单击该选项卡，如图 4-180 所示。前面已经对“智能”进退刀模式参数进行了详细的介绍，这里将对“手动”方式进行介绍。

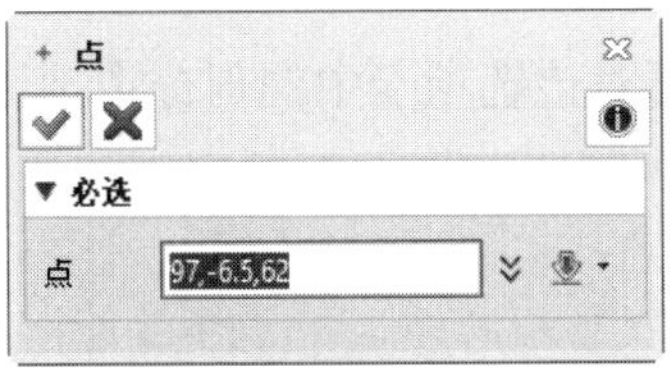

图 4-179　“点”对话框

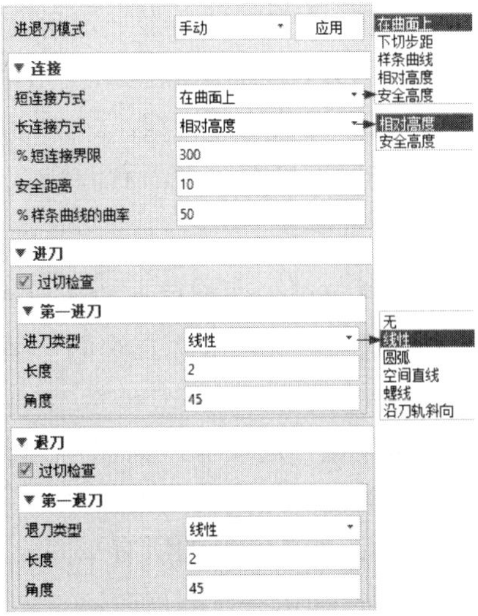

图 4-180　“连接和进退刀”选项卡

（1）短连接方式。

1）在曲面上：从一个切削终点到下一个切削起点的最短路径是沿着曲面。

2）下切步距：设置刀具提升的最小距离以避免过切，并选择到下一个切削的穿过空中的最短路径。

3）样条曲线：创建从一个切削终点到下一个切削的（光滑）几何连续的样条过渡。该参数在时间方面是可选的，在距离方面是必选的，因为它允许刀具以更快的速度持续移动。

4）相对高度：采用相对坐标设置短连接高度。

5）安全高度。采用安全高度设置短连接高度。

（2）长连接方式。

1）相对高度：采用相对坐标设置长连接高度。

2）安全高度。采用安全高度设置长连接高度，刀具总是被抬升至安全距离。

（3）%短连接界限：该系数决定将来的一个连接是长连接还是短连接。如果 XY 方向的距离大于该系数与 XY 步长大小的乘积，则会认为是长连接；否则会认为是短连接。

（4）安全距离：该参数值会被加到自动检测以避免碰撞的安全高度中。该距离应用于切削之后和连接/再连接运动之前。可以指定一个最小安全距离以避免碰撞。根据零件几何体，该参数决定了链接到下一个切削之前的运动长度。

（5）%样条曲线的曲率：样条曲率百分比，仅用于样条类连接动作中。

（6）过切检查：勾选该复选框，如果使用第一进刀，切削刃（或者夹持）与其他几何体发生了碰撞，则中望 3D 会使用第二进刀进行替换。如果第二进刀也发生了碰撞，则使用空类型的进刀方式。

（7）进刀类型：该参数用于设置进刀类型。

1）无：无进刀运动。

2）线性：进刀运动为直线。

3）圆弧：进刀运动为圆弧。

4）空间直线：进刀运动为带一定角度的倾斜直线。如果角度（见下）被设为了“0”，则进刀运动就位于 XY 平面。倾斜角度指偏离 XY 平面的角度。

5）螺线：进刀运动为螺旋线。

6）沿刀轨斜向：进刀运动沿着刀轨。

三、顶面

顶面切削工序可用于切削顶部的坯料或所有的平面。

单击“2 轴铣削”选项卡“二维面”面板中的“顶面”按钮，系统弹出“顶面 1”对话框，如图 4-181 所示。

单击“刀轨设置”选项卡，如图 4-182 所示。下面对该选项卡中的部分选项进行介绍。

（1）加工面类型：定义切削的区域。

1）所有平面：加工零件的所有平面。

2）顶部区域：加工零件的顶面。

（2）刀轨角度：设置刀具轨迹的倾斜角度。

图 4-181 “顶面 1”对话框

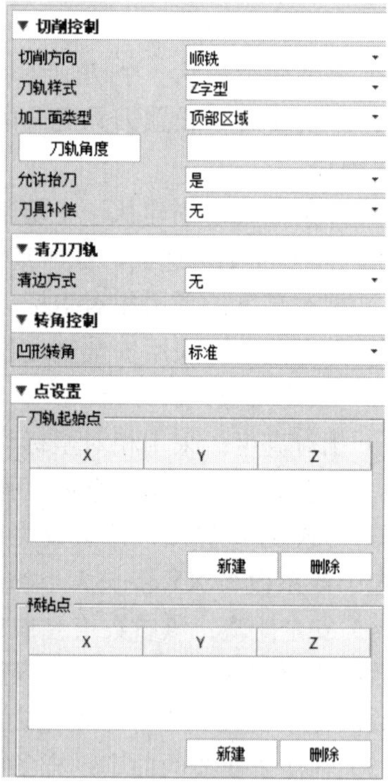

图 4-182 “刀轨设置”选项卡

四、等高外形加工

在等高外形切削工序中，对每一切削区域，计算中间曲线或脊线。刀具以平行或垂直于该曲线的方向运动，或者跟随零件形状的运动方向。

单击“2 轴铣削”选项卡“二维内腔”面板中的“等高外形”按钮，系统弹出“等高外形切削 1”对话框，如图 4-183 所示。

单击“刀轨设置”选项卡，如图 4-184 所示。下面对该选项卡中的部分选项进行介绍。

刀轨样式：选择切削模式。

1）放射：垂直于区域中位线创建切削。

2）平行：平行于中位线创建切削。

3）跟随部件：沿零件形状创建切削。

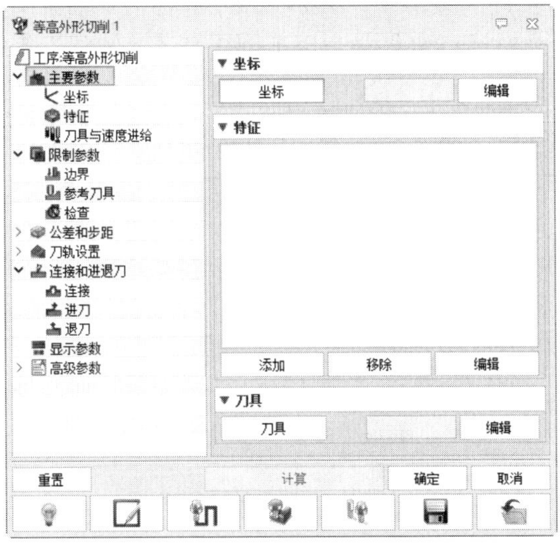

图 4-183　“等高外形切削 1”对话框

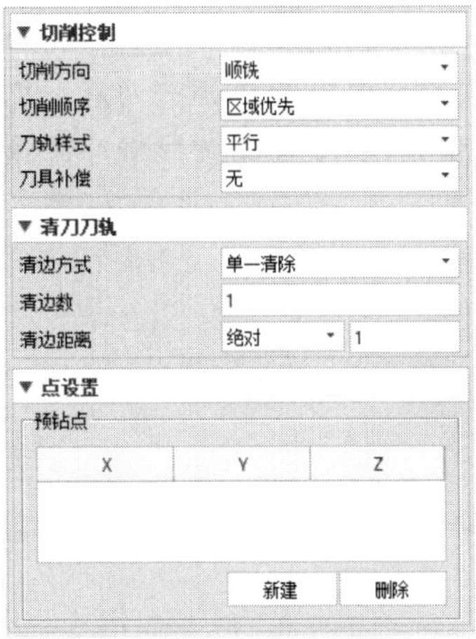

图 4-184　“刀轨设置”选项卡

五、2 轴铣削策略

2 轴铣削策略用于为整个零件一键创建一系列基于 2 轴工序的智能规则。这个功能会使用户在创建 2 轴刀轨时节省很多时间，特别是在简单的零件和加工精度不高的零件当中。2 轴铣削策略会自动检测零件的加工特征，然后基于定义好的规则为它们选择合适的工序（包括参数和刀具）。刀具选型来自刀具库，用户可以使用默认的刀具库或新建一个刀具库。

单击“2 轴铣削”选项卡“策略”面板中的“2 轴铣削”按钮，系统自动在“计划”管理器中显示该策略，如图 4-185 所示。

在“计划”管理器中双击“2 轴铣削策略 1”策略下的“特征（undefined）”图标，系统弹出“选择特征”对话框，如图 4-186 所示。

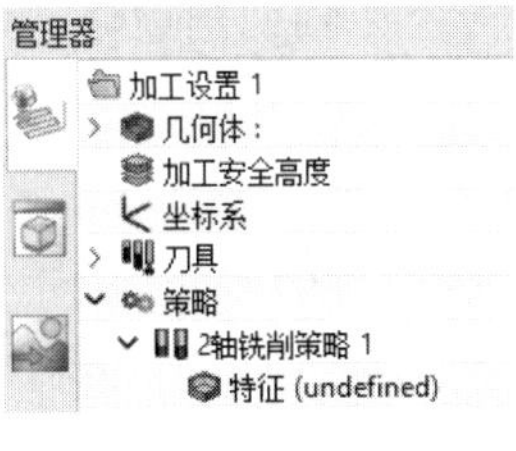

图 4-185　“计划”管理器

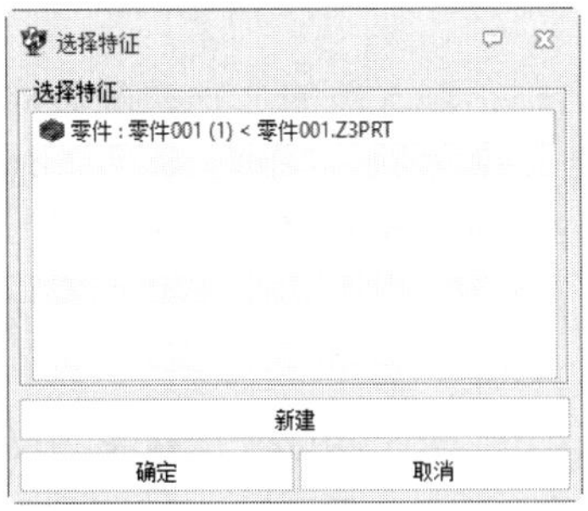

图 4-186　“选择特征”对话框

在特征创建完成之后有以下两种方法进行参数设置。

第一种是创建工序。

在“计划”管理器中右击“2 轴铣削策略 1”图标，在弹出的快捷菜单中选择“创建/计算工序”命令，如图 4-187 所示。执行该命令，则创建“2 轴铣削策略 1”工序，后续参数设置与其他命令类似，这里不再赘述。

第二种是在“计划”管理器中双击“2 轴铣削策略 1”图标，系统弹出“2 轴铣削策略管理器”对话框，如图 4-188 所示。使用这个对话框定义一个用于创建基于“智能”策略的 2 轴铣削工序的策略。这些策略会应用于所选的 CAM 特征中。除此之外，这些策略还将决定从刀具库里选择哪些刀具，加工不同特征类型（曲面、实体、轮廓、内腔等）的顺序，以及切削的顺序（如选择顺序、最短距离等），以此来确定刀具轨迹。

图 4-187　选择“创建/计算工序”命令

图 4-188　“2 轴铣削策略管理器”对话框

该对话框中各选项的含义如下。

1．定义

（1）名称：输入新的 2 轴铣削策略名称。从激活的 CAM 加工方案内已定义的 2 轴铣削策略列表里，选择一个策略，单击“名称”按钮，然后选择一个 2 轴铣削策略。该方法的名称和相关参数就会在对话框中显示。

（2）材料：从下拉列表中选择需要加工的材料。

（3）刀具库：使用这个选项选择一个 CAM 加工方案（即用户的刀具库），从中导入所需的刀具用于加工 2 轴铣削策略指定的特征。只有那些在生成的工序中实际用到的刀具才会被复制到本地的 CAM 加工方案中。每当 2 轴铣削策略被重新定义时，都会检查所选择的刀具库，查看刀具是否有变化。

（4）重命名重复：如果没有勾选该复选框，在本地 CAM 加工方案中的刀具如果和从刀具库中复制出来的刀具名称相同，那么这些刀具会被更新。如果勾选该复选框，则会创建一个新的刀具。每次相关的工序或刀具轨迹被重新定义时，都会检查 CAM 方案，确保使用的是最新的刀具。

2．策略类型

（1）刀具选择策略。

单击该按钮，系统弹出“铣削刀具选择策略”对话框，如图 4-187 所示。使用该对话框，为工序选择合适的铣削刀具制定策略。该对话框中各选项的含义如下。

1）最小刀具直径：为 2 轴铣削策略指定可用的最小刀具直径。

2）最大刀具直径：为 2 轴铣削策略指定可用的最大刀具直径。

3）最大换刀次数：指定加工零件时所允许的最大换刀次数。

4）安全距离：指定夹持和零件间的安全距离。

（2）切削参数。

单击该按钮，系统弹出“通用参数选择策略”对话框，如图 4-190 所示。使用这个对话框定义用于 2 轴智能铣削工序的通用参数、点输入、剪切环或孔处理。在此处设置的数值，将会应用于 2 轴铣削策略自动生成的最终工序。该对话框中部分选项的含义如下。

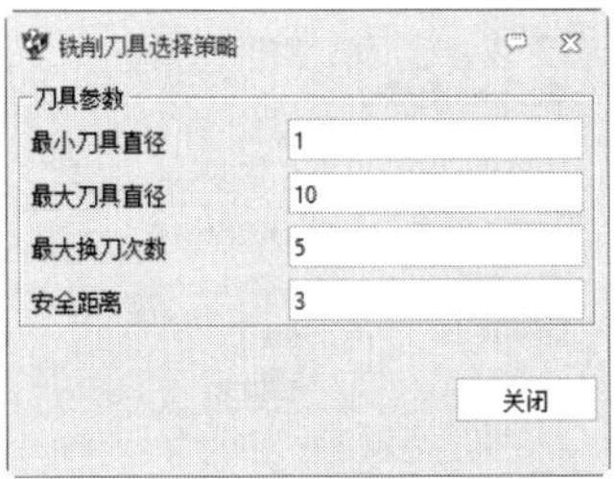

图 4-189 “铣削刀具选择策略”对话框

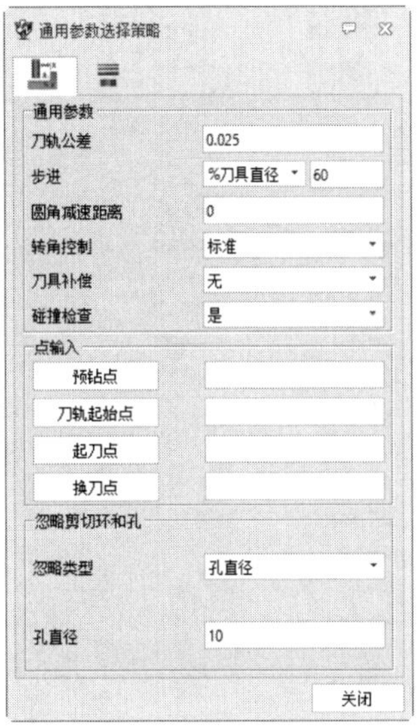

图 4-190 “通用参数选择策略”对话框

1）刀轨公差：在曲线上应用的弦高度公差，用于控制刀轨点的密度。

2）步进：当“切削数”表明有多于一个切削时，设置相邻切削之间的间距，包括以下选项可供选择。

①绝对：使用此距离。

②刀痕高度：计算刀具到该刀痕高度之间的距离。

③刀具直径百分比：根据刀具直径和该百分比来计算距离。

3）忽略类型：使用这个参数，使 2 轴铣削策略忽略它在将要加工的特征上发现的某类内部结构或孔。

①无：不忽略任何修剪环或孔。

②所有内环：忽略所有内部修剪环。例如，铣削一个完整的表面，但忽略表面上的一个内腔。

③所有孔：忽略特征的所有孔。

④孔直径：忽略某一直径的所有孔。

4）孔直径：指定需要忽略的孔的直径。

（3）进刀和退刀策略。

单击该按钮，系统弹出“进刀和退刀策略”对话框，如图 4-191 所示。利用这个对话框为 2 轴智能铣削工艺定义自动进刀/退刀运动。

（4）切削次序和方式策略。

单击该按钮，系统弹出“切削次序和方式策略”对话框，如图 4-192 所示。利用这个对话框为所有通过当前 2 轴铣削策略自动生成的 2 轴智能铣削工序定义切削顺序和切削方式策略。该对话框中各选项的含义如下。

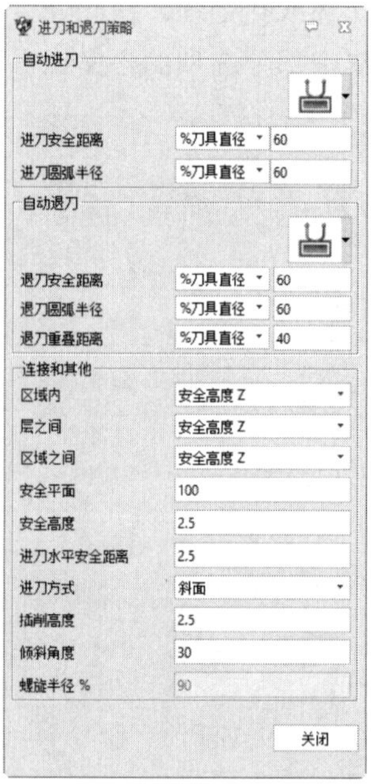

图 4-191 “进刀和退刀策略”对话框

图 4-192 “切削次序和方式策略”对话框

1）工序特征顺序。

该列表用于定义当不同 CAM 特征在被加工时的顺序。

①添加特征：查看特征列表及添加新特征。

②移除特征：从列表中移除指定的特征。

③向上/向下移动所选特征：使用上移和下移箭头将选中的特征移到所需的位置。

2）特征加工方式。

使用“切削次序和方式策略”对话框的此部分选项，来确定加工每一种 CAM 特征时对应的刀轨方式。从下面的刀轨方式列表中，为内腔、阶梯、槽、面和轮廓 CAM 特征选择相应的刀轨方式。

①自动：允许由中望 3D 来确定所使用的刀轨方式。

②单向平行切削：使用单向平行切削模式。

③Z 字型平行切削：使用 Z 字型切削模式。

④螺旋逐步向外：与螺旋逐步向内相反，是由内向零件边缘逐步以较小偏移量切削。

⑤螺旋逐步向内：切削沿着零件边缘开始，然后以与步距等值的偏移量逐渐向内切削。每个偏移量尽可能地与一个线性运动相连接。

⑥螺旋向内：切削沿着零件边缘开始，然后以逐步增加的偏移量继续向内切削。

⑦螺旋向外：与螺旋向内相反，是由内向零件边缘方向切削。

⑧轮廓切削：使用轮廓切削模式（仅适用于 CAM 轮廓特征）。

⑨斜面切削：使用斜面切削模式（仅适用于 CAM 轮廓特征）。

3）面积：周长：定义面积与周长之比。对于螺旋模式，使用复杂的轮廓。对于 Z 字型和单向平行切削模式，使用简单的轮廓。

4）排序策略。

使用这部分选项来定义策略，对激活的 2 轴铣削策略所自动生成的刀轨工序进行排序，可以从以下选项中选择。

①按刀具大小排序。

大号刀具优先：大号刀具优先。

小号刀具优先：小号刀具优先。

②按高度排序。

从高到低：切削方向由下向上。

从低到高：切削方向由上向下。

③切削方向。

顺铣：利用刀具的切削方向属性。

逆铣：同“顺铣”。

顺时针：切削方向为顺时针。

逆时针：切削方向为逆时针。

④切削顺序。

逐层优先：平面区域优先切削。

区域优先：抬高区域优先切削。

（5）切削深度和坯料选择策略。

单击该按钮，系统弹出 “切削深度和坯料选择策略”对话框，如图 4-193 所示。使用这个对话框来定义 2 轴智能铣削工序的策略。这些策略包括允许范围内的切削深度和坯料数据。该对话框中各选项的含义如下。

1）下切类型。

①均匀深度：此选项对所有深度使用最大切削深度，从区域的顶部开始计算（参考下面的坯料数据）。

②不均匀：第一个切削使用第一切深，在切削区域最低点的上方使用最后切深，然后为剩下的切削深度均匀地划分切削区域。

③底面：在该区域的最浅深度走刀一次。

④底面和孤岛顶端：与“底面”类似，但它也在每个岛屿的顶部产生一个切削。

⑤孤岛顶端：以每个岛屿顶端的深度作一次切削。

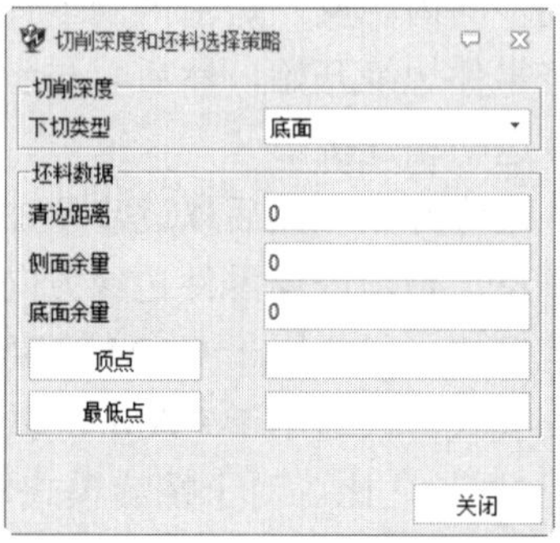

图 4-193 “切削深度和坯料选择策略”对话框

2）坯料数据。

使用这些选项用于定义切削深度的策略。如果 CAM 特征具有其自己的深度（如槽或腔）且也定义了坯料参数，那么将使用坯料数据的顶部。底部是坯料底部和此特征实际底部之中较高的那个值。

①清边距离：指最后一刀粗切削之后留下的厚度。当边界条件被选中时，忽略此偏移量。

②侧面余量：进行精铣（可选）边界清理之后要留下的厚度。当边界条件被选中时，忽略此偏移量。

③底面余量：指切削区域底部上端切削剩下的材料厚度。

④顶点：利用此选项去设置零件的顶部。如果通过现有 CAM 特征能获取顶部，那么就不会用到这个选项。输入一个 Z 值和绝对坐标轴值（x，y，z）或从视图窗口里选一个点（右击可以使用“点输入”命令）。顶点参数和进刀垂直安全距离参数（参考图 4-191）共同定义“安全平面”。

⑤最低点：利用此选项去设置零件的底部。类似于上文所叙的顶点，如果通过现有 CAM 特征能获取底部，那么就不会用到这个选项。同样，输入 Z 值和绝对坐标轴值（x，y，z）或从视图窗口选择一个点（右击可以使用“点输入”命令）。

3．坐标次序

通过这个部分，可以指定匹配（依次）的坐标系列表。只有为所选策略指定的坐标系才可能被使用。设备空间是默认的，并且至少需要一个坐标系。对于 5 轴铣削，必须为该策略中的所有特征指定一个唯一的坐标。

（1）添加坐标：往列表中添加一个坐标。当前加工系统中所有可选的坐标系列表会被显示（已经选择用于这个策略的坐标则不会显示）。“设备”坐标是特别的，即使没有创建实体坐标，它也会被显示。每个新加的坐标都会出现在列表的最后面。

（2）移除坐标：从列表中删除一个坐标。

（3）上移、下移：用于在列表中向上或向下移动所选的（亮显的）坐标。按照从上到下的顺序依次检查坐标是否与特征匹配。在单击“确认”按钮时，对列表所做的修改生效（即保存到数据库）。如果选择取消或退出对话框，则不会保存所做的修改。

4．工序

电子表格接口-特征视图：单击该按钮，系统弹出“电子表格接口-特征视图”对话框，如图4-194所示。该对话框提供查看、编辑、输入/输出（输出的电子表格为.csv文件）序列工序和查看、编辑几何体下的所有特征的替代界面。要进入管理器，右击CAM方案树中的工序，在弹出的快捷菜单中选择“电子表格接口-工序/特征视图”命令，系统弹出“电子表格接口-工序/特征视图”对话框，对话框提供工序和特征的编辑选项。但当已经显示该对话框时，不能使用任何CAM方案管理器树功能更改工序和特征，只可在电子表格接口管理器上编辑。

工序视图：每个工序都会添加到策略管理器的工序树中。这部分被称为CAM工序管理器。

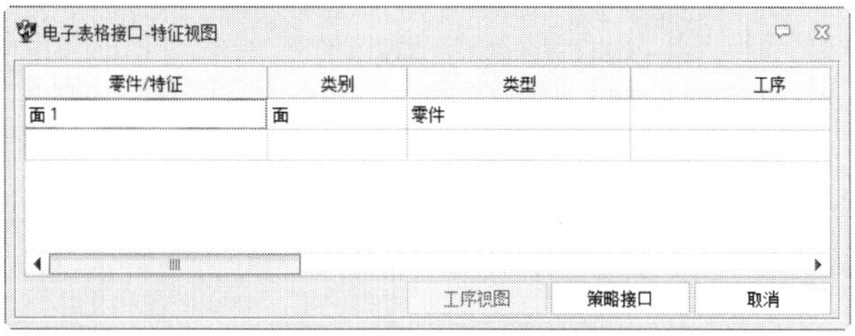

图4-194　“电子表格接口-特征视图”对话框

六、VoluMill 2x

VoluMill 2x是一种超高性能技术，通过恒定的材料去除率使机床和刀具能在理想的铣削条件下运行，减少循环时间，从而减少机床压力，延长刀具寿命。

单击“2轴铣削”选项卡“二维内腔”面板中的“轮廓”按钮，系统弹出“VoluMill2x 1”对话框，如图4-195所示。该对话框中部分选项的含义如下。

1．“刀轨设置”选项卡

单击“刀轨设置”选项卡，如图4-196所示。该选项卡中部分选项的含义如下。

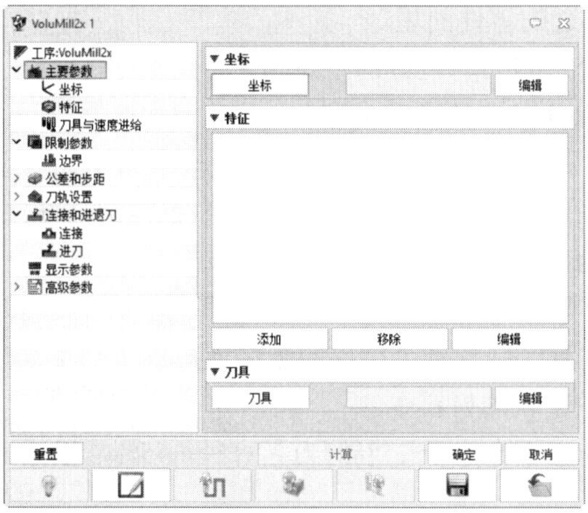

图4-195　“VoluMill2x 1”对话框

图4-196　“刀轨设置”选项卡

（1）允许往复加工：往复加工允许顺铣、逆铣交替进行，通过减少重新定位下一次切削所花费的时间来缩短加工时间。切削方向由最后一次切削来定义。

（2）%最小摆线半径：这是切削时刀具横向运动时的最小半径。为了加工到尖角或狭窄区域，VoluMill 必须使用较小的刀具去进行较小的移动。最佳和默认的最小横向半径是刀具直径的 45%，此时采用 VoluMill 的切削速度可以明显减少加工时间，但是，这也可能导致一些区域不能被加工。

2．“连接和进退刀”选项卡

单击“连接和进退刀”选项卡，如图 4-197 所示。该选项卡中部分选项的含义如下。

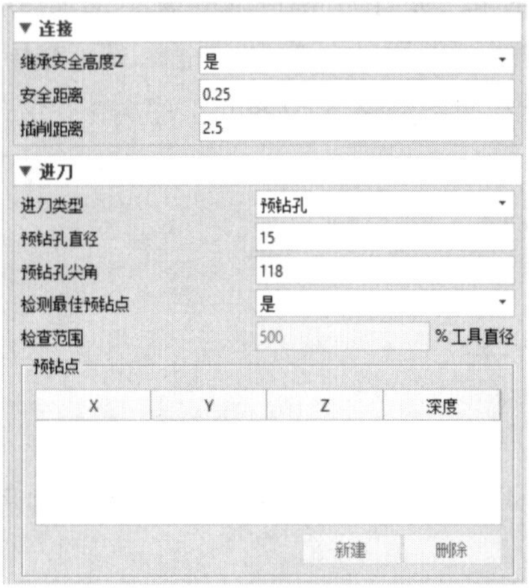

图 4-197 “连接和进退刀”选项卡

（1）继承安全高度 Z：设置是否继承安全高度 Z。

1）是：继承在加工安全高度里面设置的安全高度 Z。

2）否：用户可以自定义安全高度 Z 的值。

（2）安全距离：在进刀和退刀时设置一个螺旋运动的 Z 分量，只允许设置非负值，如果输入了正值，则切削刀轨之间的连接刀轨会生成在已经加工过的零件面之上，如果输入的值为 0，那么这些连接刀轨会生成在已经加工过的零件面里。

（3）插削距离：设置刀具移动到下一个进刀刀轨上方的距离。

（4）进刀类型：该功能用于定义 VoluMill 工序的进刀类型。

1）螺旋进刀：用螺旋进刀的方式到达所需要的切削深度，该方式推荐用于比较硬的材料中。螺旋半径既不会大于 45%的刀具直径，也不会小于 25%的刀具直径。45%是根据工具的底部平面测量的，而且向下调整的阈值为 25%。

2）斜面进刀：用斜面进刀的方式到达所需要的切削深度，VoluMill 会计算坡道的最佳位置和形状来创建过渡区域，然后使用该过渡区域从一个切口的末端连接到下一个切口，以高进给率来使材料脱离。这种方式推荐用于较软的材料中。

斜坡宽度既不会大于 45%的刀具直径，也不会小于 25%的刀具直径。45%是根据工具的底部平面测量的，而且向下调整的阈值为 25%。

3）预钻孔：会在预钻孔的位置生成螺旋进刀或斜面进刀。选择该项时，需要设置以下参数。

①预钻孔直径：定义预钻孔直径的大小。当进刀类型为“预钻孔”时该选项可用。

②预钻孔尖角：设置预钻孔锥底的倾斜角度。当进刀类型为“预钻孔”时该选项可用。

③检测最优预钻点：用于选择是否使用最优预钻点。当进刀类型为“预钻孔”时该选项可用。

- 是：使用系统计算的最优预钻点，此时不能自定义预钻点位置。
- 否：不使用系统计算的最优预钻点，此时需要手动指定预钻点位置。

④检测范围：用于定义预钻点检测范围，当指定点位于此范围内则，时可作为预钻点生效，否则不能作为预钻点。范围大小是以最优预钻点为圆心、刀具直径百分比为半径的圆形区域，当进刀类型为“预钻孔”，选择不使用最优预钻点时该选项可用。

⑤预钻点表：当进刀类型为“预钻孔”时此表格可用，用于记录预钻点的绝对坐标值（x，y，z）和预钻孔深度值，当选择不使用最优预钻点时该表格可编辑，其中 x、y 值由读取指定预钻点的坐标所得，也可以在表格内双击对应项通过输入数值来调整点位置，z 值和预钻孔深度值是单击生成刀轨后系统内部计算得出的，不可编辑。

（5）新建：使用此按钮从视图窗口中添加一个预钻点，右击可使用“点输入”选项。

（6）删除：使用此按钮选项删除表格内指定的预钻点。

七、Z 字型

Z 字型切削工序是一种平面铣（区域清理）或型腔铣技术。该技术通过一系列的直线平行切削方式，在每一深度推进刀具，并且在每次切削尾端反向刀具方向。

单击“2 轴铣削”选项卡“二维内腔”面板中的“Z 字型”按钮，系统弹出“Z 字型平行切削 1”对话框，如图 4-198 所示。该对话框中各选项在前面已经进行了详细介绍，这里不再赘述。

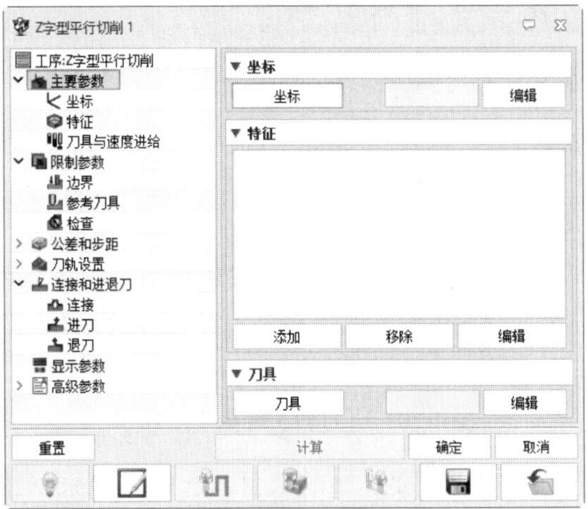

图 4-198　“Z 字型平行切削 1”对话框

八、中心钻

中心钻用于加工零件中心孔，保证孔的位置度。此工序可为其他钻孔工序提供初始孔。

单击“钻孔”选项卡“钻孔”面板中的“中心钻”按钮，系统弹出“中心钻 1”对话框，如图 4-199 所示。该对话框中部分选项的含义如下。

1．“刀轨设置”选项卡

单击“刀轨设置”选项卡，如图 4-198 所示。该选项卡中各选项的含义如下。

（1）返回高度：钻削工序包含以下几个步骤。刀具先从初始点移动到安全高度点；然后以指定的进给速度移动到控制点，开始钻削过程。从初始点到钻削控制点的距离由加工系统管理器中的“安全高度”定义。使用该参数设置刀具的返回高度为初始高度（G98）或安全高度点（G99）（即最小安全平面（R））。

（2）最小安全平面（R）：孔顶上方的距离，切削运动从这里开始进入孔。

（3）局部过切检查：在当前加工系统中，分析碰撞部分的所有运动。为避免碰撞，在必要的时候抬高刀具（该刀具将抬高至干涉距离加上进刀距离的高度）。可选择“是”或“否”。

图 4-199 “中心钻 1”对话框

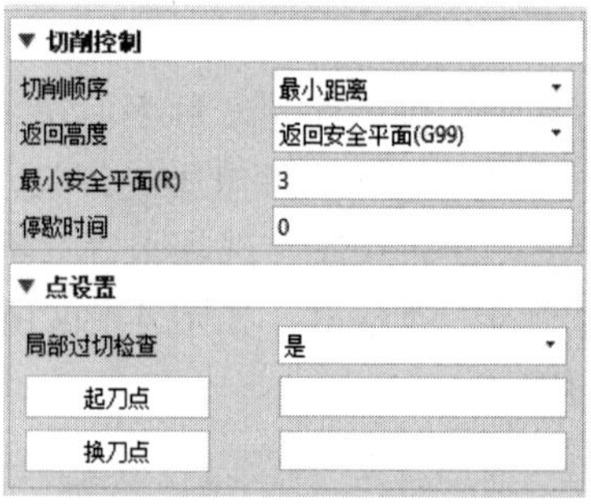

图 4-200 “刀轨设置”选项卡

2．“刀轴和链接”选项卡

单击“刀轴和链接”选项卡，如图 4-201 所示。该选项卡中各选项的含义如下。

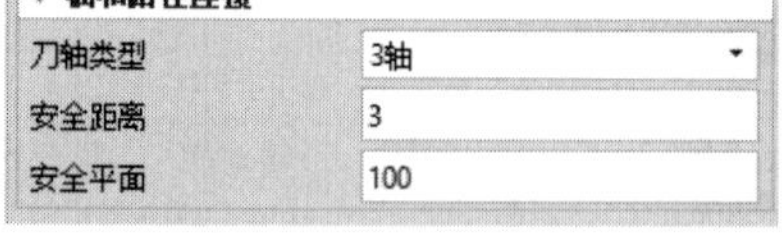

图 4-201 “刀轴和链接”选项卡

（1）刀轴类型：设定孔工序所需要的轴的数目。选择 3 轴来创建 3 轴或 5 轴固定面刀具轨迹。选择 5 轴来创建仿真刀具轨迹。不同孔之间的穿越运动将由线形或圆弧形运动组成。中望 3D 自动计算孔的方位，无论孔是由点、圆弧、圆柱体，还是由基于几何的孔特征数据定义。全局碰撞避让是自动的。

（2）安全距离：从零件上安全链接运动。

（3）安全平面：为当前工序设置安全平面的高度。

九、啄钻

啄钻工序适用于深孔或硬质材料的孔加工。在每次钻孔到规定距离后，钻头退至进刀平面，以利于清除钻屑和冷却。

单击“钻孔”选项卡“钻孔”面板中的“啄钻”按钮，系统弹出“啄钻 1”对话框，如图 4-202 所示。

单击“深度和余量”选项卡，如图 4-203 所示。该选项卡中各选项的含义如下。

（1）最大切削深度：在退刀排屑之前，刀具可深入孔中的最大深度。

（2）穿过深度：切削深度（+）在通孔底部以下的深度（注：需要加上曲面或零件的高度）。

（3）钻孔参考深度：决定了刀具上应该到达切削深度的位置。

（4）孔深底部余量：在孔底部保留的余量。

（5）径向余量：增加到孔侧边的偏移量。加工出来的直径为孔的直径减去 2 倍的径向余量。

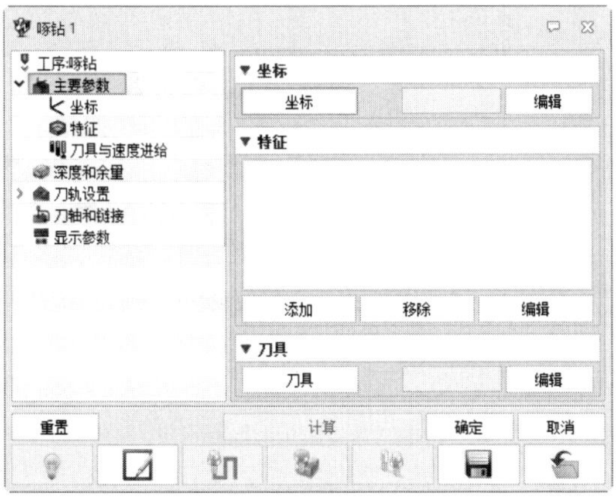

图 4-202　“啄钻 1”对话框

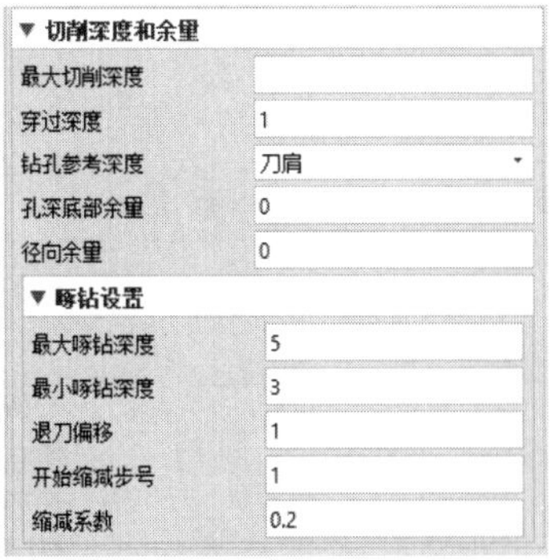

图 4-203　“深度和余量”选项卡

（6）最大/最小啄钻深度：各个孔的最大和最小啄钻深度。

（7）退刀偏移：此次切削在前一次切削运动底部上方的距离。

（8）开始缩减步号：指定从哪次切削开始使用缩减的深度（见下文的“新的切削深度”）。如果“开始缩减步号”为 5，则刀具前 4 次的插削深度为“最大断屑深度”，之后的所有插削深度为缩减后的深度（假设该孔足够深，需要 5 次或更多次的插削动作来完成）。

（9）缩减系数：切削深度的缩减因子（见“开始缩减步号”）。新的切削深度 = 最大深度*（1−缩减系数）。

十、沉孔钻

该工序是指钻孔到指定的一个深度后，抬刀至一设定值。其可防止铁屑缠绕。

单击“钻孔”选项卡“钻孔”面板中的“沉孔”按钮，系统弹出“沉孔 1”对话框，如图 4-204 所示。

十一、攻螺纹

该工序用于加工螺纹，倒角旋转一周的同时刀轴沿轴向移动一个螺距。

单击“钻孔”选项卡“钻孔”面板中的“攻螺纹”按钮，系统弹出“攻螺纹 1”对话框，如图 4-205 所示。

单击“深度和余量”选项卡，如图 4-206 所示。该选项卡中各选项的含义如下。

（1）切削类型：指定攻螺纹加工的方法，有普通攻螺纹、啄钻攻螺纹和断屑攻螺纹 3 种方法可选。

（2）最大/最小攻螺纹步距：在攻螺纹工序中，指定啄钻攻螺纹和断屑攻螺纹模式加工时的最大和最小步距。

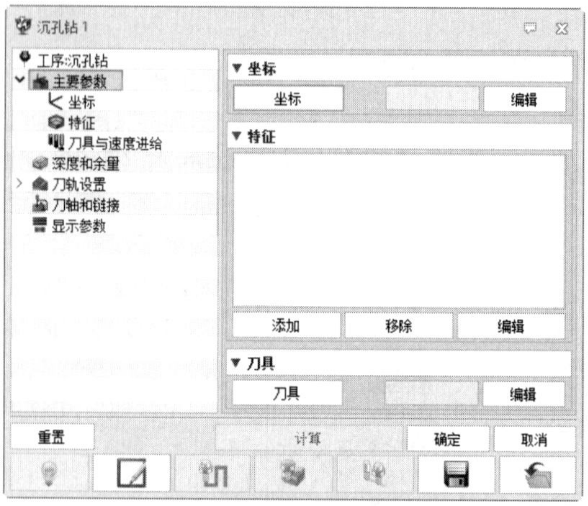

图 4-204 “沉孔 1”对话框

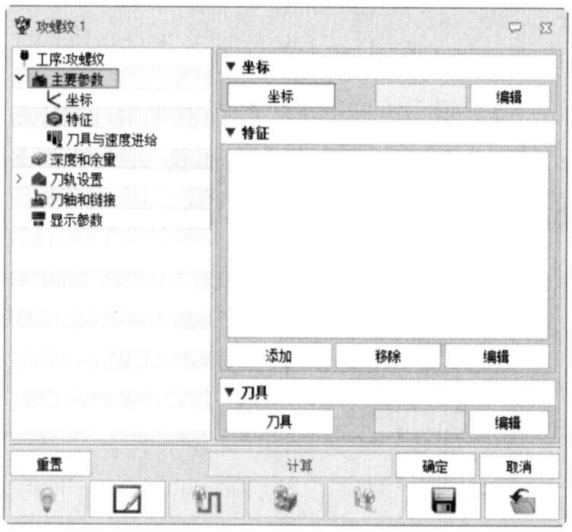

图 4-205 “攻螺纹 1”对话框

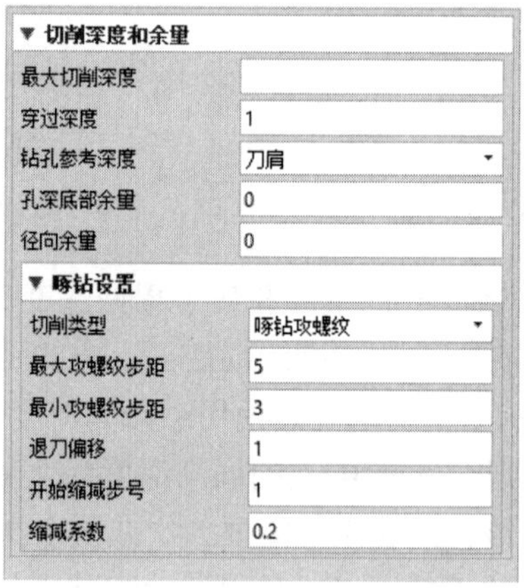

图 4-206 “深度和余量”选项卡

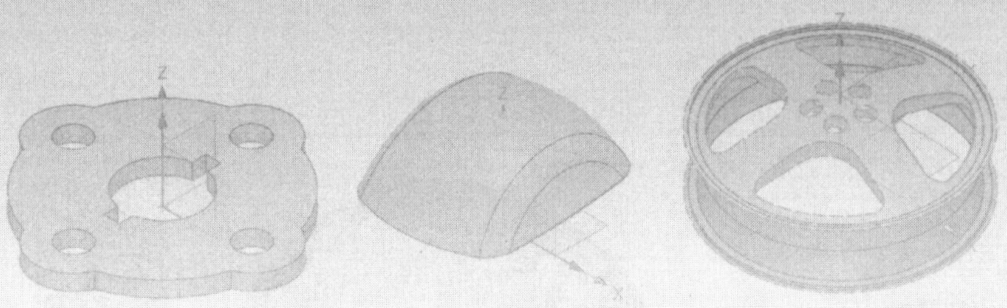

项目五

3 轴快速铣削加工

项目描述

本项目通过 4 个精心设计的加工任务，为学员深入介绍 3 轴快速铣削加工中的“粗加工”“精加工”“切削”和“高速流线铣削”命令的使用。

在任务一中，我们以鼠标加工为例，旨在让学员掌握新建加工方案的流程，并学会如何添加坯料。在此过程中，学员将深入了解 3 轴快速铣削加工中的“光滑流线切削”命令，以及“等高线切削”命令。通过这个任务，学员将掌握如何运用这些命令进行高效加工。

任务二聚焦于溢流阀上盖加工，目标是引导学员借助这一实际案例，全面掌握中望 3D 中 3 轴快速铣削加工命令的高级应用，包括“二维偏移”“三维偏移切削”“平坦面加工”和“笔式清根”。通过这个任务，学员将学习到如何根据不同材料和形状选择合适的加工方式，并掌握各种加工命令的应用技巧。

任务三是音量控制器加工，目标是引导学员借助这一实际案例，全面掌握中望 3D 中 3 轴快速铣削加工命令的高级应用，包括“平行铣削粗加工”“平行铣削精加工”和“角度限制”。通过这个任务，学员将进一步熟悉各种加工方式的特点和应用，提高对加工参数的理解和调整能力。

任务四专注于三通凹模的加工，旨在让学员通过这个实际案例，彻底掌握中望 3D 在 3 轴快速铣削加工中的高级功能；了解并实践如何利用驱动曲线切削和高速光滑流线切削这两种高效的加工策略，以便根据模具的复杂结构来设计最佳的加工路径，确保加工速度和结果的质量得到显著提升。

通过对以上 4 个任务的学习和实践，学员将全面提升对 3 轴快速铣削加工的理解和技能，能够独立完成各种复杂零件的加工工艺设计和操作。同时，学员将培养出解决实际加工问题的能力，为将来的工作打下坚实的基础。

任务一 鼠标加工

任务导入

本任务是对图 5-1 所示的鼠标进行加工，加工结果如图 5-2 所示。

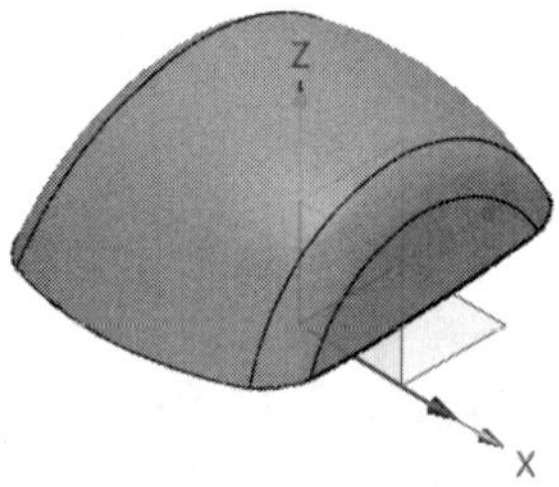

图 5-1　鼠标

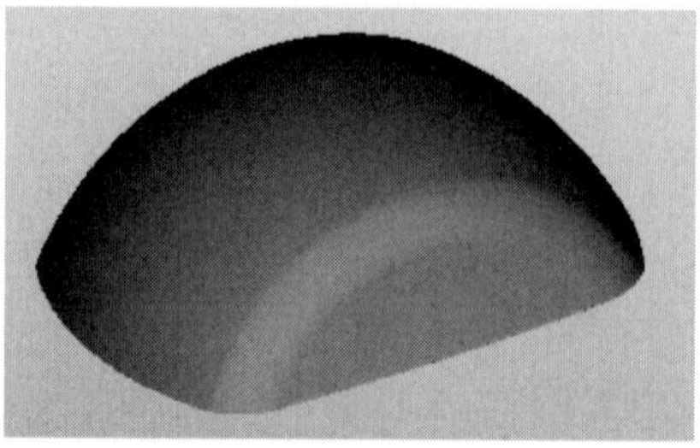

图 5-2　鼠标加工结果

微课视频

学习目标

1．学习“光滑流线切削”命令的使用；

2．学习“等高线切削”命令的使用。

思路分析

本任务的目标是进行鼠标加工。首先打开源文件，创建加工方案，添加坯料，然后进行光滑流线切削粗加工，最后进行等高线切削精加工。

操作步骤

1．创建坯料

（1）打开文件。打开“鼠标”源文件，如图 5-1 所示。

（2）进入加工界面。单击 DA 工具栏中的“加工方案”按钮，系统弹出“选择模板”对话框，选择“空白”，单击“确认”按钮，进入加工界面。

（3）添加坯料。单击“加工系统”选项卡“加工系统”面板中的“添加坯料”按钮，系统弹出“添加坯料”对话框，选择坯料类型为“六面体”，轴向设置为 Z 轴，参数设置如图 5-3 所示。单击“确定”按钮，系统弹出“ZW3D”对话框，单击“是”按钮，隐藏坯料。

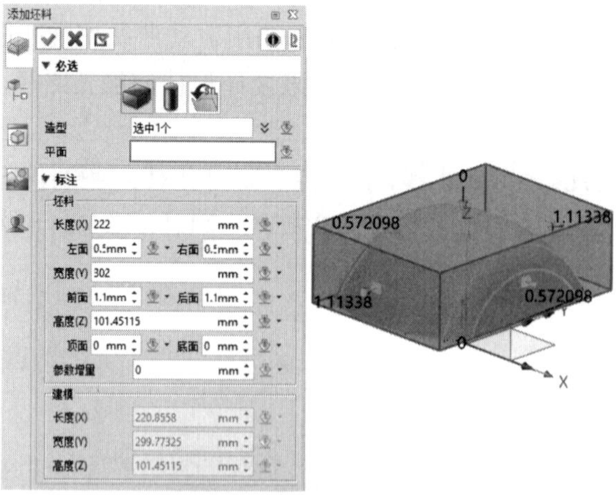

图 5-3　设置坯料参数

2．光滑流线切削粗加工

（1）设置主要参数。单击“3 轴快速铣削”选项卡“粗加工”面板中的“光滑流线切削”按钮，系统弹出“光滑流线粗加工 1”对话框。单击“添加”按钮，系统弹出“选择特征”对话框 1，单击“新建”按钮，系统弹出“选择特征”对话框 2，如图 5-4 所示，选择“实体”。单击“确定”按钮，系统弹出“实体”对话框，在绘图区选择鼠标实体，如图 5-5 所示。单击“确定”按钮，系统弹出“实体特征”对话框，如图 5-6 所示。单击“确认”按钮，返回“光滑流线粗加工 1”对话框。

（2）定义刀具。单击“刀具”按钮，系统弹出“刀具列表”对话框，单击“管理”按钮，系统弹出“创建刀具”对话框，如图 5-7 所示，选择“铣削”和“铣刀”。单击“确定”按钮，系统弹出“刀具”对话框，名称采用默认，铣刀类型选择“端铣刀”，设置刀具长为“150”、刀刃长为“120”、半径为“10”，刀体直径为“20”，如图 5-8 所示。单击“确定”按钮，刀具定义完成。

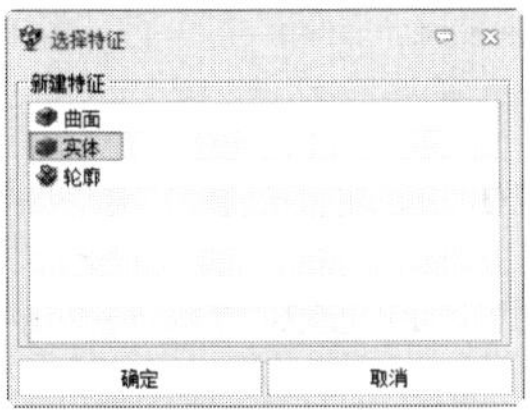

图 5-4 “选择特征”对话框 2

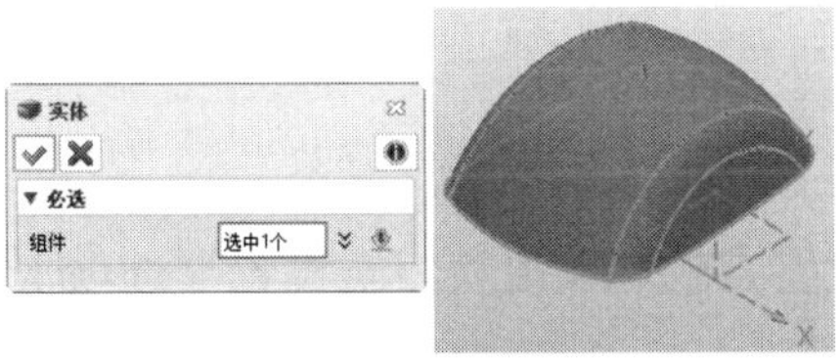

图 5-5 选择鼠标实体

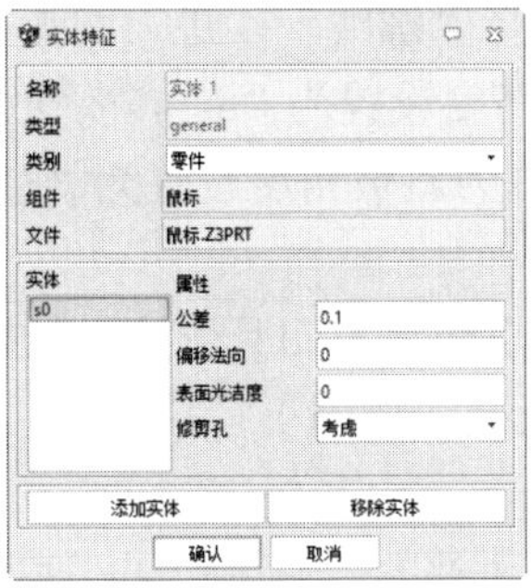

图 5-6 “实体特征”对话框

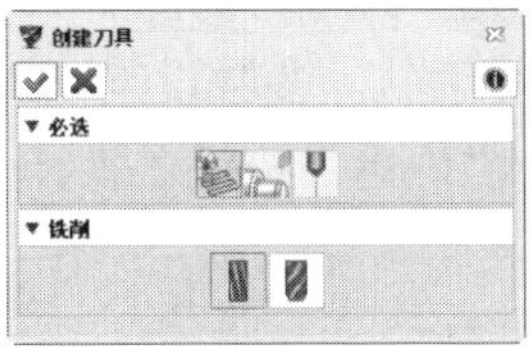

图 5-7 “创建刀具”对话框

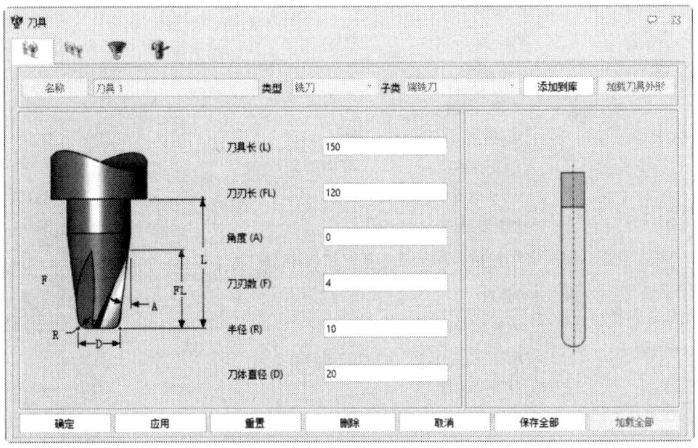

图 5-8 设置刀具参数

（3）设置限制参数。单击“限制参数”选项卡，将顶部设置为“200”，最小残料厚度设置为“0.5”，如图 5-9 所示。

（4）设置公差和步距。单击“公差和步距”选项卡，曲面余量选择“侧边”，余量值设置为“0.5”，Z 方向余量设置为“0”，步进设置为刀具直径的 45%，下切步距设置为“绝对值”，步距量设置为“5”，切削数设置为“1”，刀轨沿 Z 轴的切片方向设置为“自顶向下”，如图 5-10 所示。

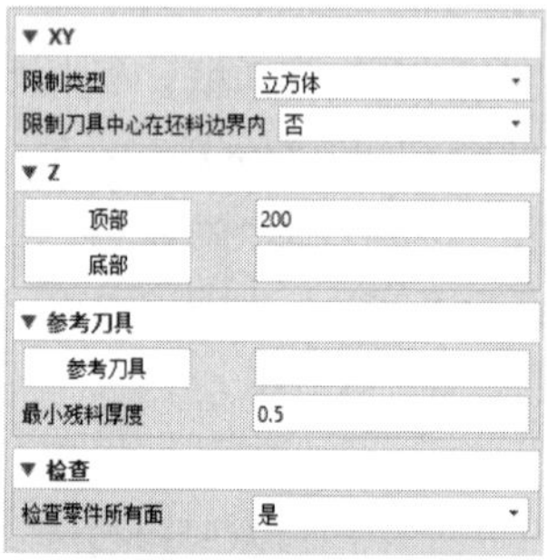

图 5-9　设置限制参数

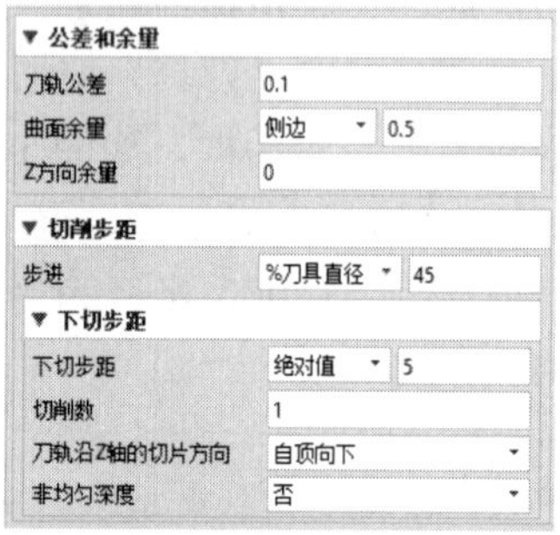

图 5-10　设置公差和步距

（5）设置刀轨。单击“刀轨设置”选项卡，设置刀轨样式向导为“零件”，如图 5-11 所示。

（6）设置进退刀。单击“连接和进退刀”选项卡，勾选“过切检查”复选框，短连接界限设置为“20”，安全平面设置为“120”，进刀类型选择“螺线”，进刀圆弧半径设置为刀具直径的 80%，进刀斜坡角度设置为“3”，进刀斜坡高度设置为“8”，安全斜坡长度设置为刀具直径的 70%，退刀类型选择“沿刀轨斜向”，退刀斜坡角度设置为“3”，退刀斜坡高度设置为“10”，如图 5-12 所示。

（7）计算刀轨。参数设置完成，单击“计算”按钮，重新计算刀具轨迹，结果如图 5-13 所示。单击“确定”按钮在“计划”管理器中生成“光滑流线切削 1”工序。

图 5-11　设置刀轨

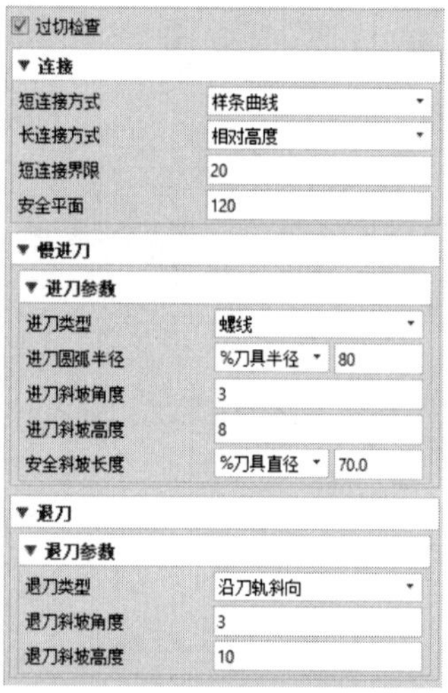

图 5-12　设置进退刀

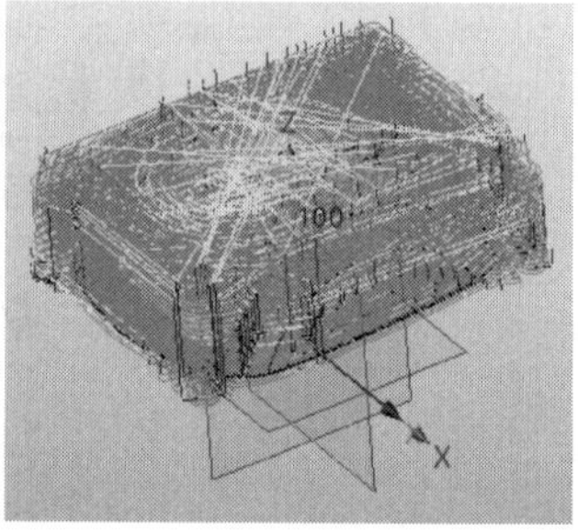
图 5-13　光滑流线切削刀具轨迹

3．等高线切削精加工

（1）设置主要参数。隐藏光滑流线切削刀具轨迹。单击“3 轴快速铣削”选项卡“精加工”面板中的“等高线切削”按钮，系统弹出“等高线切削 1”对话框，如图 5-14 所示。单击“添加”按钮，系统弹出“选择特征”对话框 1，选择“实体 1”，单击“确定”按钮，返回“等高线切削 1”对话框。

图 5-14　“等高线切削 1”对话框

（2）定义刀具。单击“刀具”按钮，系统弹出“刀具列表”对话框，选择“刀具 1”。

（3）设置限制参数。单击“限制参数”选项卡，限制类型选择“轮廓”，%偏移设置为“50”，三维偏移设置为“是”，最小残料厚度设置为“0.01”，检查零件所有面设置为“是”，如图 5-15 所示。

（4）设置公差和步距。单击“公差和步距”选项卡，曲面余量选择“总体”，余量值设置为“0”，下切步距设置为“绝对值”，步距量设置为“1”，非均匀深度设置为“否”，Z 轴最小步距设置为“0.1”，如图 5-16 所示。

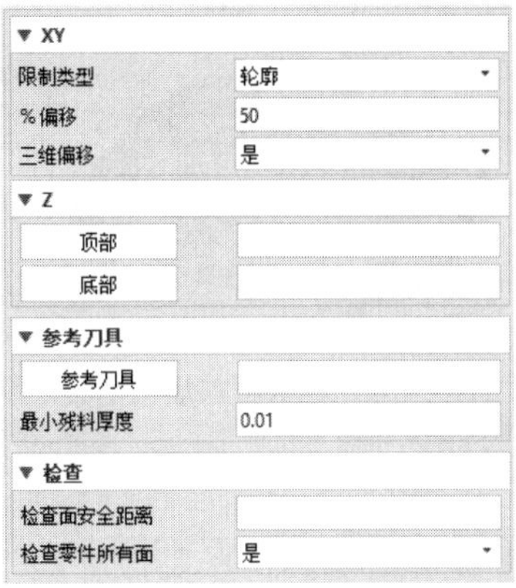

图 5-15　设置限制参数

图 5-16　设置公差和步距

（5）刀轨设置。单击“刀轨设置”选项卡，平面加工设置为“是”，如图 5-17 所示。

（6）进退刀设置。单击“连接和进退刀”选项卡，勾选“过切检查”复选框，短连接方式设置为“在曲面上”，长连接方式设置为“相对高度”，短连接界限设置为“20”，安全平面设置为“150”，进刀类型选择“螺线”，进刀圆弧半径设置为刀具直径的 80%，进刀斜坡角度设置为“3”，进刀斜坡高度为“8”，退刀重叠距离设置为刀具直径的 10%，重叠距离类型为“固定”，退刀类型选择“沿刀轨斜向”，退刀斜坡角度设置为“3”，退刀斜坡高度设置为“10”，如图 5-18 所示。

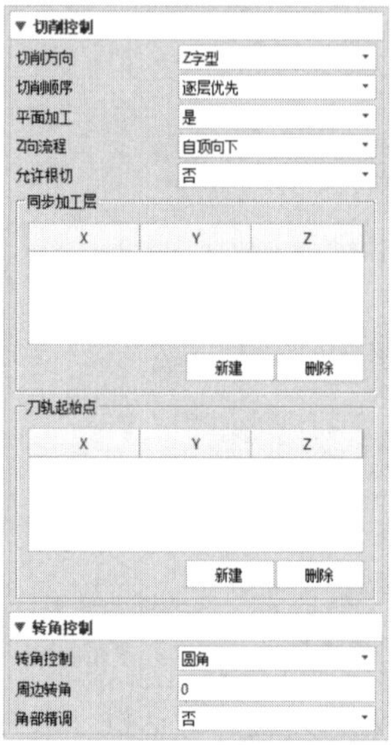

图 5-17　刀轨设置

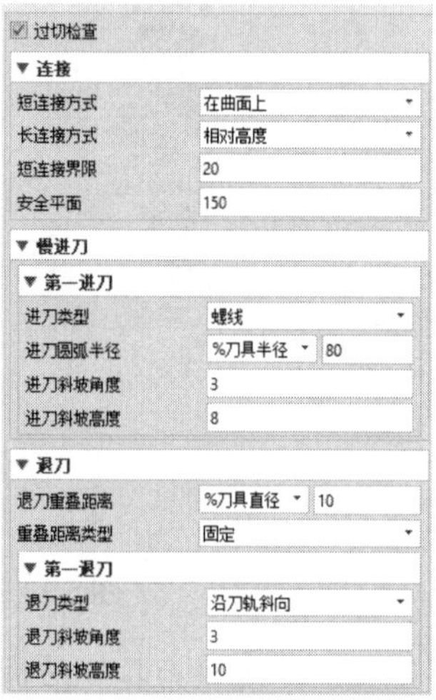

图 5-18　进退刀设置

（7）计算刀轨。参数设置完成，单击“计算”按钮，重新计算刀具轨迹，结果如图 5-19 所示。单击“确定”按钮，在“计划”管理器中生成“轮廓切削 1”工序。

（8）实体仿真加工。在“计划”管理器中选中“工序”图标，右击，在弹出的快捷菜单中选择“实体仿真”命令，系统弹出“实体仿真进程”对话框，单击“快速结束”按钮▶|，结果如图 5-20 所示。

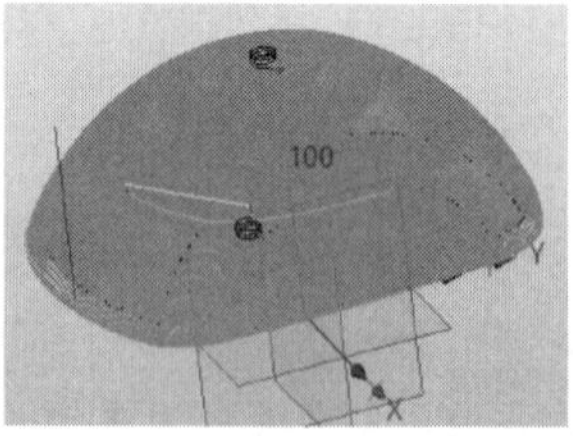

图 5-19　等高线切削刀具轨迹

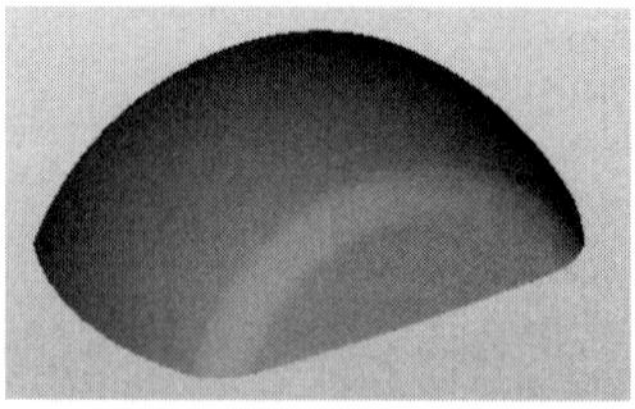

图 5-20　实体仿真加工结果

知识拓展

一、光滑流线切削

光滑流线切削可生成具有从中心到外部的螺旋曲线刀轨。它适用于去除硬质材料，从而尽可能生成均匀的切削负载刀轨。

单击“3 轴快速铣削”选项卡“粗加工”面板中的“光滑流线切削”按钮，系统弹出“二维光滑流线粗加工 1”对话框，如图 5-21 所示。下面对该对话框中的部分选项进行介绍。

1．“边界”选项卡

单击“边界”选项卡，如图 5-22 所示。该选项卡用于设置水平（XY）和垂直（Z）加工区域限制。该选项卡中部分选项的含义如下。

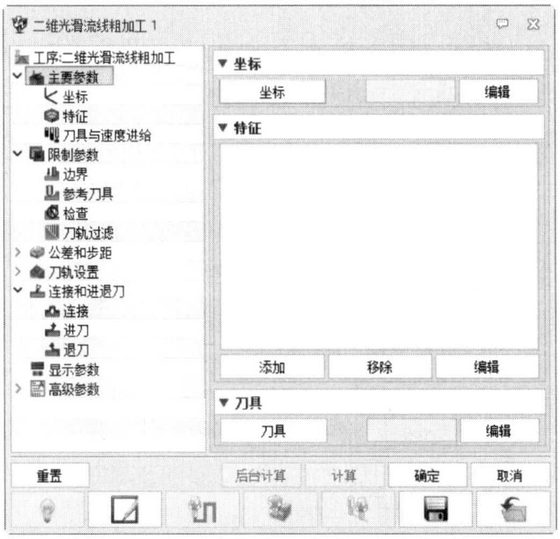

图 5-21　“二维光滑流线粗加工 1”对话框

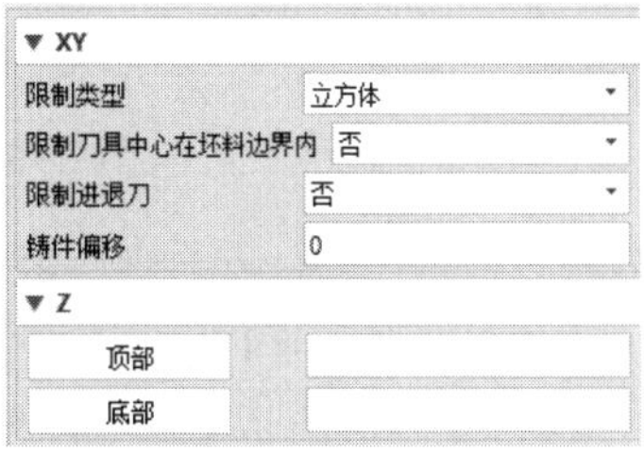

图 5-22　“边界”选项卡

（1）限制类型：这里列出了两种限制类型，包括轮廓和立方体。

1）轮廓：创建零件的最大投影轮廓作为限制边界。

2）立方体：围绕零件创建一个最小的立方体，使用零件的投影轮廓作为限制边界。在 ZW3D 中，用户无须定义坯料即可计算粗加工刀轨。因此，在讨论边界时我们需要从两个方面去说明：带有坯料的特征和无坯料特征。

①带有坯料的特征：当在加工特征中添加毛坯时，“轮廓”和“立方体”选项将无效。刀轨在坯料中生成。并且如果添加了轮廓，则刀轨将在坯料和轮廓之间的相交区域内生成。

②无坯料特征：当加工特征中未添加坯料时，ZW3D 将“轮廓”和“立方体”的限制边界设置为虚拟的坯料，生成没有轮廓的刀轨。添加轮廓后，“轮廓”和“立方体”选项将失效，刀轨将在零件的最小立方体与轮廓的相交区域内生成。

（2）限制刀具中心在坯料边界内：定义所有生成的切削刀轨是否在坯料中。

（3）限制进退刀：设置是否限制进退刀。

（4）铸件偏移：定义一个值，ZW3D 会使用定义的值创建一个具有一致余量的自定义坯料，然后生成清理刀轨，从坯料加工成零件的过程中移除材料。保持空白或设置为 0，该选项将失效。

2．“参考刀具”选项卡

单击“参考刀具”选项卡，如图 5-23 所示。该选项卡用于设置水平（XY）和垂直（Z）加工区域限制。该选项卡中各选项的含义如下。

（1）参考刀具：指定较大的刀具。假设预先用于粗加工，同时残料将被留下，然后使用当前刀具生成刀轨移除残料。

（2）最小残料厚度：输入阈值。计算会忽略比该值更薄的残料，避免了可忽略区域的剩余切削。此选项在定义参考工序时也可使用。

（3）扩展区域：输入距离去扩展残余区域（红色轮廓），将沿轮廓表面扩展输入的数值。该选项通常与“最小残料厚度” 一起使用，通过偏移残余区域来移除未检测到的区域。

3．“检查”选项卡

单击“检查”选项卡，如图 5-24 所示。该选项卡用于检测刀轨和辅助设备（如工作台、夹具、刀架等）之间的碰撞，确保加工安全。该选项卡中各选项的含义如下。

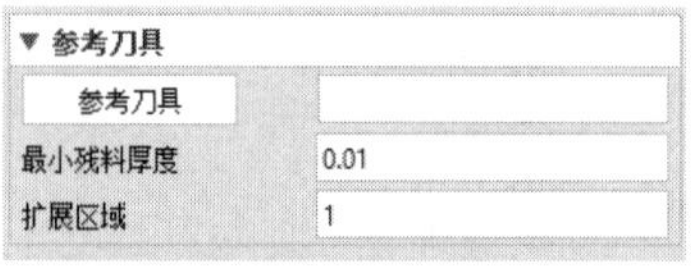

图 5-23 “参考刀具”选项卡

图 5-24 “检查”选项卡

（1）检查零件所有面：当将零件某些曲面定义为加工特征时，选择“是”则可以避免刀具撞到零件中。

（2）考虑工作台：选择“是”，则 ZW3D 将会根据工作台的位置生成刀轨，避免工作台被刀具切割。

（3）工作台安全距离：设置一个安全距离，可以限制靠近工作台生成的刀轨。

（4）考虑夹具：选择“是”，则 ZW3D 将考虑已定义的夹具生成刀轨，并且不会在安全区域内生成。

（5）铣削区域：更改生成刀轨的方向。

（6）夹具安全距离：输入一个安全距离，刀具将与夹具保持该距离。

（7）检查夹持：选择“是”，则生成刀轨时将会考虑夹持，避免夹持撞到产品。因此，应提前定义好夹持。

（8）夹持安全距离：输入安全距离，刀具将和夹持保持该距离。

4．“刀轨过滤”选项卡

单击“刀轨过滤”选项卡，如图 5-25 所示。该选项卡中各选项的含义如下。

%长度/范围：输入一个值，该值将用于计算阈值（10%*刀具直径）。ZW3D 将移除跨距与面积比小于阈值的刀具路径，以避免可忽略的切削。

5．“公差和步距”选项卡

单击“公差和步距”选项卡，如图 5-26 所示。该选项卡中部分选项的含义如下。

（1）刀轨公差：指定一个值来确定刀轨跟踪加工模型轮廓的准确程度。

（2）曲面余量：设置留在模型上材料的余量。如果选择“侧边”，则可以分别设置径向厚度和轴向厚度。如果选择“总体”，则整体余量以方向方式进行偏置，它们在当前文本框中设置。

（3）Z 方向余量：设置留在模型上材料的轴向余量。当在“曲面余量”中选择“侧边”时显示。

注意：曲面余量或 Z 方向余量选项可以是空白。

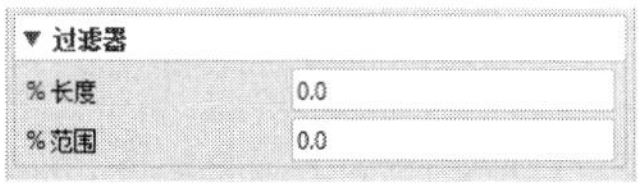

图 5-25 “刀轨过滤”选项卡

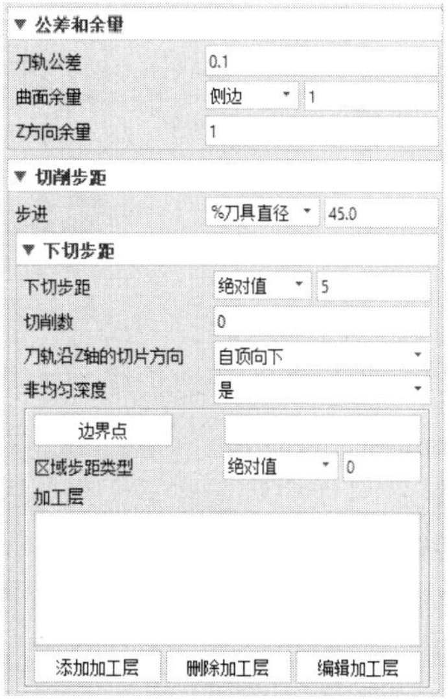

图 5-26 “公差和步距 ”选项卡

（4）切削数：指定两个粗加工刀轨之间的轮廓切削次数，这可以在创建具有较大下切步距的粗加工刀轨时最小化梯形。它使用相同的刀具在相同的操作中从粗加工刀轨加工梯形。

（5）刀轨沿 Z 轴的切片方向：当定义了“切削数”时，可以选择两个选项来确定切割顺序：从上到下和从下到上。

（6）非均匀深度：选择“是”来启用在不同区域生成具有不同下切步距的刀轨。在此处选择“是”将显示以下选项。

1）边界点：单击此按钮可在图形局域中选择一个点。它将局域分为两层，并能够通过边界点下方的“区域步距类型”选项定义不同的下切步距设置。

2）区域步距类型：定义边界点下方的下切步距值。

3）添加加工层：单击确认图层设置并将其添加到列表中。

4）删除加工层：删除选中的图层。

5）编辑加工层：调整边界点或区域下切步距值后，单击该按钮保存修改。

6. “刀轨设置”选项卡

单击“刀轨设置”选项卡，如图 5-27 所示。该选项卡用于对切削刀轨进行控制或优化。该选项卡中部分选项的含义如下。

图 5-27 “刀轨设置 ”选项卡

（1）填充刀轨方向/清边刀轨方向：定义填充切削刀轨和清边切削刀轨的方向，清边切削刀轨是接近每层特征边界的最后的刀轨，填充切削刀轨在清边切削刀轨内。

1）顺铣：只使用顺铣生成刀轨。从刀具运动方向观察，刀具位于加工边缘的左侧。

2）逆铣：只使用逆铣生成刀轨。从刀具运动方向观察，刀具位于加工边缘的右侧。

3）任何：ZW3D 将把刀轨分配为顺铣或逆铣，以得到 Z 字型的刀轨。

4）自动：将跟随填充切削刀轨的方向生成刀轨。

5）切削顺序：指定切削顺序为区域优先或逐层优先。

6）区域优先：它只有在加工完这个区域后，才进入另一个区域进行加工。

7）逐层优先：它只有在加工完每个区域的这一高度层后，才进入下一层高度进行加工。

（2）刀轨将会根据零件轮廓、坯料轮廓，或者同时根据两者生成相同方向的刀轨。

（3）区域顺序：指定每个区域的切削顺序。

1）最近距离：加工完一个区域后会继续到最近的区域进行加工。

2）沿 X/Y 方向：沿 X/Y 方向加工所有区域后，再移动至下一行或列的开头继续沿 X/Y 方向完成该方向区域的加工。

3）沿 X/Y 方向的 Z 字型：沿 X/Y 方向加工所有区域后，再移动至下一行或列的最近区域继续沿 X/Y 方向区域加工。

（4）同步加工层：单击此选项并选择图形区域中的点，则生成通过该点的刀轨，当存在余量时（例如 Z 方向余量=1），会在此点平面上的 1 mm 高度处的层上生成刀轨。此选项用于在从零件手动选择的平面上保持均匀的余量。

（5）平面检查：该选项将自动检测零件上的平面，在检测到的平面上生成刀轨以获得均匀的残余坯料，包括否、平面区域和整个平坦层。

（6）转角控制：指定在转角处生成刀具路径的方法，包括无和光滑

（7）周边转角：指定清边切削刀具路径的圆角值。

7. “连接和进退刀”选项卡

单击“连接和进退刀”选项卡，如图 5-28 所示。该选项卡中部分选项的含义如下。

（1）过切检查：默认情况下勾选该复选框，用于检查关于引导（进退刀）和连接的刀具路径的过切。

（2）进刀类型：ZW3D 提供 3 种刀具进刀方式，包括空、圆弧直线、螺线、沿刀轨斜向。

1）空：没有应用于刀轨的进刀。

2）圆弧直线：它将在每个切削刀轨的开始处插入一个 切向圆弧移动。

3）螺线：此方式为圆形的螺旋进刀移动。如果设置的“螺线”进刀不适用于该加工区域中，将会自动使用“沿刀轨斜向”的进刀方法。

4）沿刀轨斜向：沿着切削刀具路径，将刀具以指定的角度斜切到模型中。如果切削刀具路径不是一个闭环，则进刀刀具路径的方向将被反转。

注意：当在粗加工操作中应用“螺线”进刀，但是该进刀类型不适用于加工区域时，将自动使用“沿刀轨斜向”的方法。如果“沿刀轨斜向”也不适用，“无”将被自动使用。因此，它们的优先级是：螺线 > 沿刀轨斜向 > 无。

（3）进刀斜坡角度：指定斜坡角度值。

（4）进刀斜坡高度：指定斜坡高度值。

进刀斜坡角度和进刀斜坡高度示意如图 5-29 所示。

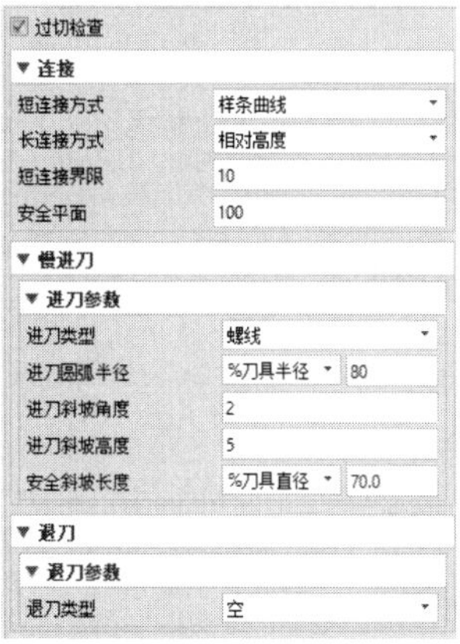

图 5-28　“连接和进退刀”选项卡

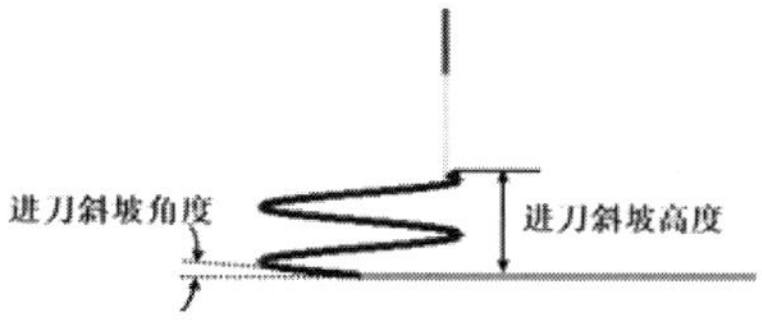

图 5-29　进刀斜坡角度和进刀斜坡高度示意

（5）安全斜坡长度：使用安装刀片类旋转刀具进行粗加工时，如果切削刀具路径太小而无法在小区域内切削掉所有材料，则剩余材料可能会与刀具没有切削作用的部分（如盘铣刀的中心）发生碰撞并导致刀具损坏，“安全斜坡长度”选项可以帮助消除该区域中的刀轨。通常，安全斜坡长度的最小值为（刀具直径−2* 刀片宽度），如图 5-30 所示。

二、等高线切削

等高线切削操作会生成一组 Z 轴方向的轮廓刀具路径，适用于陡峭区域的精加工。

单击“3 轴快速铣削”选项卡“精加工”面板中的“等高线切削”按钮，系统弹出“等高线切削 1”对话框，如图 5-31 所示。下面对该对话框中的部分选项进行介绍。

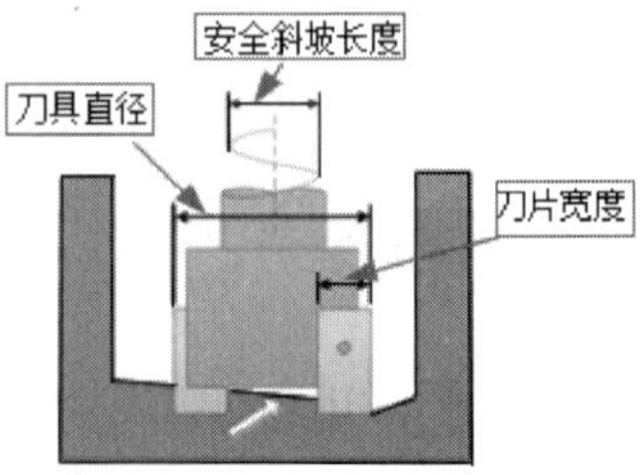

图 5-30　安全斜坡长度示意

图 5-31　“等高线切削 1”对话框

1．“边界”选项卡

单击该选项卡，如图 5-32 所示。该选项卡中部分选项的含义如下。

（1）限制类型：系统提供了 3 种限制类型，即轮廓、立方体和刀触点。

（2）三维偏移：设置是否进行三维偏移。

（3）限制进退刀：设置是否进行进退刀操作。

（4）限制在零件上：限制刀具路径在零件上。

2．“公差和步距”选项卡

单击该选项卡，如图 5-33 所示。该选项卡中部分选项的含义如下。

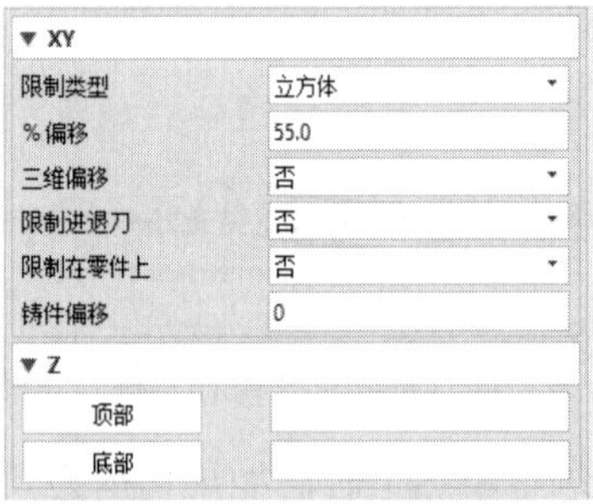

图 5-32　“边界”选项卡

图 5-33　“公差和步距”选项卡

（1）非均匀深度：当面对具有不同拔模角度曲面的零件时，非均匀深度功能使用户能够在区域上定义不同的步距设置或使用引导轮廓生成刀具路径，以求在一次操作中实现所有区域的均匀曲面精加工。

1）否：ZW3D 将生成具有统一步距值的“等高线切削”刀具路径。

2）边界点：通过指定边界点将几何体划分为不同的区域，然后用户可以在每个区域设置不同的步距。

3）驱动线：ZW3D将根据驱动线上给定的3D步距生成刀具路径。

（2）Z轴最小步距：除了给定的步距值，还指定Z方向上的最小步距值。它将在浅层区域上补充刀具路径以获得高质量的表面。

3．“刀轨设置”选项卡

单击该选项卡，如图5-34所示。该选项卡中部分选项的含义如下。

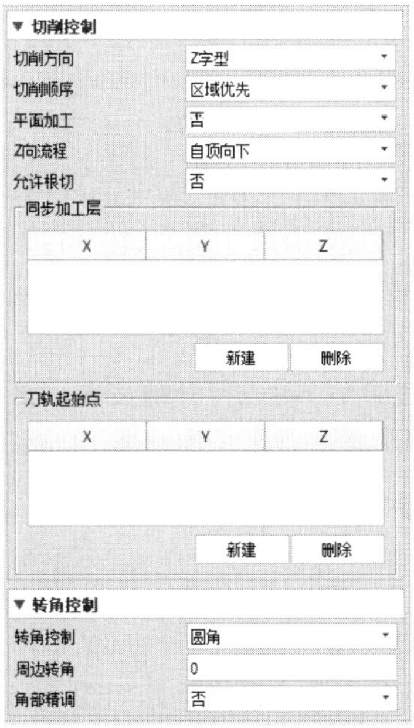

图5-34　“刀轨设置”选项卡

（1）平面加工：在每个平面上强制刀具生成刀轨。

（2）Z向流程：指定加工顺序，加工顺序为自顶向下或自底向上。

（3）允许根切：设置是否允许根切加工。如果设置为“是”，则使用整个刀具在零件上计算一个无过切的刀轨；如果设置为“否”，则仅用刀具的底部计算。如果该零件有一个正（或零）拔模，则该选项不需要设置为“是”；如果该零件有一个负拔模的区域，或者使用带锥度的刀具，则必须选择“是”。

（4）刀轨起始点：指定刀具的入刀点。需要注意刀轨不一定会在指定的入刀点上准确进刀，只是会在离该点最近的刀轨处入刀。

（5）周边转角：工序以该半径来定义圆角刀轨。

（6）角部精调：选择“是”，可通过增加类似倒角的切削来增强转角，默认值为“否”。

任务二　溢流阀上盖加工

任务导入

本任务是对图5-35所示的溢流阀上盖进行加工，加工结果如图5-36所示。

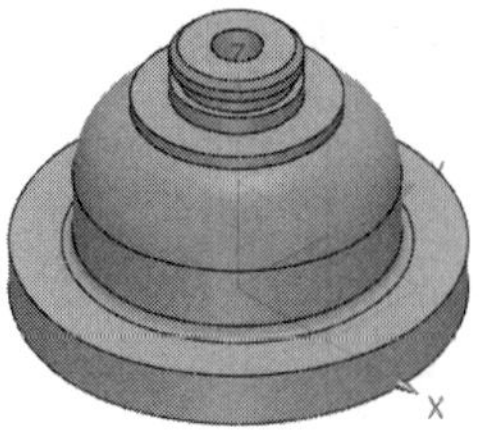

图 5-35　溢流阀上盖

图 5-36　溢流阀上盖加工结果

微课视频

学习目标

1．学习“二维偏移”和“三维偏移切削”命令的使用；

2．掌握“平坦面加工”和“笔式清根”命令的使用。

思路分析

本任务的目标是溢流阀上盖加工。首先打开源文件，创建方案，添加坯料，然后进行二维偏移粗加工和三维偏移精加工，再进行平坦面精加工，接下来进行二维轮廓切削加工和钻孔加工，最后进行笔式清根加工。

操作步骤

1．创建坯料

（1）打开文件。打开“溢流阀上盖”源文件，如图 5-35 所示。

（2）进入加工界面。单击“DA 工具栏”中的“加工方案”按钮，系统弹出“选择模板”对话框，选择“空白”，单击“确认”按钮，进入加工界面。

（3）添加坯料。单击“加工系统”选项卡“加工系统”面板中的“添加坯料”按钮，系统弹出“添加坯料”对话框，选择坯料类型为“圆柱体”，在绘图区选择溢流阀上盖实体，轴向设置为 Z 轴，半径设置为“62”，右面设置为“1”，如图 5-37 所示。单击“确定”按钮，系统弹出“ZW3D”对话框，单击“是”按钮，隐藏坯料。

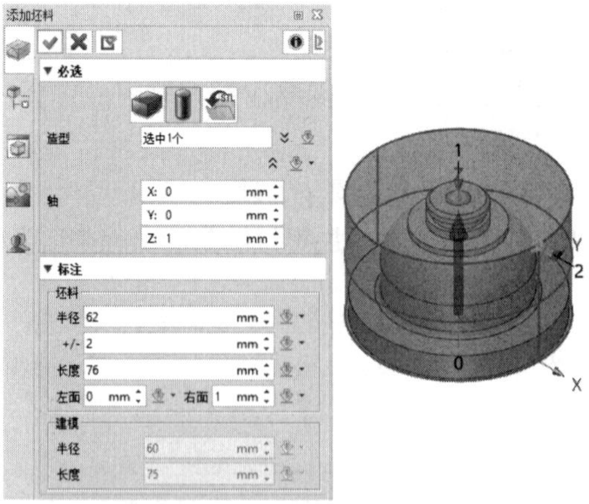

图 5-37　设置坯料参数

2．二维偏移粗加工

（1）设置主要参数。单击“3 轴快速铣削”选项卡“粗加工”面板中的“二维偏移”按钮，系统弹出“二维偏移粗加工 1”对话框，如图 5-38 所示。单击“添加”按钮，系统弹出“选择特征”对话框 1，选择溢流阀上盖零件，单击“新建”按钮，系统弹出“选择特征”对话框 2，选择“实体”，单击“确定”按钮，系统弹出“实体”对话框，根据系统提示选择溢流阀上盖实体，单击“确定”按钮，系统弹出“实体特征”对话框。单击“确认”按钮，返回“二维偏移粗加工 1”对话框。

图 5-38　“二维偏移粗加工 1”对话框

（2）定义刀具。单击“刀具”按钮，系统弹出“刀具列表”对话框，单击“管理”按钮，系统弹出“创建刀具”对话框，选择“铣削”和“铣刀”，单击“确定”按钮，系统弹出“刀具”对话框，类型选择“铣刀”，子类选择“端铣刀”，刀具长设置为“150”，刀刃长设置为“120”，半径设置为“6”，刀体直径设置为“12”，如图 5-39 所示。单击“确定”按钮，刀具定义完成。

（3）设置限制参数。单击“限制参数”选项卡，最小残料厚度设置为“0.5”，检查零件所有面设置为“是”，如图 5-40 所示。

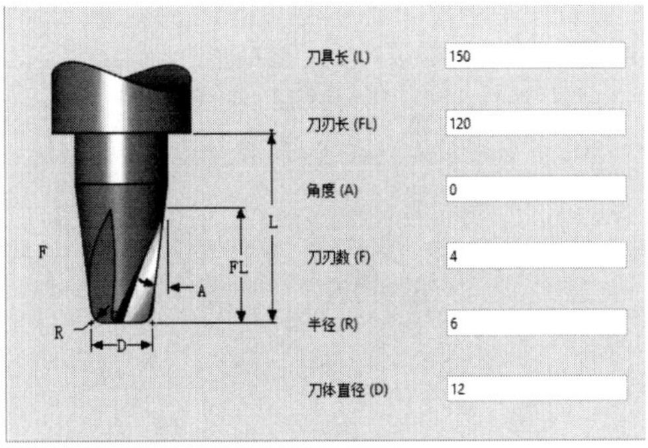

图 5-39　设置刀具参数

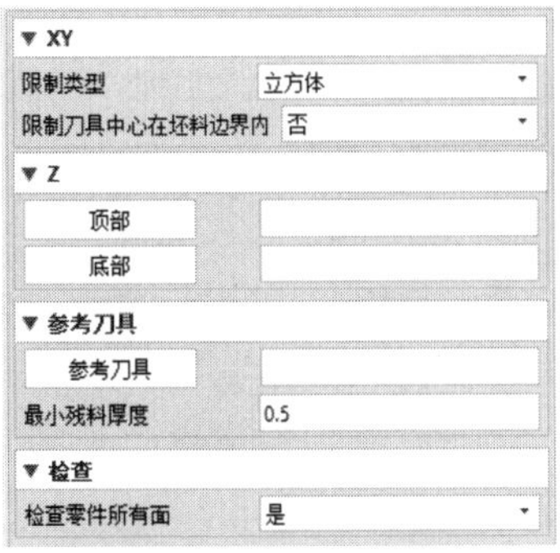

图 5-40　设置限制参数

（4）设置公差和步距。单击“公差和步距”选项卡，曲面余量选择“侧边”，余量值设置为“1”，Z 方向余量设置为“0”，步进设置为刀具直径的 45%，下切步距设置为“绝对值”，步距量设置为“5”，切削数设置为“2”，刀轨沿 Z 轴的切片方向设置为“自顶向下”，非均匀深度设置为“否”，如图 5-41 所示。

（5）设置刀轨。单击“刀轨设置”选项卡，设置刀轨样式向导为“零件”，周边转角设置为“0”，如图 5-42 所示。

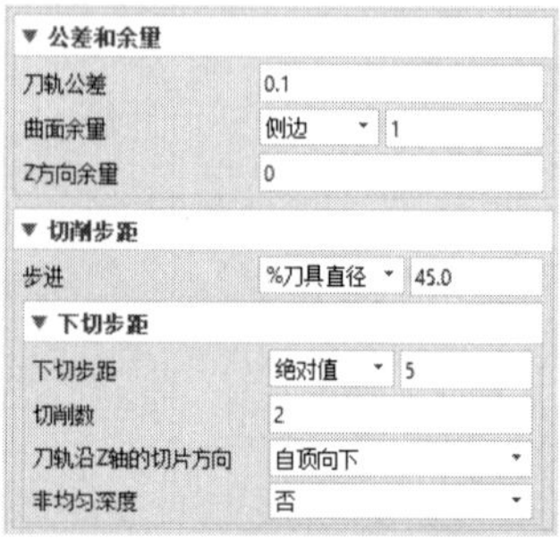

图 5-41　设置公差和步距

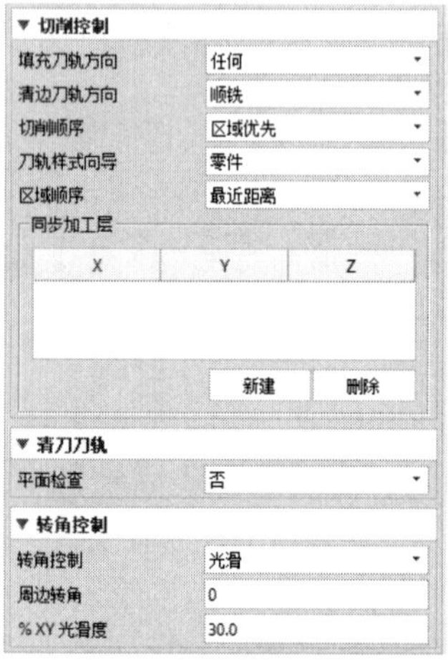

图 5-42　设置刀轨

（6）设置进退刀。单击“连接和进退刀”选项卡，勾选“过切检查”复选框，短连接界限设置为“20”，安全平面为“120”，进刀类型选择“螺线”，进刀圆弧半径设置为刀具直径的 80%，进刀斜坡角度设置为“3”，进刀斜坡高度设置为“8”，安全斜坡长度设置为刀具直径的 70%，退刀类型选择“沿刀轨斜向”，退刀斜坡角度设置为“3”，退刀斜坡高度设置为“10”，如图 5-43 所示。

（7）计算刀轨。参数设置完成，单击“计算”按钮，计算刀具轨迹，刀具轨迹如图 5-44 所示。

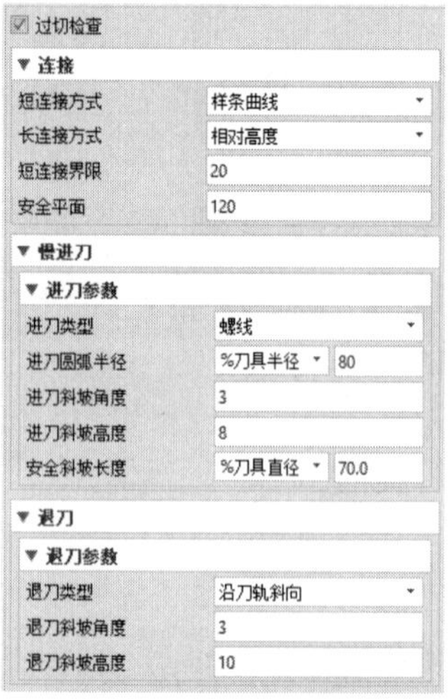

图 5-43　设置进退刀

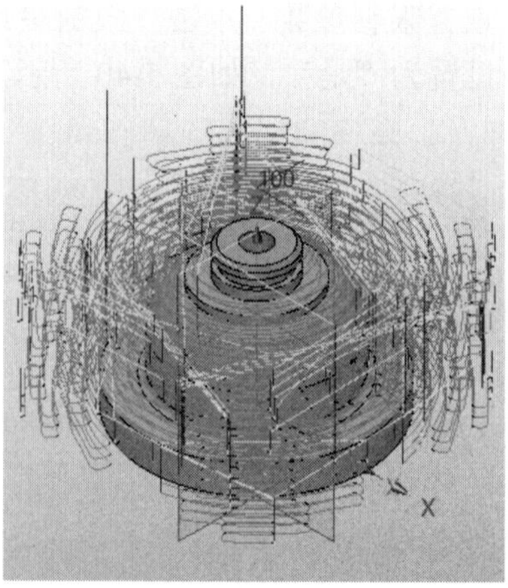

图 5-44　二维偏移刀具轨迹

3．三维偏移切削

（1）设置主要参数。单击“3 轴快速铣削”选项卡“精加工”面板中的“三维偏移切削”按钮，系统弹出“三维偏移切削 1”对话框，如图 5-45 所示。单击“添加”按钮，系统弹出“选择特征”对话框 1，选择“实体 1”，单击“确定”按钮，返回“三维偏移切削 1”对话框。

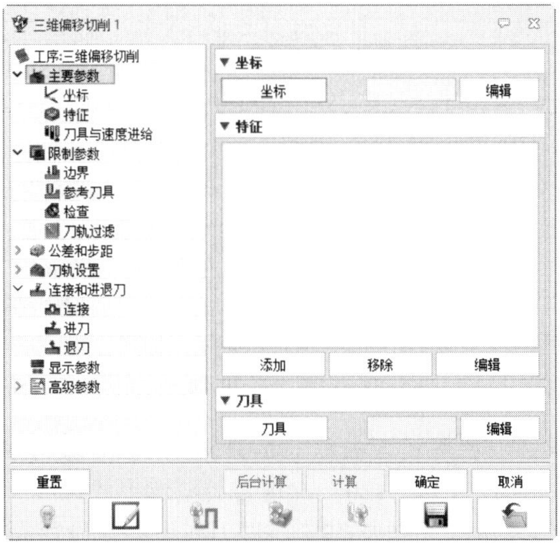

图 5-45　“三维偏移切削 1”对话框

（2）定义刀具。单击“刀具”按钮，系统弹出“刀具列表”对话框，单击“管理”按钮，系统弹出“创建刀具”对话框，选择“铣削”和“铣刀”，单击“确定”按钮，系统弹出“刀具”对话框，类型选择“铣刀”，子类选择“端铣刀”，刀具长设置为“150”，刀刃长设置为“120”，半径设置为“4”，刀体直径设置为“8”，如图 5-46 所示。单击“确定”按钮，刀具定义完成。

（3）设置限制参数。单击“限制参数”选项卡，%偏移设置为“0.0”，三维偏移设置为“否”，在实体的顶面和底面各选择一点，如图 5-47 所示。最小残料厚度设置为“0.3”，检查零件所有面设置为“否”，如图 5-48 所示。

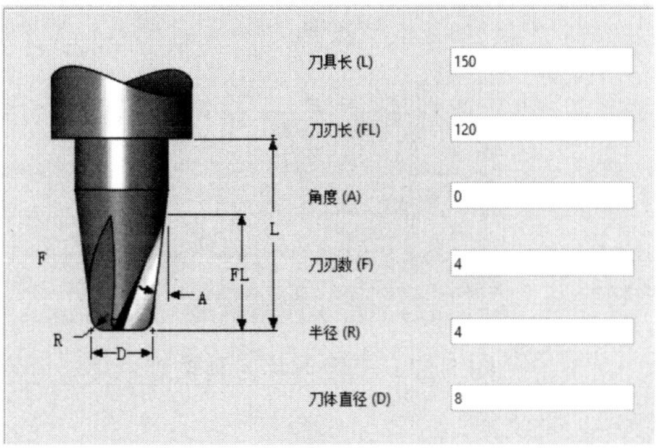

图 5-46　设置刀具参数

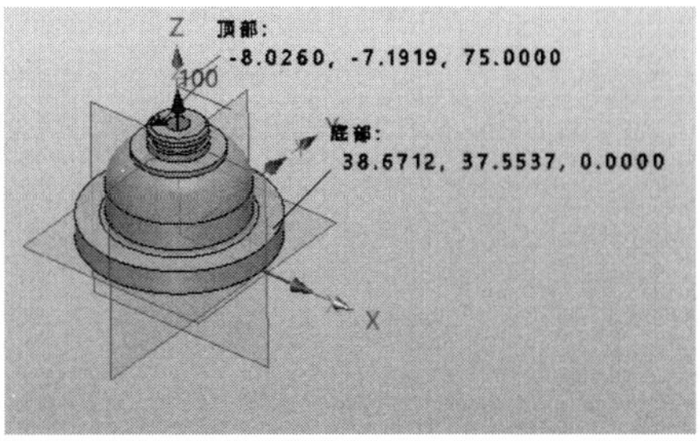

图 5-47　选择点

（4）设置公差和步距。单击“公差和步距”选项卡，曲面余量选择“总体”，余量值设置为“0”，下切步距设置为“绝对值”，步距量设置为“1”，加工深度设置为“0.5”，切削数设置为“2”，%第一步长设置为“60”，如图 5-49 所示。

（5）设置刀轨。单击“刀轨设置”选项卡，切削方向选择“自顶向下”，设置刀轨样式为“靠近边界”，Z 轴周边转角设置为“0”，如图 5-50 所示。

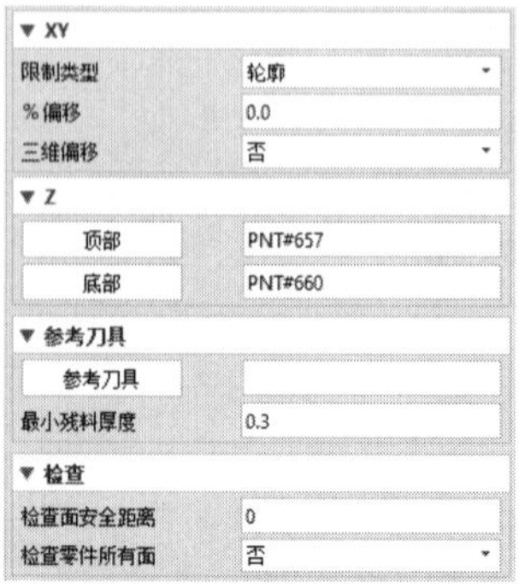

图 5-48　设置限制参数

图 5-49　设置公差和步距

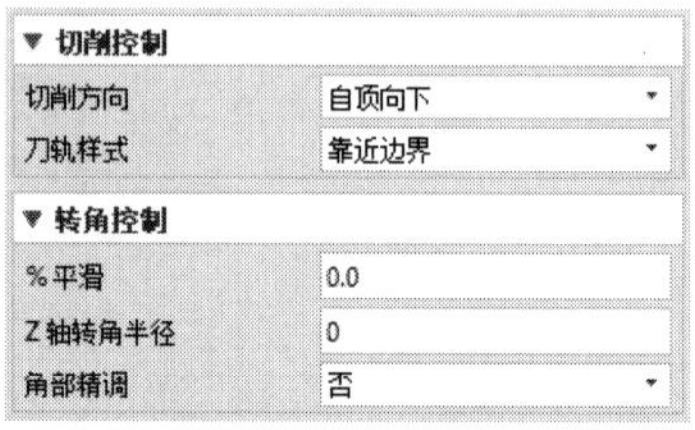

图 5-50　设置刀轨

（6）设置进退刀。单击“连接和进退刀”选项卡，勾选“过切检查”复选框，短连接界限设置为“20”，安全平面设置为“120”，进刀类型选择“螺线”，进刀圆弧半径设置为刀具直径的 80%，进刀斜坡角度设置为“3”，进刀斜坡高度设置为“8”，安全斜坡长度设置为刀具直径的 70%，退刀类型选择“沿刀轨斜向”，退刀斜坡角度设置为“3”，退刀斜坡高度设置为“10”，如图 5-51 所示。

（7）计算刀轨。参数设置完成，单击“计算”按钮，计算刀具轨迹，结果如图 5-52 所示。单击“确定”按钮，在“计划”管理器中生成“三维偏移切削 1”工序。

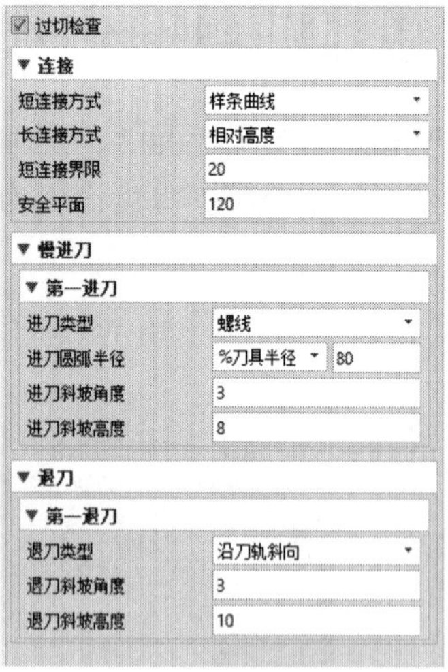

图 5-51　设置进退刀

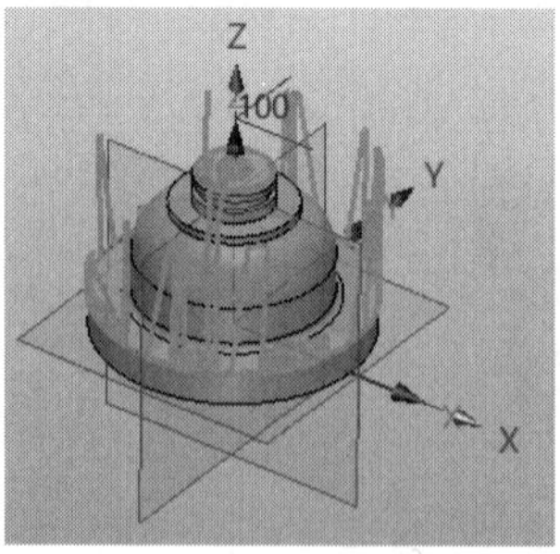

图 5-52　三维偏移刀具轨迹

4．平坦面加工

（1）设置主要参数。单击“3 轴快速铣削”选项卡“精加工”面板中的“平坦面加工”

按钮，系统弹出“平坦面加工 1”对话框，如图 5-53 所示。单击“添加”按钮，系统弹出“选择特征”对话框 1，选择“实体 1”，单击“确定”按钮，返回“平坦面加工 1”对话框。

图 5-53　“平坦面加工 1”对话框

（2）定义刀具。单击“刀具”按钮，系统弹出“刀具列表”对话框，单击“管理”按钮，系统弹出“创建刀具”对话框，选择“铣削”和“铣刀”，单击“确定”按钮，系统弹出“刀具”对话框，类型选择“铣刀”，子类选择“端铣刀”，刀具长设置为“150”，刀刃长设置为“120”，半径设置为“2”，刀体直径设置为“8”，如图 5-54 所示。单击“确定”按钮，刀具定义完成。

（3）设置限制参数。单击“限制参数”选项卡，限制类型选择“立方体”，%偏移设置为“0”，三维偏移设置为“否”，最小残料厚度设置为“0.3”，检查零件所有面设置为“否”，如图 5-55 所示。

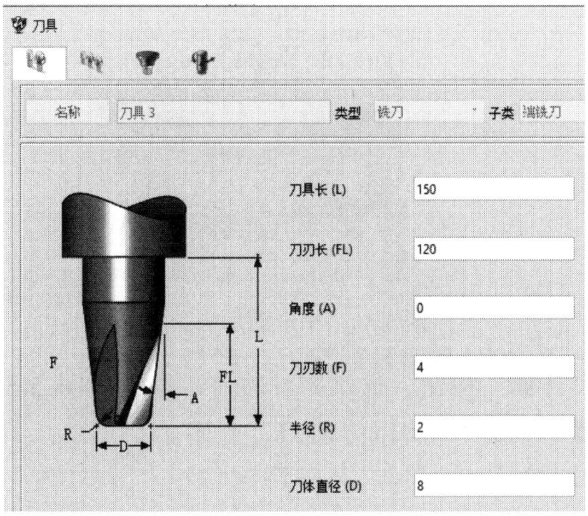

图 5-54　设置刀具参数

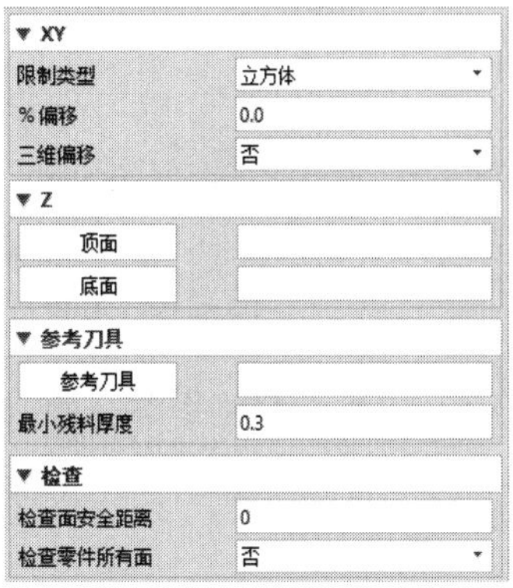

图 5-55　设置限制参数

（4）设置公差和步距。单击“公差和步距”选项卡，曲面余量选择“总体”，余量值设置为“0”，平面度设置为“0.01”，步进设置为刀具直径的 45%，如图 5-57 所示。

（5）设置刀轨。单击“刀轨设置”选项卡，切削方向选择“Z 字型”，刀轨类型选择“平行铣削”，忽略 TDU 洞设置为“2”，由外至内设置为“是”，边界清理设置为“1”，底面精加工设置为“1”，如图 5-57 所示。

图 5-56　设置公差和步距

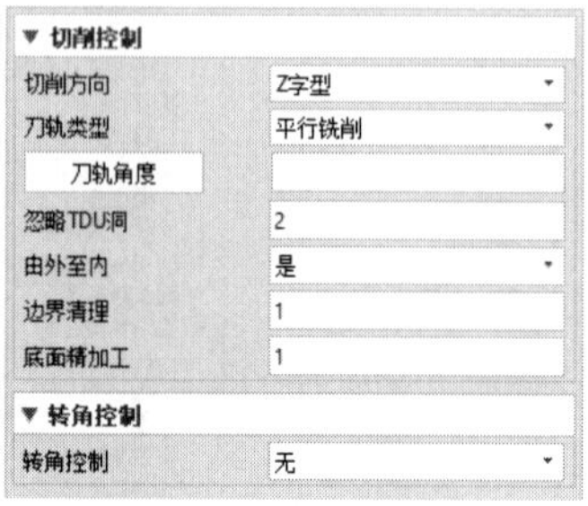

图 5-57　设置刀轨

（6）设置进退刀。单击“连接和进退刀”选项卡，勾选“过切检查”复选框，短连接界限设置为“20”，安全平面设置为“120”，进刀类型选择“螺线”，进刀圆弧半径设置为刀具直径的 80%，进刀斜坡角度设置为“3”，进刀斜坡高度设置为“8”，安全斜坡长度设置为刀具直径的 70%，退刀类型选择“沿刀轨斜向”，退刀斜坡角度设置为“3”，退刀斜坡高度设置为“10”，如图 5-58 所示。

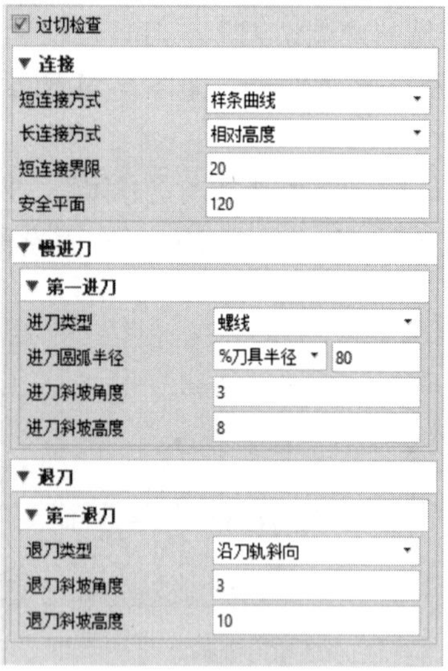

图 5-58　设置进退刀

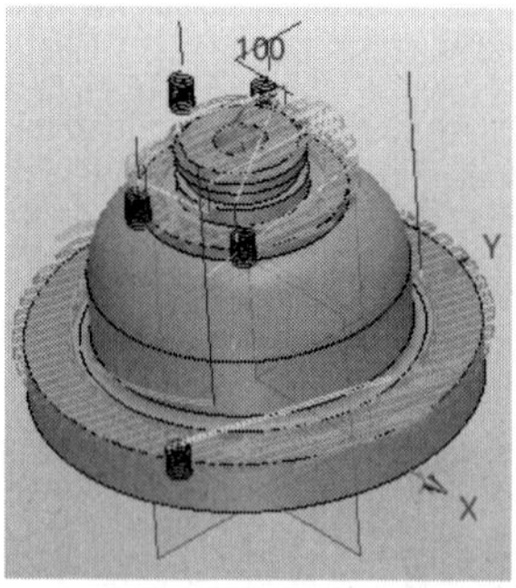

图 5-59　平坦面加工刀具轨迹

（7）计算刀轨。参数设置完成，单击“计算”按钮，计算刀具轨迹，结果如图 5-59 所示。单击“确定”按钮，在“计划”管理器中生成“平坦面加工 1”工序。

5．轮廓切削

（1）设置主要参数。单击“2 轴铣削”选项卡“二维轮廓”面板中的“轮廓”按钮□，系统弹出“轮廓切削 1”对话框，如图 5-60 所示。单击“添加”按钮，系统弹出“选择特征”对话框 1，选择溢流阀上盖零件，单击“新建”按钮，系统弹出“选择特征”对话框 2，选择“轮廓”，单击“确定”按钮，系统弹出“轮廓”对话框，输入类型选择“曲线”，在绘图区选择外轮廓曲线，如图 5-61 所示。单击“确定”按钮✔，系统弹出“轮廓特征”对话框，如图 5-62 所示，将轮廓属性设置为“闭合”，刀具位置选择“外侧”。单击“确认”按钮，返回“轮廓切削 1”对话框。

（2）定义刀具。单击“刀具”按钮，系统弹出“刀具列表”对话框，选择“刀具 1”。

（3）设置限制参数。单击“限制参数”选项卡，类型选择“绝对”，扩展区域设置为“0”，检查零件所有面设置为“否”，如图 5-63 所示。

图 5-60 “轮廓切削 1”对话框

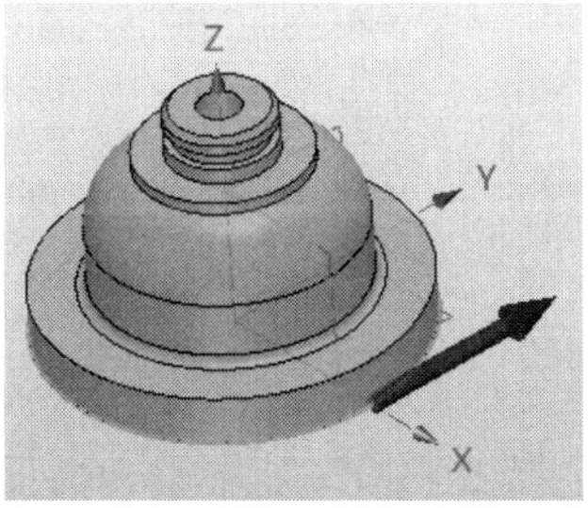

图 5-61 选择外轮廓曲线

图 5-62 “轮廓特征”对话框

图 5-63 设置限制参数

（4）设置公差和步距。单击“公差和步距”选项卡，侧面余量设置为“0”，底面余量设置为“-5”，刀具步进量设置为刀具直径的 60%，切削数设置为“1”，下切类型选择“均匀深度”，下切步距设置为“6”，如图 5-64 所示。

（5）设置刀轨。单击“刀轨设置”选项卡，加工侧选择“右，外侧”，如图 5-64 所示。

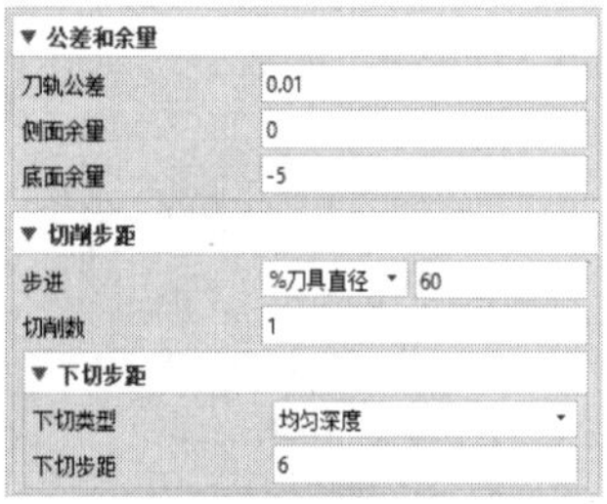

图 5-64　设置公差和步距

图 5-65　设置刀轨

（6）设置进退刀。单击“连接和进退刀”选项卡，进退刀模式选择“智能”，区域内选择“安全高度 Z”，层之间选择“安全高度 Z”，区域之间选择“安全高度 Z”，安全平面设置为“100”，进刀类型选择“圆形 线性”，进刀长度设置为“6.5”，进刀圆弧半径设置为“6.5”，单击“复制到退刀”按钮，将设置的参数复制到“退刀”选项组，退刀重叠距离设置为“2”，如图 5-66 所示。轮廓切削刀具轨迹如图 5-67 所示。

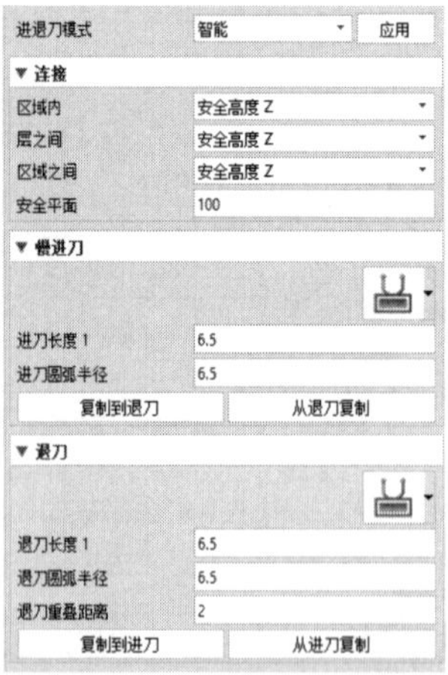

图 5-66　设置进退刀

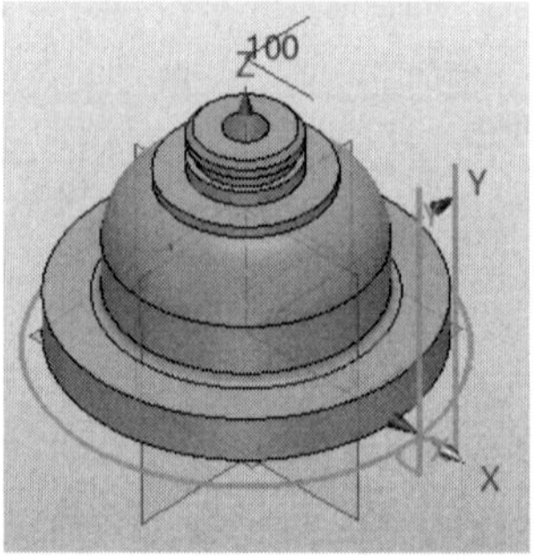

图 5-67　轮廓切削刀具轨迹

6．普通钻孔加工

（1）创建刀具。单击“钻孔”选项卡“钻孔”面板中的“普通钻”按钮，系统弹出“普通钻 1”对话框，单击“刀具”按钮，系统弹出“刀具列表”对话框，单击“管理”按钮，系统弹出“创建刀具”对话框，如图 5-68 所示，选择“标准钻头”按钮。单击“确定”按钮，系统弹出“刀具”对话框，如图 5-69 所示，将切削直径设置为“14”。单击“确定”按钮，刀具设置完成。

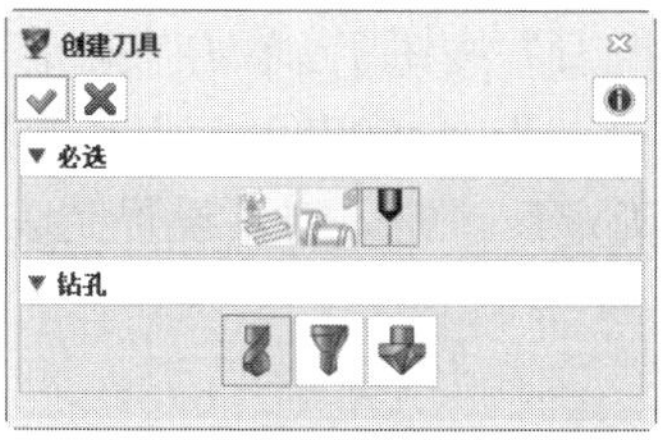

图 5-68　“创建刀具”对话框

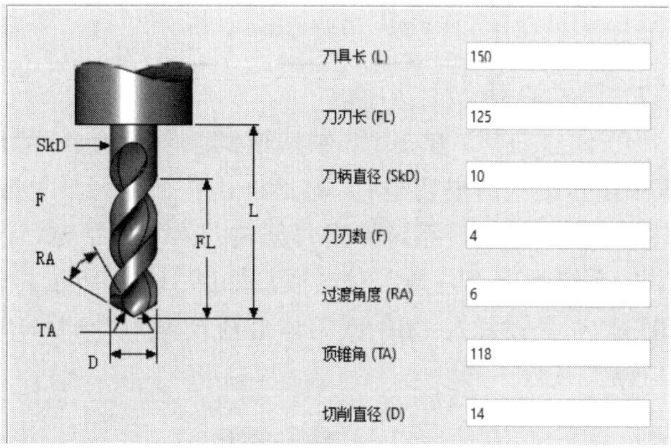

图 5-69　“刀具”对话框

（2）设置主要参数。在“主要参数”选项卡中单击“添加”按钮，系统弹出“选择特征”对话框 1，选择“零件：垫片 1”，单击“新建”按钮，系统弹出“选择特征”对话框 2，选择“孔”，单击“确定”按钮，系统弹出“孔”对话框，输入类型选择“柱面”，在绘图区选择图 5-70 所示的柱面。单击“确定”按钮，系统弹出“孔特征”对话框。单击“确认”按钮，返回“普通钻 1”对话框。

（3）设置切削深度和余量。单击“深度和余量”选项卡，将最大切削深度设置为“80”，穿过深度设置为“5”，如图 5-71 所示。

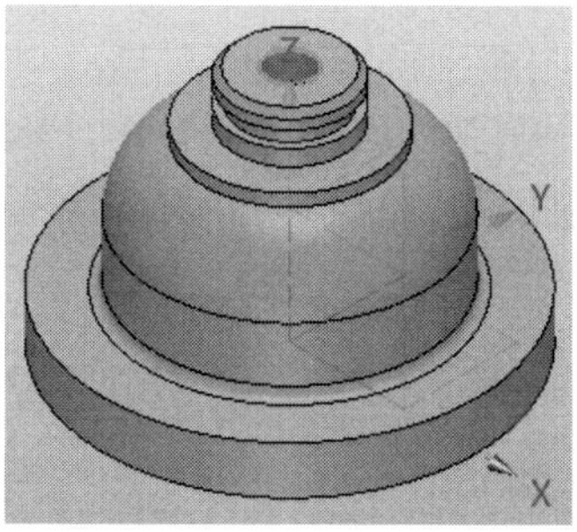

图 5-70　选择柱面

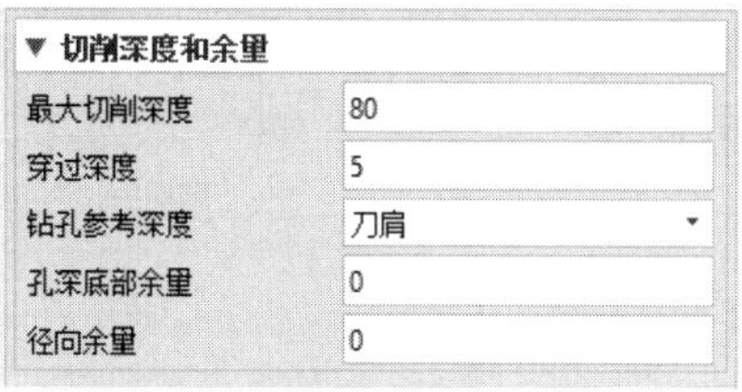

图 5-71　设置切削深度和余量

（4）设置刀轨。单击“刀轨设置”选项卡，将最小安全平面设置为“10”，停歇时间设置为“0”，局部过切检查设置为“是”，如图 5-72 所示。

（5）计算刀轨。参数设置完成，单击“计算”按钮，重新计算刀具轨迹，结果如图 5-73 所示。单击“确定”按钮，在“计划”管理器中生成“普通钻 1”工序。

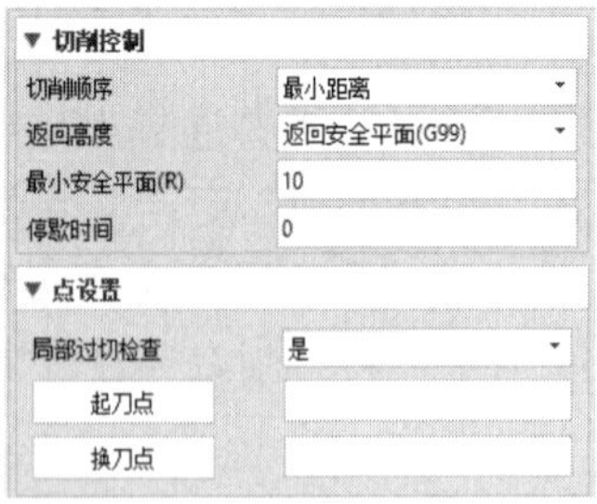

图 5-72　设置刀轨

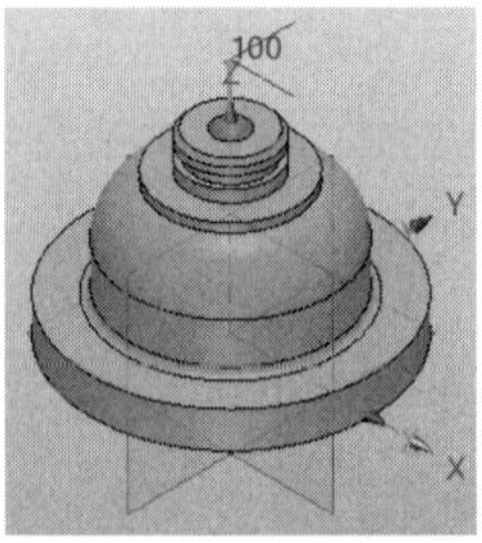

图 5-73　普通钻刀具轨迹

7．笔式清根

（1）创建刀具。单击“3 轴快速铣削”选项卡“切削”面板中的“笔式清根”按钮，系统弹出“笔式清根切削 1”对话框，单击“刀具”按钮，系统弹出“刀具列表”对话框，单击“管理”按钮，系统弹出“创建刀具”对话框，选择“铣刀”按钮，单击“确定”按钮，系统弹出“刀具”对话框，如图 5-74 所示，刀具长设置为“150”，刀刃长设置为“120”，半径设置为“0”，刀体直径设置为“3”。单击“确定”按钮，刀具设置完成。

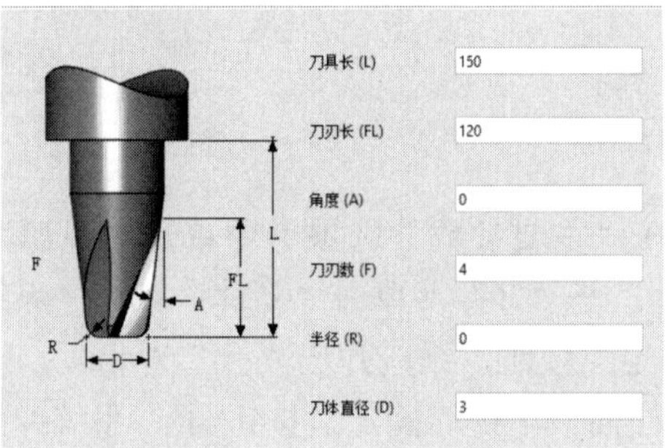

图 5-74　“刀具”对话框

（2）设置主要参数。单击“主要参数”选项卡，设置主要参数。单击“添加”按钮，系统弹出“选择特征”对话框 1，选择“实体 1”，单击“确定”按钮，返回“笔式清根切削 1”对话框。设置切削深度和余量，如图 5-75 所示。

（3）设置限制参数。单击“限制参数”选项卡，限制类型选择“轮廓”，%偏移设置为“0.0”，三维偏移设置为“否”，检查面安全距离设置为“0”，检查零件所有面设置为“否”，如图 5-76 所示。

图 5-75　设置切削深度和余量

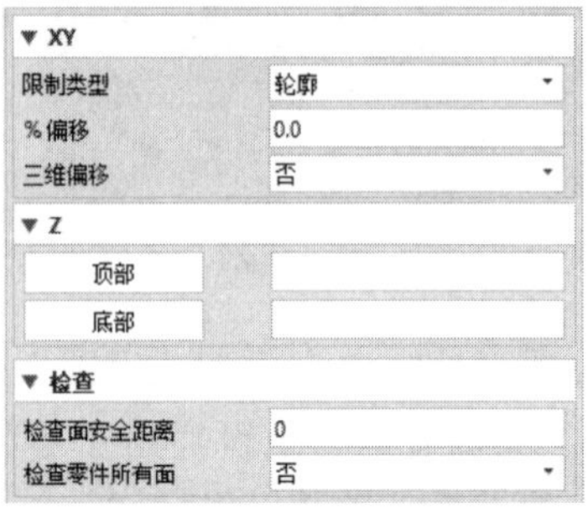

图 5-76　设置限制参数

（4）设置公差和步距。单击“公差和步距”选项卡，曲面余量选择“总体”，余量值设置为“0”，切削数设置为“2”，步进设置为“绝对值”，步进量设置为“1”，%第一步长设置为“50.0”，加工深度设置为“0.5”，如图 5-77 所示。

（5）设置刀轨。单击“刀轨设置”选项卡，高级切削模式选择“无”，刀轨样式选择“远离边界”，探测角设置为“168.0”，其他参数默认，如图 5-78 所示。

图 5-77　设置公差和步距

图 5-78　设置刀轨

（6）设置进退刀。单击“连接和进退刀”选项卡，勾选“过切检查”复选框，短连接界限设置为“20”，安全平面设置为“120”，进刀类型选择“螺线”，进刀圆弧半径设置为刀具直径的 80%，进刀斜坡角度设置为“3”，进刀斜坡高度设置为“8”，安全斜坡长度设置为刀具直径的 70%，退刀类型选择“沿刀轨斜向”，退刀斜坡角度设置为“3”，退刀斜坡高度设置为“10”，如图 5-79 所示。

（7）计算刀轨。参数设置完成，单击“计算”按钮，重新计算刀具轨迹，结果如图 5-80 所示。

（8）实体仿真加工。在“计划”管理器中选中工序图标，右击，在弹出的快捷菜单中选择“实体仿真”命令，系统弹出“实体仿真进程”对话框，单击“快速结束”按钮▶|，结果如图 5-81 所示。

图 5-79　设置进退刀

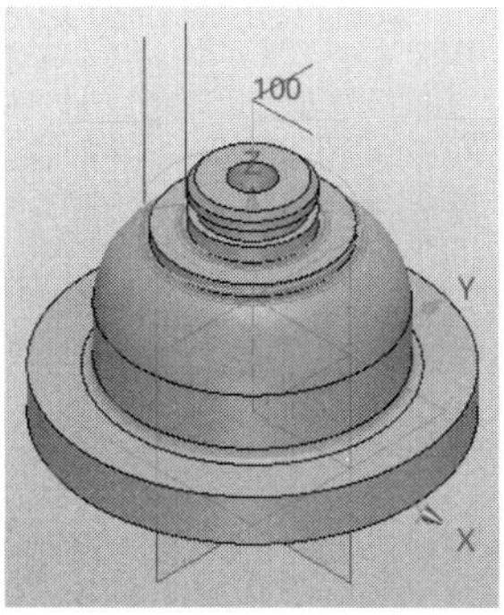

图 5-80　笔式清根刀具轨迹

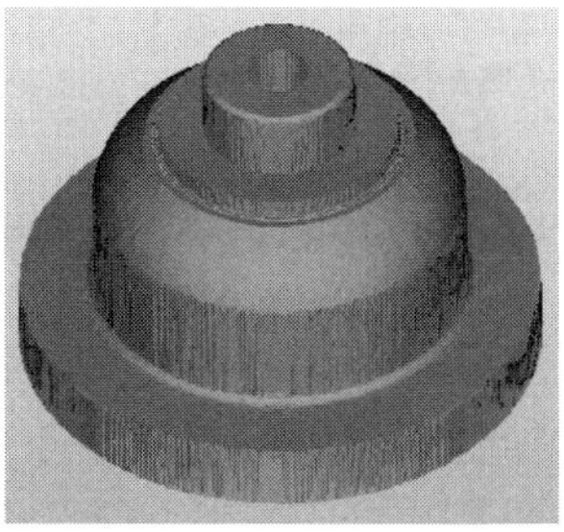

图 5-81　实体仿真加工结果

知识拓展

一、二维偏移

二维偏移粗加工用于粗加工坯料的二维区域。

单击“3 轴快速铣削”选项卡“粗加工”面板中的“二维偏移”按钮，系统弹出“二维偏移粗加工 1”对话框，如图 5-82 所示。该对话框中各选项的含义与“光滑流线粗加工 1”对话框中各选项的含义相同，这里不再赘述。

图 5-82 “二维偏移粗加工 1”对话框

二、三维偏移切削

三维偏移切削将在整个零件上生成具有一致的三维步距并遵循轮廓或 3D 边界轮廓的刀具路径。如果未指定边界轮廓，则 ZW3D 将使用零件轮廓作为基础来偏移并生成整个刀具路径。

单击“3 轴快速铣削”选项卡“精加工”面板中的“三维偏移切削”按钮，系统弹出“三维偏移切削 1”对话框，如图 5-83 所示。该对话框中部分选项的含义如下。

1. “公差和步距”选项卡

单击该选项卡，如图 5-84 所示。该选项卡中部分选项的含义如下。

图 5-83 “三维偏移切削 1”对话框

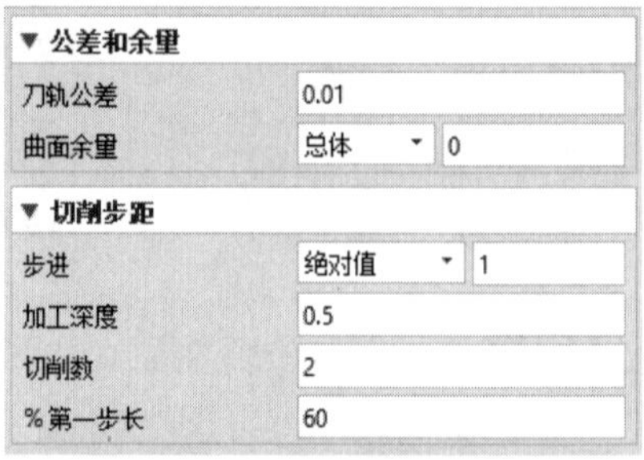

图 5-84 “公差和步距”选项卡

（1）切削数：指定从边界向内生成的刀具路径的数量。如果该选项为空白，则 ZW3 将生成完整的刀具路径。

（2）%第一步长：通过刀具直径的百分比指定第一个步进值。

2．“刀轨设置”选项卡

单击该选项卡，如图 5-85 所示。该选项卡中部分选项的含义如下。

图 5-85　“刀轨设置”选项卡

（1）刀轨样式：包括靠近边界和远离边界。

（2）%平滑：指定拐角处的刀具路径的平滑度。

三、平坦面加工

平坦面精加工工序用于在加工特征的平面上生成区域清除刀具路径（平行铣削或偏移 2D）。

单击“3 轴快速铣削”选项卡“精加工”面板中的“平坦面加工”按钮，系统弹出“平坦面加工 1”对话框，如图 5-86 所示。该对话框中部分选项的含义如下。

1．“公差和步距”选项卡

单击该选项卡，如图 5-87 所示。该选项卡中各选项的含义与“三维偏移切削”命令中“公差和步距”选项卡中各选项的含义相同，这里不再赘述。

图 5-86　“平坦面加工 1”对话框

图 5-87　“公差和步距”选项卡

2.“刀轨设置”选项卡

单击“刀轨设置”选项卡，如图 5-88 所示。该选项卡中部分选项的含义如下。

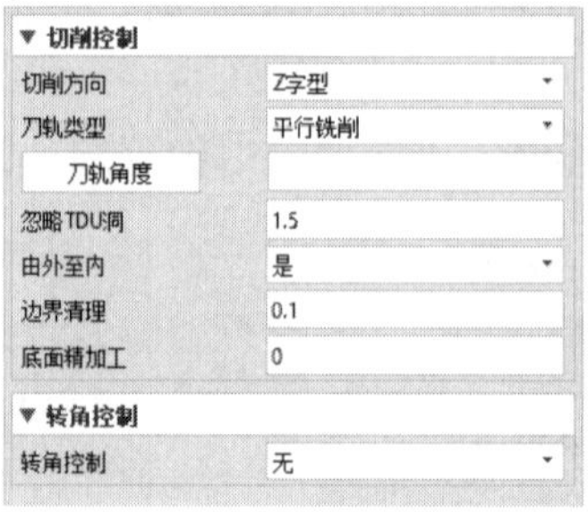

图 5-88 “刀轨设置”选项卡

（1）刀轨类型：指定刀轨样式，有平行铣削或偏移 2D 两种选择。

（2）忽略 TDU 洞：设置一个阈值来定义要忽略的孔，如果孔直径和刀具直径之间的比率小于给定的忽略 TDU 孔值，则 ZW3D 将忽略这些孔并生成连续的刀具路径；否则，将考虑孔区域以生成避开孔区域的刀具路径，以最大限度地减少切削运动。

注意：比率 = 孔直径/ 刀具直径。

（3）由外至内：指定是否允许越过边界生成刀具路径。

（4）边界清理：指定清理刀具路径和填充刀具路径之间的距离。

（5）底面精加工：指定底部的残余材料，ZW3D 会生成两层刀具路径，第一层得到指定的残余材料，第二层完成最终的清理。

四、笔式清根

笔式清根操作会在半径等于或小于刀具半径时检测出所有拐角，并生成单轨迹的刀具路径以清理拐角。

单击“3 轴快速铣削”选项卡“切削”面板中的“笔式清根”按钮，系统弹出“笔式清根切削 1”对话框，如图 5-89 所示。该对话框中部分选项的含义如下。

图 5-89 “笔式清根切削 1”对话框

1．“刀轨设置”选项卡

单击该选项卡，如图 5-90 所示。该选项卡中部分选项的含义如下。

（1）高级切削模式：设置切削模式，包括无、顺铣、逆铣、自顶向下、自底向上、左和右 6 种模式。

（2）探测角：指不相切的相邻曲面之间的最大角度，定义的是最大探测角，小于该角度的拐角将被加工。

2．“公差和步距”选项卡

单击该选项卡，如图 5-91 所示。该选项卡中部分选项的含义如下。

图 5-90　“刀轨设置”选项卡

图 5-91　“公差和步距”选项卡

（1）切削数：指定从边界向内生成的刀具路径的数量。如果该选项为空白，则 ZW3 将生成完整的刀具路径。

（2）加工深度：仅限切削数大于 0 时使用。

任务三　音量控制器加工

任务导入

本任务是对图 5-92 所示的音量控制器进行加工，加工结果如图 5-93 所示。

微课视频

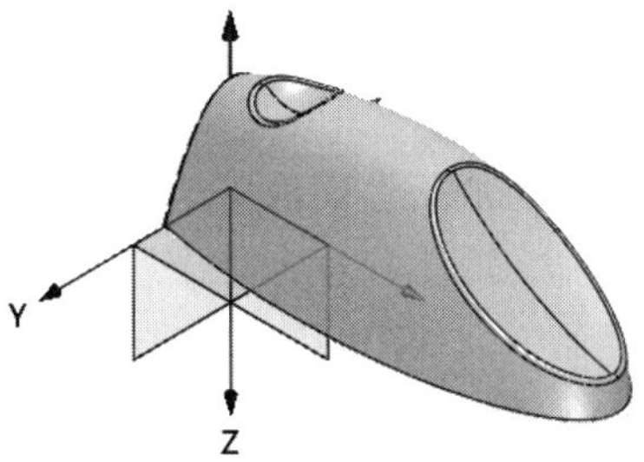

图 5-92　音量控制器

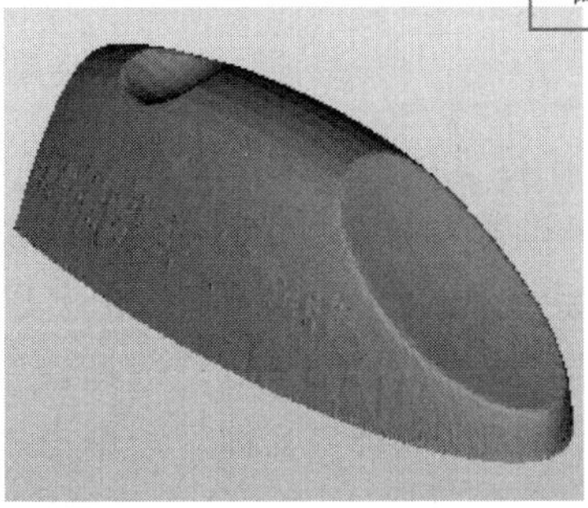

图 5-93　音量控制器加工结果

学习目标

1．学习“平行铣削粗加工”命令的使用；

2．掌握“平行铣削精加工”和“角度限制”命令的使用。

思路分析

本任务的目标是音量控制器加工。首先打开源文件，创建方案，添加坯料，然后进行平行铣削粗加工，最后进行平行铣削精加工和角度限制精加工。

操作步骤

1．创建坯料

（1）打开文件。打开“音量控制器”源文件，如图 5-92 所示。

（2）进入加工界面。单击“DA 工具栏”中的“加工方案”按钮，系统弹出“选择模板”对话框，选择“空白”，单击“确认”按钮，进入加工界面。

（3）添加坯料。单击“加工系统”选项卡“加工系统”面板中的“添加坯料”按钮，系统弹出“添加坯料”对话框，选择坯料类型为“六面体”，在绘图区选择音量控制器实体，参数设置如图 5-94 所示。单击“确定”按钮，系统弹出“ZW3D”对话框，单击“是”按钮，隐藏坯料。

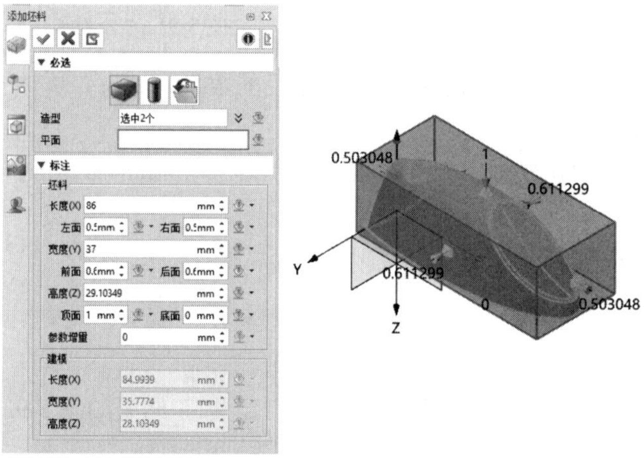

图 5-94　设置坯料参数

2．平行铣削粗加工

（1）设置主要参数。单击“3 轴快速铣削”选项卡“粗加工”面板中的“平行铣削”按钮，系统弹出“平行铣削粗加工 1”对话框，如图 5-95 所示。单击“添加”按钮，系统弹出“选择特征”对话框 1，选择音量控制器零件，单击“新建”按钮，系统弹出“选择特征”对话框 2，选择“实体”，单击“确定”按钮，系统弹出“实体”对话框，根据系统提示选择音量控制器实体，单击“确定”按钮，系统弹出“实体特征”对话框。单击“确认”按钮，返回“平行铣削粗加工 1”对话框。

（2）定义刀具。单击“刀具”按钮，系统弹出“刀具列表”对话框，单击“管理”按钮，系统弹出“创建刀具”对话框，选择“铣削”和“铣刀”，单击“确定”按钮，系统弹出“刀具”对话框，类型选择“铣刀”，子类选择“端铣刀”，刀具长设置为“80”，刀刃长设置为“60”，半径设置为“5”，刀体直径设置为“10”，如图 5-96 所示。单击“确定”

按钮，刀具定义完成。

（3）设置边界。单击“边界”选项卡，限制类型选择“轮廓”，铸件偏移设置为“1.5”，如图 5-97 所示。

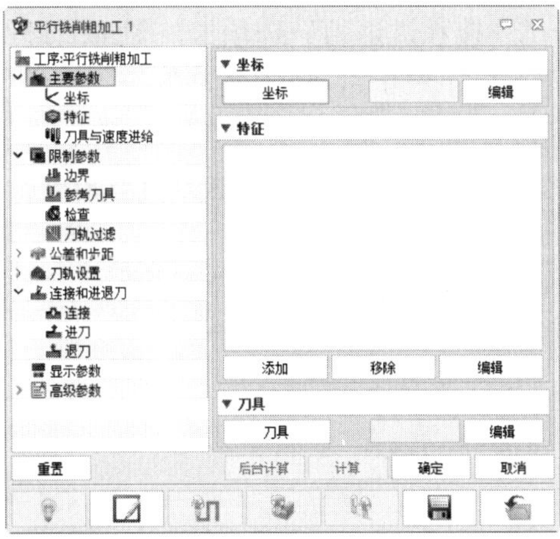

图 5-95　“平行铣削粗加工 1”对话框

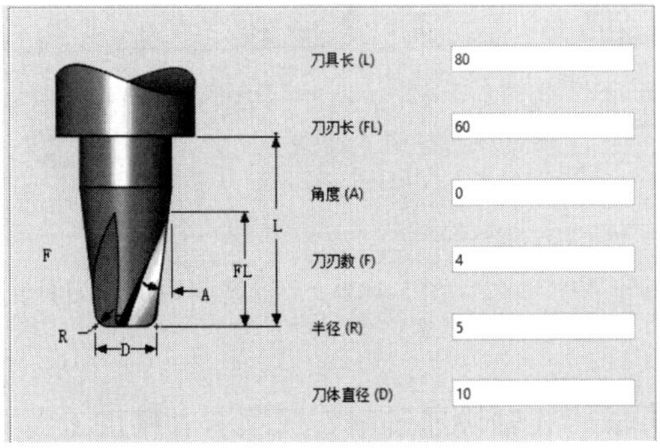

图 5-96　设置刀具参数

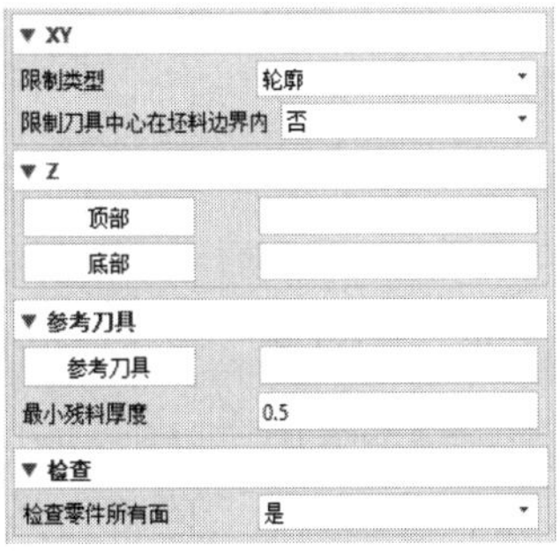

图 5-97　设置边界

（4）设置参考刀具。单击“参考刀具”选项卡，选择刀具 1，最小残料厚度设置为“0.5”，扩展区域设置为“1”，如图 5-98 所示。

（5）公差和步距设置。单击“公差和步距”选项卡，曲面余量选择“总体”，余量值设置为“1.5”，步进设置为“绝对值”，步进量设置为“5”，下切步距设置为“5”，切削数设置为“2”，刀轨沿 Z 轴的切片方向设置为“自顶向下”，如图 5-99 所示。

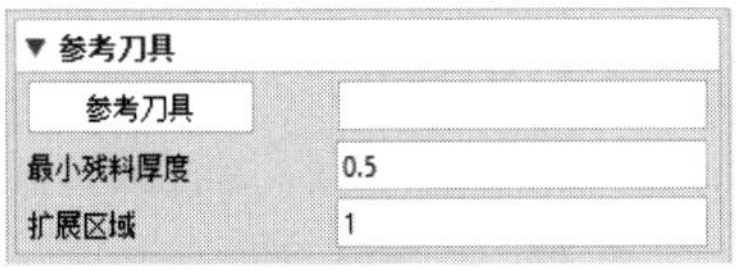

图 5-98　设置参考刀具

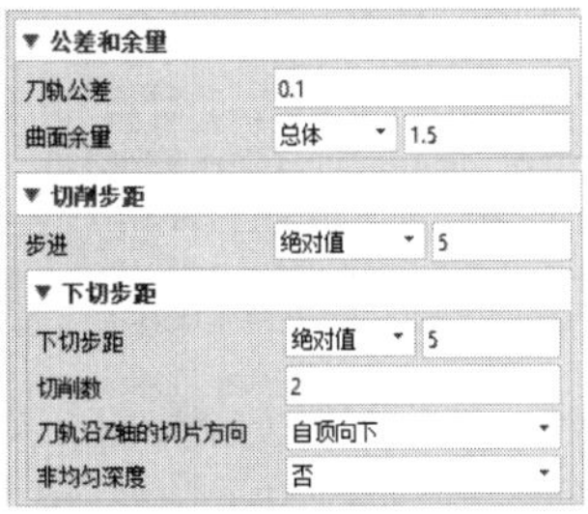

图 5-99　公差和步距设置

（6）刀轨设置。单击“刀轨设置”选项卡，填充刀轨方向设置为“顺铣”，清边刀轨方向设置为“自动”，切削顺序选择“逐层优先”，刀轨样式向导选择“零件”，区域顺序选择“最近距离”，平面检查设置为“否”，其他参数采用默认设置，如图 5-100 所示。

（7）进退刀设置。单击“连接和进退刀”选项卡，勾选“过切检查”复选框，短连接界限设置为“20”，安全平面设置为“50”，进刀类型选择“螺线”，进刀圆弧半径设置为刀具直径的 80%，进刀斜坡角度设置为“3”，进刀斜坡高度设置为“8”，安全斜坡长度为刀具直径的 70%，退刀类型选择“沿刀轨斜向”，退刀斜坡角度设置为“3”，退刀斜坡高度设置为“10”，如图 5-101 所示。

（8）计算刀轨。参数设置完成，单击“计算”按钮，计算刀具轨迹，结果如图 5-102 所示。

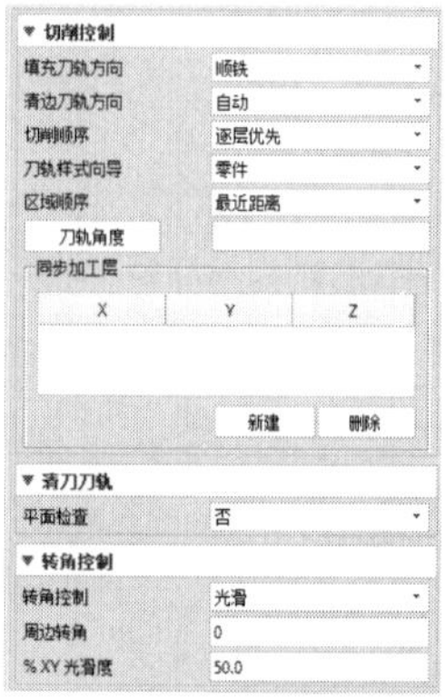

图 5-100　刀轨设置

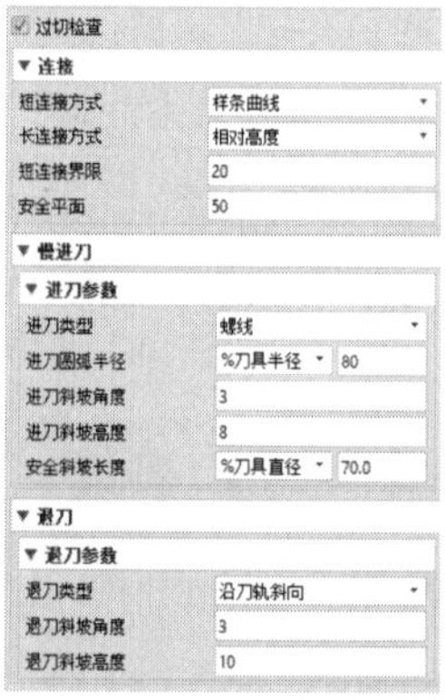

图 5-101　进退刀设置

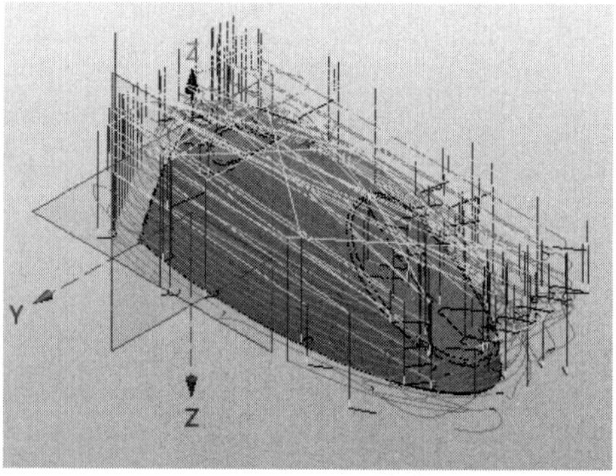

图 5-102　平行铣削粗加工刀具轨迹

3．平行铣削精加工

（1）设置主要参数。隐藏刀具轨迹。单击“3 轴快速铣削”选项卡“精加工”面板中的“平行铣削”按钮，系统弹出“平行铣削 1”对话框，如图 5-103 所示。单击“添加”按钮，系统弹出“选择特征”对话框 1，选择“实体 1”，单击“确定”按钮，返回“平行铣削 1”对话框。

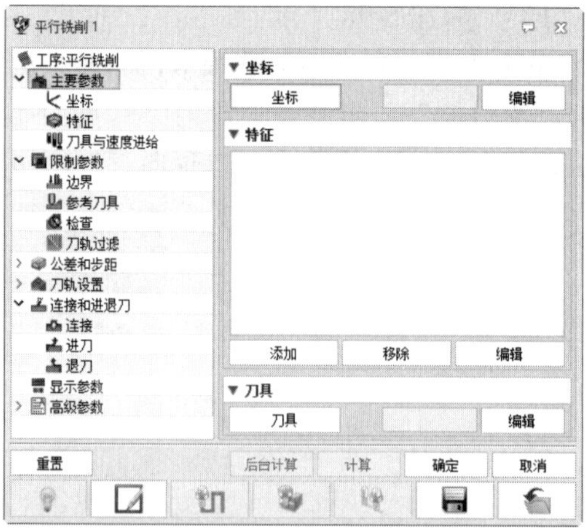

图 5-103　“平行铣削 1”对话框

（2）定义刀具。单击“刀具”按钮，系统弹出“刀具列表”对话框，单击“管理”按钮，系统弹出“创建刀具”对话框，选择“铣削”和“铣刀”，单击“确定”按钮✔，系统弹出“刀具”对话框，类型选择“铣刀”，子类选择“端铣刀”，刀具长设置为“80”，刀刃长设置为“60”，半径设置为“3”，刀体直径设置为“6”，如图 5-104 所示。单击“确定”按钮，刀具定义完成。

（3）设置边界。单击“边界”选项卡，限制类型选择“轮廓”，%偏移设置为“50”，三维偏移选择“是”，铸件偏移设置为“1”，最大切削深度设置为“3”，粗加工选择“否”，如图 5-105 所示。

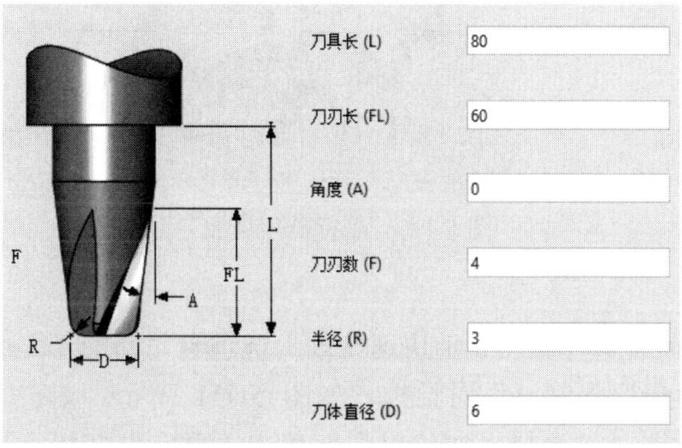

图 5-104　设置刀具参数

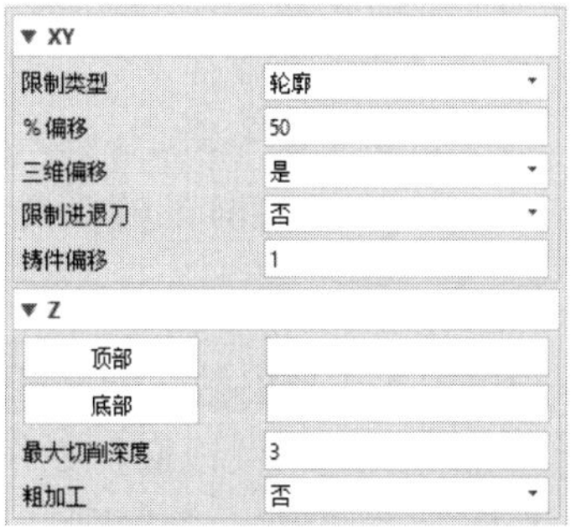

图 5-105　设置边界

（4）设置参考刀具。单击“参考刀具”选项卡，最小残料厚度设置为“0.3”，扩展区域设置为“1”，残料粗加工设置为“是”，如图 5-106 所示。

（5）公差和步距设置。单击“公差和步距”选项卡，曲面余量选择“总体”，余量值设置为“1”，步进设置为“绝对值”，步进量设置为“3”，XY 最小步距设置为“0.5”，如图 5-107 所示。

（6）刀轨设置。单击“刀轨设置”选项卡，切削方向选择“Z 字型”，允许根切选择“否”，如图 5-108 所示。

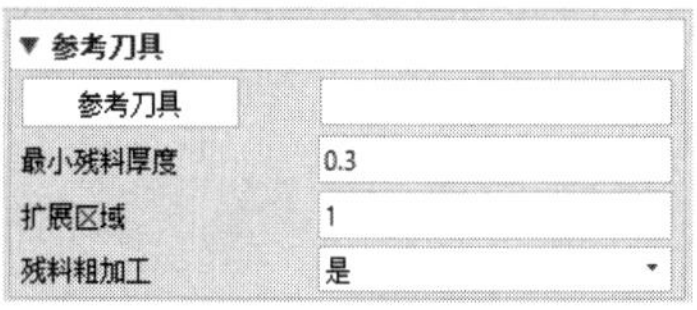

图 5-106　设置参考刀具

图 5-107　公差和步距设置

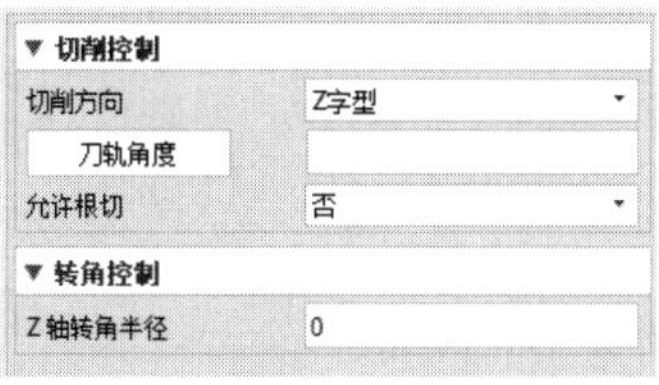

图 5-108　刀轨设置

（7）进退刀设置。单击“连接和进退刀”选项卡，勾选“过切检查”复选框，短连接界限设置为“20”，安全平面设置为“120”，进刀类型选择“螺线”，进刀圆弧半径设置为刀具直径的 80%，进刀斜坡角度设置为“3”，进刀斜坡高度设置为“8”，安全斜坡长度设置为刀具直径的 70%，退刀类型选择“沿刀轨斜向”，退刀斜坡角度设置为“3”，退刀斜坡高度设置为“10”，如图 5-109 所示。

（8）计算刀轨。参数设置完成，单击“计算”按钮，计算刀具轨迹，结果如图 5-110 所示。

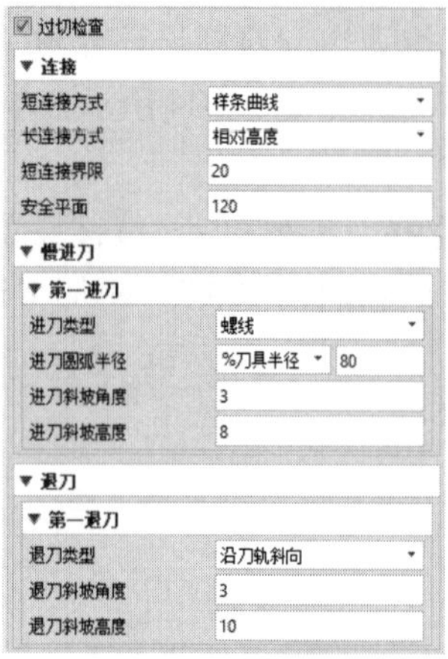

图 5-109　进退刀设置

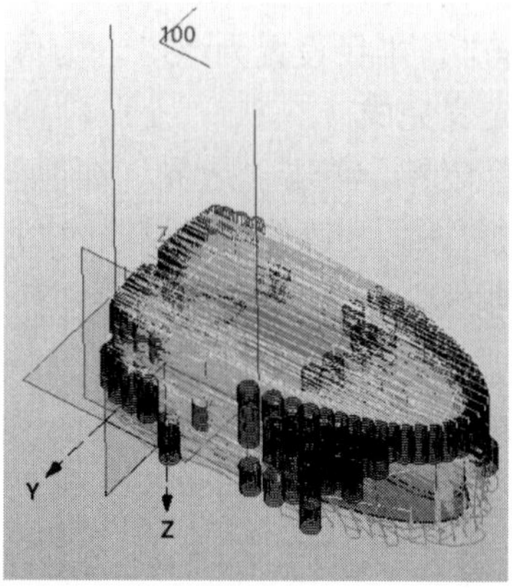

图 5-110　平行铣削精加工刀具轨迹

4．角度限制精加工

（1）设置主要参数。隐藏所有刀具轨迹。单击“3 轴快速铣削”选项卡“精加工”面板中的“角度限制”按钮，系统弹出“角度限制 1”对话框，如图 5-111 所示。单击“添加”按钮，系统弹出“选择特征”对话框 1，选择“实体 1”，单击“确定”按钮，返回“角度限制 1”对话框。

图 5-111　“角度限制 1”对话框

（2）定义刀具。单击“刀具”按钮，系统弹出“刀具列表”对话框，选择“刀具 1”。

（3）设置限制参数。单击“限制参数”选项卡，%偏移设置为“55.0”，三维偏移设置为“否”，最小残料厚度设置为“0.3”，检查零件所有面设置为“是”，如图 5-112 所示。

（4）公差和步距设置。单击“公差和步距”选项卡，曲面余量选择“总体”，余量值设置为“0”，平坦样式选择“高速平行铣削”，切削方向选择“Z 字型”，步进选择刀具直径的 50%，最小步距设置为“1”，陡峭样式选择“等高线切削”，切削方向选择“顺铣”，下切步距选择刀具直径的 30%，Z 轴最小步距设置为“0.5”，如图 5-113 所示。

（5）刀轨设置。单击“刀轨设置”选项卡，限制方式选择“刀轨”，陡峭角度设置为“89”，切削区域选择“所有区域”，切削顺序选择“平坦区域优先”，重叠距离设置为“2”，允许根切设置为“否”，如图 5-114 所示。

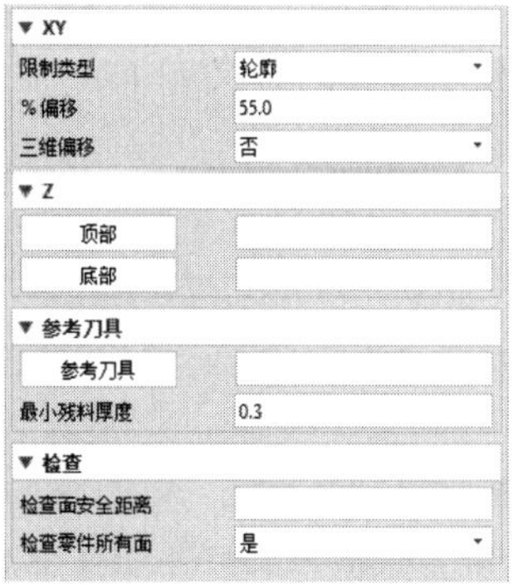

图 5-112　设置限制参数

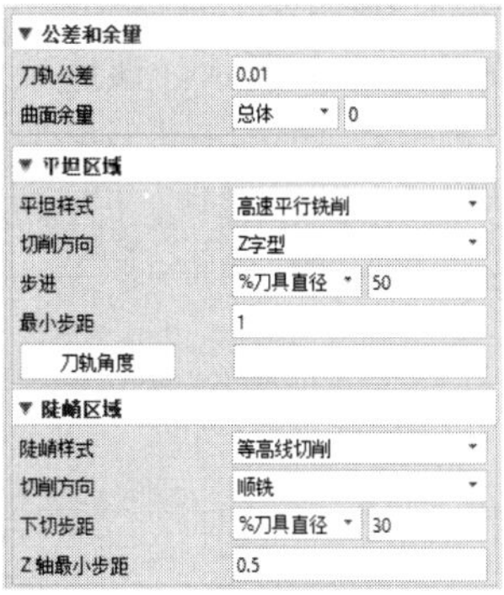

图 5-113　公差和步距设置

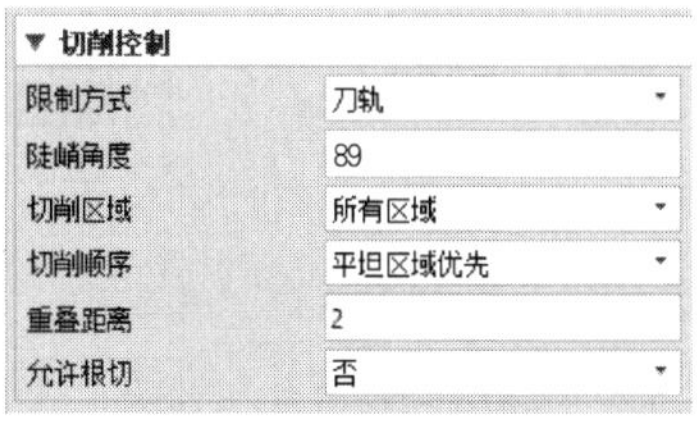

图 5-114　刀轨设置

（6）进退刀设置。单击“连接和进退刀”选项卡，勾选“过切检查”复选框，短连接界限设置为“20”，安全平面设置为“120”，进刀类型选择“螺线”，进刀圆弧半径为刀具半径的 80%，进刀斜坡角度设置为“3”，进刀斜坡高度设置为“8”，退刀类型选择“沿刀轨斜向”，退刀斜坡角度设置为“3”，退刀斜坡高度设置为“10”，如图 5-115 所示。

（7）计算刀轨。参数设置完成，单击“计算”按钮，计算刀具轨迹，结果如图 5-116 所示。

（8）实体仿真加工。在“计划”管理器中选中工序图标，右击，在弹出的快捷菜单中选择“实体仿真”命令，系统弹出“实体仿真进程”对话框，单击“快速结束”按钮▶|，结果如图 5-117 所示。

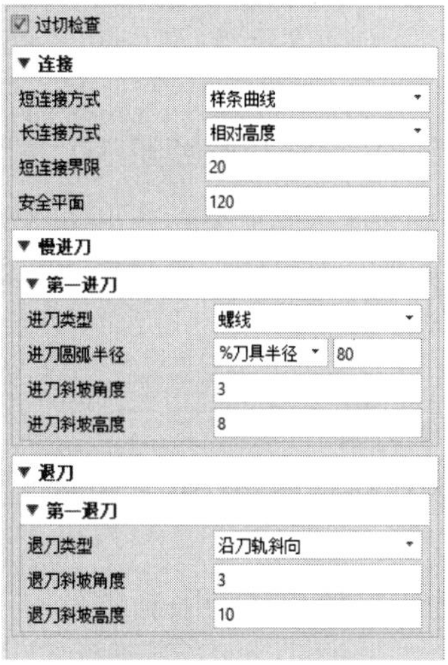

图 5-115　进退刀设置

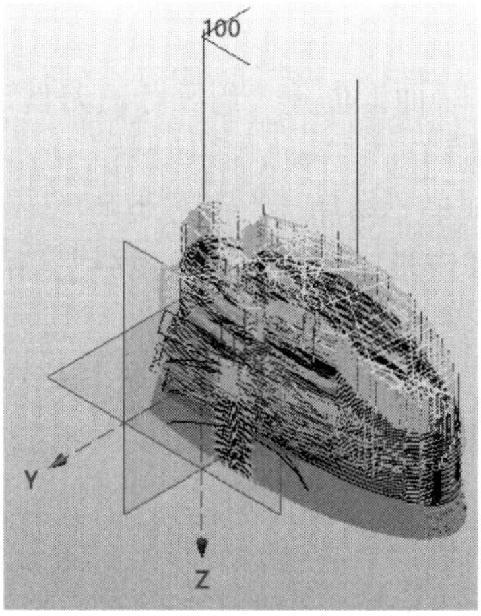

图 5-116　角度限制刀具轨迹

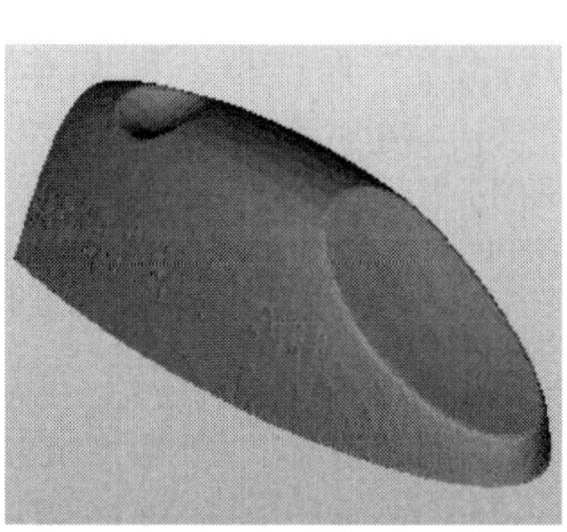

图 5-117　实体仿真加工结果

知识拓展

一、平行铣削粗加工

平行铣削粗加工是由步长参数控制的平行铣削工艺。它通常用于去除柔软的材料。

单击“3 轴快速铣削”选项卡“粗加工”面板中的“平行铣削”按钮，系统弹出“平行铣削粗加工 1”对话框，如图 5-118 所示。

单击“公差和步距”选项卡，如图 5-119 所示。该选项卡中部分选项的含义如下。

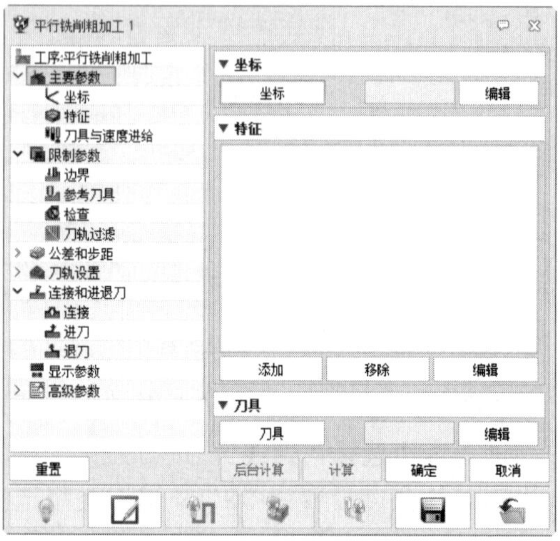

图 5-118 “平行铣削粗加工 1”对话框

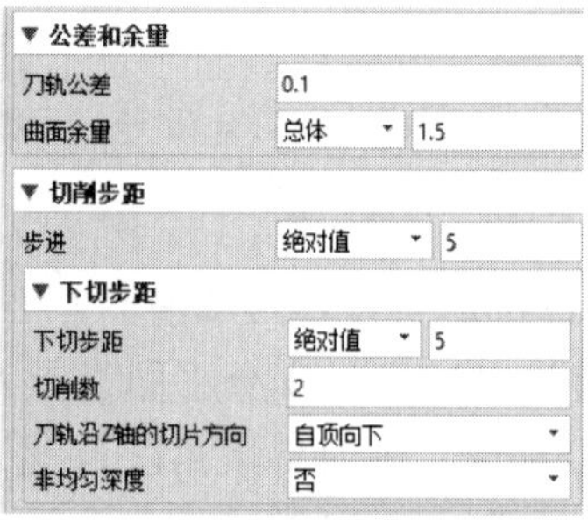

图 5-119 “公差和步距”选项卡

（1）下切步距：该值限制了切削的最大深度。最高刀位轨迹点的深度（计算出的最高点或“顶部”点的较低点）与最低刀位轨迹点的深度（计算出的最低点或“底部”点的较高点）之间被均分为一系列不超过“最大深度”的切削。

（2）刀轨沿 Z 轴的切片方向：设置刀具在 Z 轴方向的加工方法，包括自顶向下和自底向上两种方法。

二、平行铣削精加工

平行铣削操作会先在 XY 平面上创建一组平行的刀具路径，然后将其投影到 3D 模型的曲面，适用于浅层区域的精加工。

单击“3 轴快速铣削”选项卡“精加工”面板中的“平行铣削”按钮，系统弹出“平行铣削 1”对话框，如图 5-120 所示。该对话框中部分选项的含义如下。

1. “边界”选项卡

单击该选项卡，如图 5-121 所示。该选项卡中部分选项的含义如下。

（1）限制类型：精加工操作中的限制类型的定义与粗加工操作略有不同，并且在精加工操作中新增了一种名为“刀触点”的限制类型。

1）立方体：在零件周围创建一个最小的立方体，以零件的投影轮廓作为限制边界。

2）轮廓：创建零件的最大投影轮廓作为限制边界。

3）刀触点：它是限制刀具与零件的接触点的边界，而不是刀具的刀尖位置。

图 5-120 “平行铣削 1”对话框

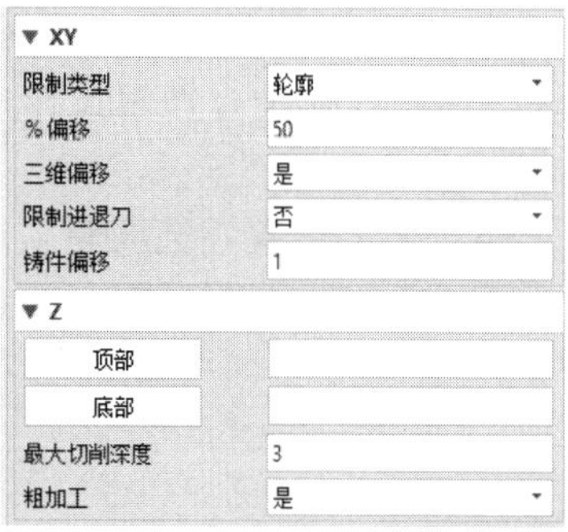

图 5-121 “边界”选项卡

（2）%偏移：通过刀具直径的百分比指定边界的偏移值。

（3）三维偏移：指定偏移是 3D 还是 2D。

（4）最大切削深度：指定切削的最大深度/高度。该值应该小于零件实际可加工的值，否则使用真实值计算。当粗加工设置为“是”时，指定最大切削深度。

（5）粗加工：指定是否允许平行铣削工序生成用于粗加工的多层刀具路径（通常平行铣削操作将只生成一层用于精加工的刀轨）。

2. “刀轨过滤”选项卡

单击该选项卡，如图 5-122 所示。该选项卡中部分选项的含义如下。

图 5-122 “刀轨过滤”选项卡

（1）角度范围：指定角度范围来生成平行铣削刀具路径（0°～90°）。角度范围定义为曲面法线和 XY 平面法线之间的角度。为了充分发挥优势，平行铣削操作常用于加工平坦和浅的区域，推荐角度范围为 0°～60°。

（2）上一步切削方向。

1）第一个平行铣削工序，刀轨角度=0°，不设置上一步切削方向。为确保曲面质量，需要在非均匀刀具路径区域生成补充刀具路径。

2）创建第二个平行铣削工序作为补充刀具路径，刀轨角度=90°，上一步切削方向=0°。

对于平行铣削工序，它将在垂直于刀具路径切削方向的曲面上生成均匀的刀具路径，但在平行于刀具路径切削方向的曲面上，它是不均匀的。为确保曲面质量，设置“上一步切削方向”参数以在平行于刀具路径切削方向的曲面上生成补充刀具路径。需要根据“刀轨角度”参数指定。提示：刀轨角度垂直于上一步切削方向，如上所述，刀轨角度=90°，上一步切削方向=0°。

（3）%防滑补偿：当涉及复杂的相邻陡峭区域时，平行铣削操作可能会生成滑行刀具路径。因此，在平行铣削操作中指定清理刀具路径的微小偏移值以避免滑行刀具路径的生成。

3．“刀轨设置”选项卡

单击该选项卡，如图 5-123 所示。该选项卡中部分选项的含义如下。

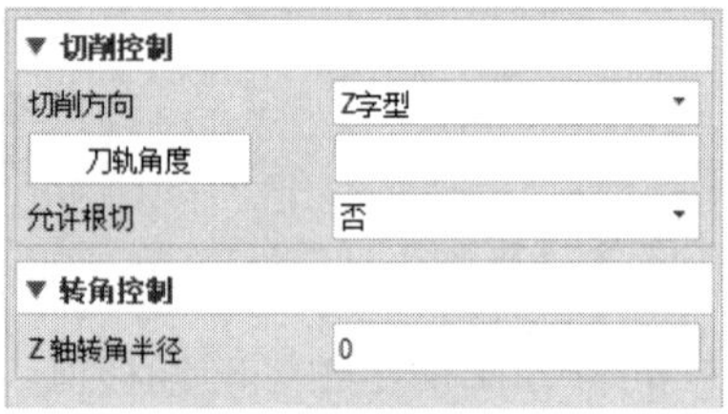

图 5-123 “刀轨设置”选项卡

（1）切削方向：ZW3D 提供以下切削方向类型，含义如表 5-1 所示。

表 5-1 切削方向类型

类型	Z 字型	顺铣	逆铣	自底向上	自顶向下	左	右
样式	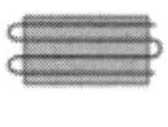	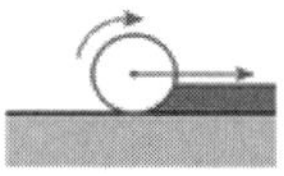	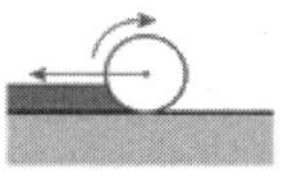	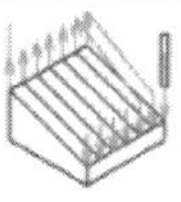		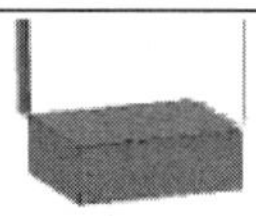	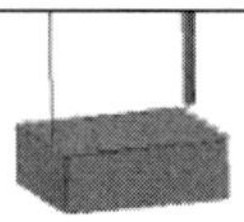

（2）刀轨角度：刀具路径与 X 轴正方向的夹角。指定刀轨角度后，ZW3D 将自动更改起点以生成连续刀具路径。当刀轨角度为 0°～90°时，起点在工件的右下角，如图 5-124 所示。

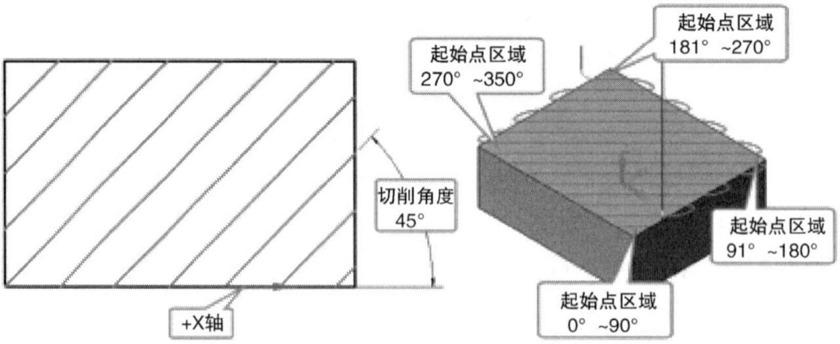

图 5-124 刀轨角度

（3）允许根切：设置是否进行根切操作。当该选项打开并选择合适的刀具，如球形刀或轮形刀时，ZW3D 将检测并生成退避造型的刀具路径。

（4）Z 轴转角半径：在具有指定半径的垂直刀具路径中添加圆角刀轨。

三、角度限制精加工

角度限制工序是一个复合工序。它将根据用户设置的陡峭角度值来区分平坦区域和陡峭区域，然后为这些区域分配适当的刀具路径样式。平行铣削、三维偏移切削或高速平行铣削操作用于平坦区域，等高线切削作用于陡峭区域，以便通过一次操作在零件上获得均匀的表面光洁度。

单击“3 轴快速铣削”选项卡“精加工”面板中的“角度限制”按钮，系统弹出“角度限制 1”对话框，如图 5-125 所示。该对话框中部分选项的含义如下。

1. “公差和步距”选项卡

单击该选项卡，如图 5-126 所示。该选项卡中部分选项的含义如下。

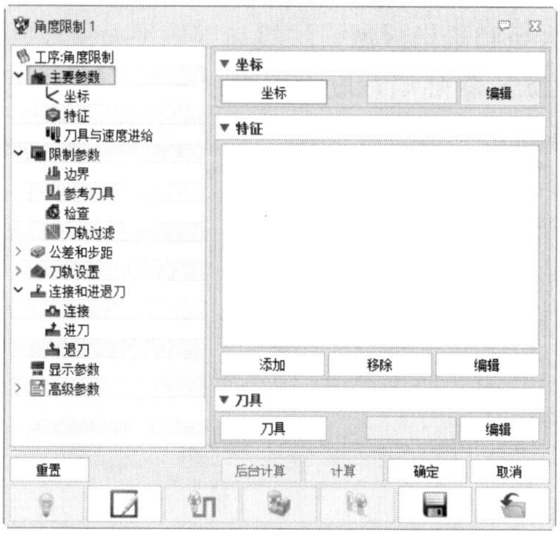

图 5-125 “角度限制 1”对话框

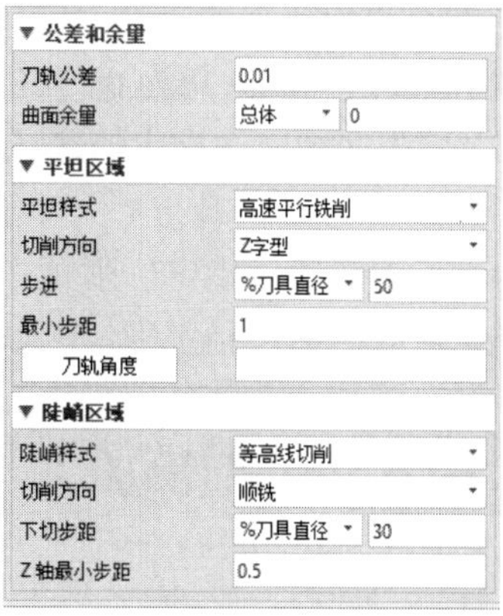

图 5-126 “公差和步距”选项卡

（1）平坦样式：为平坦区域指定刀具路径样式，建议使用平行铣削或三维偏移切削。

（2）陡峭样式：为陡峭区域指定刀具路径样式（等高线切削）。

（3）最小步距：除了给定的步距值，还指定 Z 方向的最小步进值以获得更好的表面质量。它类似于等高线切削工序中的 Z 轴最小步距。不设置最小步距和设置最小步距为 0.2 的刀轨对照图如图 5-127 所示。

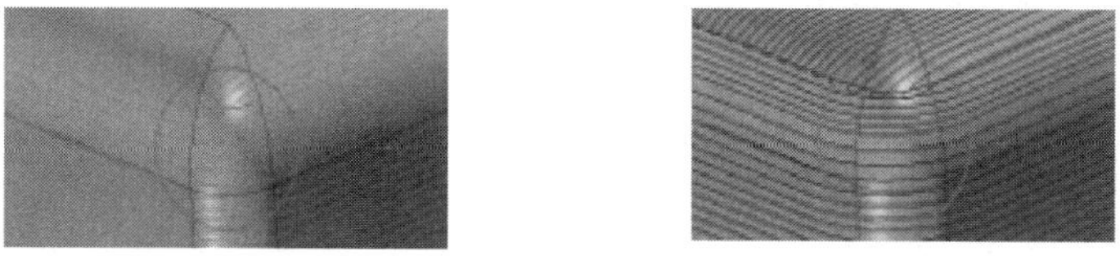

（a）　　　　（b）

图 5-127　刀轨对照图

（a）不设置最小步距；（b）最小步距为 0.2

2．“刀轨设置”选项卡

单击该选项卡，如图 5-128 所示。该选项卡中部分选项的含义如下。

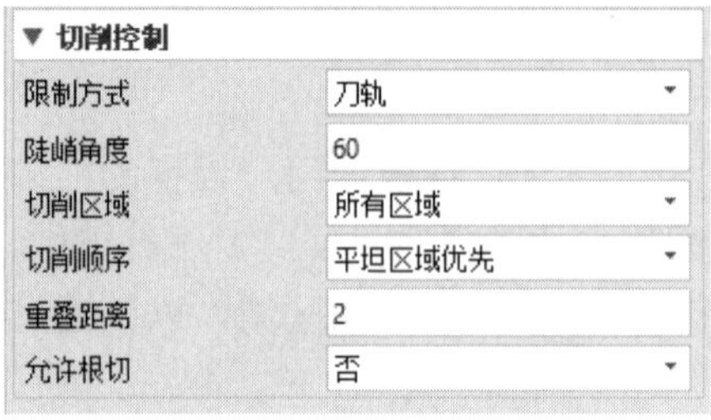

图 5-128 “刀轨设置”选项卡

（1）限制方式：指定检测陡峭区域的方式。

1）几何体：根据几何体表面法线与 XY 平面法线之间的夹角来检测陡峭区域。

2）刀轨：根据刀具路径外轮廓法线与 XY 平面法线之间的夹角来检测陡峭区域。

（2）陡峭角度：指定角度值以区分陡峭区域和平坦区域。法线与 XY 平面法线之间的夹角大于该值的特征将被定义为陡峭区域。例如，将陡峭角度设置为“60”，则平面法线与 XY 平面法线之间的夹角为 0º～60º 的特征将是平坦区域；否则，它们将是陡峭区域。

（3）切削区域：在指定的区域中生成刀具路径，有所有区域、平坦区域或陡峭区域 3 种选择。

（4）切削顺序：指定切削顺序，有平坦区域优先和陡峭区域优先两种选择。

（5）重叠距离：指定平坦区域和陡峭区域之间的刀轨的重叠距离大小。

任务四 三通凹模加工

任务导入

本任务是对图 5-129 所示的三通凹模进行加工，加工结果如图 5-130 所示。

微课视频

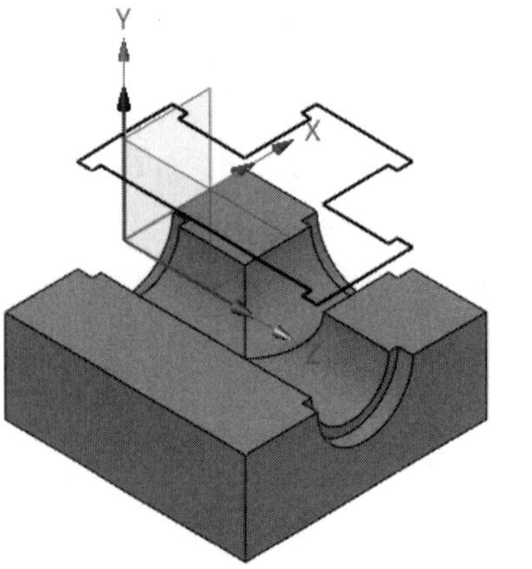

图 5-129 三通凹模

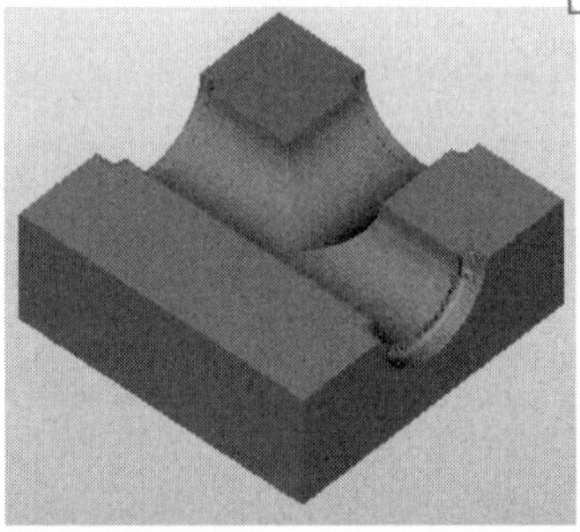

图 5-130 三通凹模加工结果

学习目标

1．学习“驱动曲线切削”命令的使用；

2．掌握“高速光滑流线切削”命令的使用。

思路分析

本任务的目标是三通凹模加工。首先打开源文件，创建方案，添加坯料，然后进行驱动曲线切削加工和高速光滑流线切削加工，最后进行平行铣削精加工。

操作步骤

1．创建坯料

（1）打开文件。打开“三通凹模”源文件，如图 5-129 所示。

（2）进入加工界面。单击“DA 工具栏”中的“加工方案”按钮，系统弹出“选择模板”对话框，选择“空白”，单击“确认”按钮，进入加工界面。

（3）添加坯料。单击“加工系统”选项卡“加工系统”面板中的“添加坯料”按钮，系统弹出“添加坯料”对话框，选择坯料类型为“六面体”，在绘图区选择三通凹模实体，参数设置如图 5-131 所示。单击“确定”按钮，系统弹出“ZW3D”对话框，单击“是”按钮，显示坯料。

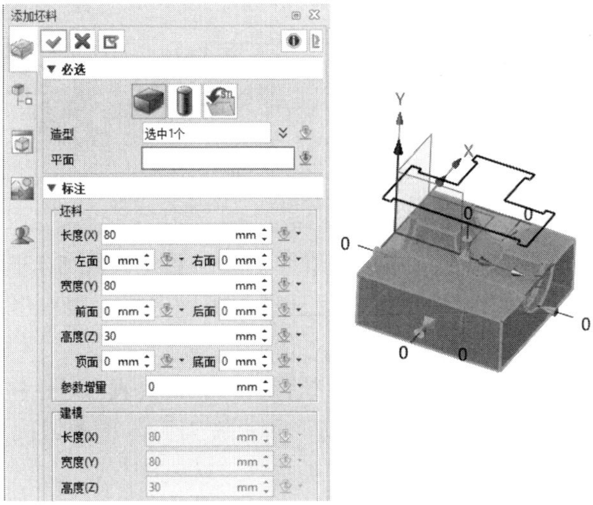

图 5-131　设置坯料参数

2．驱动线切削加工

（1）设置轮廓 1。单击“3 轴快速铣削”选项卡“切削”面板中的“驱动线切削”按钮，系统弹出“驱动线切削 1”对话框，如图 5-132 所示。单击“添加”按钮，系统弹出“选择特征”对话框 1，选择零件，单击“新建”按钮，系统弹出“选择特征”对话框 2，选择“轮廓”，单击“确定”按钮，系统弹出“轮廓”对话框，根据系统提示选择图 5-133 所示的轮廓线，单击“确定”按钮，系统弹出“轮廓特征”对话框，类别选择“零件”。单击“添加轮廓”按钮，系统弹出“轮廓”对话框，采用同样的方法，继续选择图 5-134 所示的轮廓线 2 和轮廓线 3，单击“确认”按钮，返回“驱动线切削 1”对话框。

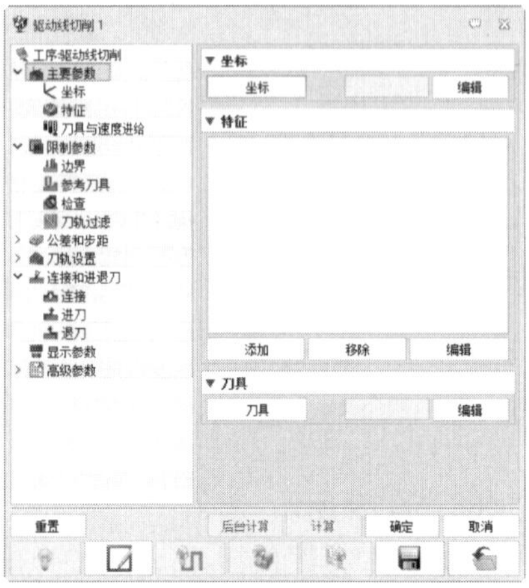

图 5-132 “驱动线切削 1”对话框

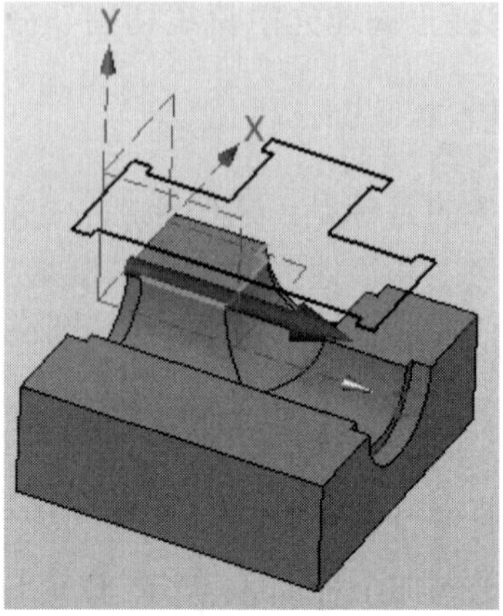

图 5-133 选择轮廓线

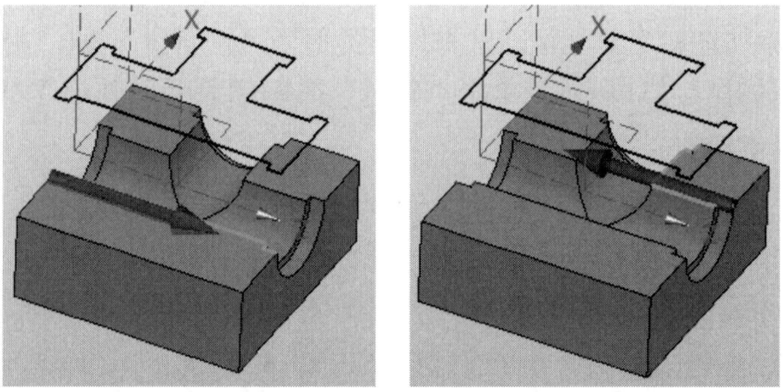

图 5-134 选择轮廓线 2 和轮廓线 3

（2）设置轮廓 2。单击“添加”按钮，参照上述步骤选择图 5-135 所示的轮廓线，单击“确定”按钮✔，系统弹出“轮廓特征”对话框，类别选择“限制”，如图 5-136 所示。单击“确认”按钮，返回“驱动线切削 1”对话框。

（3）定义刀具。单击“刀具”按钮，系统弹出“刀具列表”对话框，单击“管理”按钮，系统弹出“创建刀具”对话框，选择“铣削”和“铣刀”，单击“确定”按钮✔，系统弹出“刀具”对话框，类型选择“铣刀”，子类选择“端铣刀”，刀具长设置为“50”，刀刃长设置为“40”，半径设置为“5”，刀体直径设置为“10”，如图 5-137 所示。单击“确定”按钮，刀具定义完成。

（4）设置限制参数。单击“限制参数”选项卡，限制类型选择“轮廓”，最小残料厚度设置为“0.3”，如图 5-138 所示。

（5）公差和步距设置。单击“公差和步距”选项卡，切削数设置为“20”，步进设置为刀具直径的 20%，%第一步长设置为“100.0”，如图 5-139 所示。

（6）刀轨设置。单击“刀轨设置”选项卡，高级切削模式设置为“顺铣”，刀轨样式选择“靠近边界”，XY 笔式清根范围为空，其他参数采用默认设置，如图 5-140 所示。

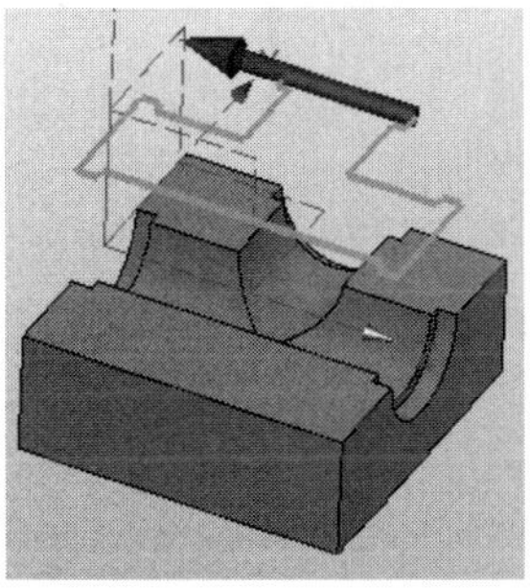

图 5-135　选择轮廓线

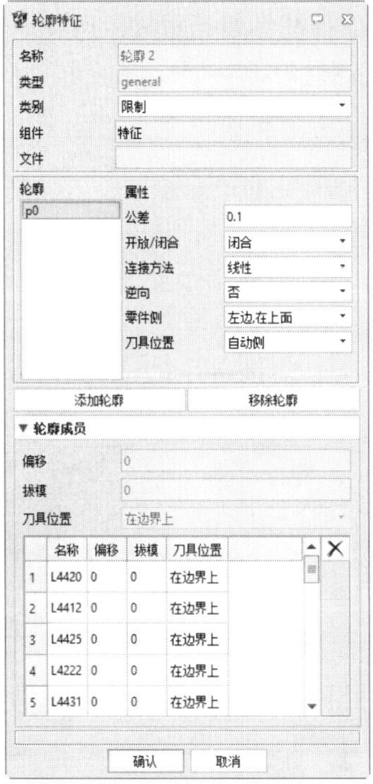

图 5-136　设置轮廓 2

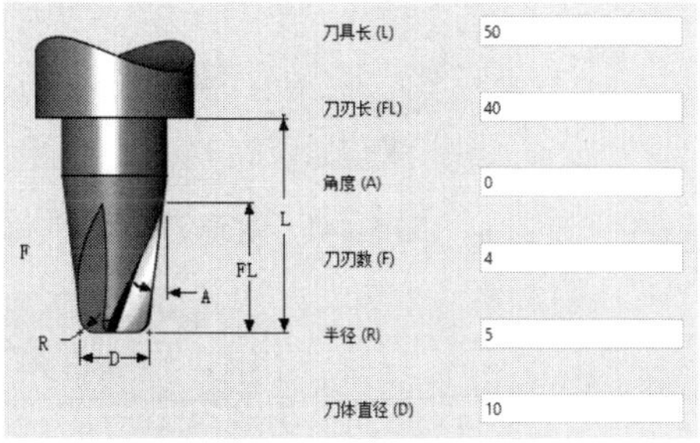

图 5-137　设置刀具参数

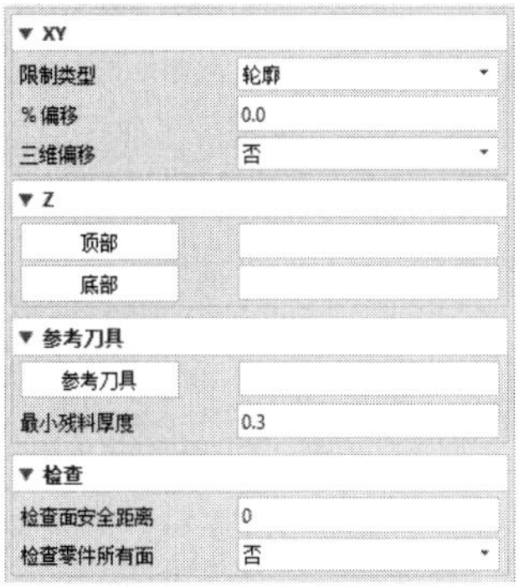

图 5-138　设置限制参数

图 5-139　公差和步距设置

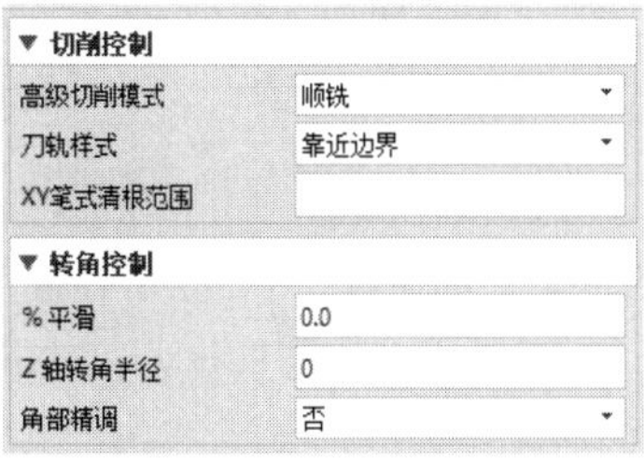

图 5-140　刀轨设置

（7）进退刀设置。单击“连接和进退刀”选项卡，勾选“过切检查”复选框，短连接界限设置为“1”，安全平面设置为“100”，进刀类型选择“沿刀轨斜向”，进刀斜坡角度设置为“2”，进刀斜坡高度设置为“10”，退刀类型选择“沿刀轨斜向”，退刀斜坡角度设置为“2”，退刀斜坡高度设置为“10”，如图 5-141 所示。

（8）计算刀轨。参数设置完成，单击“计算”按钮，计算刀具轨迹，结果如图 5-142 所示。

3．高速光滑流线切削

（1）设置主要参数。隐藏刀具轨迹。单击“3 轴快速铣削”选项卡“高速流线铣削”面板中的“光滑流线切削”按钮，系统弹出“高速光滑流线切削 1”对话框，如图 5-143 所示。单击“添加”按钮，系统弹出“选择特征”对话框 1，选择“实体 1”，单击“确定”按钮，返回“高速光滑流线切削 1”对话框。

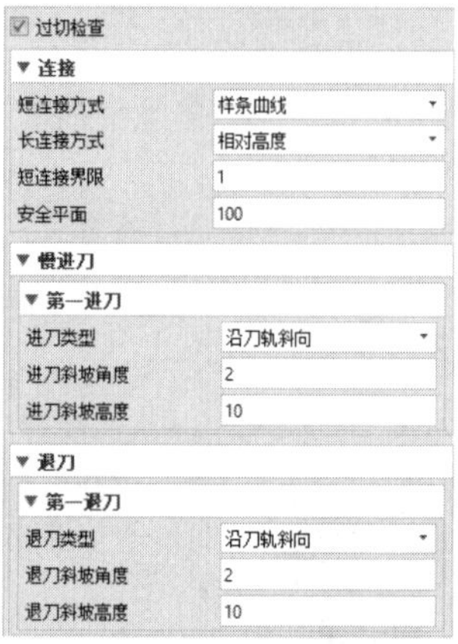

图 5-141　进退刀设置

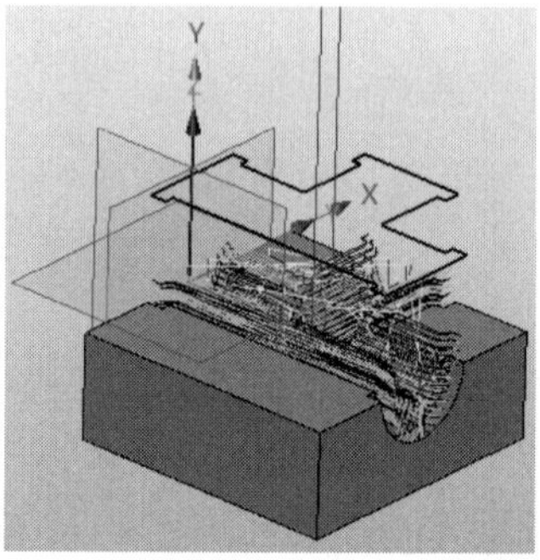

图 5-142　驱动曲线切削刀具轨迹

图 5-143　“高速光滑流线切削 1”对话框

（2）定义刀具。单击“刀具”按钮，系统弹出“刀具列表”对话框，单击“管理”按钮，系统弹出“创建刀具”对话框，选择“铣削”和“铣刀”，单击“确定”按钮✔，系统弹出“刀具”对话框，类型选择“铣刀”，子类选择“端铣刀”，刀具长设置为“50”，刀刃长设置为“40”，半径设置为“2.5”，刀体直径设置为“5”，如图 5-144 所示。单击“确定”按钮，刀具定义完成。

（3）设置限制参数。单击“限制参数”选项卡，限制类型选择“轮廓”，最小残料厚度设置为“0.3”。

（4）公差和步距设置。单击“公差和步距”选项卡，曲面余量选择“总体”，余量值设置为“0”，步进设置为“刀痕高度”，步进量设置为“1”，如图 5-145 所示。

（5）刀轨设置。单击“刀轨设置”选项卡，切削方向选择“顺铣”，预连接轨迹选择

“是”，轨迹清理选择“是”，%精加工距离设置为“50.0”，如图 5-146 所示。

（6）进退刀设置。单击“连接和进退刀”选项卡，勾选“过切检查”复选框，短连接界限设置为“1”，安全平面设置为“100”，进刀类型选择“沿刀轨斜向”，进刀斜坡角度设置为“2”，进刀斜坡高度设置为“10”，退刀类型选择“沿刀轨斜向”，退刀斜坡角度设置为“2”，退刀斜坡高度设置为“10.0”。

（7）计算刀轨。参数设置完成，单击“计算”按钮，计算刀具轨迹，结果如图 5-147 所示。

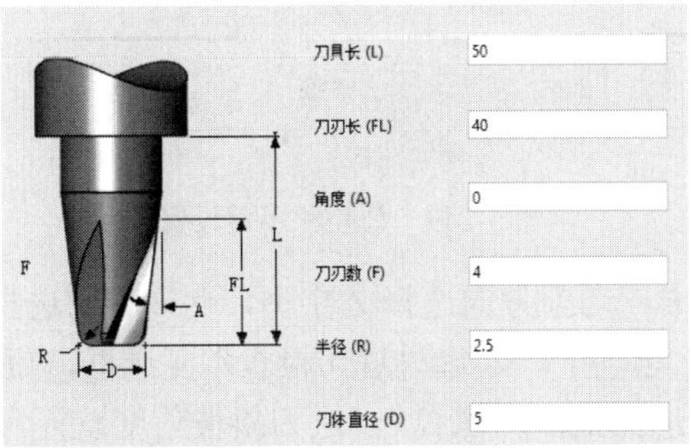

图 5-144　设置刀具参数

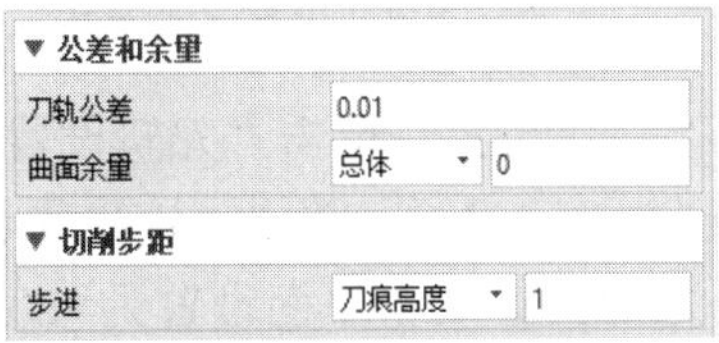

图 5-145　公差和步距设置

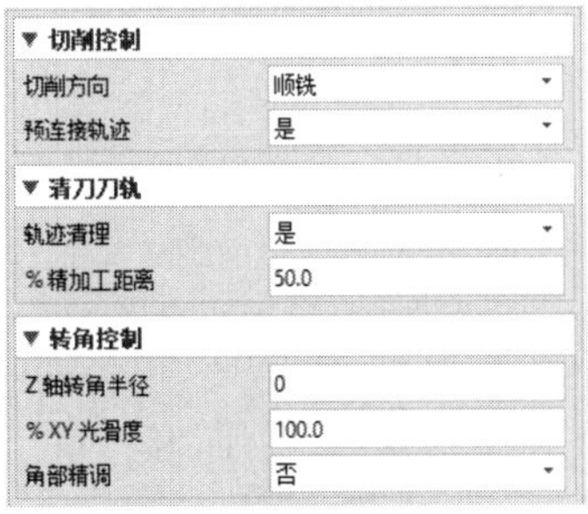

图 5-146　刀轨设置

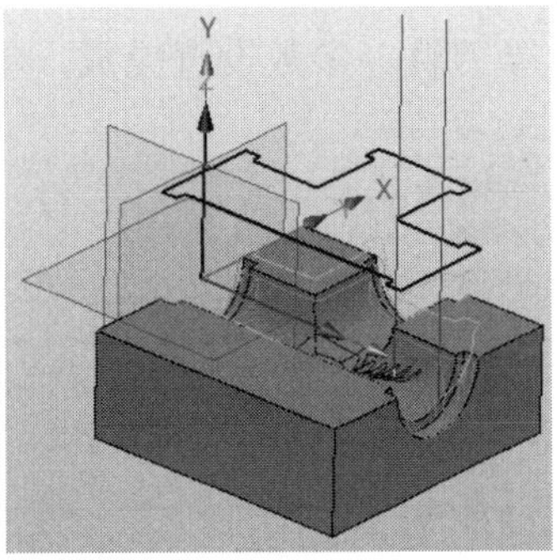

图 5-147　高速光滑流线切削刀具轨迹

4．平行铣削精加工

（1）设置主要参数。隐藏刀具轨迹。单击“3 轴快速铣削”选项卡“精加工”面板中的“平行铣削”按钮，系统弹出“平行铣削 1”对话框。单击“添加”按钮，系统弹出“选择特征”对话框 1，选择“曲面 1”，单击“确定”按钮，返回“平行铣削 1”对话框。

（2）定义刀具。单击“刀具”按钮，系统弹出“刀具列表”对话框，单击“管理”按钮，系统弹出“创建刀具”对话框，选择“铣削”和“铣刀”，单击“确定”按钮，系统弹出“刀具”对话框，类型选择“铣刀”，子类选择“端铣刀”，刀具长设置为“50”，刀刃长设置为“40”，半径设置为“1.5”，刀体直径设置为“3”。单击“确定”按钮，刀具定义完成。

（3）设置限制参数。单击“限制参数”选项，限制类型选择“轮廓”，%偏移设置为“50”，三维偏移选择“是”，最小残料厚度设置为“0.1”，如图 5-148 所示。

（4）公差和步距设置。单击“公差和步距”选项卡，曲面余量选择“总体”，余量值设置为“0”，步进设置为“绝对值”，步进量设置为“1”，XY 最小步距设置为“0.5”，如图 5-149 所示。

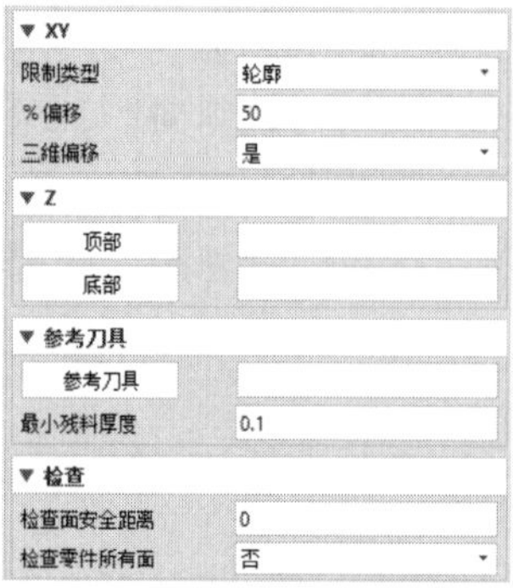

图 5-148　设置限制参数

图 5-149　公差和步距设置

（5）刀轨设置。单击“刀轨设置”选项卡，切削方向选择 Z 字型，允许根切选择否。

（6）进退刀设置。单击“连接和进退刀”选项卡，勾选“过切检查”复选框，短连接界限设置为“20”，安全平面设置为“20”，进刀类型选择“螺线”，进刀斜坡角度设置为“3”，进刀斜坡高度设置为“8”，退刀类型选择“沿刀轨斜向”，退刀斜坡角度设置为“3”，退刀斜坡高度设置为“10”，如图 5-150 所示。

（7）计算刀轨。参数设置完成，单击“计算”按钮，计算刀具轨迹，结果如图 5-151 所示。

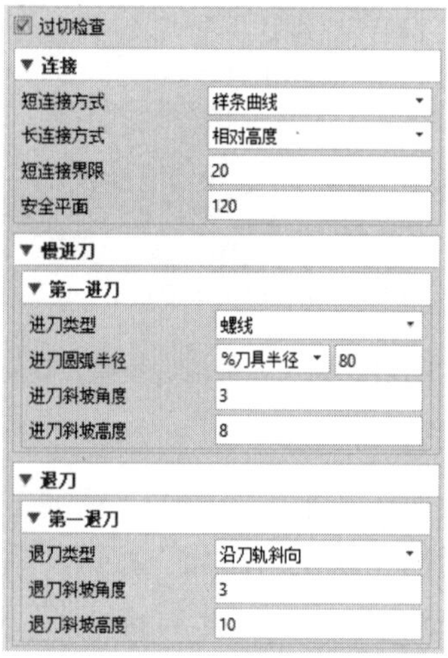

图 5-150　进退刀设置

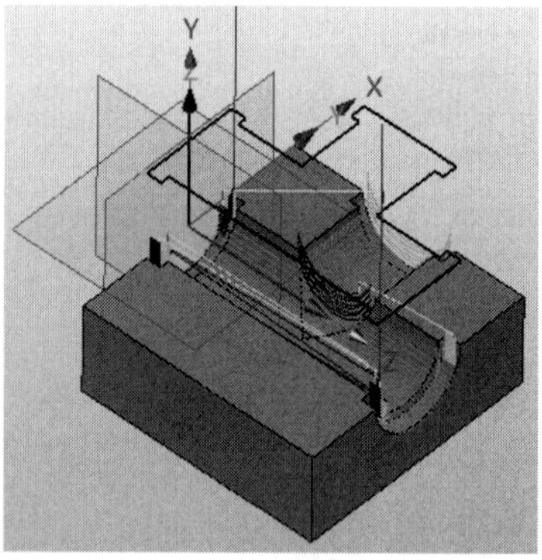

图 5-151　平行铣削刀具轨迹

知识拓展

一、驱动线切削加工

驱动线切削工序将引导轮廓投影到模型上以生成刀具路径，它可以通过定义切削数来偏移两侧的轮廓以生成刀具路径。

单击“3 轴快速铣削”选项卡“切削”面板中的“驱动线切削”按钮，系统弹出“驱动线切削 1”对话框，如图 5-152 所示。

单击“公差和步距”选项卡，如图 5-153 所示。该选项卡中部分选项的含义如下。

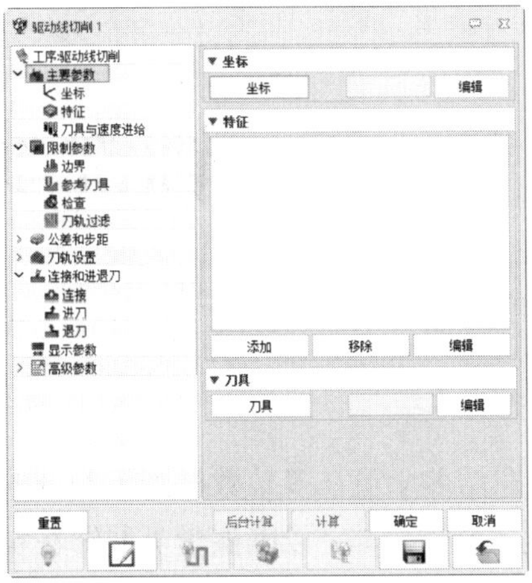

图 5-152 “驱动线切削 1”对话框

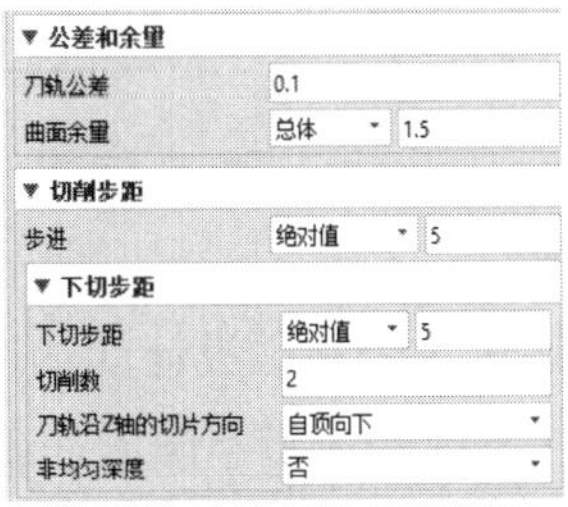

图 5-153 “公差和步距”选卡

（1）下切步距：该值限制了切削的最大深度。最高刀位轨迹点的深度（计算出的最高点或“顶部”点的较低点）与最低刀位轨迹点的深度（计算出的最低点或“底部”点的较高点）之间被均分为一系列不超过“最大深度”的切削。

（2）刀轨沿 Z 轴的切片方向：设置刀具在 Z 轴方向的加工方法，包括自顶向下和自底向上两种方法。

二、高速光滑流线切削

单击“3 轴快速铣削”选项卡“高速流线铣削”面板中的“光滑流线切削”按钮，系统弹出“高速光滑流线切削 1”对话框，如图 5-154 所示。单击“添加”按钮，系统弹出“选择特征”对话框 1，选择“实体 1”，单击“确定”按钮，返回“高速光滑流线切削 1”对话框。该对话框中的选项在前面已经进行了详细的介绍，这里不再赘述。

图 5-154 “高速光滑流线切削 1”对话框

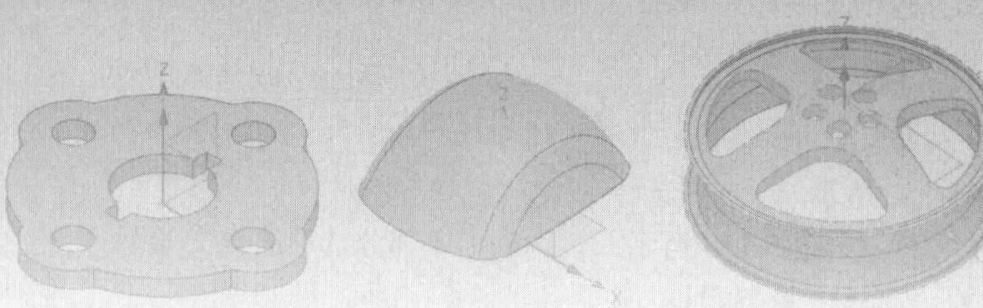

项目六

5 轴铣削加工

项目描述

本项目通过 3 个精心设计的加工任务，旨在培养学员在多轴数控加工领域的专业技能和知识。每个任务都专注于不同的加工技术和机床操作策略，以确保学员能够在实际工作中达到高效率和高精度的标准。

在任务一中，我们将深入了解 5 轴铣刀加工的精髓。通过这一任务，学员将学会运用“5 轴分层切削”“5 轴驱动线切削”及“5 轴引导面等值线切削”等先进命令，从而精确高效地完成复杂工件的加工。此外，学员将掌握如何利用刀轨编辑中的阵列和复制功能，对加工工艺进行优化，提升操作的灵活性和高效性。

在任务二中，我们聚焦于微波炉饭盒的加工实践，使学员熟练掌握 5 轴侧刃切削技术，这一项技术对于处理具有复杂几何形状的零件至关重要。同时，学员通过该任务可以复习并巩固 3 轴加工中的“平坦面加工”命令，确保在平面加工领域能够达到精细的工艺水准。

任务三引领学员进入叶轮加工的高级领域。通过这一任务，学员将学习 5 轴加工命令的应用，这是对多轴机床能力的一个挑战，要求学员具有专业知识。此外，学员还将探索 5 轴流线加工命令，这是一项用于处理复杂曲面的尖端技术，要求学员具备高超的技艺和对机械运动学原理的深刻理解，以便实现流畅和高效的加工过程。

总体而言，这些任务不仅涵盖了从基础到高级的多轴加工技术，还提供了实际操作经验，帮助学员发展成为精密加工领域的专家。通过这些实践，学员将能够在实际工作中应用所学知识，解决复杂的加工挑战，并提高生产效率和产品质量。

任务一 周铣刀加工

任务导入

本任务是对图 6-1 所示的周铣刀进行加工，加工结果如图 6-2 所示。

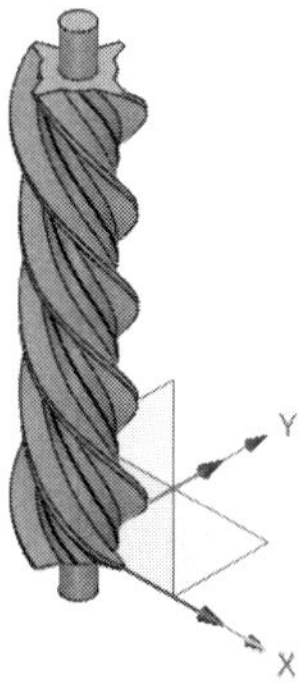

图 6-1　周铣刀

图 6-2　周铣刀加工结果

学习目标

1．学习“5 轴分层切削”“5 轴驱动线切削”加工命令的使用；

2．学习“5 轴引导面等值线切削”命令，以及刀轨编辑中的“阵列”和“复制”命令的使用。

思路分析

本任务的目标是进行周铣刀加工。首先打开源文件，创建加工方案，添加圆柱体坯料；然后对周铣刀进行 5 轴分层切削，并将刀轨进行复制、粘贴，修改参数对另一端进行 5 轴分层切削；接下来进行 5 轴驱动线切削加工并对刀轨进行阵列；最后进行 5 轴引导面等值线切削加工并对刀轨进行阵列。

操作步骤

1.创建坯料

（1）打开文件。打开“周铣刀”源文件，如图 6-1 所示。

（2)进入加工界面。单击 DA 工具栏中的“加工方案”按钮，系统弹出“选择模板”对话框，选择“空白”，单击“确认”按钮，进入加工界面。

（3）添加坯料。单击“加工系统”选项卡“加工系统”面板中的“添加坯料”按钮，系统弹出“添加坯料”对话框，选择坯料类型为“圆柱体”，轴向设置为 Z 轴，参数设置如图 6-3 所示。单击“确定”按钮，系统弹出“ZW3D”对话框，单击“是”按钮，隐藏坯料。

2．5 轴分层切削加工

（1）设置主要参数。单击“5 轴铣削”选项卡“切削”面板中的“分层”按钮，系统弹出“5 轴分层切削 1”对话框，如图 6-4 所示。单击“添加”按钮，系统弹出“选择特征”对话框 1，单击“新建”按钮，系统弹出“选择特征”对话框 2，选择“曲面”。单击“确定”按钮，系统弹出“曲面”对话框，在绘图区选择曲面，如图 6-5 所示。单击“确定”按钮，系统弹出“曲面特征”对话框，如图 6-6 所示。单击“确认”按钮，返回“5 轴分层切削 1”对话框。

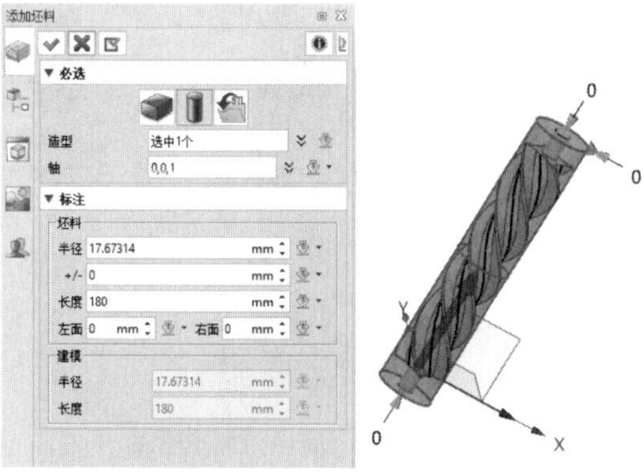

图 6-3　设置坯料参数

图 6-4　“5 轴分层切削 1”对话框

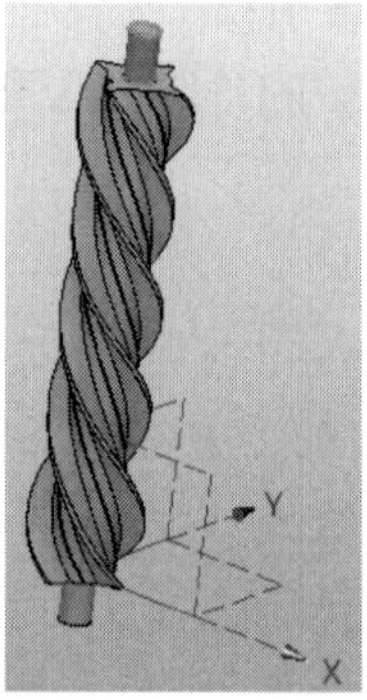

图 6-5　选择曲面

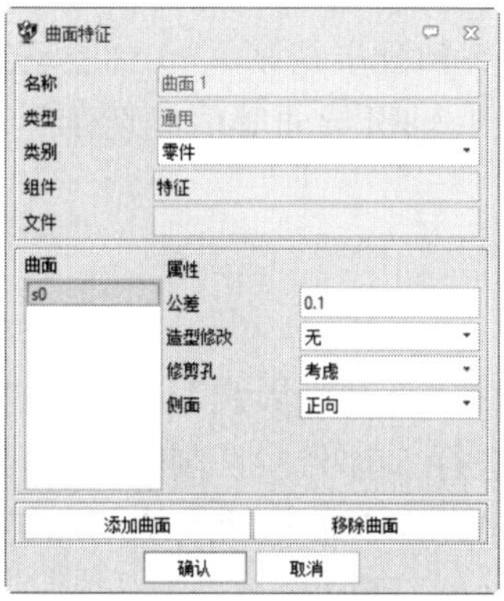

图 6-6　“曲面特征”对话框

（2）定义刀具。单击“刀具”按钮，系统弹出“刀具列表”对话框，单击“管理”按钮，系统弹出“创建刀具”对话框，选择“铣削”和“铣刀”，单击“确定”按钮✔，系统弹出“刀具”对话框，名称采用默认，铣刀子类型选择“端铣刀”，设置刀具长为“50”、刀刃长为“40”、半径为“2”、刀体直径设置为“4”，如图 6-7 所示。单击“确定”按钮，刀具定义完成。

（3）公差和步距设置。单击“公差和步距”选项卡，曲面余量设置为“0”，最大切削深度设置为“2”，侧切余量设置为“0”，侧切深度设置为“13.5”，如图 6-8 所示。

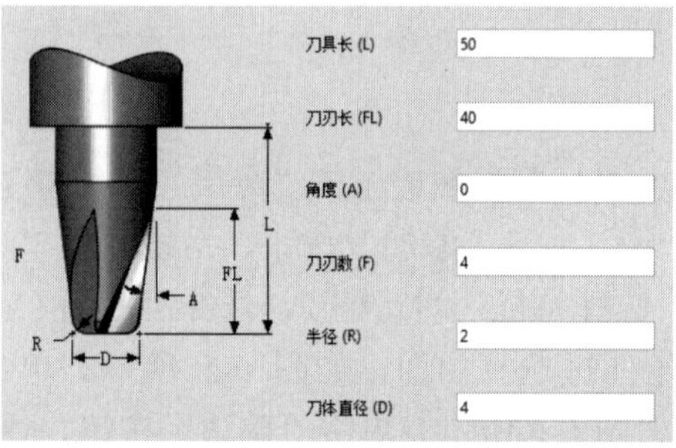

图 6-7　设置刀具

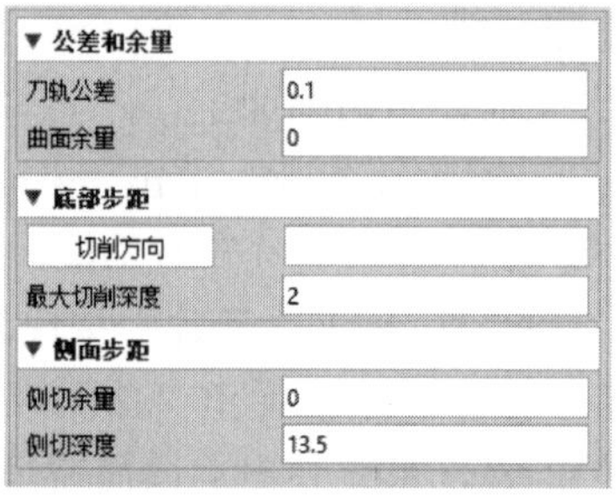

图 6-8　设置公差和步距

（4）刀轨设置。单击“刀轨设置”选项卡，设置切削重叠距离为“1”，转移起点设置为“5”，允许根切选择“否”，刀轨样式选择“单向”，切削方向设置为“顺铣”，切削区域设置为“全部区域”，Z 向流程选择“自顶向下”，启用螺旋形铣削选择“是”，两端铣削选择“是”，如图 6-9 所示。

（5）刀轴控制。单击“刀轴控制”选项卡，刀轴类型选择“刀尖控制”，前倾角和侧倾角均设置为“0”，相邻刀轴极限摆角设置为“5”，如图 6-10 所示。

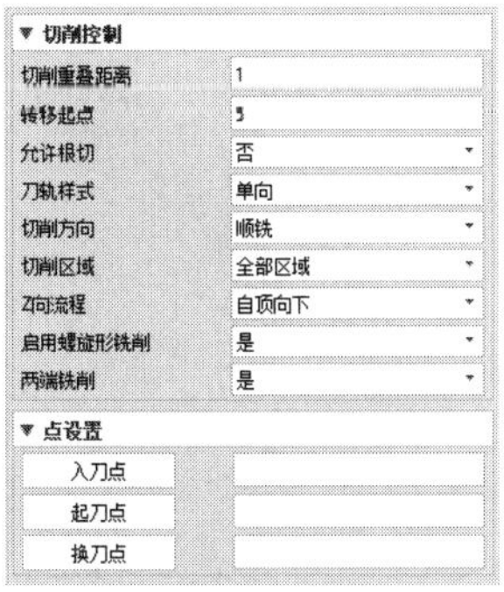

图 6-9 刀轨设置

图 6-10 刀轴控制

（6）进退刀设置。单击“连接和进退刀”选项卡，短连接方式设置为“法向抬刀”，长连接方式设置为“安全高度”，%短连接界限设置为“100”，安全距离设置为“30”，最大插削距离设置为“8”，进刀类型选择“弧形-线性斜坡”，进刀结束角度设置为“45”，进刀半径设置为“6”，进刀斜坡长度设置为“15”，退刀类型选择“弧形-线性斜坡”，退刀结束角度设置为“45”，退刀半径设置为“6”，退刀斜坡长度设置为“15”，如图 6-11 所示。

（7）计算刀轨。参数设置完成，单击“计算”按钮，重新计算刀具轨迹，结果如图 6-12 所示。单击“确定”按钮，在“计划”管理器中生成“5 轴分层切削 1”工序。

图 6-11 进退刀设置

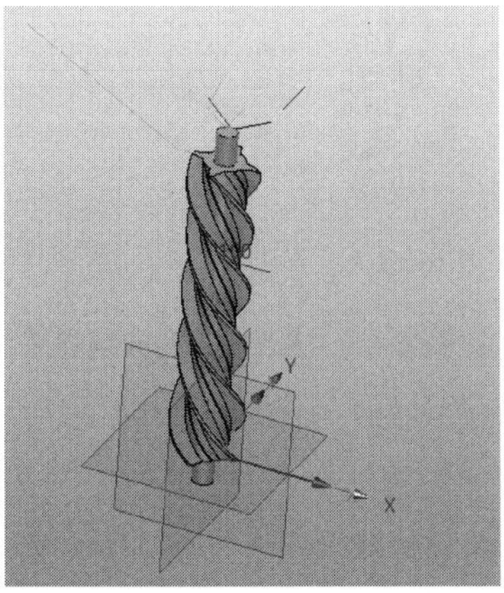

图 6-12 5 轴分层切削刀具轨迹

3．复制刀轨

（1）复制刀轨。在“计划”管理器中选中“5 轴分层切削 1”，右击，并在弹出的快捷菜单中选择“复制”命令，如图 6-13 所示。

（2）粘贴刀轨。将鼠标指针放在“计划”管理器中，按下<Ctrl+V>快捷键，进行粘贴，生成“5 轴分层切削 2”刀轨。

（3）修改参数。在“计划”管理器中双击“5 轴分层切削 2”，系统弹出“5 轴分层切削 2”对话框，在“主要参数”选项卡中选中“特征”列表中的“零件：曲面 1”，单击“移除”按钮，将其移除。单击“添加”按钮，选择图 6-14 所示的面进行添加。

图 6-13　选择“复制”命令

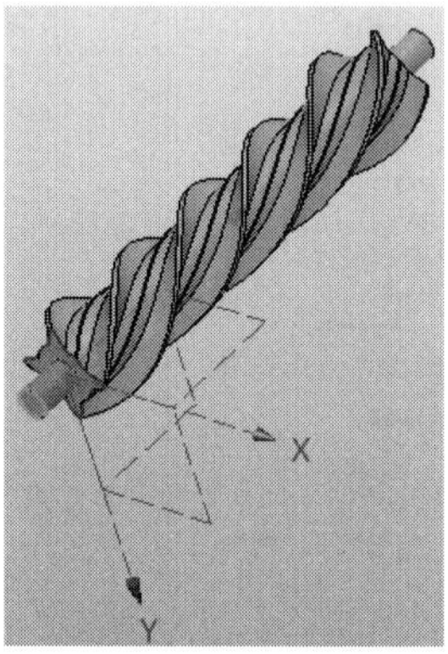

图 6-14　选择面

（4）修改公差和布局参数。单击“公差和布局”选项卡，将切削方向设置为-Z 轴，如图 6-15 所示。

（5）重新计算刀轨。单击“计算”按钮，重新计算刀轨，结果如图 6-17 所示。

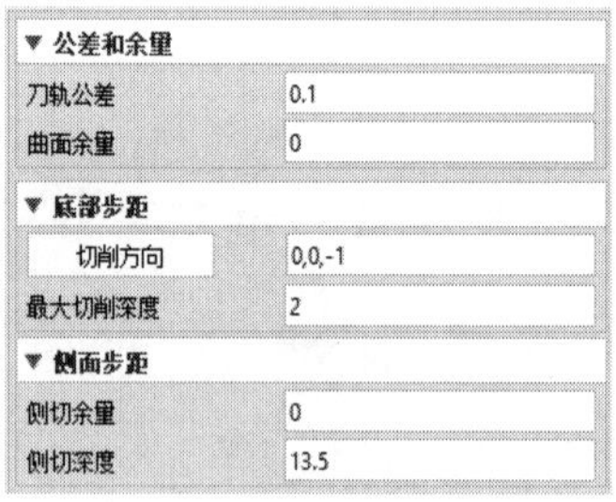

图 6-15　修改公差和布局参数

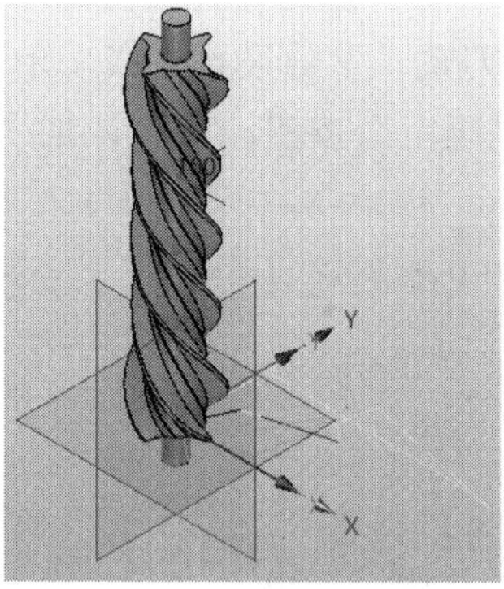

图 6-17　生成的刀轨

4．5 轴驱动线切削

（1）添加轮廓。单击“5 轴铣削”选项卡“切削”面板中的“驱动线切削”按钮，系统弹出“5 轴驱动线切削 1”对话框，如图 6-18 所示。单击“添加”按钮，系统弹出“选择特征”对话框 1，单击“新建”按钮，系统弹出“选择特征”对话框 2，选择“轮廓”。单击“确定”按钮，系统弹出“轮廓”对话框，在绘图区选择曲线，如图 6-20 所示。单击“确定”按钮，系统弹出“轮廓特征”对话框，如图 6-21 所示。单击“确认”按钮，返回“5 轴驱动线切削 1”对话框。

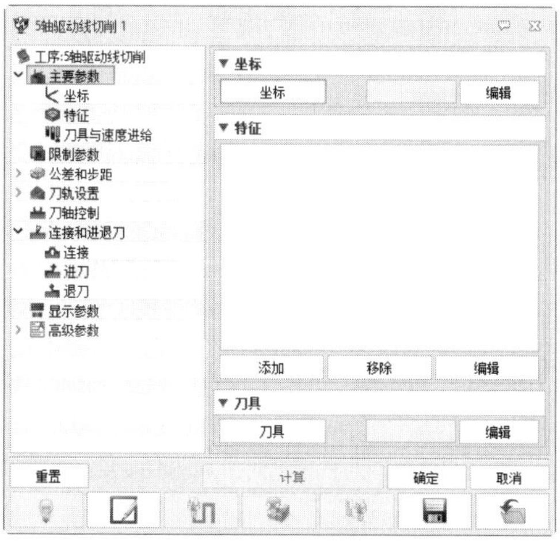

图 6-18 “5 轴驱动线切削 1”对话框

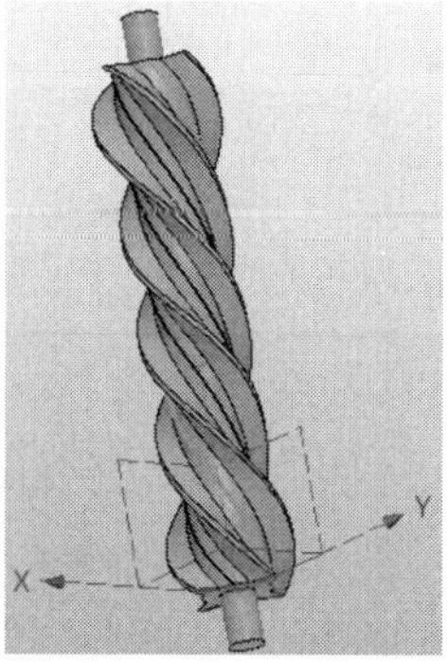

图 6-20　选择曲线

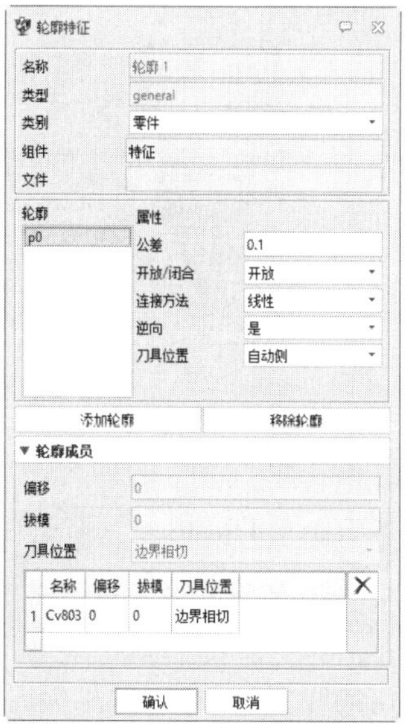

图 6-21 “轮廓特征”对话框

（2）添加曲面。单击“添加”按钮，系统弹出“选择特征”对话框 1，单击“新建”按钮，系统弹出“选择特征”对话框 2，选择“曲面”。单击“确定”按钮，系统弹出“曲面”对话框，在绘图区选择曲面，如图 6-22 所示。单击“确定”按钮✔，系统弹出“曲面特征”对话框，如图 6-23 所示。单击“确认”按钮，返回“5 轴驱动线切削 1”对话框。

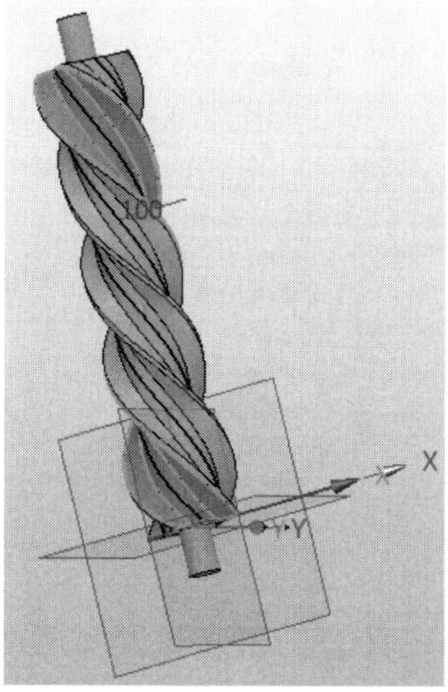

图 6-22　选择曲面

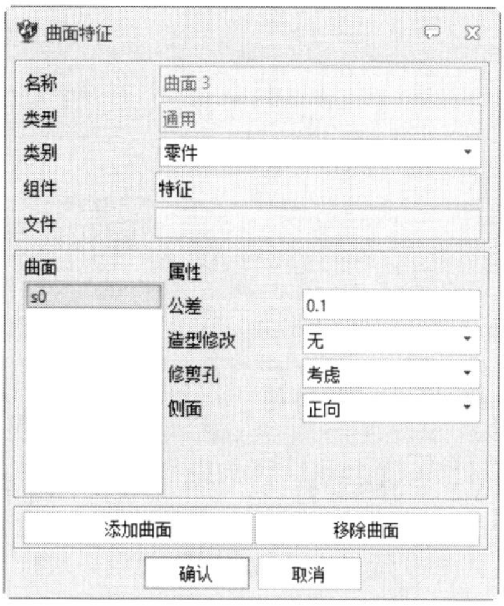

图 6-23 “曲面特征”对话框

（3）定义刀具。单击“刀具”按钮，系统弹出“刀具列表”对话框，单击“管理”按钮，系统弹出“创建刀具”对话框，创建新刀具，参数设置如图 6-24 所示。单击“确定”按钮，刀具定义完成

（4）公差和步距设置。单击“公差和步距”选项卡，曲面余量设置为“0”，切削深度类型选“沿刀轴线”，最大切削深度设置为“5”，切削数设置为“4”，如图 6-25 所示。

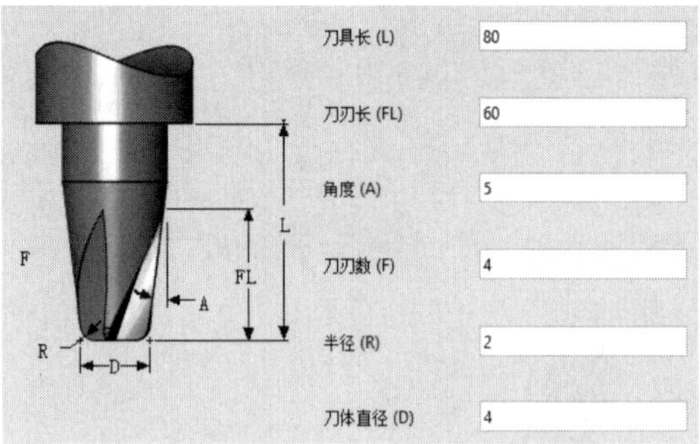

图 6-24　定义刀具

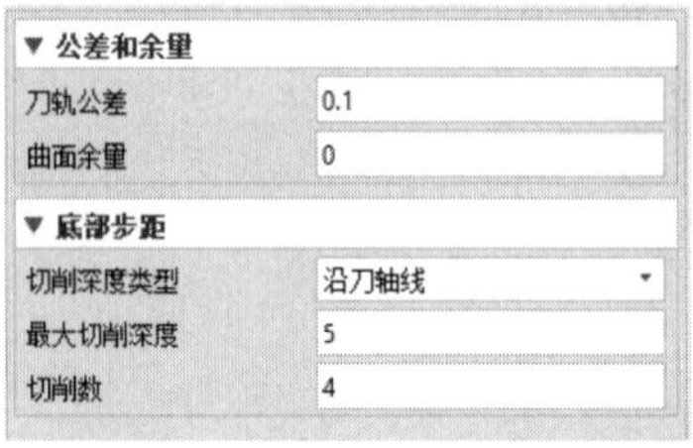

图 6-25　公差和步距设置

（5）刀轨设置。单击“刀轨设置”选项卡，允许根切设置为“否”，切削顺序选择“自动”，刀具位置选择“上面”，如图 6-26 所示。

（6）刀轴控制。单击“刀轴控制”选项卡，刀轴类型选择“刀尖控制”，前倾角和侧倾角均设置为“0”，相邻刀轴极限摆角设置为“5”，如图 6-27 所示。

（7）进退刀设置。单击“连接和进退刀”选项卡，短连接方式设置为“自动”，长连接方式设置为“自动”，%短连接界限设置为“300.0”，安全距离设置为“30”，进刀类型选择“法向”，进刀结束角度设置为“90”，进刀半径设置为“3”，进刀斜坡长度设置为“0”，退刀类型选择“法向”，退刀结束角度设置为“90”，退刀半径设置为“3”，退刀斜坡长度设置为“0”，如图 6-28 所示。

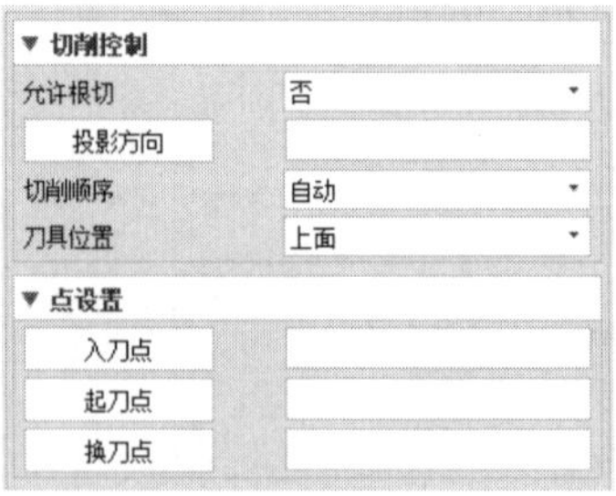

图 6-26　刀轨设置

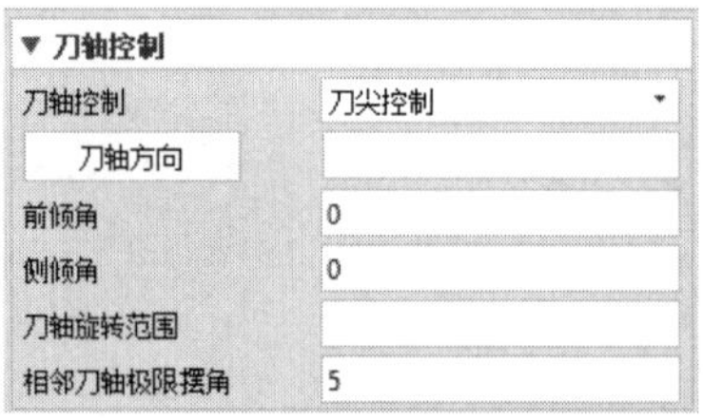

图 6-27　刀轴控制

图 6-28 进退刀设置

（8）计算刀轨。参数设置完成，单击“计算”按钮，计算刀具轨迹，结果如图 6-29 所示。

5．阵列刀轨

（1）设置过滤。在 DA 工具栏中将“过滤器列表”设置为“刀轨”。

（2）阵列参数设置。在“计划”管理器中选中“5 轴驱动线切削 1”。单击“刀轨编辑器”选项卡“转换”面板中的“阵列”按钮，系统弹出“阵列刀轨”对话框，如图 6-30 所示，选择阵列类型为“圆形”，原位置为（0，0，0），方向设置为 Z 轴，数目设置为“4”，角度设置为“90”。单击“确定”按钮，结果如图 6-31 所示。

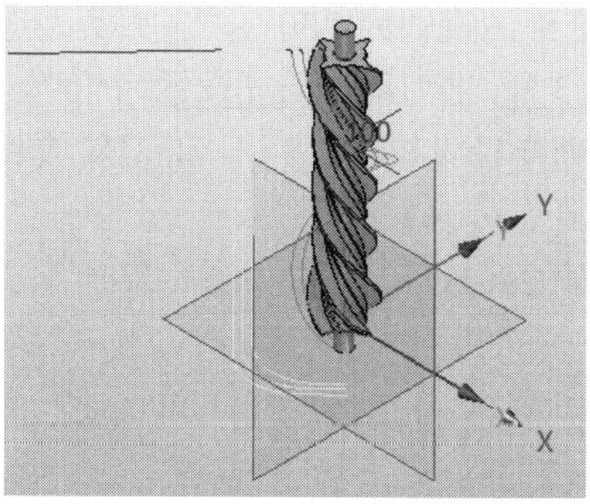

图 6-29　5 轴驱动线切削刀具轨迹

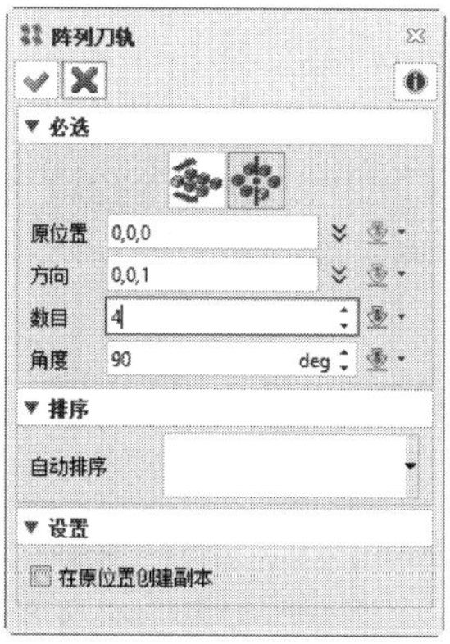

图 6-30　“阵列刀轨”对话框

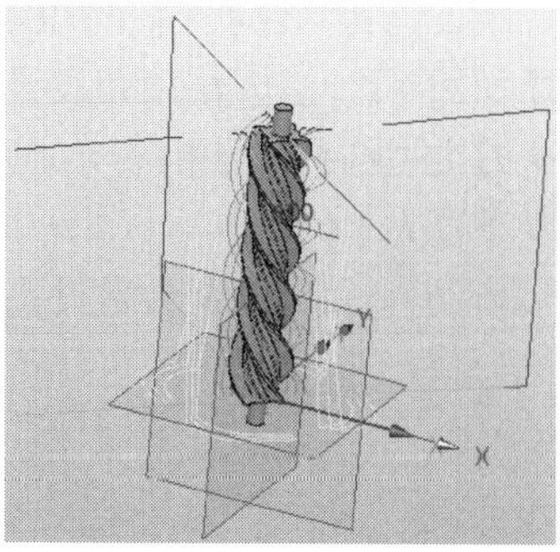

图 6-31　阵列刀轨结果

6．5 轴引导面等值线切削

（1）添加曲面。单击“5 轴铣削”选项卡“切削”面板中的“引导面等值线”按钮，系统弹出“5 轴引导面等值线切削 1”对话框，如图 6-32 所示。单击“添加”按钮，系统弹出“选择特征”对话框 1，单击“新建”按钮，系统弹出“选择特征”对话框 2，选择“曲面”。单击“确定”按钮，系统弹出“曲面”对话框，在绘图区选择曲面，如图 6-33 所示。单击“确定”按钮，系统弹出“曲面特征”对话框，如图 6-34 所示，类别选择“5 轴控制”，控制类型选择“驱动面”。单击“确认”按钮，返回“5 轴引导面等值线切削 1”对话框。

图 6-32　“5 轴引导面等值线切削 1”对话框

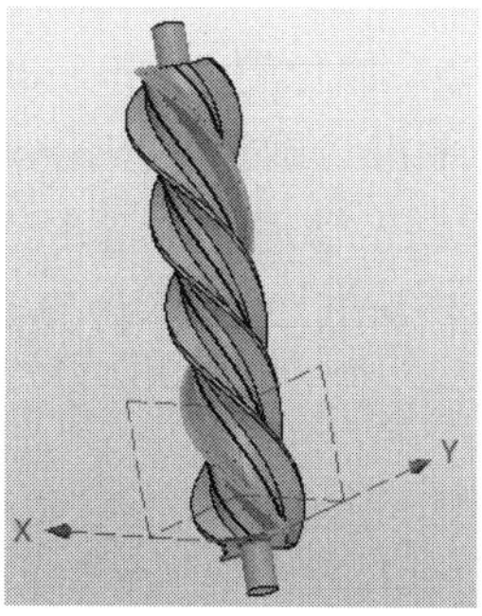

图 6-33　选择曲面

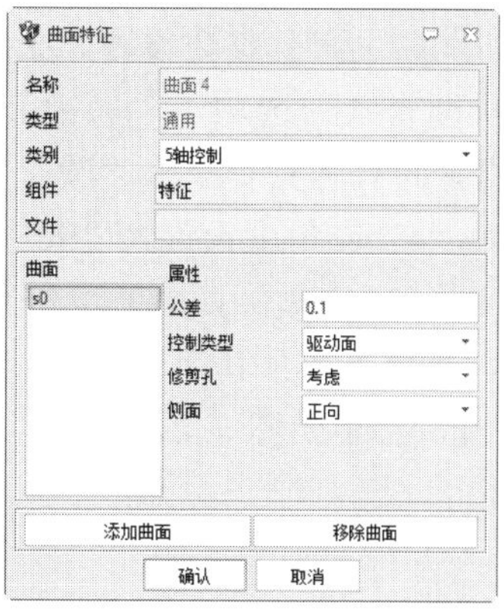

图 6-34　“曲面特征”对话框

（2）定义刀具。单击“刀具”按钮，系统弹出“刀具列表”对话框，选择“刀具 2”。

（3）公差和步距设置。单击“公差和步距”选项卡，曲面余量设置为“0”，步进设置为“切削数”，数值设置为“6”，切削深度类型选“沿刀轴线”，最大切削深度设置为“5”，切削数设置为“3”，如图 6-35 所示。

（4）刀轨设置。单击“刀轨设置”选项卡，允许根切设置为“是”，刀轨样式选择“单向”，等值线反向选择“V 素线方向”，如图 6-36 所示。

（5）进退刀设置。单击“连接和进退刀”选项卡，短连接方式设置为“自动”，长连接方式设置为“自动”，%短连接界限设置为“300.0”，安全距离设置为“30”，进刀类型选择“法向”，进刀结束角度设置为“90”，进刀半径设置为“3”，进刀斜坡长度设置为“0”，退刀类型选择“法向”，退刀结束角度设置为“90”，退刀半径设置为“3”，退刀斜坡长度设置为“0”。

（6）计算刀轨。参数设置完成，单击“计算”按钮，计算刀具轨迹，结果如图 6-37 所示。

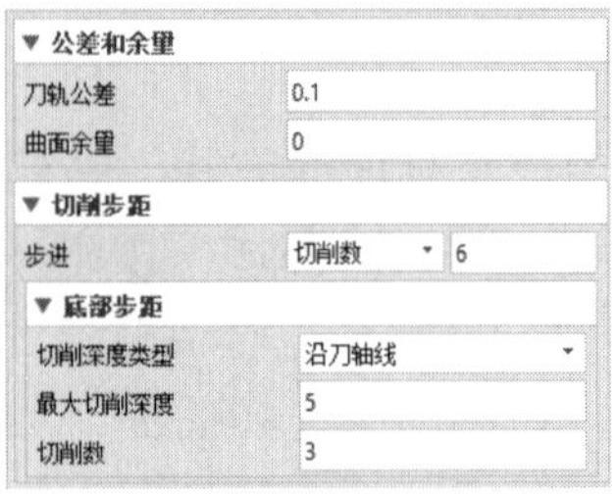

图 6-35　公差和步距设置

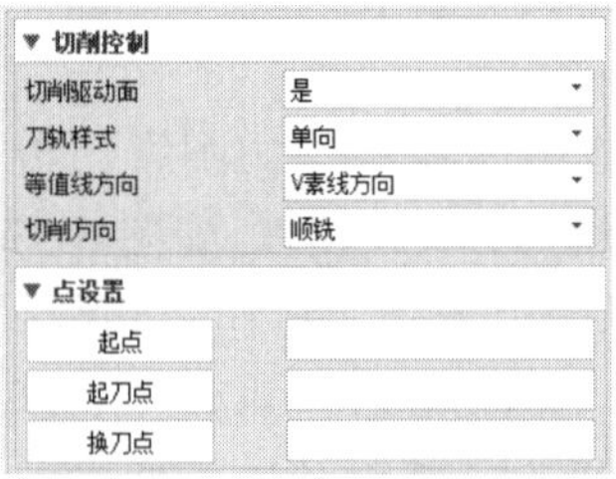

图 6-36　刀轨设置

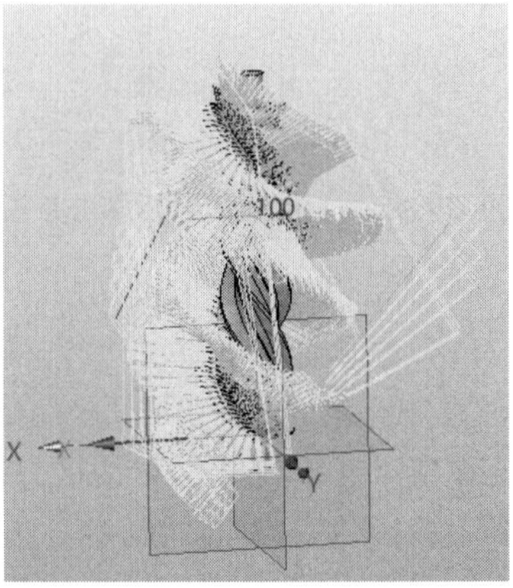

图 6-37　5 轴引导面等值线切削刀具轨迹

7．阵列刀轨

（1）设置过滤。在 DA 工具栏中将“过滤器列表”设置为“刀轨”。

（2）阵列参数设置。在“计划”管理器中选中“5 轴引导面等值线切削 1”。单击“刀轨编辑器”选项卡“转换”面板中的“阵列刀轨”按钮，系统弹出“阵列刀轨”对话框，选择阵列类型为“圆形”，原位置为（0，0，0），方向设置为“Z 轴”，数目设置为“4”，角度设置为“90”，单击“确定”按钮，结果如图 6-38 所示。

（3）实体仿真加工。在“计划”管理器中选中“工序”图标，右击，在弹出的快捷菜单中选择“实体仿真”命令，系统弹出“实体仿真进程”对话框，单击“快速结束”按钮，结果如图 6-39 所示。

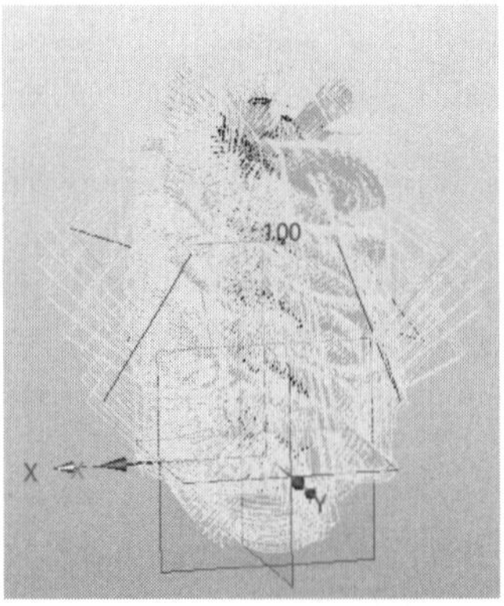

图 6-38　阵列刀轨结果

图 6-39　实体仿真加工结果

知识拓展

一、5 轴分层切削

5 轴分层切削工序接收零件或普通曲面特征作为几何图形输入。根据不同的轴控制选项，该工序让用户能将刀具置于各种不同方向，包括与零件成法向或侧切方向，角度为前角、滚动角和斜角。该工序非常适合以点控制的涡轮顶部加工或复杂型腔精加工。

单击“5 轴铣削”选项卡“切削”面板中的“分层”按钮，系统弹出“5 轴分层切削 1”对话框，如图 6-40 所示。该对话框中部分选项的含义如下。

1. “公差和步距”选项卡

单击该选项卡，如图 6-41 所示。该选项卡中部分选项的含义如下。

（1）切削方向：指定切削层定义的方向。它可以是基准轴、平面轴、曲线切线、曲线法线、面法线或中心线。

（2）侧切余量：此加工要应用的在驱动和检查曲面上的余量值。

（3）侧切深度：此加工要应用的在驱动和检查曲面上的加工深度。

图 6-40　“5 轴分层切削 1”对话框

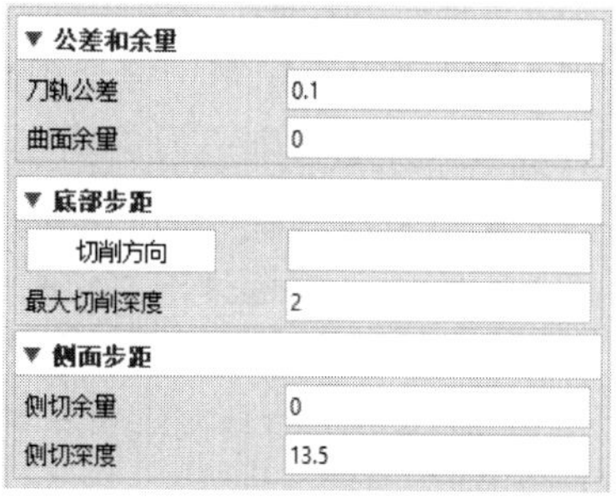

图 6-41　“公差和步距”选项卡

2. “刀轨设置”选项卡

单击该选项卡，如图 6-42 所示。该选项卡中部分选项的含义如下。

（1）允许根切：如果设置为“是”，则中望 3D CAM 将自动定向刀轴，使刀具可能到达任何“根切”区域。

（2）切削区域：此选项决定了要加工哪些区域。

1）全部区域：表示将会加工目标表面或零件所有的区域。

2）仅内腔：表示仅加工内腔，需要结合“刀轴控制”选项卡中的“控制点”选项使用。

3）仅外部：仅加工零件外部区域。

（3）启用螺旋形铣削：选择刀轨的样式是否为螺旋形。

（4）两端铣削：又称分层切削，在分层切削加工中，如果“启用螺旋形形铣削”设置为“是”，则该选项允许启用或禁用两端铣削。

3．“刀轴控制”选项卡

单击“刀轴控制”选项卡，如图 6-43 所示。该选项卡中各选项的含义如下。

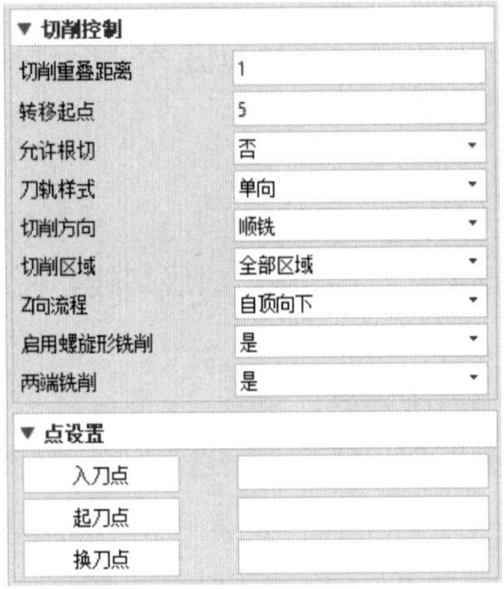

图 6-42 “刀轨设置”选项卡

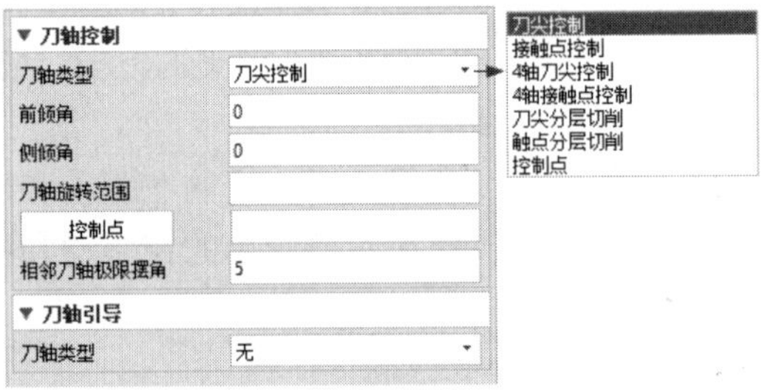

图 6-43 “刀轴控制”选项卡

（1）刀轴控制：提供刀具轴上的控制参数。

1）刀尖控制：当刀具顶尖点在切削平面内时，局部接触数据决定了刀具的方位。

2）接触点控制：局部接触数据决定了刀具的方位和刀尖点。

3）4 轴刀尖控制：这是组合了上面的“刀尖控制”选项的 4 轴加工选项。

4）4 轴接触点控制：这是组合了上面的“4 轴刀尖控制”选项的 4 轴加工选项。

5）刀尖分层切削：刀尖确定刀轴方向，刀具与零件面相切。

6）触点分层切削：刀触点决定刀轴方向，刀具与零件面相切。

7）控制点：由选择的点进行控制。

（2）前倾角：刀具在向前移动方向上的倾斜角度。

（3）侧倾角：刀具在垂直于前进方向倾斜的角度。正值表示刀具向右倾斜，负值表示刀具向左倾斜。

（4）刀轴旋转范围：该选项用于限制刀具轴相对于加工系统或所选坐标系的 Z 轴正向的倾斜角度。如果其为空，则倾斜没有限制。

（5）控制点：用于加工内腔。如果定义该选项，则控制点覆盖“刀轴控制”选项，使刀具轴通过该控制点。

（6）相邻刀轴极限摆角：该选项决定各刀具运动的最大轴变化。

（7）刀轴类型：确定引导面类型，包括无、球面、圆柱面、圆锥面、平面和驱动线。

4．“连接和进退刀”选项卡

单击“连接和进退刀”选项卡，如图 6-44 所示。该选项卡中各选项的含义如下。

（1）短/长连接方式：设置刀具轨迹的连接方式。

图 6-44 “连接和进退刀”选项卡

1）自动：系统以线性-圆弧-线性方式的运动计算刀轨连接。

2）法向抬刀：刀具沿着法向方向抬高，以便以最小安全距离的参数穿越零件顶部。

3）直线：在切削模式中，刀具直接从当前切削轨迹的终点移动到下一个切削轨迹的起点。

4）安全高度：在穿越下一个切削之前，刀具抬高的距离由安全高度（见 CAM 坐标系管理器）定义。

（2）%短连接界限：通过%短连接界限可以将刀具轨迹连接分成长或短类型，%短连接界限的值等于刀具末端直径的某个百分比。

（3）安全距离：该值加到安全距离（系统自动检测以避免碰撞，位于坐标管理器内）上。在切削之后和连接/重新连接运动之前，应用此距离。为避免任何碰撞，可指定一个最小安全距离。基于零件几何体，在连接刀具轨迹到下一切削之前，它将决定运动的长度。

（4）最大插削距离：指的是实际切削开始之前，最大的插入距离。它是为了更安全进刀而增加的在每次进刀之前的插入距离。如果其为空，默认为上文的安全距离的值。

（5）进刀类型：用于设置进刀的类型。

1）无：进刀只是简单地冲压下来，且退刀只是简单地往刀具轴方向退刀。

2）弧形-线性斜坡：进刀或退刀以圆弧形、线性或弧形-线性的形式运动。如果斜坡角度设为 0，则该运动位于 XY 平面上。该斜坡角度从 XY 平面测量。

3）法向：进刀或退刀以圆弧形、线性或弧形-线性的形式运动，位于垂直于加工表面相切平面的平面上。

4）刀具轴平面：进刀或退刀以圆弧形、线性或弧形-线性的形式运动，位于刀具轴方向和与刀具轨迹相切方向的平面中。

（6）进/退刀结束角度：用于设置进/退刀的结束角度，以度为单位。

（7）进/退刀半径：用于设置进/退刀的半径。

（8）进/退刀斜坡长度：用于指定形成进/退刀运动零件的线条的长度。对于进刀，其顺序为先线，后圆弧。

二、5 轴驱动线切削

5 轴驱动线切削是通过 3D 驱动线来生成刀轨的。刀具沿着驱动线切削工件表面。

单击“5 轴铣削”选项卡“切削”面板中的“驱动线切削”按钮，系统弹出“5 轴驱动线切削 1”对话框，如图 6-45 所示。该对话框中部分选项的含义如下。

1．“公差和步距”选项卡

单击“公差和步距”选项卡，如图 6-46 所示。该选项卡中部分选项的含义如下。

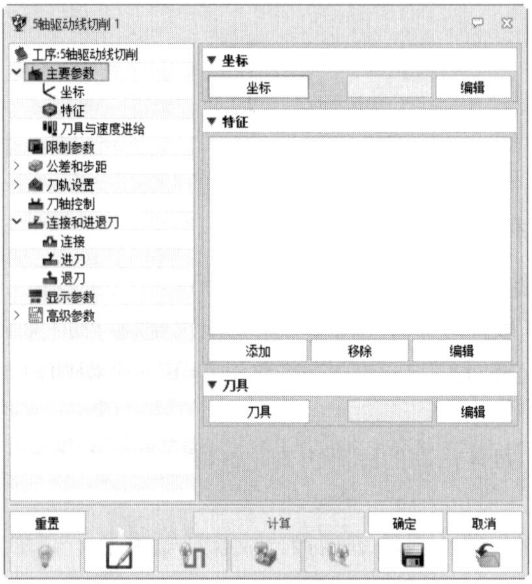

图 6-45 “5 轴驱动线切削 1”对话框

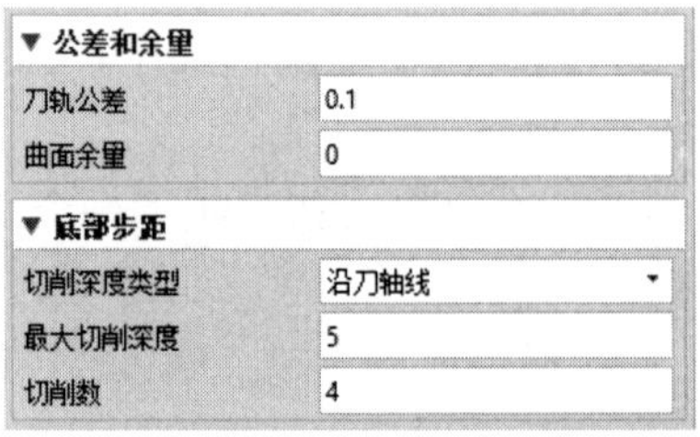

图 6-46 “公差和步距”选项卡

（1）切削深度类型：测量深度的方向。

1）沿刀轴线：表示沿着刀轴方向测量深度

2）Z 方向等高：表示沿着坐标系的 Z 轴测量深度

（2）最大切削深度：当创建多层刀轨时，该选项表示每层最大的切深。当其为空时，表示只创建单层刀轨。

2．“刀轨设置”选项卡

单击“刀轨设置”选项卡，如图 6-47 所示。该选项卡中各选项的含义如下。

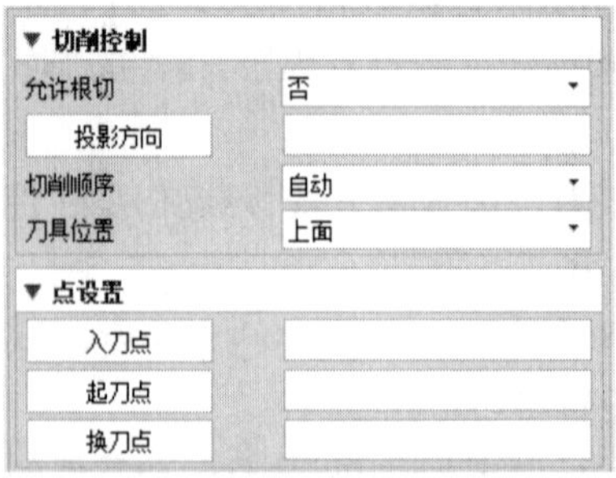

图 6-47 “刀轨设置”选项卡

（1）允许根切：如果设置为“是”，则中望 3D CAM 将自动定向刀具轴，使刀具可能到达任何“根切”区域。

（2）投影方向：此方向用于计算零件曲面上的驱动线。单击该按钮，系统弹出“向量”对话框，可以从图形窗口中选取参考几何体来定义方向，也可以在绘图区右击，在弹出的快捷菜单中选择所需命令。如果没有定义此参数，那么将使用至零件曲面的最短距离。

（3）切削顺序：用于计算刀具轨迹动作。

1）自动：让中望 3D 决定切削顺序。

2）拾取顺序：沿着元素的选取顺序计算刀具路径。

3）最小距离：尝试最大程度减小切削动作的长度。

（4）刀具位置（驱动线切削）：对于此选项，可供的选择包含在驱动线中的上面、左，右和球心。

1）上面：任何轮廓特征中定义的曲线偏移量将被忽略。

2）左，右：从 Z 轴往下看，切削刀具沿着每条驱动线的相应左侧（或右侧）。左侧或右侧偏移量等于轮廓特征曲线偏移量加上刀具半径偏移量。

3）球心：刀具的球心在驱动线上。

（5）入刀点：用于指定刀头将首次进行接触材料时所处的零件外的一个起始点。

（6）起刀点：定义刀具轨迹工序的起始点。

（7）换刀点：定义刀具轨迹工序的终止点。

3. “刀轴控制”选项卡

单击“刀轴控制”选项卡，如图 6-48 所示。该选项卡中部分选项的含义如下。

（1）刀轴控制：提供刀具轴上的控制参数，包括固定轴、刀尖控制、接触控制、4 轴刀尖控制、4 轴接触控制和用户自定义。下面仅对以下选项进行介绍。

1）固定轴：刀具轴由相对于坐标系的 Z 轴，并沿着切削方向的前倾角和侧倾角决定。

2）用户自定义：当选择此选项时，刀具的方位（包括其轴和顶尖）完全由驱动线和所选的轴方向决定。所有其他轴控制选项都接收用户轴方向，但刀尖将根据沿驱动线的局部零件几何来计算。

（2）刀轴方向：通过该选项，可沿各驱动线指定刀具轴。单击该按钮，系统弹出对话框。输入轴方向，单击其后的下拉按钮，将弹出 5 个选项，分别为动态拾取、在曲线上、在面上、曲线法向和面法向，如图 6-49 所示。对于在曲线上或在曲面上，在选择刀轴方向时，其原点必须在曲线或曲面上。

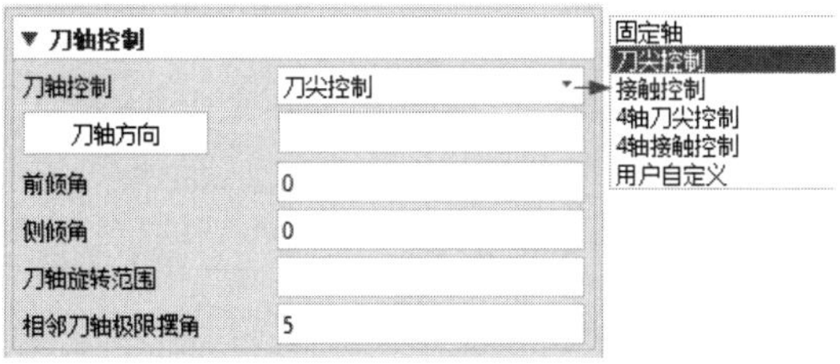

图 6-48 “刀轴控制”选项卡

图 6-49　选择刀轴方向

三、阵列

单击“刀轨编辑器”选项卡“转换”面板中的“阵列”按钮，系统弹出“阵列刀轨”对话框，如图 6-50 所示。该对话框中各选项的含义与项目二任务四中的“阵列”命令各选项的含义相同，这里不再赘述。

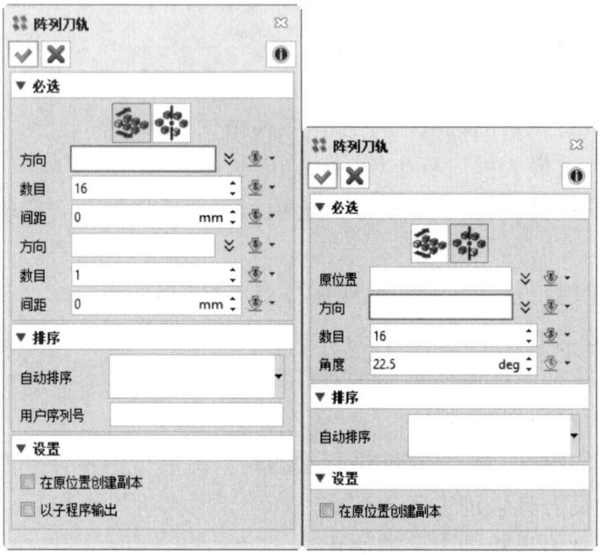

图 6-50 “阵列刀轨”对话框

四、5 轴引导面等值线切削

每个 5 轴引导面等值线切削工序在其特征列表中应有选择的驱动曲面，以其普通曲面输入作为切削目标。由驱动曲面定义的引导面强制刀轴沿着其等值线的法线法向。

单击“5 轴铣削”选项卡“切削”面板中的“引导面等值线”按钮，系统弹出“5 轴引导面等值线切削 1”对话框，如图 6-51 所示。该对话框中部分选项的含义如下。

图 6-51 “5 轴引导面等值线切削”对话框

1．“刀轨设置”选项卡

单击“刀轨设置”选项卡，如图 6-52 所示。该选项卡中部分选项的含义如下。

（1）切削驱动面：如果选择“是”，则驱动面也会被加工；如果选择“否”，则驱动面只用于引导刀轴方向。

（2）刀轨样式：在每个加工层上，定义所有分层切削的切削方式。它可以应用于底面深度和侧面深度。刀轨样式包括两个选项：“单向”与“Z 字型”。

（3）等值线方向：选择 U 等值线或 V 等值线。

2．“刀轴控制”选项卡

单击“刀轴控制”选项卡，如图 6-53 所示。该选项卡中部分选项的含义如下。

4 轴平面：单击该按钮，系统弹出“向量”对话框，如图 6-54 所示。通过该对话框，可为相应的 4 轴加工指定刀具轴平面法向。

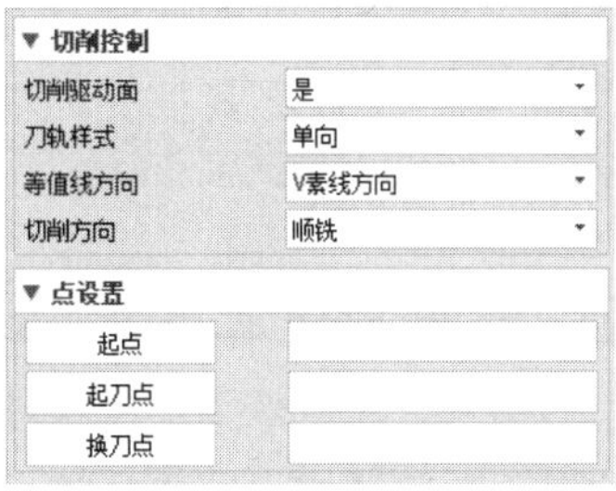

图 6-52　“刀轨设置”选项卡

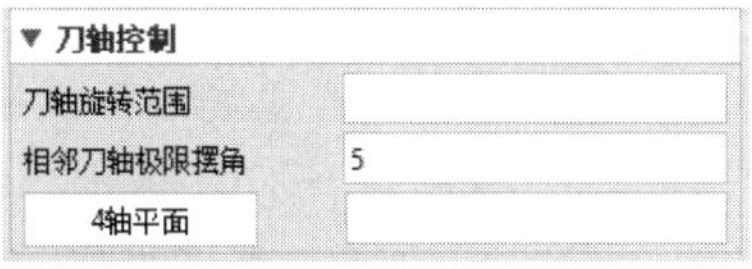

图 6-53　“刀轴控制”选项卡

图 6-54　“向量”对话框

任务二　微波炉饭盒加工

任务导入

微课视频

本任务是对图 6-55 所示的微波炉饭盒进行加工，加工结果如图 6-56 所示。

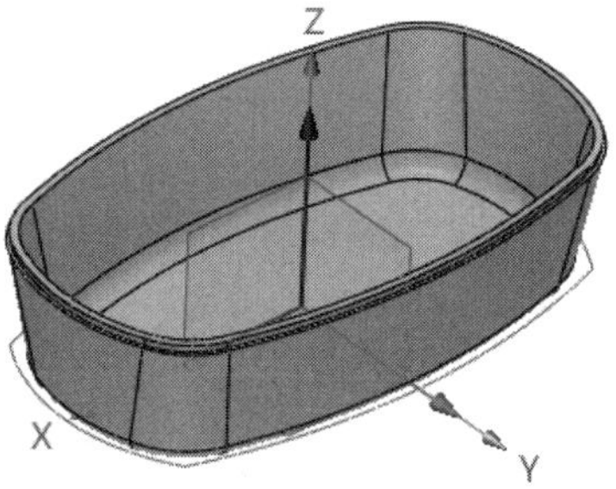

图 6-55　微波炉饭盒

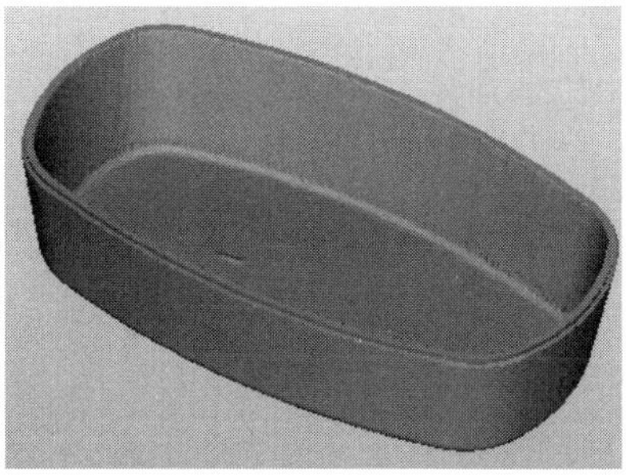

图 6-56　微波炉饭盒加工结果

学习目标

1．学习“5 轴侧刃切削”加工命令的使用；

2．复习 3 轴加工中的“平坦面加工”命令。

思路分析

本任务的目标是微波炉饭盒加工。首先打开源文件，创建方案，添加坯料，然后进行 5 轴侧刃切削加工，接下来对底面进行平坦面加工，最后对饭盒的唇缘进行 5 轴侧刃切削加工。

操作步骤

1．创建坯料

（1）打开文件。打开“微波炉饭盒”源文件，如图 6-55 所示。

（2）进入加工界面。单击“DA 工具栏”中的“加工方案”按钮，系统弹出“选择模板”对话框，选择“空白”，单击“确认”按钮，进入加工界面。

（3）添加坯料。单击“加工系统”选项卡“加工系统”面板中的“添加坯料”按钮，系统弹出“添加坯料”对话框，选择坯料类型为“STL”，单击“打开”按钮，系统弹出“选择文件输入”对话框，选择已经创建好的“微波炉饭盒.stl”文件将其打开，单击“确定”按钮，系统弹出“ZW3D”对话框，单击“是”按钮，隐藏坯料。

2．5 轴侧刃切削加工

（1）选择曲面 1。单击“5 轴铣削”选项卡“切削”面板中的“侧刃切削”按钮，系统弹出“5 轴侧刃切削 1”对话框，如图 6-57 所示。单击“添加”按钮，系统弹出“选择特征”对话框 1，选择零件，单击“新建”按钮，系统弹出“选择特征”对话框 2，选择“曲面”，单击“确定”按钮，系统弹出“曲面”对话框，根据系统提示选择图 6-58 所示的曲面作为驱动面，单击“确定”按钮，系统弹出“曲面特征”对话框，类别选择“5 轴控制”，控制类型选择“驱动面”。单击“确认”按钮，返回“5 轴侧刃切削 1”对话框。

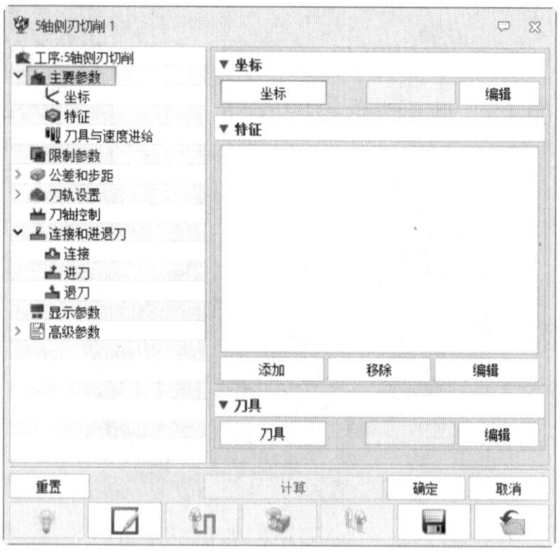

图 6-57 “5 轴侧刃切削 1”对话框

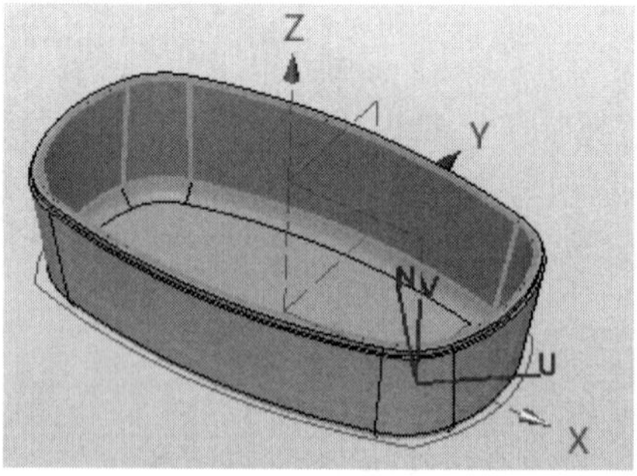

图 6-58 选择驱动面

（2）选择曲面 2。单击“添加”按钮，参照上一步选择图 6-59 所示的曲面作为底控制面，单击“确定”按钮，系统弹出“曲面特征”对话框，类别选择“5 轴控制”，控制类别选择“底控制面”，单击“确认”按钮，返回“5 轴侧刃切削 1”对话框。

（3）定义刀具。单击“刀具”按钮，系统弹出“刀具列表”对话框，单击“管理”按钮系统弹出“创建刀具”对话框，选择“铣削”和“铣刀”，单击“确定”按钮✔，系统弹出“刀具”对话框，类型选择“铣刀”，子类选择“端铣刀”，刀具长设置为“50”，刀刃长设置为“40”，半径设置为“2”，刀体直径设置为“6”，如图6-60所示。单击“确定”按钮，刀具定义完成。

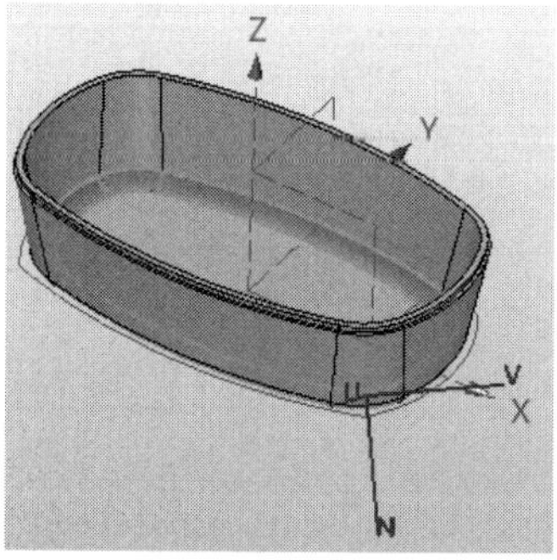

图6-59　选择底控制面

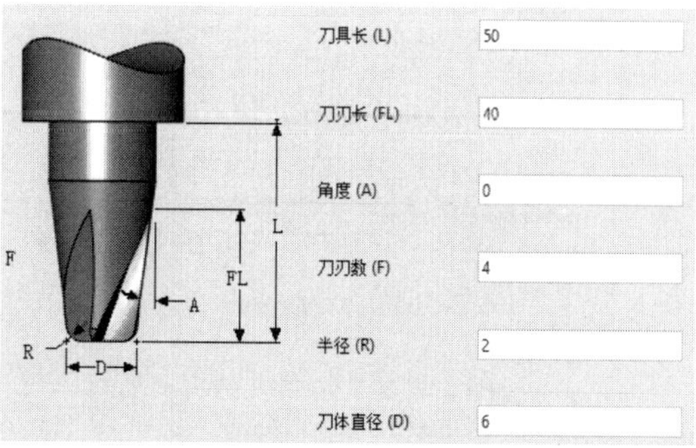

图6-60　设置刀具参数

（4）公差和步距设置。单击“公差和步距”选项卡，侧面余量设置为“3”，底面余量设置为“0”，切削深度类型选择“Z方向等高”，最大切削深度设置为“4”，切削高度设置为“27”，切削位置设置为“顶端”，轨迹偏移距离设置为“40”，分层偏移距离设置为“3”，如图6-61所示。

（5）刀轨设置。单击“刀轨设置”选项卡，刀轨样式选择“Z字型”，切削顺序设置为“侧面优先”，过渡距离（进）设置为“5”，过渡距离（出）设置为“5”，切削重叠距离设置为“5”，如图6-62所示。

（6）设置刀轴控制。单击“刀轴控制”选项卡，刀轴选项选择“直纹线”，相邻刀轴极限摆角设置为“3”，如图6-63所示。

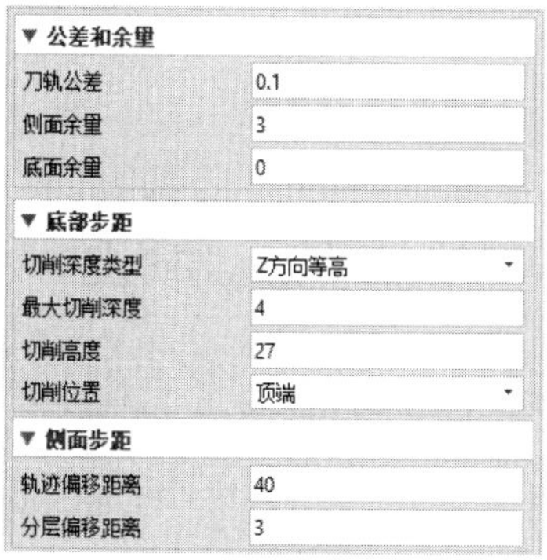

图6-61　公差和步距设置

图6-62　刀轨设置

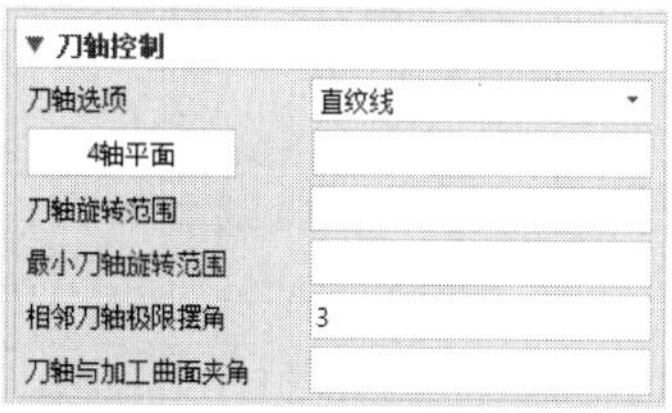

图6-63　设置刀轴控制

（7）进退刀设置。单击“连接和进退刀”选项卡，短连接方式设置为“法向抬刀”，长连接方式设置为“法向抬刀”，%短连接界限设置为“100”，安全距离设置为“30”，进刀类型选择“无”，进刀结束角度设置为“90”，进刀半径设置为“3”，进刀斜坡长度设置为“0”，退刀类型选择“无”，退刀结束角度设置为“90”，退刀半径设置为“3”，退刀斜坡长度设置为“0”，如图 6-64 所示。

（8）计算刀轨。参数设置完成，单击“计算”按钮，计算刀具轨迹，结果如图 6-65 所示。

图 6-64　进退刀设置

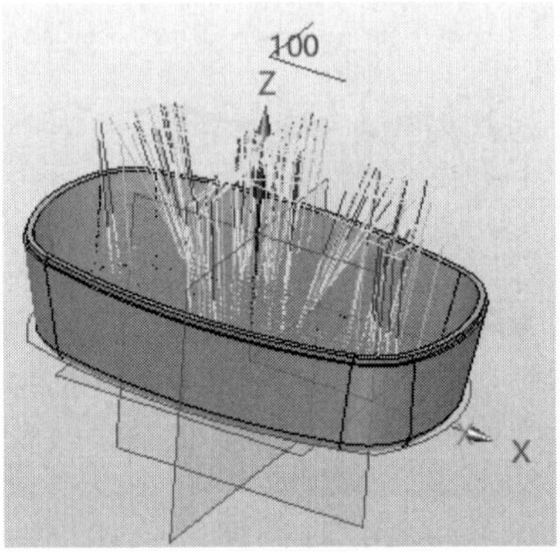

图 6-65　5 轴侧刃切削刀具轨迹

3．平坦面加工

（1）设置主要参数。单击“3 轴快速铣削”选项卡“精加工”面板中的“平坦面加工”按钮，系统弹出“平坦面加工 1”对话框，如图 6-66 所示。单击“添加”按钮，系统弹出“选择特征”对话框 1，选择零件，单击“确定”按钮，系统弹出“选择特征”对话框 2，如图 6-67 所示，选择“平面区域”。单击“确定”按钮，系统弹出“平坦区域”对话框，在绘图区选择零件，单击“确定”按钮，系统弹出“平坦区域特征”对话框，如图 6-68 所示。移除两个平坦区域，只保留图 6-69 所示的平坦区域，单击“确认”按钮，返回“平坦面加工 1”对话框。

图 6-66 “平坦面加工 1”对话框

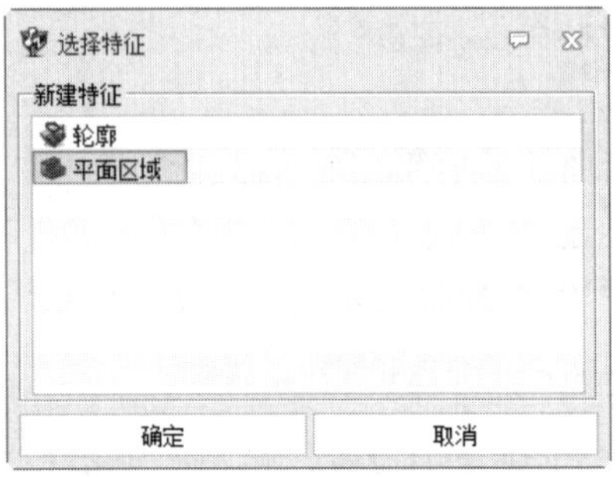

图 6-67 “选择特征”对话框 2

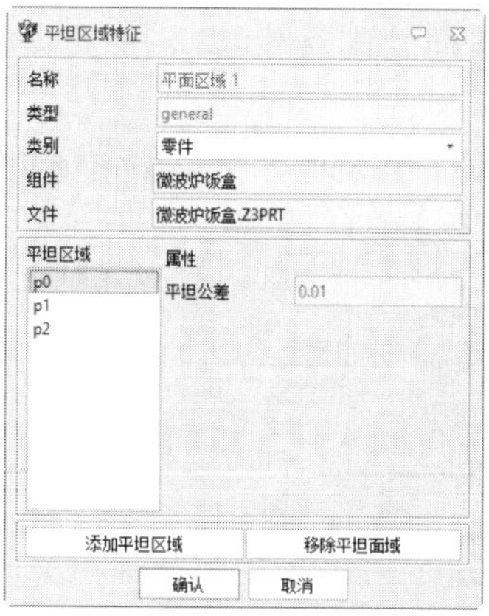

图 6-68 “平坦区域特征”对话框

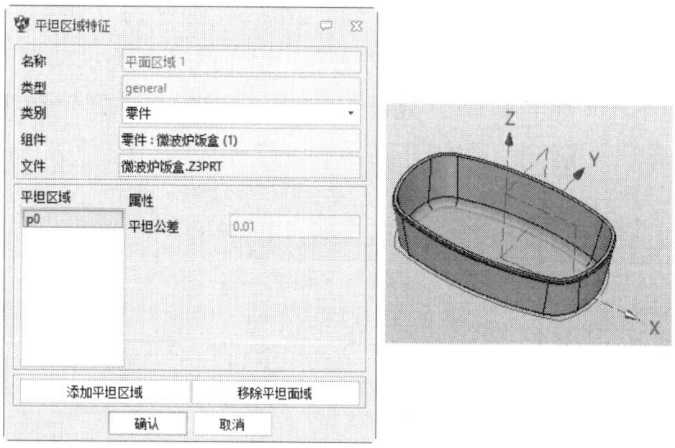

图 6-69 保留的平坦区域

（2）定义刀具。单击“刀具”按钮，系统弹出“刀具列表”对话框，单击“管理”按钮，系统弹出“创建刀具”对话框，选择“铣削”和“铣刀”，单击“确定”按钮✔，系统弹出“刀具”对话框，类型选择“铣刀”，子类选择“端铣刀”，刀具长设置为“50”，刀刃长设置为“40”，半径设置为“2”，刀体直径设置为“6”，如图 6-70 所示。单击“确定”按钮，刀具定义完成。

（3）设置限制参数。单击“限制参数”选项卡，限制类型选择“轮廓”，%偏移设置为“0.0”，三维偏移设置为“否”，最小残料厚度设置为“0.3”，检查零件所有面设置为“否”，如图 6-71 所示。

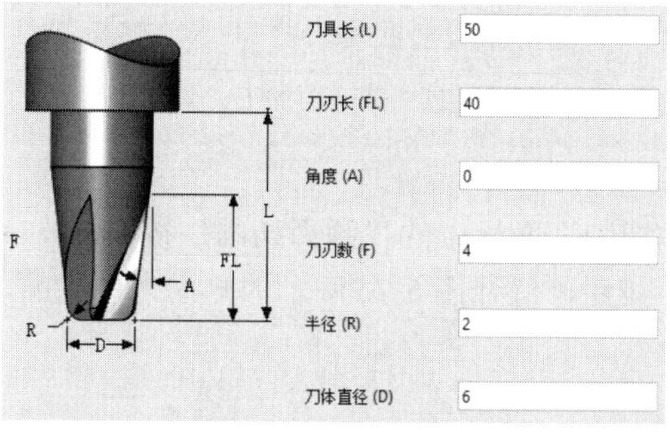

图 6-70 设置刀具参数

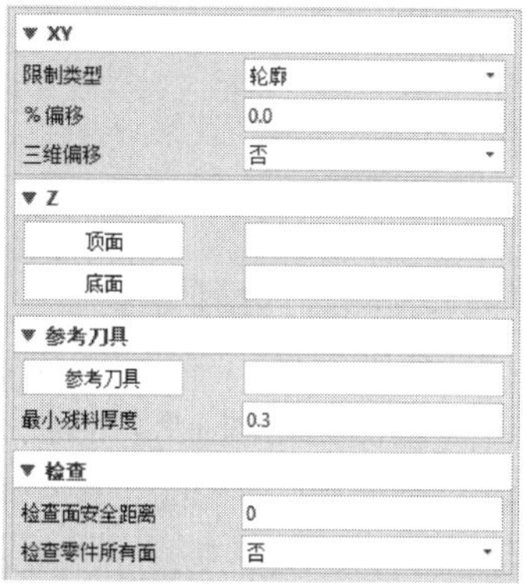

图 6-71 设置限制参数

（4）公差和步距设置。单击“公差和步距”选项卡，曲面余量选择“侧边”，侧面余量值设置为“0”，Z 方向余量设置为“3”，平面度设置为“0.01”，步进设置为刀具直径的 45%，如图 6-72 所示。

（5）刀轨设置。单击“刀轨设置”选项卡，切削方向选择“Z 字型”，刀轨类型选择“偏移 2D”，忽略 TDU 洞设置为“2”，由外至内设置为“是”，边界清理设置为“0”，底面精加工设置为“0”，转角控制选择“光滑”，尖角设置为“90”，周边转角设置为“0”，%XY 光滑度设置为“50”，如图 6-73 所示。

（6）进退刀设置。单击“连接和进退刀”选项卡，短连接方式选择“样条曲线”，长连接方式选择“相对高度”，短连接界限设置为“10”，安全平面设置为“50”，进刀类型选择“空”，退刀类型选择“空”，如图 6-74 所示。

（7）计算刀轨。参数设置完成，单击“计算”按钮，计算刀具轨迹，结果如图 6-75 所示。单击“确定”按钮，在“计划”管理器中生成“三维偏移切削 1”工序。

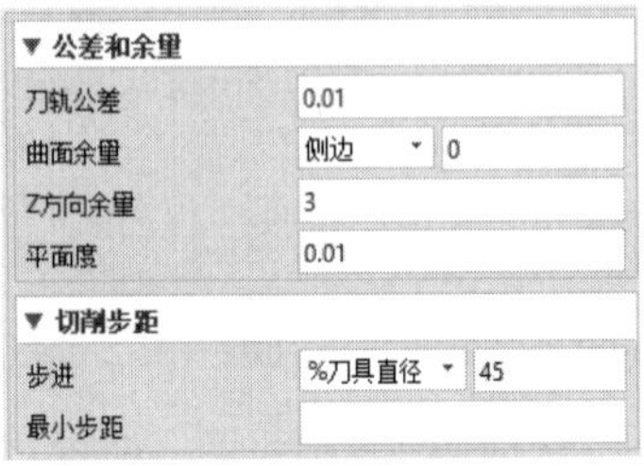

图 6-72　公差和步距设置

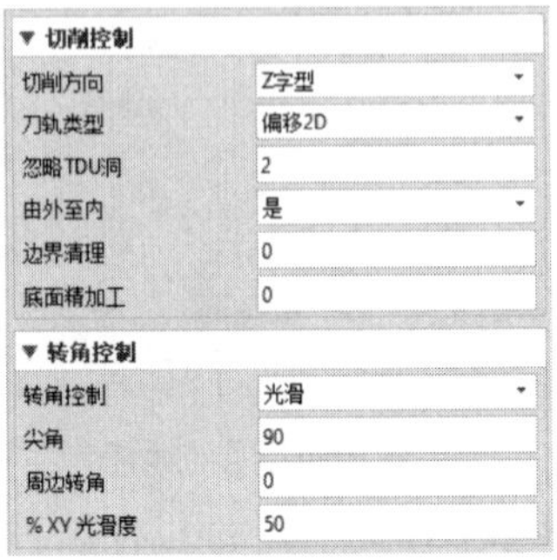

图 6-73　刀轨设置

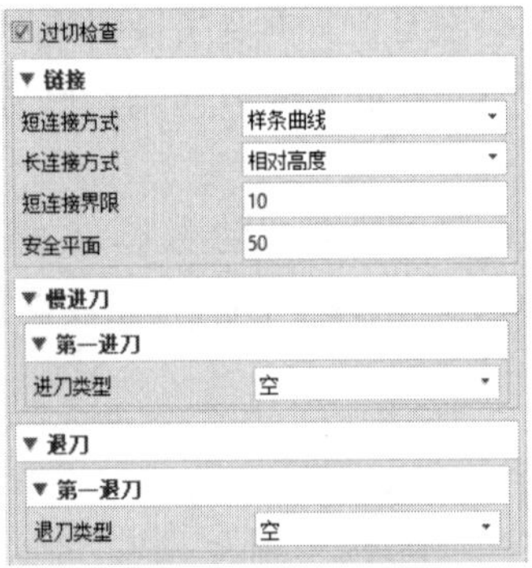

图 6-74　进退刀设置

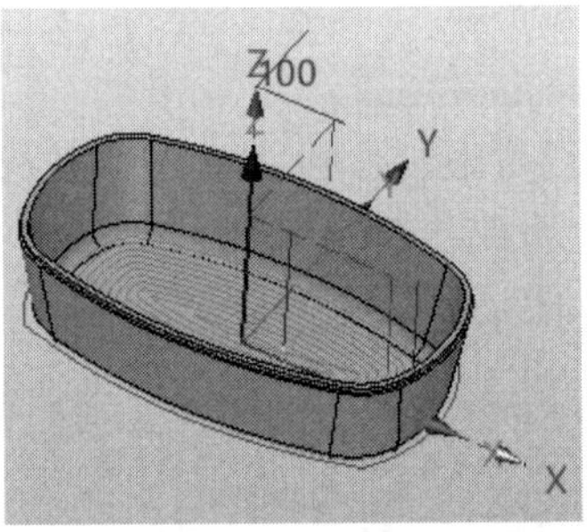

图 6-75　平坦面加工刀具轨迹

4．5 轴侧刃切削加工

（1）选择曲面。单击“5 轴铣削”选项卡“切削”面板中的“侧刃切削”按钮，系统弹出“5 轴侧刃切削 1”对话框。单击“添加”按钮，选择图 6-76 所示的侧面为驱动面，选择图 6-77 所示的面为终止检查面。

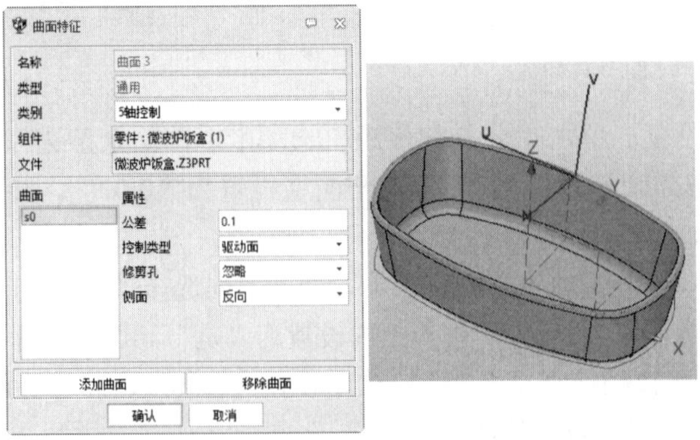

图 6-76　选择驱动面

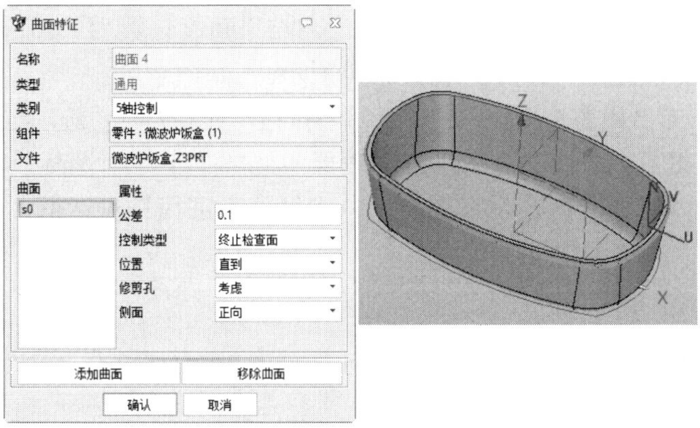

图 6-77　选择终止检查面

（2）定义刀具。单击“刀具”按钮，系统弹出“刀具列表”对话框，单击“管理”按钮，系统弹出“创建刀具”对话框，选择“铣削”和“铣刀”，单击“确定”按钮✔，系统弹出“刀具”对话框，类型选择“铣刀”，子类选择“端铣刀”，刀具长设置为“50”，刀刃长设置为“40”，半径设置为“0”，刀体直径设置为“5”，单击“确定”按钮，刀具定义完成。

（3）公差和步距设置。单击“公差和步距”选项卡，侧面余量设置为“-2”，底面余量设置为“0”，切削深度类型选择“Z 方向等高”，切削高度设置为“2”，切削位置设置为“顶端”，如图 6-78 所示。

（4）刀轨设置。单击“刀轨设置”选项卡，刀轨样式选择“单向”，切削顺序设置为“底部优先”，过渡距离（进）设置为“5”，过渡距离（出）设置为“5”，切削重叠距离设置为“5”，如图 6-79 所示。

（5）设置刀轴控制。单击“刀轴控制”选项卡，刀轴选项选择“直纹线”，相邻刀轴极限摆角设置为“5”，如图 6-80 所示。

图 6-78　公差和步距设置

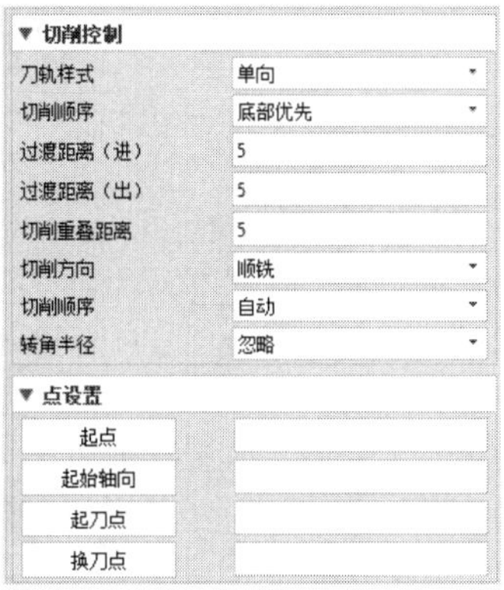

图 6-79　刀轨设置

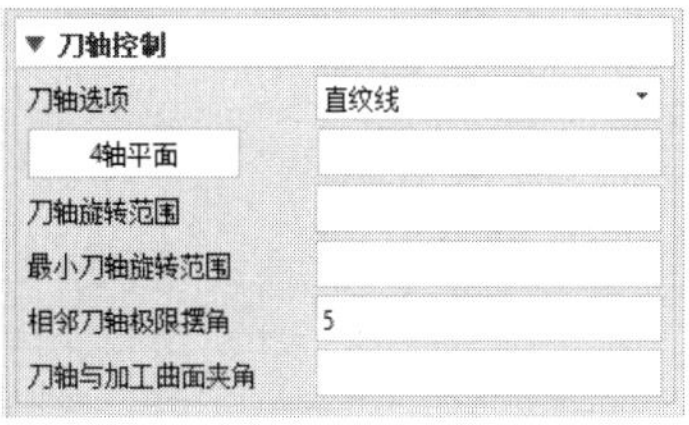

图 6-80　设置刀轴控制

（6）进退刀设置。单击“连接和进退刀”选项卡，短连接方式设置为“自动”，长连接方式设置为“自动”，%短连接界限设置为“300.0”，安全距离设置为“5”，进刀类型选择“刀具轴平面”，进刀结束角度设置为“90”，进刀半径设置为“3”，进刀斜坡长度设置为“10”，退刀类型选择“刀具轴平面”，退刀结束角度设置为“90”，退刀半径设置为“3”，退刀斜坡长度设置为“10”，如图 6-81 所示。

（7）计算刀轨。参数设置完成，单击“计算”按钮，计算刀具轨迹，结果如图 6-82 所示。

（8）实体仿真加工。在“计划管理”管理器中选中“工序”图标，右击，在弹出的快捷菜单中选择“实体仿真”命令，系统弹出“实体仿真进程”对话框，单击“快速结束”按钮 ▶|，查看加工结果，如图 6-83 所示。

图 6-81　进退刀设置

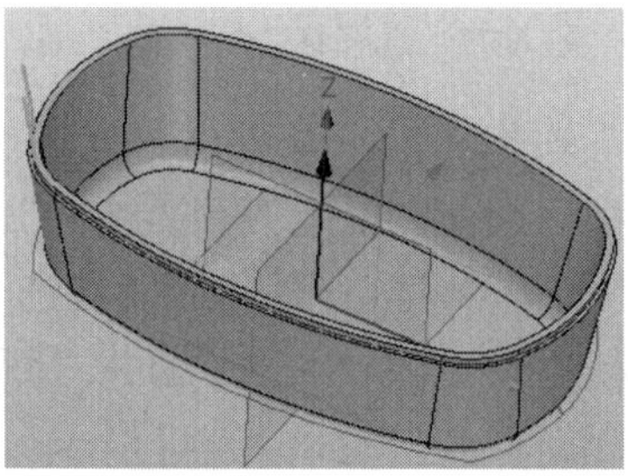

图 6-82　5 轴侧刃切削刀具轨迹

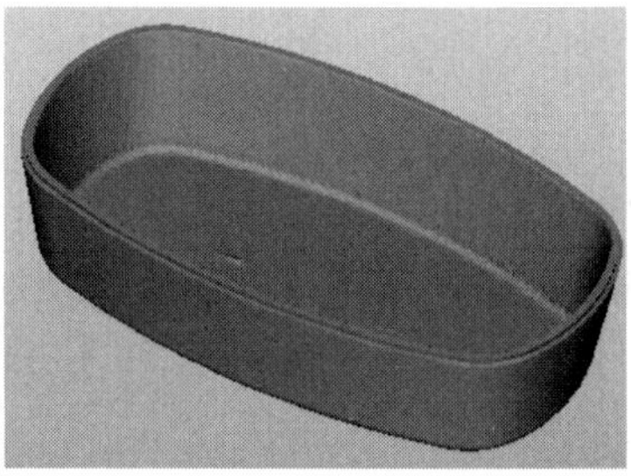

图 6-83　实体仿真加工结果

知识拓展

5 轴侧刃切削工序利用控制曲面来计算刀轨。驱动面定义了刀轴方向，而且刀侧刃与它一直保持接触。刀触点由底控制面控制。

单击“5 轴铣削”选项卡“切削”面板中的“侧刃切削”按钮，系统弹出“5 轴侧刃切削 1”对话框，如图 6-84 所示。该对话框中部分选项的含义如下。

1.“公差和步距”选项卡

单击“公差和步距”选项卡，如图 6-85 所示。该选项卡中部分选项的含义如下。

图 6-84　“5 轴侧刃切削 1”对话框

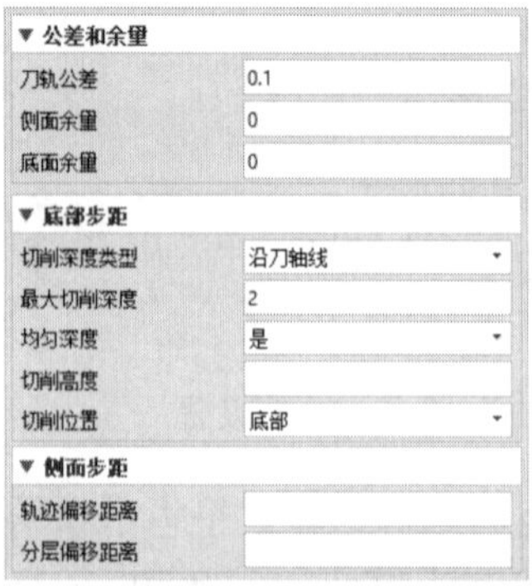

图 6-85　“公差和步距”选项卡

（1）切削深度类型：测量深度的方向。

1）Z 方向等高：表示沿着坐标系的 Z 轴测量深度。

2）沿刀轴线：表示沿着刀轴方向测量深度。

（2）最大切削深度：当创建多层刀轨时，该选项表示每层最大的切深。当其留空时，表示只创建单层刀轨。

（3）切削高度：切削深度的限制，仅当切削位置设置为“顶端”时起效。

（4）切削位置：测量切削深度的基准，从顶端开始或从底端开始，如果只计算单层刀轨，那么它将定义刀轨出现在顶端还是底端。

（5）轨迹偏移距离：用于设置残留毛坯的余量。

（6）分层偏移距离：类似于 XY 平面内的刀轨间距。

2．“刀轨设置”选项卡

单击“刀轨设置”选项卡，如图 6-86 所示。该选项卡中部分选项的含义如下。

（1）刀轨样式：设置单向或 Z 字型样式。

（2）切削顺序：确定深度加工的顺序。

1）底部优先：每次直接加工到底部。

2）侧面优先：每层优先切削侧面。

（3）过渡距离（进）：指定一段距离，从该点开始驱动面对刀轴的影响逐渐减弱，使刀轴可以以最佳的朝向进入拐角切削。

（4）过渡距离（出）：指定一段距离，从该点开始驱动面对刀轴的影响逐渐加强，使刀轴可以以最佳的朝向离开拐角。

（5）切削重叠距离：当切削闭环时，设定一段重复切削的距离，获取更大的工件光洁度。

（6）切削方向：定义切削方向，顺铣或逆铣。

（7）转角半径：以该半径对刀轨倒圆。

3．“刀轴控制”选项卡

单击“刀轴控制”选项卡，如图 6-87 所示。该选项卡中部分选项的含义如下。

图 6-86　“刀轨设置”选项卡

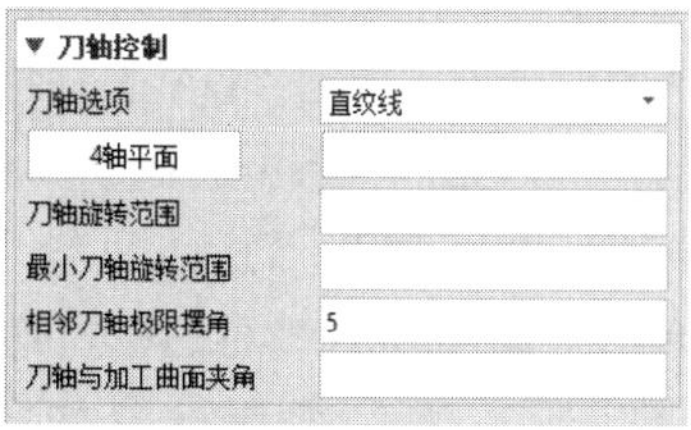

图 6-87　“刀轴控制”选项卡

刀轴选项可以从直改线、垂直和自动中选择。

1）直纹线：刀轴总是沿着驱动面的直纹方向。

2）垂直：刀具不仅相切于驱动面，刀轴也垂直面法向并向上倾斜。

3）自动：对于曲线直纹驱动面，刀轴沿着“直纹线”，而对于其他类型的驱动面，包括平坦的驱动面，刀轴将是垂直的。

任务三 叶轮加工

任务导入

本任务是对图 6-88 所示的叶轮进行加工，加工结果如图 6-89 所示。

微课视频

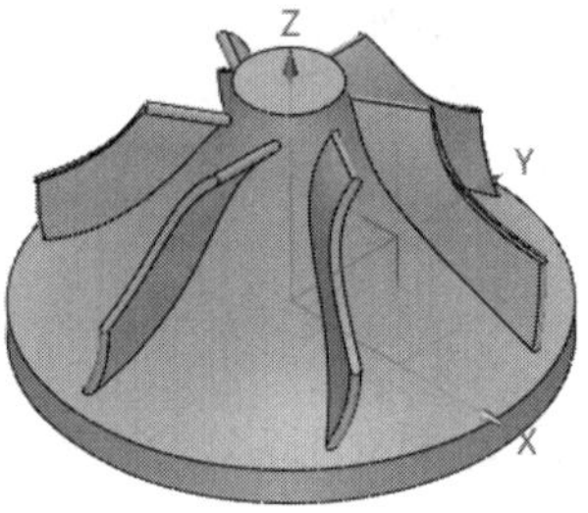

图 6-88 叶轮

图 6-89 叶轮加工结果

学习目标

1．学习 5 轴平面加工命令的使用；

2．学习 5 轴流线加工命令的使用。

思路分析

本任务的目标是叶轮加工。首先打开源文件，创建方案，添加坯料；然后进行 5 轴分层切削加工、5 轴侧刃切削加工和 5 轴流线切削加工，并对 5 轴侧刃切削加工和 5 轴流线切削加工进行阵列；最后进行 5 轴侧刃切削加工、平面加工和 5 轴分层切削加工。

操作步骤

1．创建坯料

（1）打开文件。打开“叶轮”源文件，如图 6-88 所示。

（2）进入加工界面。单击“DA 工具栏”中的“加工方案”按钮，系统弹出“选择模板”对话框，选择“空白”，单击“确认”按钮，进入加工界面。

（3）添加坯料。单击“加工系统”选项卡“加工系统”面板中的“添加坯料”按钮，系统弹出“添加坯料”对话框，选择坯料类型为“圆柱体”，轴向设置为 Z 轴，在绘图区选择叶轮实体，参数设置如图 6-90 所示。单击“确定”按钮，系统弹出“ZW3D”对话框，单击“是”按钮，隐藏坯料。

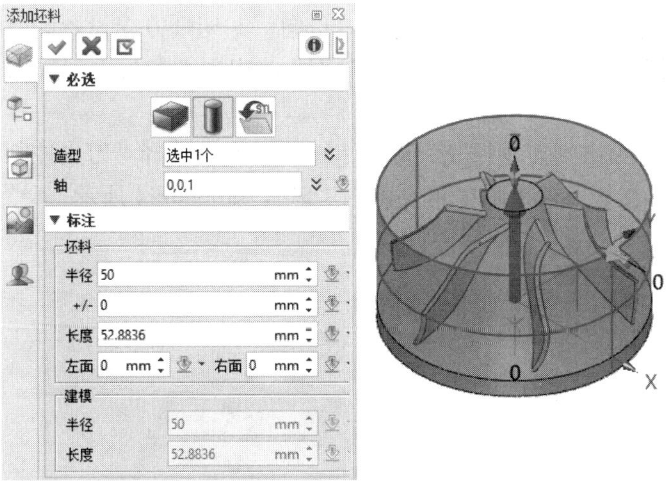

图 6-90　设置坯料参数

2．5 轴分层切削加工

（1）设置主要参数。单击“5 轴铣削”选项卡“切削”面板中的“分层”按钮，系统弹出“5 轴分层切削 1”对话框，如图 6-91 所示。单击“添加”按钮，系统弹出“选择特征”对话框，选择零件。单击“确定”按钮。

（2）定义刀具。单击“刀具”按钮，系统弹出“刀具列表”对话框，单击“管理”按钮，系统弹出“创建刀具”对话框，选择“铣削”和“铣刀”，单击“确定”按钮，系统弹出“刀具”对话框，名称采用默认，铣刀类型选择“端铣刀”，设置刀具长为“150”，刀刃长为“120”、半径为“1.5”，刀体直径设置为“3”，单击“确定”按钮，刀具定义完成。

（3）公差和步距设置。单击“公差和步距”选项卡，刀轨公差设置为“0.003”，切削方向设置为 Z 轴，最大切削深度设置为“1”，如图 6-92 所示。

图 6-91　“5 轴分层切削 1”对话框

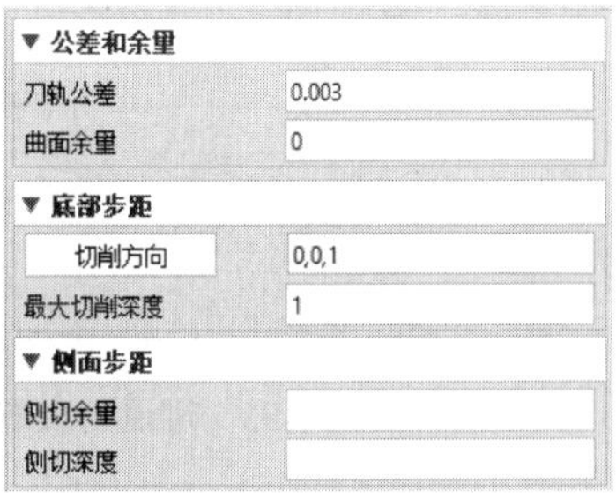

图 6-92　设置公差和步距

（4）刀轨设置。单击“刀轨设置”选项卡，设置切削重叠距离为“0.5”、转移起点为

“0”，允许根切选择“否”，刀轨样式选择“单向”，切削方向设置为“顺铣”，切削区域设置为“全部区域”，Z 向流程选择“自顶向下”，启用螺旋形铣削选择“否”，如图 6-93 所示。

（5）刀轴控制。单击“刀轴控制”选项卡，刀轴类型选择“刀尖控制”，前倾角和侧倾角均设置为“0”，相邻刀轴极限摆角设置为“5”，如图 6-94 所示

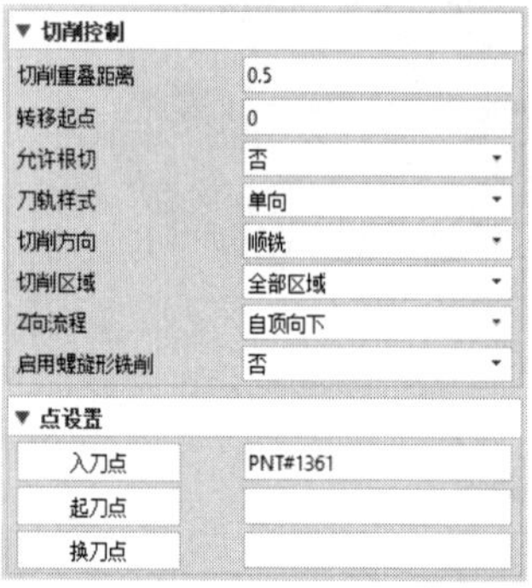

图 6-93　刀轨设置

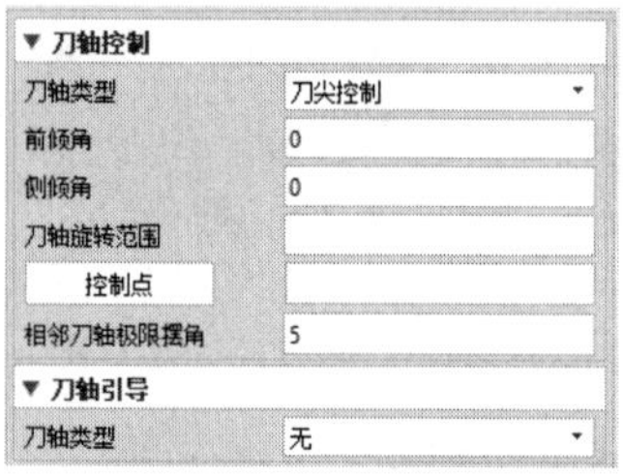

图 6-94　刀轴控制

（6）进退刀设置。单击“连接和进退刀”选项卡，短连接方式设置为“自动”，长连接方式设置为“自动”，%短连接界限设置为“300.0”，安全距离设置为“20”，最大插削距离设置为“10”，进刀类型选择“无”，进刀结束角度设置为“90”，进刀半径设置为“3”，进刀斜坡长度设置为“0”，退刀类型选择“无”，退刀结束角度设置为“90”，退刀半径设置为“3”，退刀斜坡长度设置为“0”，如图 6-95 所示。

（7）计算刀轨。参数设置完成，单击“计算”按钮，重新计算刀具轨迹，结果如图 6-96 所示。单击“确定”按钮，在“计划”管理器中生成“5 轴分层切削 1”工序。

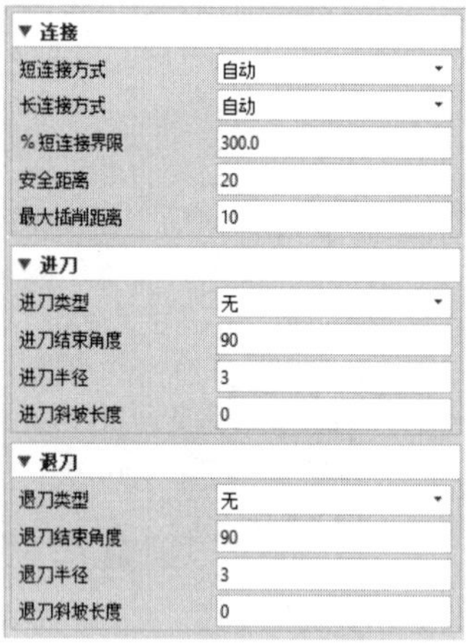

图 6-95　进退刀设置

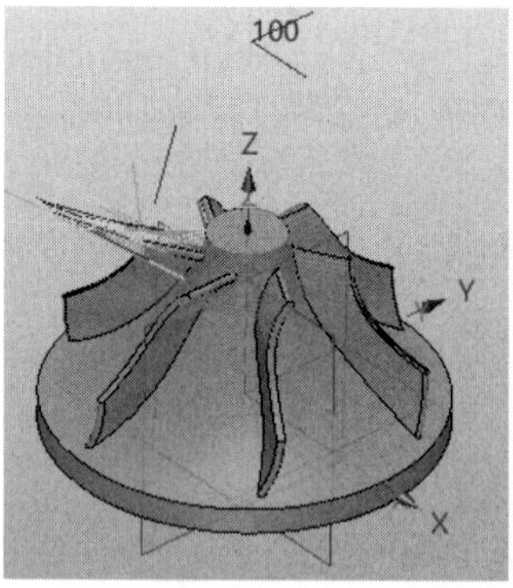

图 6-96　5 轴分层切削刀具轨迹

3．5 轴侧刃切削加工

（1）选择曲面 1。单击“5 轴铣削”选项卡“切削”面板中的“侧刃切削”按钮，系统弹出“5 轴侧刃切削 1”对话框，如图 6-97 所示。单击“添加”按钮，系统弹出“选择特

征”对话框 1，选择零件，单击“新建”按钮，系统弹出“选择特征”对话框 2，选择“曲面”，单击“确定”按钮，系统弹出“曲面”对话框，根据系统提示选择图 6-98 所示的曲面作为底控制面，单击“确定”按钮✔，系统弹出“曲面特征”对话框，类别选择“5 轴控制”，控制类别选择“底控制面”，单击“确认”按钮，返回“5 轴侧刃切削 1”对话框。

图 6-97　“5 轴侧刃切削 1”对话框

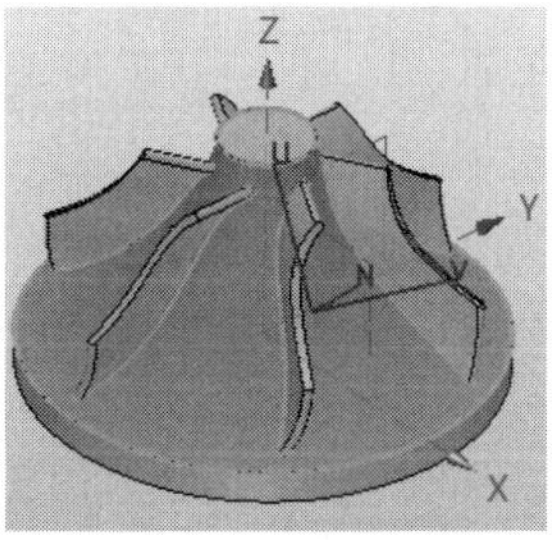

图 6-98　选择底控制面

（2）选择曲面 2。单击“添加”按钮，参照上一步选择图 6-99 所示的曲面作为驱动面，单击“确定”按钮✔，系统弹出“曲面特征”对话框，类别选择“5 轴控制”，控制类别选择“驱动面”，单击“确认”按钮，返回“5 轴侧刃切削 1”对话框。

（3）定义刀具。单击“刀具”按钮，系统弹出“刀具列表”对话框，选择“刀具 1”。

（4）公差和步距设置。单击“公差和步距”选项卡，刀轨公差设置为“0.003”，侧面余量和底面余量均设置为“0”，切削深度类型选择“沿刀轴线”，均匀深度设置为“否”，切削位置选择“底部”，如图 6-100 所示。

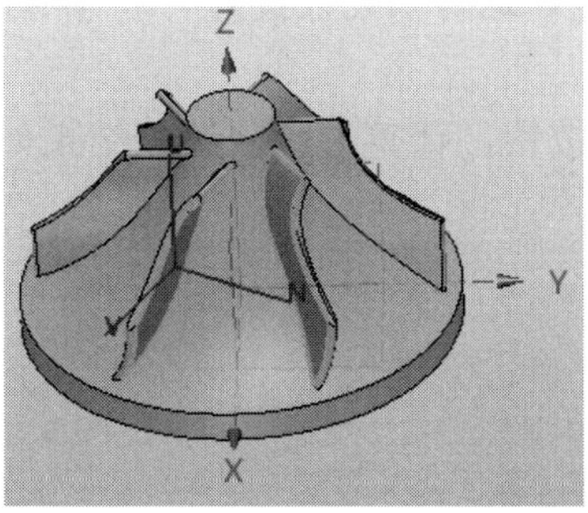

图 6-99　选择驱动面

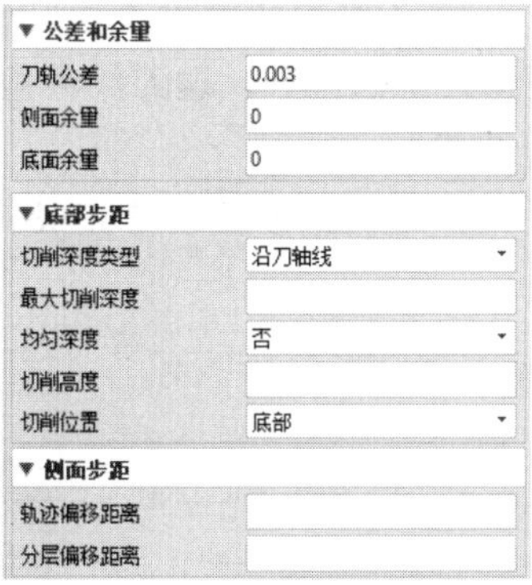

图 6-100　公差和步距设置

（5）刀轨设置。单击“刀轨设置”选项卡，刀轨样式选择“Z 字型”，切削顺序设置为“侧面优先”，过渡距离（进）设置为“1”，过渡距离（出）设置为“1”，切削重叠距离设置为“1”，单击“起点”按钮，选择图 6-101 所示的起点，单击“起始轴向”按钮，选择图 6-102 所示的起始轴，刀轨设置如图 6-103 所示。

（6）设置刀轴控制。单击“刀轴控制”选项卡，刀轴选项选择“直纹线”，相邻刀轴极限摆角设置为“5”，刀轴与加工曲面夹角设置为“5”，如图 6-104 所示。

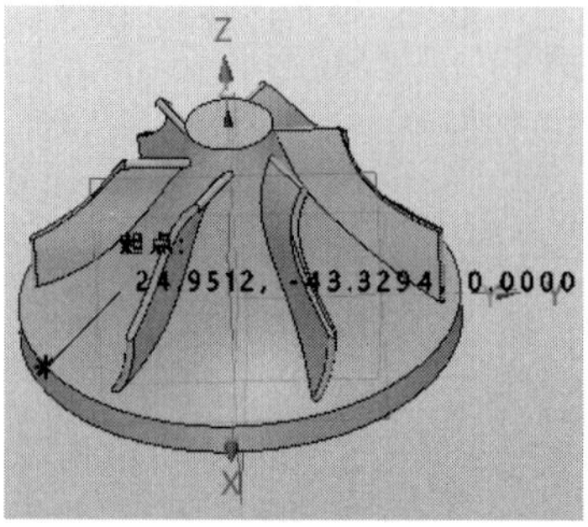

图 6-101　选择起点

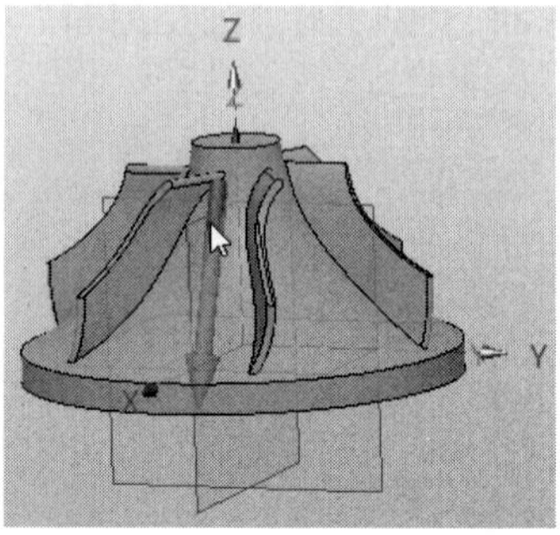

图 6-102　选择起始轴

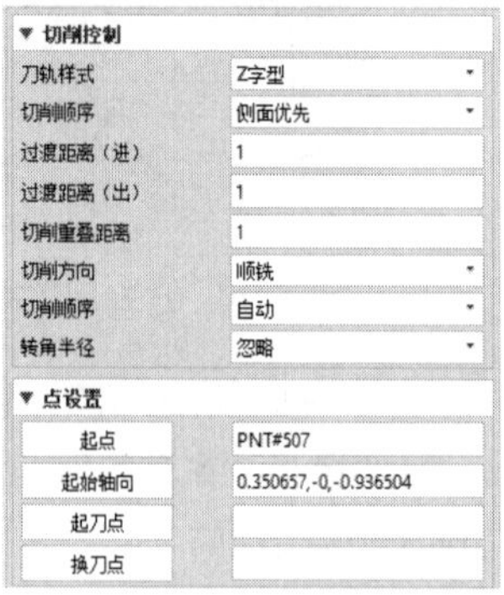

图 6-103　刀轨设置

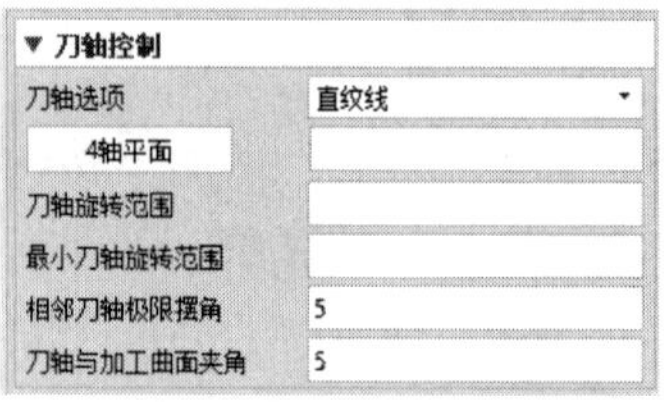

图 6-104　设置刀轴控制

（7）进退刀设置。单击“连接和进退刀”选项卡，短连接方式设置为“自动”，长连接方式设置为“自动”，%短连接界限设置为“300.0”，安全距离设置为“5”，进刀类型选择“法向”，进刀结束角度设置为“90”，进刀半径设置为“3”，进刀斜坡长度设置为“0”，退刀类型选择“法向”，退刀结束角度设置为“90”，退刀半径设置为“3”，退刀斜坡长度设置为“0”。

（8）计算刀轨。参数设置完成，单击“计算”按钮，计算刀具轨迹，结果如图 6-105 所示。

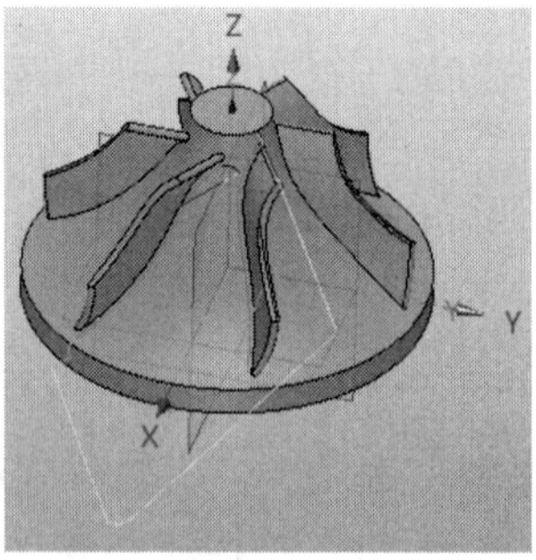

图 6-105　5 轴侧刃切削刀具轨迹

4．5 轴流线切削加工

（1）选择曲面。单击“5 轴铣削”选项卡“切削”面板中的“流线切削”按钮，系统弹出“5 轴流线切削 1”对话框，如图 6-106 所示。单击“添加”按钮，系统弹出“选择特征”对话框 1，选择零件，单击“新建”按钮，系统弹出“选择特征”对话框 2，选择“曲面”，单击“确定”按钮，系统弹出“曲面”对话框，根据系统提示选择图 6-107 所示的曲面作为加工面，单击“确定”按钮，系统弹出“曲面特征”对话框，如图 6-108 所示，类别选择“零件”，造型修改选择“面延伸（QM）”，延伸方法设置为“线性”，延伸距离设置为“30”。单击“确认”按钮，返回“5 轴流线切削 1”对话框。

（2）定义刀具。单击“刀具”按钮，系统弹出“刀具列表”对话框，选择“刀具 1”。

（3）公差和步距设置。单击“公差和步距”选项卡，刀轨公差设置为“0.1”，曲面余量设置为“0”，步进设置为刀具直径的 60%，如图 6-109 所示。

图 6-106　“5 轴流线切削 1”对话框

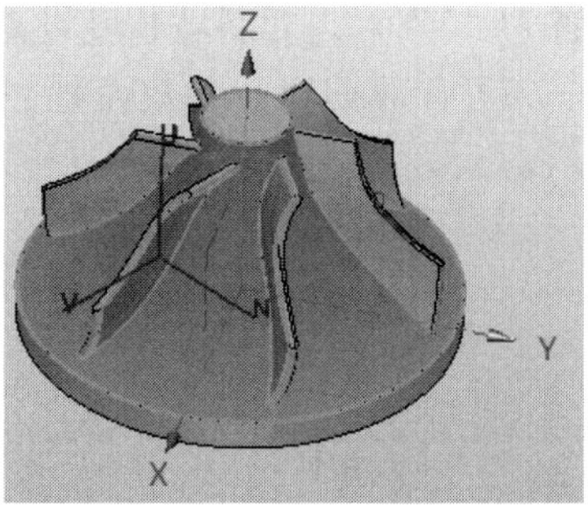

图 6-107　选择曲面

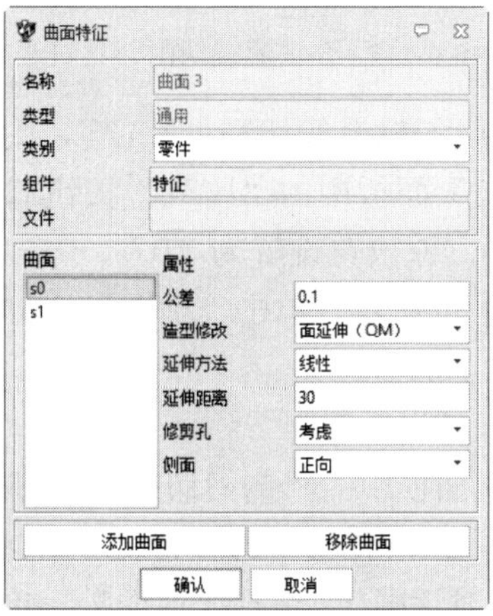

图 6-108　“曲面特征”对话框

图 6-109　公差和步距设置

（4）刀轨设置。单击“刀轨设置”选项卡，流线方式选择“Z 字型”，流线类型选择“螺旋向外”，单击“起点”按钮，选择图 6-110 所示的起点，刀轨设置如图 6-111 所示。

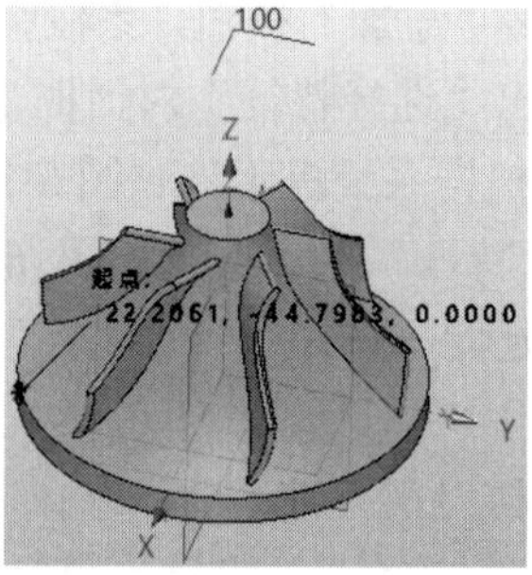

图 6-110　选择起点

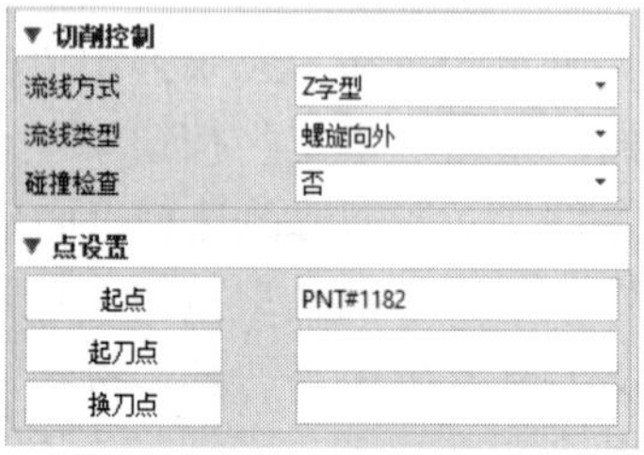

图 6-111　刀轨设置

（5）设置刀轴控制。单击“刀轴控制”选项卡，相邻刀轴极限摆角设置为“5”，如图 6-112 所示。

（6）进退刀设置。单击“连接和进退刀”选项卡，短连接方式设置为“自动”，长连接方式设置为“自动”，%短连接界限设置为“300.0”，安全距离设置为“50”，最大插削距离设置为“空”，进刀类型选择“无”，进刀结束角度设置为“90”，进刀半径设置为“3”，进刀斜坡长度设置为“0”，退刀类型选择“无”，退刀结束角度设置为“90”，退刀半径设置为“3”，退刀斜坡长度设置为“0”。

（7）计算刀轨。参数设置完成，单击“计算”按钮，计算刀具轨迹，结果如图 6-113 所示。

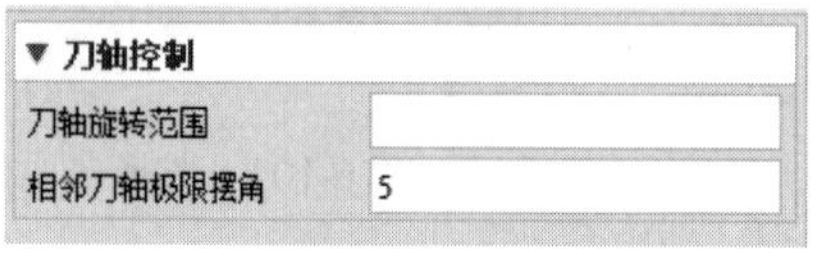

图 6-112　设置刀轴控制

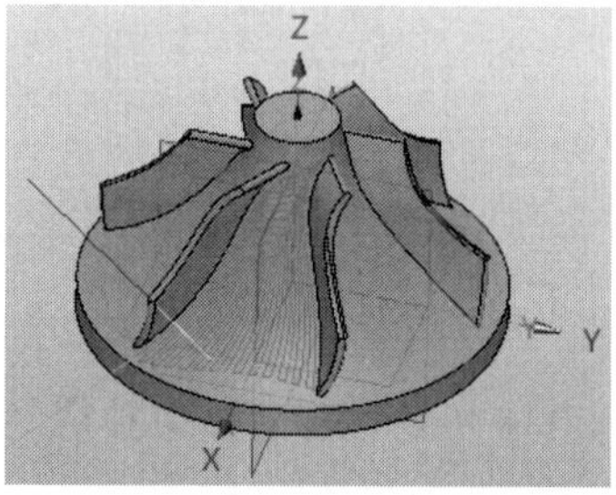

图 6-113　5 轴流线切削刀具轨迹

（8）在“计划”管理器中选中“5 轴侧刃切削 1”和“5 轴流线切削 1”工序，则在绘图区显示刀轨被选中。单击“刀轨编辑器”选项卡“转换”面板中的“阵列”按钮，系统弹出“阵列刀轨”对话框，选择阵列类型为“圆形”，原位置设置为“0”，方向设置为 Z 轴，数目设置为“6”，角度设置为“60”，如图 6-114 所示。单击“确定”按钮，结果如图 6-115 所示。

5．5 轴侧刃切削加工

（1）选择曲面 1。单击“5 轴铣削”选项卡“切削”面板中的“侧刃切削”按钮，系统弹出“5 轴侧刃切削 1”对话框。单击“添加”按钮，系统弹出“选择特征”对话框 1，选择零件，单击“新建”按钮，系统弹出“选择特征”对话框 2，选择“曲面”，单击“确定”按钮，系统弹出“曲面”对话框，根据系统提示选择图 6-116 所示的曲面作为底控制面，单击“确定”按钮，系统弹出“曲面特征”对话框，类别选择“5 轴控制”，控制类别选择“底控制面”，单击“确认”按钮，返回“5 轴侧刃切削 1”对话框。

图 6-114 “阵列刀轨”对话框

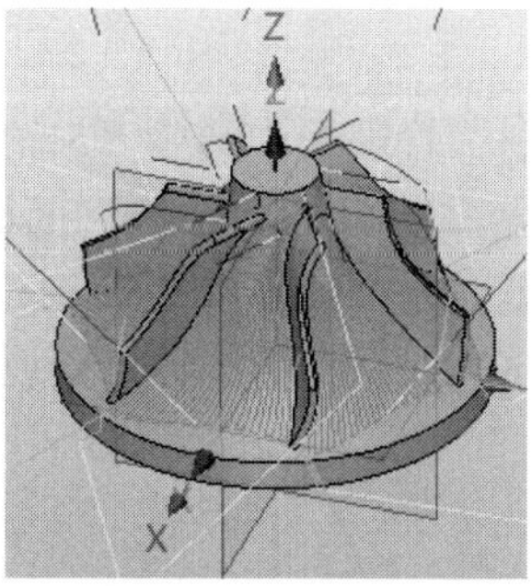

图 6-115　阵列刀轨

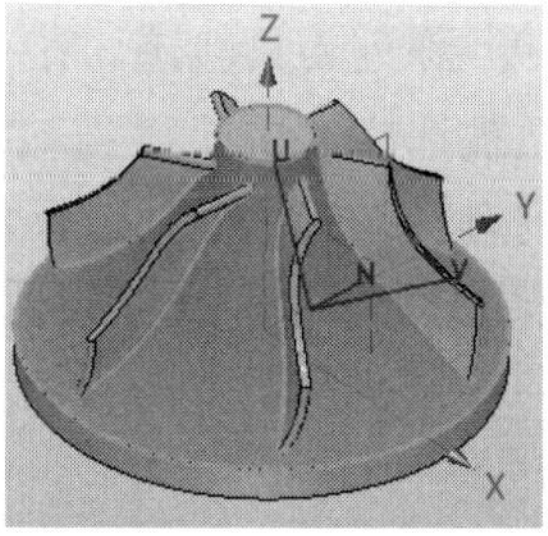

图 6-116　选择底控制面

（2)选择曲面2。单击“添加”按钮，参照上一步选择图6-117所示的曲面作为驱动面，单击“确定”按钮，系统弹出“曲面特征”对话框，类别选择“5 轴控制”，控制类别选择“驱动面”，单击“确认”按钮，返回“5 轴侧刃切削 1”对话框。

（3）定义刀具。单击“刀具”按钮，系统弹出“刀具列表”对话框，选择“刀具 1”。

（4）公差和步距设置。单击“公差和步距”选项卡，刀轨公差设置为“0.1”，侧面余量和底面余量均设置为“0”，切削深度类型选择“沿刀轴线”，最大切削深度设置为“1”，均匀深度设置为“否”，切削高度设置为“1”，切削位置选择“底部”，如图 6-118 所示。

（5）刀轨设置。单击“刀轨设置”选项卡，刀轨样式选择“单向”，切削顺序设置为“底部优先”，过渡距离（进）设置为“5”，过渡距离（出）设置为“5”，切削重叠距离设置为 5，如图 6-119 所示。

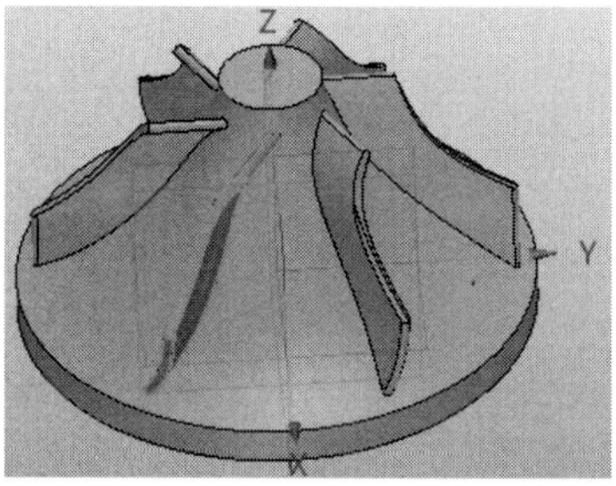

图 6-117　选择驱动面

图 6-118　公差和步距设置

图 6-119　刀轨设置

（6）设置刀轴控制。单击“刀轴控制”选项卡，刀轴选项选择“直纹线”，刀轴与加工曲面夹角设置为“5”，如图 6-120 所示。

（7）进退刀设置。单击“连接和进退刀”选项卡，短连接方式设置为“自动”，长连接方式设置为“自动”，%短连接界限设置为“300.0”，安全距离设置为“5”，进刀类型选择“法向”，进刀结束角度设置为“90”，进刀半径设置为“3”，进刀斜坡长度设置为“0”，退刀类型选择“法向”，退刀结束角度设置为“90”，退刀半径设置为“3”，退刀斜坡长度设置为“0”。

（8）计算刀轨。参数设置完成，单击“计算”按钮，计算刀具轨迹，结果如图 6-121 所示。

（9）陈列刀具轨迹。在“计划”管理器中选中“5 轴侧刃切削 2”工序，则在绘图区显示刀轨被选中。单击“刀轨编辑器”选项卡“转换”面板中的“阵列”按钮，系统弹出“阵列刀轨”对话框，选择阵列类型为“圆形”，原位置设置为“0”，方向设置为 Z 轴，数目设置为“6”，角度设置为“60”，单击“确定”按钮，结果如图 6-122 所示。

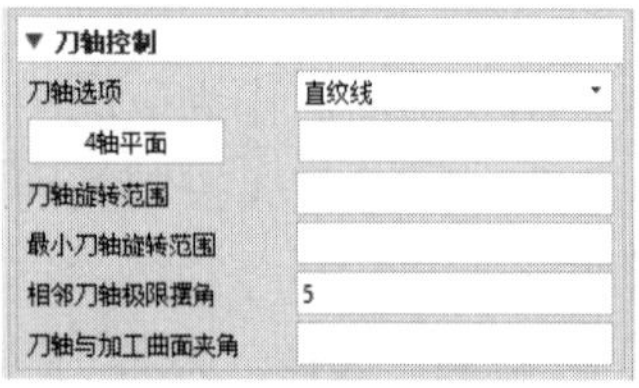

图 6-120　设置刀轴控制

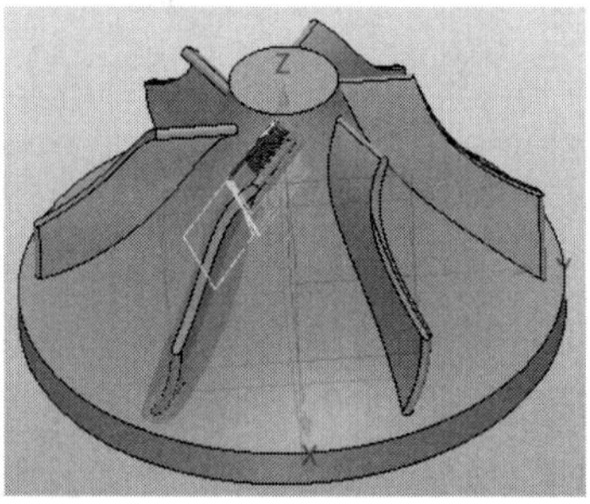

图 6-121　5 轴侧刃切削刀具轨迹

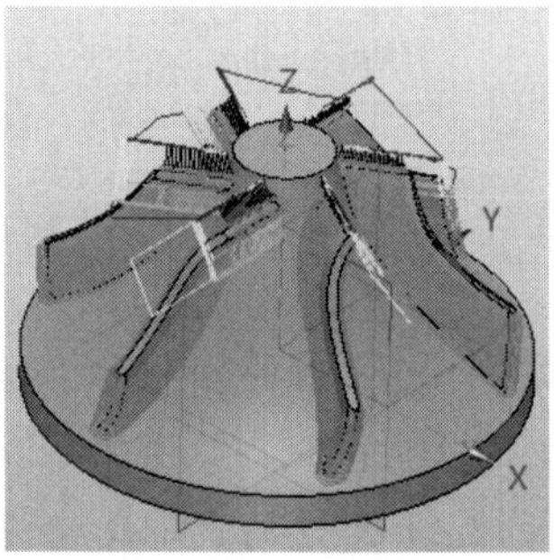

图 6-122　阵列刀轨

6．平面切削加工

（1）选择曲面。单击“5 轴铣削”选项卡“切削”面板中的“平面”按钮，系统弹出“5 轴平面平行切削 1”对话框，如图 6-123 所示。单击“添加”按钮，系统弹出“选择特征”对话框 1，选择零件，单击“新建”按钮，系统弹出“选择特征”对话框 2，选择“曲面”，单击“确定”按钮，系统弹出“曲面”对话框，根据系统提示选择图 6-124 所示的曲面作为加工面，单击“确定”按钮，系统弹出“曲面特征”对话框，类别选择“零件”。单击“确认”按钮，返回“5 轴平面平行切削 1”对话框。

图 6-123　“5 轴平面平行切削 1”对话框

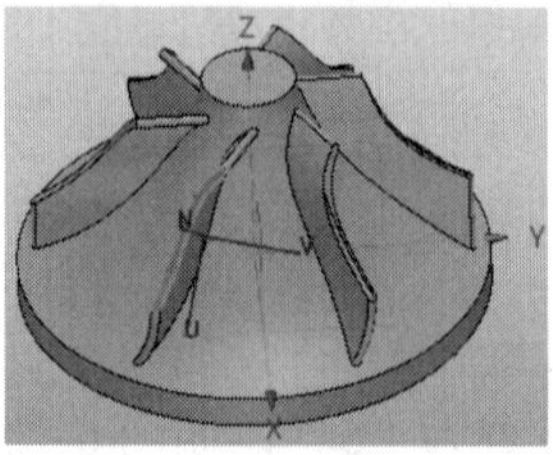

图 6-124　选择底控制面

（2）定义刀具。单击“刀具”按钮，系统弹出“刀具列表”对话框，选择“刀具 1”。

（3）公差和步距设置。单击“公差和步距”选项卡，刀轨公差设置为“0.1”，曲面余量设置为“0”，步进设置为刀具直径的 30%，切削深度类型选择“沿刀轴线”，最大切削深度设置为“3”，切削数设置为“1”，如图 6-125 所示。

（4）刀轨设置。单击“刀轨设置”选项卡，刀轨样式选择“Z 字型”，步长连接设置为“直线”，如图 6-126 所示。

（5）设置刀轴控制。单击“刀轴控制”选项卡，刀轴控制选择“刀尖控制”，刀轴旋转范围设置为“60”，如图 6-127 所示。

图 6-125　公差和步距设置

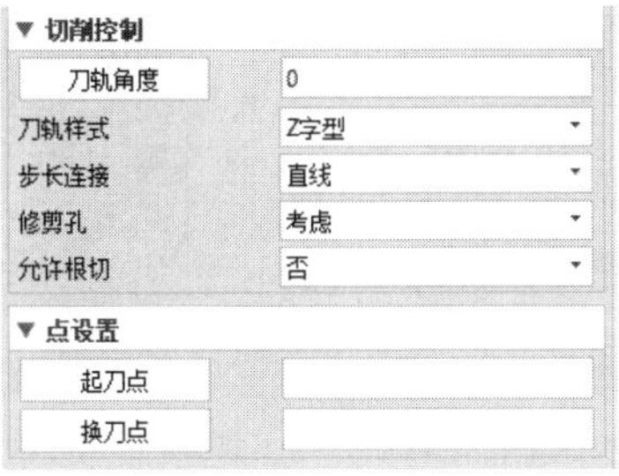

图 6-126　刀轨设置

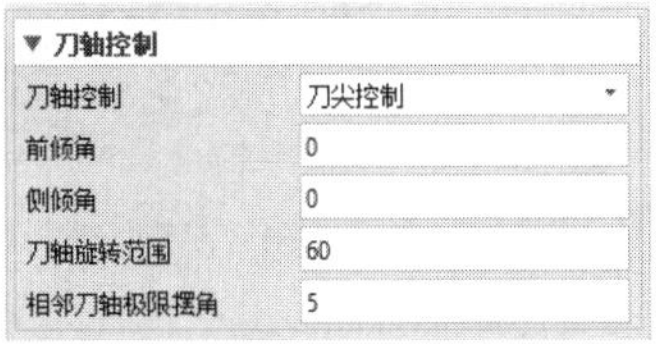

图 6-127　设置刀轴控制

（6）进退刀设置。单击“连接和进退刀”选项卡，短连接方式设置为“直线”，长连接方式设置为“法向抬刀”，%短连接界限设置为“300.0”，安全距离设置为“5”，进刀类型选择“弧形-线性斜坡”，进刀结束角度设置为“90”，进刀半径设置为“3”，进刀斜坡长度设置为“0”，退刀类型选择“弧形-线性斜坡”，退刀结束角度设置为“90”，退刀半径设置为“3”，退刀斜坡长度设置为“0”。

（7）计算刀轨。参数设置完成，单击“计算”按钮，计算刀具轨迹，结果如图 6-128 所示。

7．复制“5 轴分层切削 1”工序

（1）复制刀轨。在“计划”管理器中右击“5 轴分层切削 1”，在弹出的快捷菜单中选择“复制”命令，然后按<Ctrl+V>快捷键进行粘贴，生成“5 轴分层切削 2”工序。

（2）修改参数。双击“5 轴分层切削 2”工序，系统弹出“5 轴分层切削 2”对话框，单击“限制参数”选项卡，修改顶部和底部位置点，如图 6-129 所示。

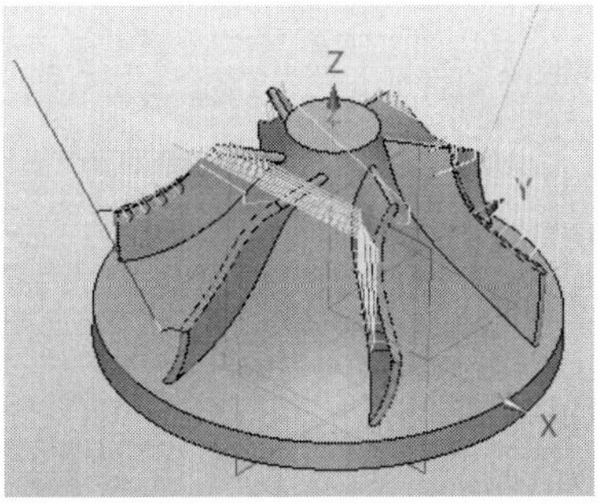

图 6-128　平面切削刀具轨迹

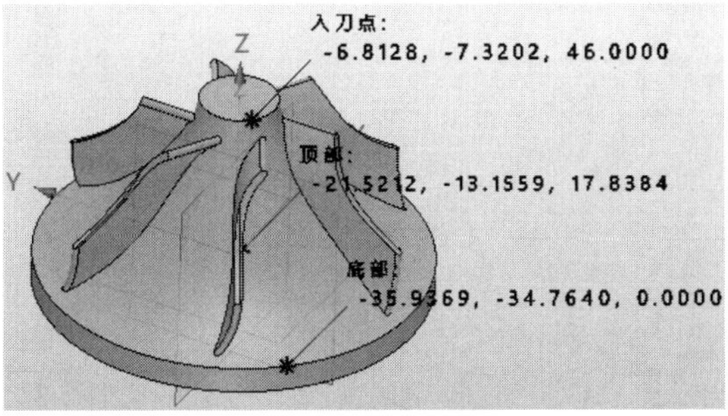

图 6-129　修改顶部和底部位置点

（3）计算刀轨。参数设置完成，单击“计算”按钮，计算刀具轨迹，结果如图 6-130 所示。

（4）实体仿真加工。在“计划”管理器中选中“工序”图标，右击，在弹出的快捷菜单中选择“实体仿真”命令，系统弹出“实体仿真进程”对话框，单击“快速结束”按钮▶|，结果如图 6-131 所示。

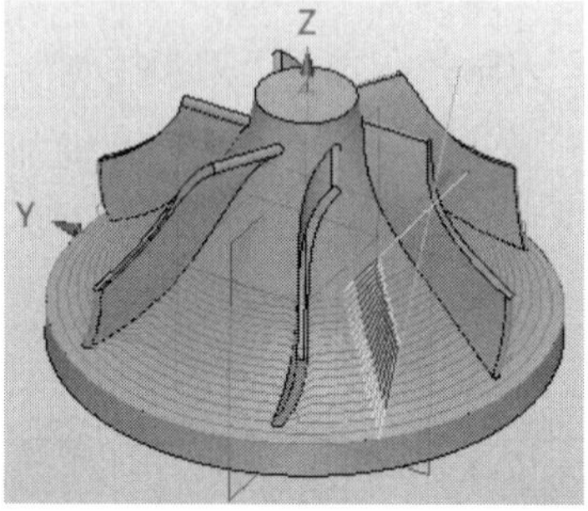

图 6-130　5 轴分层切削 2 刀具轨迹

图 6-131　实体仿真加工结果

知识拓展

一、流线

5 轴流线切削工序需要 5 轴侧刃切削或 5 轴驱动线切削工序作为参考。这两个切削工序将起到流线作用。5 轴侧刃切削或 5 轴驱动线切削也可以有多种深度。中望 3D CAM 将选择两次底层切削作为流线。

单击“5 轴铣削”选项卡“切削”面板中的“流线切削”按钮，系统弹出“5 轴流线切削 1”对话框，如图 6-132 所示。

单击“刀轨设置”选项卡，如图 6-133 所示。该选项卡中部分选项的含义如下。

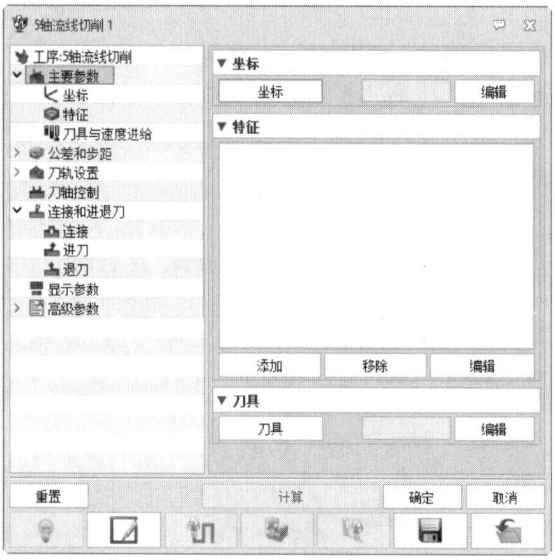

图 6-132　“5 轴流线切削 1”对话框

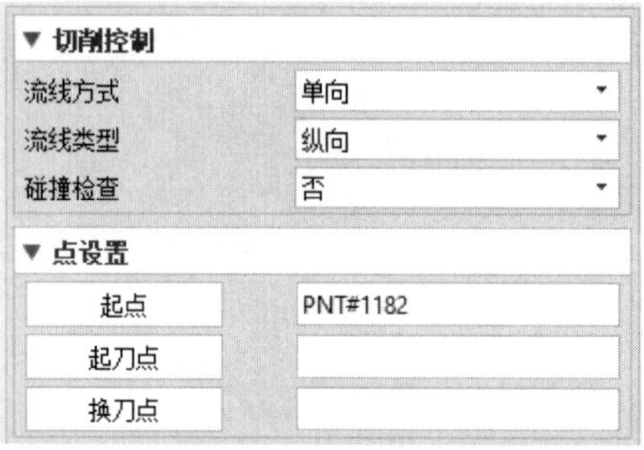

图 6-133　“刀轨设置”选项卡

（1）流线方式：对 5 轴流线切削工序设置刀轨的切削方式。

1）单向：每个切削轨迹处于相同的“一个方向 ”。

2）Z 字型：切削轨迹是 Z 字型。

（2）流线类型：5 轴流线切削工序过程中使用，用来指定刀具路径的切削方式，从以下选项中选择。

1）纵向：沿着引导曲线的方向流动。

2）横向：以横过引导曲线的方向流动。

3）螺旋向内：以引导曲线之间的向内螺旋方向流动。

4）螺旋向外：以引导曲线之间的向外螺旋方向流动。

（3）碰撞检查：如果设置为“是”，则中望 3D CAM 将自动检查，看刀具及其夹持是否与加工系统的任何部分碰撞；如果设置为“否”，则仅检查零件的局部过切。如果检测到碰撞，则刀具将会退回，并且会显示一条警告消息，建议修正一下刀具长度。

二、平面

单击“5 轴铣削”选项卡“切削”面板中的“平面”按钮，系统弹出“5 轴平面平行切削 1”对话框，如图 6-134 所示。

单击“刀轨设置”选项卡，如图 6-135 所示。该选项卡中部分选项的含义如下。

图 6-134 “5 轴平面平行切削 1”对话框

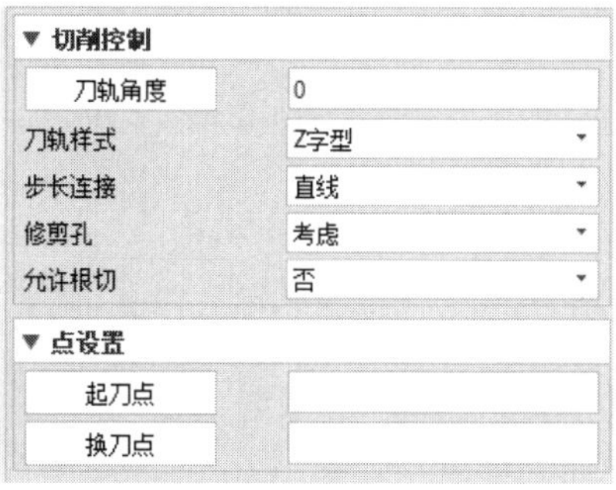

图 6-135 “刀轨设置”选项卡

（1）刀轨角度：设置刀轨切削角度，可在文本框中输入角度值，也可单击该按钮，系统弹出“向量”对话框，如图 6-136 所示，可在下拉列表中选择向量方向。

（2）步长连接：只有将刀轨样式设置为 Z 字型，此选项才会被激活。它用来指定相邻切口之间的连接类型，从以下选项中选择。

1）直线：相邻切削之间添加一个直线连接。

2）圆弧：相邻切削之间添加一个相切的圆弧-直线连接。

3）修剪孔：指定是否要忽略一个曲面中修剪的孔。

（3）修剪孔：指定是否要忽略一个曲面中修剪的孔。

1）考虑：曲面中修剪的孔将不会被忽略。

2）忽略：不处理零件中的圆形孔，就像他们不在此位置，且这些位置上相邻曲面没有修剪一样。

图 6-136 “向量”对话框